IMPRIMERIE GÉNÉRALE DE CH. LAHURE
Rue de Fleurus, 9, à Paris

LA

VIE SOUTERRAINE

ou

LES MINES ET LES MINEURS

LA FAMILLE DU CARBONE

A. Faguet pinx.^t

Regamey Chromolith.

1 Carbone cristallisé, diamant
2 Graphite ou mine de plomb
3 Houille dure ou anthracité
4 Houille grasse irisée

5 Houille maigre schisteuse
6 Lignite parfait, jais
7 Bois fossile, lignite imparfait.
8 Tourbe des marais.

LA
VIE SOUTERRAINE

OU

LES MINES ET LES MINEURS

PAR L. SIMONIN

OUVRAGE
ILLUSTRÉ DE 164 GRAVURES SUR BOIS
DE 30 CARTES TIRÉES EN COULEUR
ET DE 10 PLANCHES IMPRIMÉES EN CHROMO-LITHOGRAPHIE

DEUXIÈME ÉDITION
revue et corrigée

PARIS
LIBRAIRIE DE L. HACHETTE ET Cᵉ
BOULEVARD SAINT-GERMAIN, Nᵒ 77

1867
Droits de propriété et de traduction réservés

PRÉFACE

C'est la lutte du mineur, dans sa dramatique réalité, sans invention, sans roman d'aucune sorte, que nous allons décrire. Comme le marin, le mineur est le soldat de l'abîme, et contre tous les deux s'acharne fatalement la nature.

Nous suivrons l'ouvrier dans sa vie souterraine, sur son champ de bataille. Nous raconterons ses mœurs, et comme nous nous proposons non-seulement d'intéresser mais d'instruire, nous parlerons des pays qu'il habite, nous ferons connaître les substances qu'il exploite, enfin nous essayerons de fixer la mission sociale de cet intrépide pionnier. Nous avons nous-même longtemps vécu côte à côte avec lui dans différentes contrées, en Europe et en Amérique, et partout nous avons apprécié davantage ses qualités viriles, son caractère fortement trempé.

La première partie de ce livre est consacrée au charbon de terre, matière désormais indispensable aux nations civilisées; la seconde aux métaux, origine de tous les progrès matériels depuis l'apparition de l'homme sur le globe, la dernière aux pierres précieuses, qui remplissent elles-mêmes un rôle ici-bas, celui de venir en aide à tous les arts décoratifs.

Le vaillant défricheur des houillères, né avec le monde moderne; le brave vétéran des mines métalliques, dont les débuts se perdent dans la nuit de l'histoire; enfin le patient chercheur des placers gemmifères, tels sont les trois types que nous allons étudier.

Bien qu'ayant repoussé la fiction de ce livre, nous nous sommes adressé au crayon de l'artiste toutes les fois qu'il était nécessaire, car c'est le moyen de parler aux yeux; mais aucun dessin n'a été fait de fantaisie. Toutes les cartes sont tirées de documents authentiques. Tous les fossiles, tous les minerais, tous les outils ou appareils ont été reproduits avec le modèle sous les yeux, et les spécimens ont été choisis soit dans les grandes collections publiques qui nous ont été généreusement ouvertes, celles du Muséum, de l'École des Mines, de l'École Centrale, soit dans des collections privées, appartenant à nos amis ou à nous-même.

Parmi les artistes qui nous ont secondé avec tant de zèle dans la partie graphique de notre travail, nous citerons MM. de Neuville, Faguet, Dumas-Vorzet, Bonnafoux, Lançon, Bonhommé; mais nous adressons à tous, sans aucune exception, nos plus vifs remercîments.

Nous remercions également la critique de l'accueil bienveillant qu'elle a fait à ce livre, et des conseils qu'elle nous a donnés. Nous nous sommes empressé de les suivre, ainsi qu'on le reconnaîtra dans quelques-uns des changements apportés à cette nouvelle édition.

Paris, août 1867.

L. Simonin.

PREMIÈRE PARTIE

LES MINES DE CHARBON

PREMIÈRE PARTIE.

LES MINES DE CHARBON.

I

LE PASSÉ ET LE PRÉSENT.

La houille à Paris et à Londres. — Les emplois du charbon de terre.

C'était en 1769; le bois coûtait très-cher à Paris, comme aujourd'hui. Quelques marchands eurent l'idée de faire venir des mines anglaises des chargements de charbon de terre pour suppléer à la rareté du bois. Les bateaux, partis de Newcastle, remontèrent la Seine et arrivèrent bientôt à Paris.

Le charbon que nous envoyaient les Anglais fut essayé par les gens du peuple, et même par les bonnes maisons, comme on disait alors, dans les poêles et les cheminées des antichambres. Ce fut bientôt un cri général. On accusa le pauvre fossile de vicier l'air, de ternir le linge jusque dans les armoires, de provoquer des maladies de poitrine, et d'altérer, crime impardonnable! la fraîcheur des visages féminins. Les plaintes ne tarissaient pas. L'Académie de médecine, l'Académie des sciences furent tour à tour chargées de donner leur avis dans ce grave débat, et se déclarèrent favorables au charbon britannique ; mais ce ne sont pas les académies, c'est le goût du public qui, en pareille occasion, prononce en dernier ressort.

Nombre d'années avant 1769, le noir minéral n'avait pas été mieux accueilli par les Parisiens. En 1714, ils l'avaient une première fois expulsé. Sous Henri II, les docteurs l'avaient excommunié pour ses vapeurs malignes, sulfureuses, et un édit royal avait défendu aux maréchaux ferrants d'employer, *sous peine de prison et d'amende, le charbon de terre ou de pierre.* Plus tard l'interdit fut levé, et Henri IV exempta même la houille de la dîme que les exploitants payaient à la couronne en vertu du droit régalien.

Le combustible minéral avait été dans le principe aussi mal reçu à Londres qu'à Paris. Les médecins, à cause de sa fumée, et les propriétaires de forêts, parce qu'il nuisait à leur commerce, lui firent longtemps fermer les portes de la Cité. Des ordonnances royales le repoussèrent dès le début, comme plus tard en France, et ce ne fut que peu à peu qu'on consentit à se relâcher de ces rigueurs.

Aujourd'hui Londres consomme près de six millions de tonnes par an de ce combustible dont la moitié vient par mer, c'est-à-dire qu'il faudrait six mille navires de cinq cents tonneaux chacun pour assurer, de ce dernier côté seulement, l'approvisionnement de la grande métropole ; le tonneau de mer pesant d'ailleurs mille kilogrammes. Six mille navires de cinq cents tonneaux, c'est tout le mouvement annuel, au long-cours, d'un grand port comme Marseille !

c'est plus que tout le fret circulant chaque année le long
de nos côtes. Et l'on s'étonne qu'une éternelle coupole
de fumée recouvre la capitale des trois royaumes, qu'une
épaisse couche de poussière noire en ternisse tous les édifices !

Paris brûle six fois moins de charbon que Londres :
c'est-à-dire qu'il en consomme encore un million de tonnes
par an. La pierre jadis proscrite est maintenant partout
admise, et si la douane ou l'octroi l'arrêtent, c'est pour lui
faire payer l'impôt. Ce n'est pas que l'usage de la houille
ne provoque toujours quelques plaintes, qui font songer
aux foyers fumivores que l'on cherche sans les trouver,
comme le grand œuvre des alchimistes. Il n'importe : le
règne du travail mécanique est venu ; le dix-neuvième
siècle a inauguré l'ère de l'industrie, et l'industrie trouve
dans la houille ce qu'on a si bien appelé son pain quotidien.

La houille fait aujourd'hui la fortune de courageux et
patients chercheurs, de compagnies nombreuses d'exploitants, de pays tout entiers. L'Angleterre ne lui doit-elle
pas en grande partie sa puissance industrielle et maritime?
N'est-ce pas la houille qui anime désormais toutes les machines, celles des usines, des manufactures, des ateliers, aussi
bien que les machines marines et les locomotives? Matière
pesante, elle forme pour les navires marchands une cargai-
son avantageuse au lieu de lest ; elle alimente pour moitié le
mouvement des canaux et des chemins de fer. Aujourd'hui
que la marine militaire s'est transformée par la vapeur, la
houille n'intervient plus seulement dans la prospérité,
mais encore dans la défense des États, si bien qu'elle a été
déclarée contrebande de guerre. La houille ! n'est-ce pas
elle qui éclaire les villes, et qui chauffe presque tous les
foyers, ceux des fabriques comme les foyers domestiques,

et à ce dernier titre n'est-elle pas le combustible du pauvre? N'est-ce pas elle aussi qui est le grand réducteur de tous les minerais métalliques? Et comme si rien ne devait manquer à des emplois déjà si divers, n'est-ce pas de la houille que d'habiles chimistes ont récemment retiré les plus vives et les plus solides couleurs, celles qui sous les noms de *magenta*, *solferino*, *havane*, ont fait le tour du monde avec les nouveautés de Lyon et de Paris[1]? N'est-ce pas enfin de la houille qu'on a extrait aussi ce merveilleux produit dont la médecine s'est heureusement emparée, l'acide phénique, qui a le pouvoir de prévenir la gangrène et de *tanner* les plaies : nouveau miracle de la chimie?

Mais il faut avant tout raconter la naissance de l'utile minéral, et dire comment il s'est déposé dans les terrains qui le renferment.

1. On estime qu'il se fabrique pour vingt-cinq millions de francs par an de ces couleurs.

II

LES FORÊTS ANTÉDILUVIENNES.

La végétation, les cataclysmes, les êtres de l'âge carbonifère. — Explications des géologues. — La famille des combustibles fossiles. — Une anecdote sur les houilles récentes.

Aux plus anciennes époques géologiques, aux temps où le globe se formait, d'immenses forêts couvraient le sol. L'atmosphère était saturée de vapeur d'eau et chargée de gaz acide carbonique ; la température, très-élevée. C'était partout une végétation, un climat, dont les contrées tropicales actuelles peuvent à peine donner une idée. Des pluies abondantes inondaient la terre. Les calamites énormes, les sigillaires aux troncs élancés, les cycadées, dans lesquels les botanistes ont cru voir longtemps les ancêtres des bambous et des palmiers ; les gigantesques lycopodes, les annulaires, les astérophyllites, aux feuilles étoilées, les fougères arborescentes, croissaient en bois touffus. A ces arbres se mêlaient les lépidodendrons, dont le port n'était ni moins élevé ni moins singulier, et qui participaient à la fois de la nature des lycopodes et des conifères.

Ces vastes forêts, si différentes de celles de notre époque, devaient presque entièrement disparaître après cet âge primitif. A leurs pieds des végétaux aquatiques composaient un épais tapis. Le tissu fibreux de ces plantes se

mêlait, s'enchevêtrait, comme aujourd'hui dans la tourbe
sur quelques plateaux mouvants, au fond des plaines humides ; mais le phénomène était général, et avait lieu
sur une échelle immense. C'était au bord de grands lacs
ou dans des estuaires, c'est-à-dire aux points où les eaux
douces des fleuves venaient se mêler aux eaux salines de
la mer. Il s'était formé là de vastes lagunes, comme on en
voit encore, mais de moins étendues, sous les tropiques,
au Sénégal ou à Madagascar. Dans ces lagunes la végétation s'était développée à souhait, plus luxuriante et plus
vigoureuse (fig. 1). Quelquefois c'était aussi dans les an-
fractuosités des rivages , dans des échancrures étroites,
comme les *fiords* de la Norvége, ou bien sur des îlots perdus, au bord d'une mer profonde et aux horizons infinis.

Quand une couche tourbeuse s'était formée , survenait un de ces tremblements du sol alors si fréquents
et intenses, une de ces formidables pulsations dont
la terre semble toujours animée ; la forêt s'enfonçait peu
à peu. Sur la couche de tourbe, déjà rompue, disloquée,
s'étendaient des eaux qui, venues de loin, contenaient
de l'argile ou du sable qu'elles laissaient déposer. Pré-
cipitées du haut des montagnes par les affaissements ou
les soulèvements du terrain, elles avaient sillonné les
schistes, à moitié calcinés par les feux de la terre et
du ciel ; elles avaient passé comme une avalanche sur les
granits, sur les porphyres, à peine consolidés, car ils faisaient sans cesse éruption à travers les soupiraux béants de
ce monde pâteux ; c'étaient les roches volcaniques d'alors.

Aux granits, les eaux avaient enlevé le mica en paillettes, le quartz ou cristal de roche aux grains durs ; aux
porphyres, le quartz ou le feldspath qui renferme la chaux,
la potasse, la magnésie ; aux schistes, les éléments de
l'argile, et elles avaient tout entraîné dans leur course va-

Fig. 1. — Vue d'une forêt de l'époque carbonifère.

gabonde. Se déroulant en nappes au-dessus des forêts sub-
mergées, elles s'étaient débarrassées des diverses particules
solides, de tous les minéraux qu'elles tenaient en suspension, et sur les couches tourbeuses s'étaient étendus
comme un manteau les argiles laminées et lustrées à la
façon des ardoises, les grès aux grains fins et brillants,
les calcaires à la texture compacte. Ceux-ci provenaient
surtout du têt des coquilles qui vivaient dans ces eaux,
ou de sources thermales qui depuis ont disparu. Il se
formait en quelques points du fer carbonaté, emprunté
à des substances ferrugineuses et à l'acide carbonique,
répandu partout en si grande abondance. Bientôt de nouveaux dépôts de tourbe s'ajoutaient aux premiers, recou-
verts par d'autres dépôts de grès, de schistes ou de
calcaires. Le balancement de la croûte terrestre, non con-
solidée, était incessant. Enfin, au milieu de révolutions
à peine sensibles, éclataient tout à coup de violentes com-
motions, de gigantesques ébranlements. Les torrents
descendaient avec fracas des montagnes soulevées; c'était
une débâcle grandiose, un vrai déluge. Les eaux n'em-
portaient plus des particules fines, ténues; elles char-
riaient des blocs tout entiers arrachés çà et là, et ainsi se
formaient les *brèches*, les poudingues, les conglomérats,
rappelant les formidables dépôts qui, sous nos yeux, sont
produits par les torrents alpins. Ces roches de transport,
dont les divers éléments, blocs de schiste ou de quartz,
sont soudés par un ciment argileux, ferrugineux, s'étendent surtout à la base et à la cime du terrain carbonifère,
comme si elles avaient dû précéder et clore des époques
relativement plus calmes (cartes V et VI).

Au milieu des grès, des schistes, des calcaires, on
rencontre des débris de corps organisés, qui ont laissé
sur la roche une empreinte que le temps n'a pu effacer.

Nous pouvons reconstruire ainsi toute une faune et une
flore éteintes, et suivre pas à pas les développements de

Fig. 2. — Amblyptère, poisson fossile (*Amblypterus macropterus*), terrain houiller
de Sarrebruck (Prusse rhénane). Éch. 2/3.

la vie à l'époque carbonifère. Dans les schistes, il n'est
par rare de trouver des écailles ou des vertèbres de poisson, souvent des poissons tout entiers, d'espèce fluviatile

ou marine (fig. 2). On a découvert aussi quelques restes
de reptiles qui devaient vivre au bord des estuaires (fig. 3),

Fig. 3. — Archegosaure ou le premier lézard (*Archegosaurus Decheni*),
terrain houiller de Sarrebruck. Éch. 1/2.

dans les eaux fangeuses des rivages, enfin des coprolithes
ou excréments pétrifiés de ces animaux fossiles. Les espèces
terrestres manquent, comme si la composition de l'atmo-

sphère eût été alors tout à fait impropre à l'existence des
animaux supérieurs. Aux États-Unis, on a découvert dans

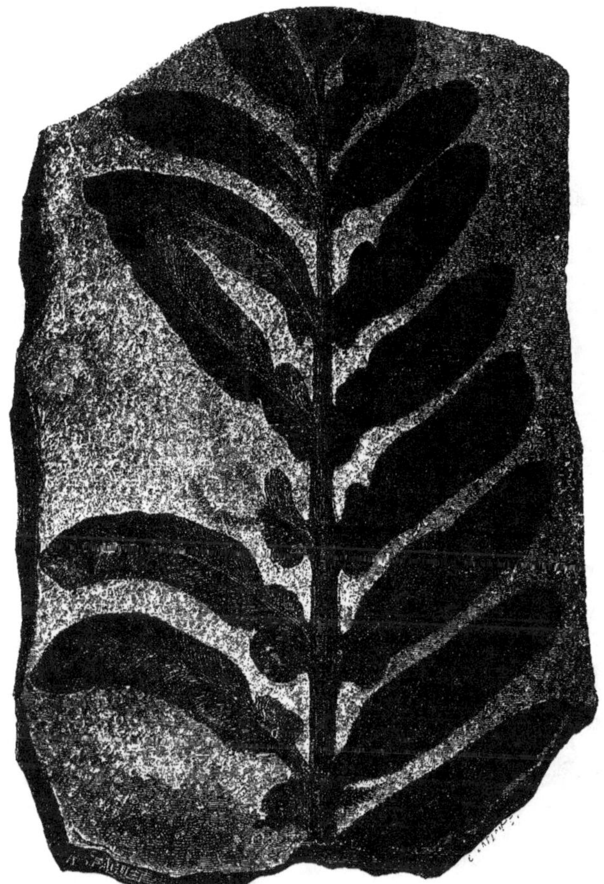

Fig. 4. — Empreinte de fougère (*Odontopteris Schlotheimii*). Terrain houiller
de Sarrebruck. Éch. 2/3.

les schistes jusqu'à des empreintes de pattes d'animaux,
moulées sur une argile tendre et humide, jusqu'à des traces
de goutte de pluie, ou bien encore des courbes sinueuses,

parallèles, produites par le niveau changeant des eaux, signes restés indélébiles après tant de révolutions du globe.

Fig. 5. — Empreinte de fougère (*Pecopteris dentata*).
Éch. 2/3.

Dans les grès, dans les schistes, dans la houille même, des troncs, des tiges ou des feuilles de végétaux, de la famille des fougères, des calamites, des sigillaires, etc.,

sont demeurés emprisonnés (fig. 4 à 10 et fig. 16). Il
y a des fruits qui appartiennent à des conifères, ancêtres

Fig. 6. — Empreinte de fougère (*Necropteris speciosa*, Ad. Brongniart, mns.).
Terrain houiller de Blanzy (Saône-et-Loire). Éch. 1/3.

des pins et des sapins, et d'autres en forme de noix, qu'on
trouve dans quelques grès, et auxquels la science, sans
pouvoir les déterminer autrement, a donné le nom de

trigonocarpes ou fruits triangulaires. Dans les calcaires, généralement inférieurs à la houille, aux grès et aux schistes, et de formation entièrement marine, on trouve des poissons, des coquilles variées, des astéries ou étoiles de mer, des coraux, la plupart d'espèces entièrement perdues

Fig. 7. — Empreinte d'annulaire (*Annularia longifolia*). Terrain houiller de Sarrebruck. Éch. 1/2.

(fig. 11 à 15). La vie s'essayait sur le globe ; elle n'avait pas pris tout son essor ; elle devait plusieurs fois changer de modèles, avant d'arriver à ceux qu'elle a maintenant adoptés. Les spirifères et les nautiles, les polypiers en forme de vis d'Archimède, tant d'autres êtres qui peuplaient les mers houillères, ont totalement disparu. Les espèces sont devenues différentes, quand les familles ne se sont pas éteintes.

Il fallut des milliers d'années pour la succession des

Fig. 8. — Empreinte d'astérophyllite (*Asterophyllites equisetiformis*). Terrain houiller de Sarrebruck. Éch. 2/3.

phénomènes que l'on vient de décrire ; mais la nature ne compte point avec les millénaires géologiques, le temps n'existe pas pour elle. Au besoin les savants vous supputeront ces époques antédiluviennes, car les fossiles sont les médailles de la géologie, et les feuillets des schistes, les pages sur lesquelles est inscrite l'histoire de la végétation houillère.

Fig. 9 — Empreinte de cycadée (*Noggerathia lactuca?*). Éch. 1/3.

Cependant les couches de tourbe déposées entre les lits de schiste ou les bancs de grès et de calcaire, étaient fortement comprimées, chauffées, par le poids énorme du terrain qui pesait sur elles, et par l'éruption des roches

ignées venant du centre de la terre. En même temps une
distillation calme, une fermentation insensible s'opéraient,

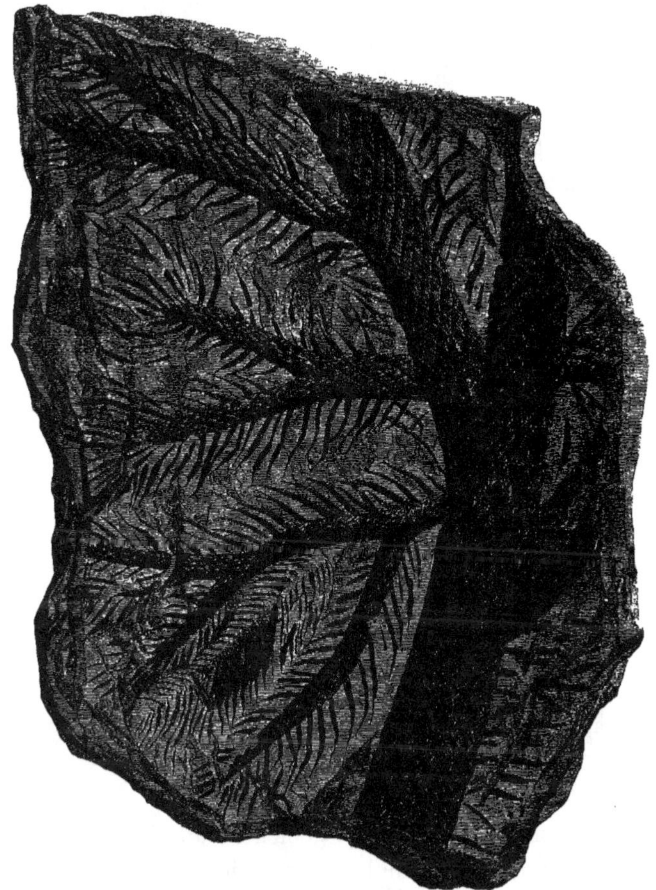

Fig. 10. — Empreinte de lycopode (*Lepidodendron gracile*). Terrain houiller
d'Eschweiler près Aix-la-Chapelle. Éch. 1/2.

qui aggloméraient peu à peu le carbone des plantes. Ce
tissu tourbeux, primitivement lâche, à peine feutré, prenait une compacité de plus en plus grande ; la chaleur du

sol, empruntée au soleil, la chaleur centrale du globe, toutes deux très-élevées, aidaient elles-mêmes aux divers phénomènes chimiques qui s'accomplissaient ainsi lentement dans le laboratoire de la nature, et la houille se formait, réservée aux âges futurs.

Les explications qui viennent d'être données de ces changements grandioses sont celles que la science a acceptées. Il appartenait à l'une des plus grandes intelligences

Fig. 11. — Nautile pétrifié (*Nautilus cariniferus?*), Terrain houiller de l'Indiana (États-Unis). Éch. 1/2.

de notre temps, au père de la géologie française, à M. Élie de Beaumont, de débrouiller le premier ce chaos. Avant lui, on admettait volontiers que la houille s'était formée par le dépôt d'immenses forêts abattues et entraînées par des eaux courantes, comme le sont les grands arbres des forêts vierges, le long des rives du Mississipi. Ces radeaux d'un nouveau genre, enfouis dans le sol, auraient formé les bassins houillers. M. Élie de Beaumont a prouvé par

des chiffres qu'on ne peut adopter une pareille explication,
et que tout le carbone contenu dans des surfaces immenses
de forêts, donnerait à peine naissance à une très-mince
couche de houille.

On ne saurait non plus s'arrêter aux naïves hypothèses
des anciens géologues. Ceux-ci voyaient dans les dépôts
houillers soit des fleuves de bitume pétrifiés ou qui auraient imprégné certaines roches très-poreuses; soit des

Fig. 12. — Spirifère pétrifié (*Spirifer striatus*). Terrain houiller du Yorkshire
(Angleterre). Éch. 2/3.

forêts carbonisées sur place, ou traversées par des courants
d'acide sulfurique (huile de vitriol), qui a la propriété de
noircir et de brûler le bois. Il est facile de promener ainsi
par le monde le bitume, le feu, les acides, mais encore
faudrait-il dire de quel lieu on les fait venir. Non! ce n'est
pas ainsi que la houille s'est formée; c'est par des dépôts
tourbeux successifs, plus tard comprimés, chauffés, dis-
tillés, minéralisés, de façon à donner la houille ou charbon
fossile.

Outre les preuves mathématiques de ce fait fournies par

M. Élie de Beaumont, il y a encore des preuves phy—

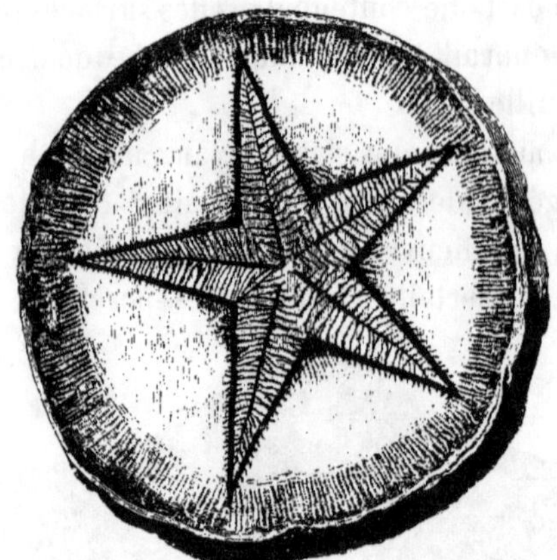

Fig. 13. — Empreinte d'étoile de mer (*Asterias constellata ?*) dans un rognon de fer carbonaté. Éch. 2/3.

siques relevées pour la première fois par M. Adolphe

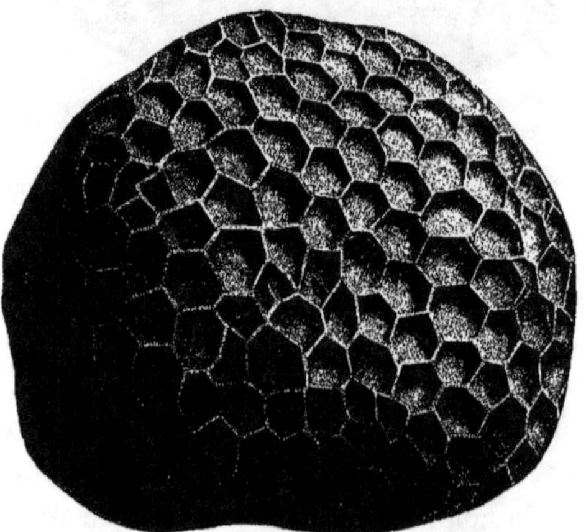

Fig. 14. — Polypier fossile en forme de gâteau de miel (*Michelinia favosa*). Terrain houiller de Belgique. Éch. 2/3.

Brongniart. On sait que ce savant naturaliste, qui continue si glorieusement au Muséum de Paris les traditions laissées

par son illustre père, est parvenu à reconstituer la flore
fossile, comme Cuvier les grands mammifères éteints. Il
avait remarqué qu'à la mine du Treuil près de Saint-
Étienne, on trouvait au milieu de la houille et des grès
voisins de la surface, des troncs de sigillaire debout, une
véritable forêt pétrifiée sur place. Ce fut pour lui une révélation. La houille s'était donc formée au pied de ces arbres
à la façon des tourbes, et l'étude géologique du sol venait
confirmer ce que les chiffres avaient déjà permis de
prévoir.

Depuis que M. Brongniart a publié sa découverte, on a
retrouvé dans les houillères de Saint-Étienne des végétaux
restés debout (fig. 16), des troncs d'arbres moulés sur

Fig. 15. — Polypier fossile dit d'Archimède, tige avec la spire (*Archimedipora Archimedis*).
Terrain houiller de l'Illinois (États-Unis). Grandeur naturelle.

place. On en a signalé aussi dans les mines du nord de
la France, notamment à Anzin, et dans la plupart de celles
d'Angleterre et des États-Unis. Dans ce dernier pays,
où tout semble s'être passé sur le théâtre le plus vaste,
on a compté par centaines les empreintes de troncs dis-
parus, et l'on a mesuré en certains endroits la surface et
l'exhaussement successif des forêts houillères.

Cet ensevelissement local des végétaux producteurs de
la houille, fossilisés comme ceux des tourbières, permet
d'expliquer quelques faits qui sans cela resteraient peut-
être incompris. Dans une mine, la qualité d'un combustible
varie plutôt avec le point particulier d'où on l'extrait,
qu'avec le rang qu'occupe la couche exploitée. On conçoit en effet que la qualité du charbon a dû dépendre

de la nature spéciale des plantes qui l'ont formé, et par
suite de l'altitude, de l'exposition des lieux, comme l'en—

Fig. 16. — Troncs de sigillaires de la mine de Treuil, à Saint-Étienne. (D'après une photographie et un dessin original de M. Brunet de Boyer.)

seigne la géographie botanique, bien plus que de l'époque
précise où le phénomène s'est accompli. Les couches les plus

anciennes et partant les plus basses, qui ont été les plus comprimées et chauffées, ne sont donc pas forcément les plus *anthraciteuses*, pour employer le terme consacré.

Dans beaucoup de mines, les essais du laboratoire ont vérifié ces conclusions. Des chimistes, parmi lesquels est M. Baroulier, poussant plus loin les expériences, sont arrivés à reproduire la houille avec de la sciure de bois, en faisant convenablement intervenir la température et la pression. Avec des sables et des argiles ils ont reproduit les grès et les schistes, et obtenu artificiellement des empreintes avec des feuilles de végétaux.

L'analogie de formation de la houille et de la tourbe rend compte d'autres faits. Le combustible fossile se trouve dans tous les terrains; mais il est de moins en moins pur et compacte, ou bien occupe des surfaces de moins en moins étendues, à mesure qu'on remonte ou descend l'échelle géologique, à partir du terrain houiller proprement dit. C'est que ce terrain a été le seul où les conditions botaniques et climatologiques aient permis une grande accumulation des végétaux qui ont produit la houille. Ces végétaux ont ensuite disparu, ou changé peu à peu de nature jusqu'à revêtir les formes qu'ils ont actuellement (fig. 17 à 19).

Toutefois, par l'effet de circonstances particulières, la véritable houille, compacte, bitumineuse, collant au feu, a pu se former dans tous les terrains, et non pas seulement dans le terrain houiller, comme le veulent quelques savants trop absolus. Il faut donc admettre, à l'exemple des anciens géologues, les houilles anciennes et récentes. Se refuser à cette classification, ce serait fermer les yeux à la réalité. Encore moins convient-il de baptiser du nom irrévérencieux de lignite, qui ne rappelle que le bois, *lignum*, les véritables houilles des terrains plus modernes que le

terrain houiller. Ces terrains furent souvent le théâtre,
même dans la période dite tertiaire, d'une végétation
tropicale, et les palmacites ou palmiers fossiles ont été

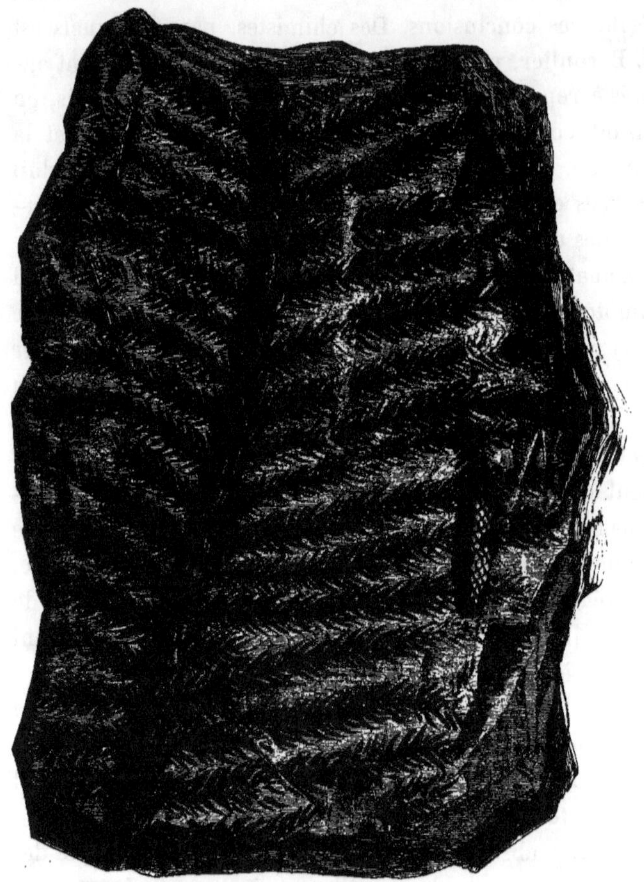

Fig. 17. — Empreinte de conifère (*Walchia piniformis*). Terrains secondaires
de l'Hérault. Ech. 2/3.

les précurseurs des palmiers des régions torrides actuelles
(fig. 18 et 19).

La meilleure classification des houilles, satisfaisant à la

fois la science et l'industrie, serait donc celle où l'on ne tiendrait aucun compte de l'âge géologique, mais seule-

Fig. 18. — Feuille de palmier pétrifiée (*Flabellaria raphilolia*). Terrains tertiaires de la Somme. Éch. 1/5°.

ment de la qualité du combustible. On aurait ainsi la série des houilles dures, grasses et maigres, d'après la quantité de carbone fixe et de matières volatiles conte-

nues. De la houille dure on remonterait au graphite[1] et
même au diamant, qui est le carbone par excellence,

Fig. 19. — Empreinte de dattier (*Phœnicites italica*). Terrains tertiaires
de Lombardie. Ech. 1/10°

chimiquement pur, cristallisé. De la houille maigre (dont

1. C'est la mine à crayon, appelée aussi plombagine ou mine de plomb, à
cause de son aspect. Le graphite contient jusqu'à 98 pour 100 de carbone.

une des variétés est le jais), on descendrait au lignite, imparfait, terreux, au bois fossile ayant conservé son tissu fibreux, enfin à la tourbe, et l'échelle complète serait : diamant, graphite, houille, lignite, bois fossile, tourbe (planche I).

Comme moralité de tout cela, il me souvient d'une histoire de terrain houiller d'époque tertiaire. En Toscane, la formation carbonifère ancienne ne se montre nulle part. « Il n'y a pas de houille en Étrurie, » disaient donc les géologues en l'an de grâce 1839. Cette assertion vint aux oreilles d'un sieur Lenzi, gros fermier de la Maremme, qui avait mis un jour à nu, le long d'un ravin, un affleurement de charbon. Il fit part de sa découverte à des capitalistes de Livourne, qui visitèrent les lieux, et, sans s'inquiéter de ce qu'en penserait la géologie, mirent l'affaire en actions. Le grand-duc lui-même, le vieux Léopold, s'émut, et n'ayant qu'une médiocre confiance dans les savants italiens, fit venir un ingénieur de Saxe. Grand émoi dans le camp des géologues. « C'est de la houille, » disaient les uns; « c'est du lignite, » répliquaient les autres. Au congrès scientifique de Pise, la querelle s'échauffa; on manqua de se jeter les échantillons à la tête. Le public, qui écoutait aux portes, ne comprenait rien au débat, et demandait avant tout s'il existait du charbon, et s'il brûlait bien. Ce qu'il y eut de particulier dans tout ceci, c'est que ce lignite, comme on persistait à le nommer, avait toutes les propriétés des meilleures houilles, même celle de donner du coke. A quoi les géologues orthodoxes répondaient que puisqu'il donnait du coke, ce ne pouvait être du lignite, mais bien de la houille anglaise achetée à Livourne, et jetée exprès au fond des puits. Cela fit baisser les actions; car il reste toujours quelque

chose de la calomnie, comme disait Basile. La lutte
dura longtemps ; les congrès scientifiques se la trans-
mirent de l'un à l'autre, et je ne sais pas si elle
est aujourd'hui entièrement vidée. Ce que je puis affirmer pour certain, c'est que les pauvres actionnaires ne
se sont jamais relevés du coup que leur ont porté les
géologues.

III

L'HISTOIRE ET LA LÉGENDE.

La houille chez les Grecs, les Romains, les Chinois; en Angleterre, en Belgique. — Le forgeron de Plénevaux. — La houille en France. — Ce qu'a produit le charbon de terre.

Comme la plupart des substances minérales, la houille a une histoire à laquelle se mêle parfois la légende.

Les Grecs et les Romains ont connu le combustible fossile, et il est cité dans les auteurs sous le nom de *lithantrax* (charbon de pierre), qui s'est conservé de nos jours dans l'italien *litantrace*. Le disciple favori d'Aristote, Théophraste, dans son *Traité des pierres*, n'oublie pas de parler de la houille.

Les anciens employèrent peu ce combustible qui donnait au feu tant de fumée, et brûlait mal parce qu'on ne savait pas le brûler. Les forêts fournissaient amplement à tous les besoins de l'industrie, alors dans l'enfance. Quelques fondeurs, qui produisaient et ·travaillaient les métaux; quelques forgerons, qui fabriquaient et trempaient les armes, étaient les seuls industriels qui fissent usage de combustibles en quantités assez importantes. Dans les maisons, le bois et le charbon de bois répondaient à toutes les exigences; et, comme les peuples policés de ces temps habitaient des pays favorisés du ciel, l'Italie,

CARTE
des
Terrains Houillers
DU GLOBE
et de
L'EXPORTATION du CHARBON ANGLAIS
d'après Taylor, Marcou
et les documents officiels

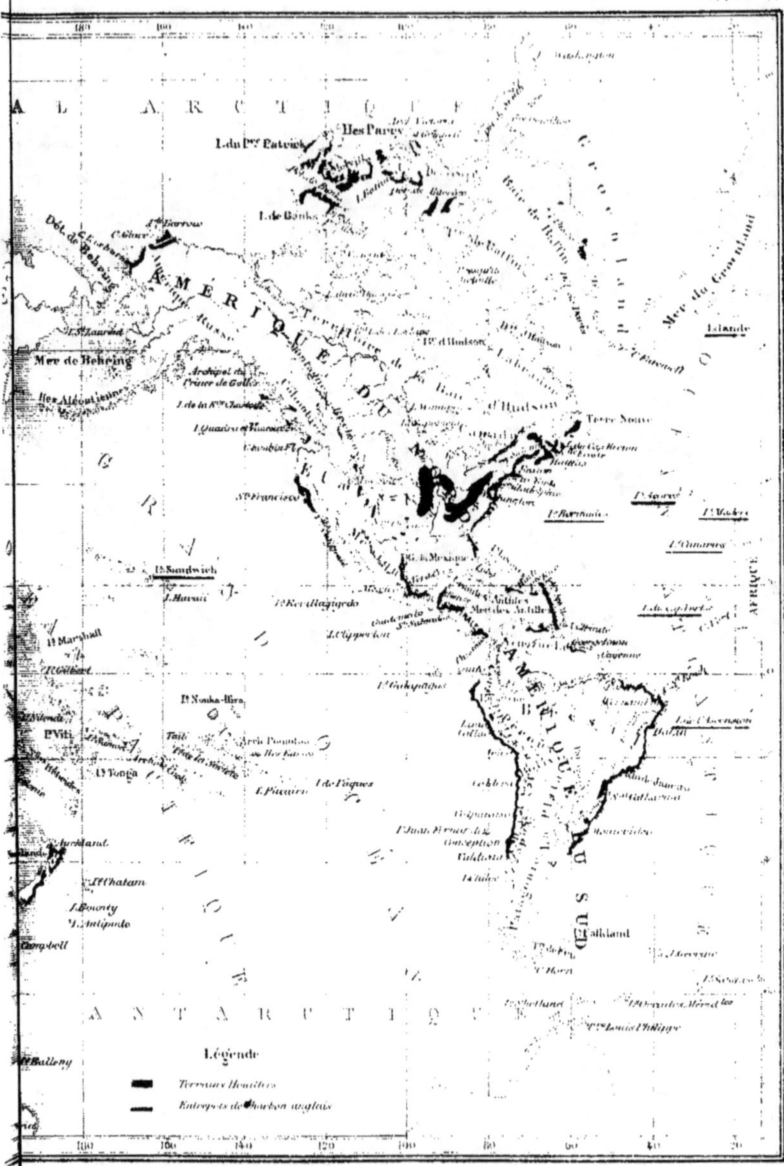
OCÉAN ARCTIQUE
Iles Parry
I. du Pce Patrick
I. de Banks
Mer de Behring
Dét. de Behring
C. Glace
C. Barrow
AMÉRIQUE DU NORD
Archipel du Prince de Galles
I. de la Rne Charlotte
I. Quadra et Vancouver
Colombie Fle
St Francisco
Groenland
Mer de Groenland
Islande
Baie de Baffin
Baie d'Hudson
Dt d'Hudson
Labrador
Terre Neuve
Bermudes
Açores
Madère
Canaries
AFRIQUE
Cap Vert
G. du Mexique
Is Sandwich
I. Hawaï
Is Revillagigedo
I. Clipperton
I. Galapagos
Guadeloupe
Antilles
Petites Antilles
Cayenne
AMÉRIQUE DU SUD
BRÉSIL
Ile de l'Ascension
I. Marshall
I. Gilbert
Is Nouka-Hiva
Is Viti
Taïti
Archipel Pomotou ou Iles Basses
Archipel Cook
Is Tonga
I. Pitcairn
I. de Pâques
Pérou
Lima
Callao
Valparaiso
Conception
Valdivia
Chiloé
Rio Janeiro
Ste Catharine
Montevideo
Is Auckland
I. Chatam
I. Bounty
I. Antipode
Campbell
Falkland
Dt de Magellan
C. Horn
OCÉAN PACIFIQUE
OCÉAN ANTARCTIQUE
Is Balleny
Is Shetland
Is Orcades Méridles
Te Louis Philippe
Légende
Terrains Houillers
Entrepôts de Charbon anglais

la Grèce, l'Égypte, l'Asie Mineure, où du reste la houille
est fort rare, on se chauffait l'hiver au soleil, sur le forum,
en traitant des affaires publiques. Peut-être aussi est-il
permis de supposer que la température moyenne de l'air
était alors un peu plus élevée qu'aujourd'hui. Enfin, la
pression élastique de la vapeur n'était pas même soup-
çonnée, et la force mécanique était surtout empruntée
aux moteurs animés. Quand les outres d'Éole étaient
vides, les condamnés ramaient sur les galères. Quand l'absence d'un cours d'eau ne permettait pas d'installer une
mauvaise roue hydraulique, les bêtes, les hommes même
faisaient tourner la meule, et Plaute esclave avait rempli
cette pénible tâche. On lit sur les murs de Pompéi, sous
une caricature qui représente un âne au moulin, cette
phrase qu'on dirait crayonnée par le grand comique lui-
même :

> Labora, aselle, quomodo laboravi, et proderit tibi :
> « Travaille, ânon, comme j'ai travaillé, et cela te profitera. »

Ainsi, chez les anciens, aucun besoin de houille, ni dans
l'industrie, ni dans la vie commune. Voyez avec quelle
indifférence les maîtres du monde passent près du charbon de pierre. Dans la Provence, l'aqueduc de Fréjus,
tracé au milieu du terrain houiller qui gît au pied de
l'Esterel, met à nu des couches de combustible minéral ;
on les traverse sans s'y arrêter. Dans la Lyonnaise, l'a-
queduc qui porte à la capitale aimée de Claude les eaux
vives du Gier, recoupe également le terrain carbonifère ; une des branches souterraines du canal est même
creusée dans le charbon : on ne s'en préoccupe pas. Cet
incident qui, de nos jours, mettrait en émoi les populations, laisse indifférents les journaux de Rome, et tout
le Sénat avec eux.

Les choses allaient un peu mieux dans l'extrême Orient, où la civilisation s'était développée avant celle de l'Italie et de la Grèce. Les Chinois, auxquels on a fait hommage de toutes les grandes découvertes, hors celle de l'Amérique, connaissaient de toute antiquité le charbon fossile. Ils savaient l'exploiter, l'appliquer à divers usages industriels, par exemple la cuisson de la porcelaine; ils savaient même recueillir les gaz inflammables qui se dégagent spontanément de la houille, et les utiliser pour l'éclairage. Les récits des vieux missionnaires nous apprennent que, de temps immémorial, les Chinois allaient avec la sonde rechercher ces gaz sous le sol (une vraie sonde chinoise, manœuvrée patiemment à la corde); puis qu'ils les amenaient par des conduits où besoin était. Voilà l'invention de l'éclairage au gaz et du sondage mise au compte des Chinois avec celle de la boussole, de la poudre à canon, de l'imprimerie, du macadam, et tant d'autres.

Les missionnaires et, avant eux, le célèbre voyageur vénitien Marco-Polo, qui traversa au XIIIe siècle tout le continent asiatique, nous racontent également que bien avant notre ère, les mines de houille étaient exploitées dans l'Empire-Céleste, où elles sont fort répandues; mais le travail en était pratiqué d'une façon très-barbare. On ne prenait nul soin d'étayer les chantiers souterrains, de ménager aux eaux un écoulement convenable; encore plus fallait-il fuir devant les détonations du *grisou*, ce gaz explosif des houillères. Les Chinois en sont restés pour l'exploitation de leurs mines à cet état tout primitif, et ce n'était pas la peine de commencer sitôt pour faire si peu de progrès.

Revenons donc à notre continent, où nous attendent de plus utiles leçons.

Les houillères qui, en Europe, paraissent avoir été travaillées les premières, sont les houillères britanniques. Dès
l'époque de l'invasion normande, on voit Guillaume le
Conquérant partager à ses compagnons d'armes les mines
de Newcastle. Cela nous ramène au milieu du XIe siècle.
Moins de deux siècles après, Jean sans Terre concède aux
bourgeois de Newcastle une *licence* d'exploitation, et le
parchemin royal appelle la houille du nom de charbon
marin, *carbo marinus*, sans doute à cause de la position
littorale et même sous-marine des couches, ou peut-être
parce qu'on transporte le charbon par mer. Vers la fin du
XIIIe siècle, il est question des mines des Galles et de l'É-
cosse, pays non soumis alors à l'Angleterre, et où des races
vigoureuses devaient si longtemps combattre pour leur liberté et leur indépendance. Au XVIe siècle, toutes les
houillères britanniques sont en pleine exploitation. Le
charbon minéral alimente la marine anglaise; on l'expédie
sur les côtes de France, où l'on charge en retour du blé.

La Belgique a fouillé ses mines de houille en même temps
que l'Angleterre. C'est au village de Plénevaux, près de
Liége, que semblent avoir commencé les exploitations
vers le XIIe siècle. Ici la légende se mêle à l'histoire d'une
manière ingénieuse. Voici le fait tel que le racontent les
chroniqueurs:

Houillos, maréchal ferrant à Plénevaux, était si pauvre
qu'il ne pouvait suffire à ses besoins; souvent il n'avait pas
de pain à donner à sa femme, à ses enfants. Un jour que,
sans travail, il était presque décidé d'en finir avec la vie,
un vielliard à barbe blanche se présenta dans sa boutique.
Ils entrèrent en conversation. Houillos lui confia ses cha-
grins. Disciple de Saint-Éloi, il travaillait le fer, soufflant
lui-même la forge pour économiser un aide. Il réaliserait
bien quelques bénéfices, si le charbon de bois n'était pas

si cher; mais c'était là ce qui le ruinait. Bref, comme
pour le pauvre bûcheron du fabuliste,

> Sa femme, ses enfants, les soldats, les impôts,
> Le créancier et la corvée,
> *Firent* d'un malheureux la peinture achevée.

Le bon vieillard était ému jusqu'aux larmes. « Mon ami,
dit-il au forgeron, allez à la montagne voisine; vous y
fouillerez le sol, et découvrirez des veines d'une terre noire
excellente pour la forge. » Ainsi dit, ainsi fait. Houillos
alla au lieu indiqué, y trouva la terre annoncée, et l'ayant
jetée au feu, parvint à forger un fer à cheval en une seule
chaude. Rempli de joie, il ne voulut pas garder pour lui
seul cette précieuse découverte; il en fit part à ses voisins,
et même aux maréchaux ses concurrents. La postérité
reconnaissante a donné son nom à la houille (on a vu qu'il
s'appelait Houillos), et, sous ce rapport, il a été plus heureux que beaucoup d'autres inventeurs. Son souvenir est
encore conservé par tous les mineurs de Liége qui, le soir,
racontent dans les veillées l'histoire du *prud'homme houil-
leux* ou du *vieillard charbonnier*, comme on se plaît à
surnommer Houillos, le forgeron de Plénevaux. Les mineurs disent que c'était un ange qui lui révéla le lieu où
était la houille. Le mal est que les anges ne portent pas de
barbe, et ne sont pas aussi cassés que l'était le bon vieillard qui vint visiter Houillos. De leur côté, les archéologues
prétendent que ce ne pouvait être qu'un Anglais; car, dans
un manuscrit du temps, on lit que *c'était à coup sûr un
Ang*.....; les dernières lettres du mot ont été mangées
par les vers. Il y a enfin des grammairiens qui regardent
l'histoire de Houillos comme un mythe, et se contentent de
faire venir le mot houille du saxon *ulla,* charbon de terre :
grammatici certant!

L'exploitation de la houille en Belgique ne se concentra pas à Liége. Le combustible minéral fut bientôt également découvert à Charleroy, à Mons, et avec l'emploi de la houille si convenable en ces pays pour la forge, se développa la fabrication des armes, qui remonte chez les Belges aux temps les plus reculés. On dit qu'ils pratiquaient cette industrie bien avant même la conquête de Jules César, et des historiens tirent argument de ce fait, pour prétendre que la houille a été connue et employée de tout temps en Belgique.

En France, nous n'avons guère de légende à raconter sur la découverte et l'application de la houille; mais si nous consultons les vieux parchemins de quelques-unes de nos provinces, nous voyons, dès le onzième siècle, les houillères du Rouergue exploitées. Dans le Forez, le sire de Roche-la-Molière, en 1321, lève un cens sur ceux de ses vassaux qui exploitent les mines de *charbon terrestre*. Chaque propriétaire foncier a le droit d'extraire la houille sous le sol qui lui appartient; toutefois il est bien entendu qu'il donnera au seigneur le quart de la quantité extraite.

Dans le Forez, comme en Belgique, l'emploi de la houille paraît avoir été bien antérieur à la première date citée par les historiens. A Saint-Étienne, la fabrication des armes et en général des outils d'acier, est l'industrie la plus ancienne du pays, et l'on dit que les eaux du Furens donnent au métal une trempe particulière. Cependant il n'est pas démontré que les *Gagates*, au temps de César, forgeassent déjà des épées comme leurs frères les Nerviens de Belgique; mais c'est sans doute aux noms de leurs aïeux que les Stéphanois d'aujourd'hui, les *Gagas* comme on les appelle, ont emprunté leur sobriquet.

En dépit de la légende ou de l'histoire, l'exploitation de la plupart des mines de houille semble donc avoir commencé à des époques bien plus anciennes qu'on ne croit communément. Beaucoup de ces gîtes ont même été connus de toute antiquité, car ils viennent apparaître à la surface, ils *affleurent*, comme dit le mineur. Mais ce qu'il ne faut pas perdre de vue, ce n'est pas la date plus ou moins reculée à laquelle a commencé telle ou telle exploitation, c'est l'importance de l'exploitation elle-même, le chiffre de l'extraction. La noblesse des mines de houille ne se mesure pas au temps, comme celle des mines métalliques ; elle ne se mesure encore qu'à l'abondance de la production. A ce point de vue, les mines de houille sont nées d'hier. On peut dire que la date de l'exploitation sur une grande échelle en marque seule la date de la naissance, et fixe, dans l'histoire de l'humanité, une glorieuse étape sur laquelle il est bon de s'arrêter. Ce qu'il importait en effet, ce n'était pas de connaître la houille, c'était de l'appliquer en grand, comme on le fait aujourd'hui, à la fabrication du fer et de tous les autres métaux, au chauffage des chaudières à vapeur, fixes, locomotives, locomobiles, fluviales, marines. C'est toujours l'histoire de l'œuf de Colomb, éternellement la même. Ce qui fait la gloire de l'immortel Génois, ce n'est pas d'avoir découvert l'Amérique, d'autres avaient touché avant lui à ces plages lointaines ; c'est d'avoir indiqué la véritable route, et dévoilé tout le parti que l'on pouvait tirer de ces terres vierges et fertiles.

Il en est de même pour la houille. Que nous importe que les anciens l'aient connue, s'ils n'ont pas su l'appliquer en grand ? Je laisserai les Grecs, les Romains, les Chinois, dont il a été suffisamment parlé. Au moyen âge, à l'époque de la Renaissance, ne voyons-nous pas la houille poursuivie, traquée, exclue ? J'ai dit que des ordonnances royales avaient même un moment puni de l'amende et de la prison les artisans qui en faisaient usage dans les villes. Les médecins lui étaient hostiles, et l'accusaient de vices ima-

ginaires. Les savants eux-mêmes lançaient contre elle leurs
foudres. C'était méconnaître la loi du progrès ; mais il faut
compatir à l'ignorance de nos pères. Cette loi, formulée
seulement à notre époque, n'était pas même alors soup-
çonnée.

La véritable histoire de la houille commence avec le
XVIIIe siècle ; on dirait qu'elle est liée à l'histoire de
l'esprit moderne. Et voyez comme tout s'enchaîne ! C'est
dans les mines de houille que la machine à vapeur est inventée. En Angleterre, des chantiers profonds sont inon-
dés dans les houillères de Newcastle. On doit d'abord retirer
les eaux, si l'on veut continuer à extraire le charbon; mais
la pompe, restée la même depuis Archimède, ne suffit plus ;
il faut un engin plus puissant. Savery, Newcomen, Watt,
arrivent successivement ; trois ouvriers qui deviendront
trois hommes de génie ! La *pompe à feu*, la machine à
vapeur est trouvée; Watt en arrête presque définitivement
les principales dispositions, et désormais ce n'est plus l'eau
seulement, c'est la houille que la machine extraira des profondeurs du sol, et cela en quantités si considérables
qu'elles soient.

Ce n'est pas tout. Le charbon est matière lourde, encombrante, se vend à bas prix. Il ne suffit pas de l'arracher
aux entrailles du sol ; il faut encore le transporter économiquement, souvent à de très-grandes distances. Qui rend
le transport difficile, coûteux ? L'état des chemins. On
modifie ces chemins, sans se douter de la portée immense
du résultat qu'on va bientôt obtenir. On imagine les ornières de bois sur lesquelles les roues glissent avec facilité. On les applique d'abord dans les galeries souterraines, puis aux voies de la surface. Mais le bois bientôt
s'altère, se pourrit. On remplace les ornières de bois par
des ornières de fonte creuses, puis plates, avec un rebord

latéral. Le fer ne tarde pas d'être substitué à la fonte ; le ruban de métal ou *rail* est trouvé, et avec lui le *railway*, le chemin de fer. Cela se passe dans les houillères du pays de Galles, comme dans celles du comté de Newcastle est née la machine à vapeur. Attendez ; l'invention n'est pas encore parfaite. Le Gallois Trevithick a construit une locomotive avec une simple chaudière cylindrique comme celles des machines fixes. La surface chauffée, la production de vapeur, le tirage ne sont pas suffisants. En outre, pour obtenir l'adhérence sur les rails sans laquelle on tournerait sur place, la roue motrice est dentée et s'appuie sur une crémaillère. La vitesse est moindre que celle d'une charrette traînée par des chevaux. Est-ce à dire que l'invention va être perdue ? Le génie humain ne s'arrête pas dans ses découvertes. C'est, en Angleterre, le grand ingénieur George Stephenson, un ancien mineur ; c'est l'illustre Marc Seguin, parent des Montgolfier, en France, qui complètent la locomotive. Seguin, par l'invention de ces mille tubes qui parcourent la chaudière dans sa longueur, et qui donnent passage aux gaz chauds venant de la grille, augmente dans une étonnante proportion la surface chauffée et par suite la production de vapeur. Stephenson complète les idées de son rival, et, lançant dans la cheminée, par un jet direct, la vapeur qui vient d'agir sur le piston, ravive, par cet ingénieux artifice, le tirage du foyer, gêné par l'invention de Seguin. Désormais la locomotive est complète ; comme dans la machine de Watt, on n'en modifiera plus que les détails.

Voilà la véritable histoire de la houille ; voilà ce qu'a produit le combustible minéral. Il a fallu pour cela tout le dix-huitième siècle, et les trente premières années de celui-ci ; mais aussi quelle conquête ! La machine à vapeur, qui ne devait servir qu'à extraire des mines l'eau

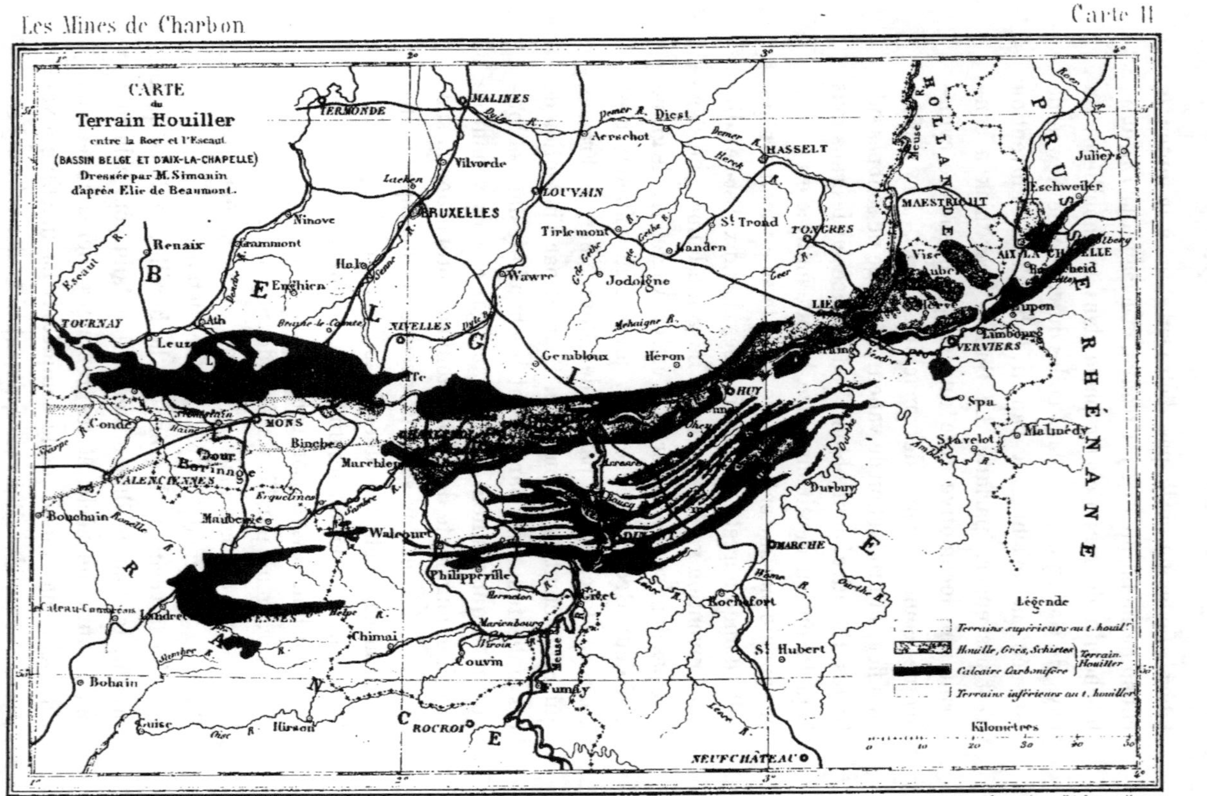

Librairie de L. HACHETTE et Cⁱᵉ à Paris.

et le charbon, s'est partout introduite; partout elle a substitué son travail à celui de l'homme; et le mot d'Aristote s'est confirmé, « qu'il n'y aurait plus d'esclaves le jour où le fuseau et la navette marcheraient seuls. »

En même temps le travail des métaux, auquel est si profondément liée la marche de la civilisation, a été de tous points modifié. L'application de la houille à la fabrication de la fonte, du fer, de l'acier, a renouvelé la métallurgie. Les procédés récents d'élaboration de ces divers produits ont changé jusqu'à l'art de la guerre, qui semblait irrévocablement fixé depuis Napoléon. Peut-être même que les terribles engins aujourd'hui en usage sur terre comme sur mer rendront bientôt la guerre impossible. Ce serait là le plus grand bienfait que nous aurait valu l'industrie.

Pendant que l'introduction de la machine à vapeur dans les usines, et l'emploi de la houille en métallurgie, ont amené ces imposants résultats, de leur côté les chemins de fer sont devenus de non moins merveilleux agents de progrès. La locomotive, qui ne devait servir qu'à transporter la houille pesante et massive, a bientôt accepté toutes les autres marchandises. Elle a fait plus; elle a changé sa première destination, en s'appliquant surtout au transport accéléré de l'homme. Par là elle a supprimé les distances, les frontières, et si les peuples penchent aujourd'hui vers une fraternelle alliance, c'est surtout à la locomotive qu'ils seront redevables de ce progrès. Quand le grand jour de la pacification universelle sera venu, quand les formidables engins de destruction dus à la sidérurgie auront rendu la guerre impossible, c'est devant une locomotive couronnée de fleurs qu'il faudra sceller le pacte international.

Les mines de houille auront profité les premières et le

plus largement de toutes ces magnifiques applications. Déjà la locomotive charrie au loin l'indispensable minéral, et à des prix si minimes qu'ils paraîtraient incroyables si on ne les lisait dans les tarifs des compagnies. C'est souvent moins de dix centimes par tonne de mille kilogrammes et par lieue de quatre kilomètres, presque aussi bon marché que sur les voies d'eau !

La modicité des prix de transport a facilité partout l'écoulement, la diffusion de la houille, et la production a dû faire effort pour satisfaire à toutes les demandes, à toutes les exigences de la consommation. La machine à vapeur, appliquée à l'extraction, a remonté le combustible des noirs abîmes par quantités énormes à la fois. Il est ainsi sorti jusqu'à mille tonnes ou un million de kilogrammes par jour de la bouche d'un seul puits ! Tout a concouru à répandre les emplois de la houille, à vulgariser son usage. Aux contrées qui ne possèdent pas cette richesse minérale, les navires, les chemins de fer l'apportent ; les voies de terre elles-mêmes sont mises à contribution quand les distances ne sont pas trop grandes. A l'aide de tous ces moyens, la production a dépassé toutes limites. Depuis un demi-siècle, elle double tous les quinze ans en Angleterre, en France, en Belgique ; tour les dix ans en Prusse ; tous les cinq ans, aux États-Unis. En 1864, l'Angleterre atteignait le chiffre formidable de quatre-vingt-treize millions de tonneaux ; en 1850, elle ne produisait que cinquante millions. Le créateur de la géologie anglaise, le vénérable sir Roderick Murchison, annonçant ce résultat à l'*Association britannique*, dont il présidait la réunion annuelle de 1865, en paraissait ému. Il ne pouvait s'empêcher de jeter un regard sur l'avenir, et semblait se demander anxieusement ce que deviendrait l'Angleterre quand ses houillères seraient épuisées. L'année d'après,

un homme d'État dont les trois royaumes s'honorent,
M. Gladstone, frappé des mêmes faits, les proclamait à la
tribune, pour que le pays, tenu en éveil, ne fût par pris
un jour au dépourvu. Depuis lors, le Parlement a ordonné
une enquête, et la Grande-Bretagne a procédé à l'inventaire de ses domaines souterrains. Les résultats de ces recherches ne sont pas encore publiés; mais déjà un premier pas est atteint, on cherche partout à économiser le
charbon.

Comme on le voit, l'histoire de la houille est pleine
d'enseignements, et le rôle immense que joue à notre
époque travailleuse le minéral qu'on voulait proscrire des
villes il n'y a pas encore un siècle, mérite de fixer désormais l'attention.

IV

LES PAYS NOIRS.

La Belgique. — Les bassins français. Transformations dues à la houille.
Les Iles britanniques; les *Indes noires.* — L'Europe centrale et méridionale. — La houille en Afrique, en Asie, en Océanie, dans l'Amérique
du Sud et du Nord. — Réponse d'un voyageur à Fulton.

Toute contrée où la houille existe, où on l'exploite,
est par cela même intéressante. Qui ne connaît, à ce propos, l'histoire de la Belgique? Ce petit royaume dont on a
augmenté en 1830 la carte de l'Europe, déjà si bariolée,
doit presque uniquement son importance à la houille. S'il
occupe aujourd'hui un rang distingué parmi les nations,
ce n'est pas qu'il pèse beaucoup dans la politique et dans
les décisions des diplomates qui règlent l'équilibre européen (sa position topographique, sa faible étendue le relè-
guent au second plan), c'est parce qu'il marche après l'Angleterre, la Prusse et la France dans la production de ces
deux grands agents de la puissance des États modernes, le
charbon et le fer. Son industrie minérale, brillamment
développée, lui a créé les relations les plus étendues sur
le globe, et c'est surtout à la houille que la Belgique est
redevable d'une aussi florissante situation. La nature, en
créant le charbon, l'en a dotée à pleines mains.

Le bassin houiller de Belgique, développé entre Liége et

Mons, en passant par Namur et Charleroy, s'étend de l'est à l'ouest sur une longueur de quarante lieues, et une largeur moyenne de quatre (carte II). Ce ne sont partout que mines de houille, usines métallurgiques, ateliers de construction de machines; à chaque pas, se coupent, s'enchevêtrent les routes de terre, les canaux, les chemins de fer.

La faible étendue du bassin houiller est rachetée par le nombre considérable des couches, et par les replis plusieurs fois répétés qu'elles font sur elles-mêmes, ce qui en augmente la surface exploitable. Ces replis sont dus au soulèvement et à la compression des lits carbonifères par les roches éruptives, alors que le terrain était en voie de formation, et que les couches, encore pâteuses, cédaient librement aux pressions qui agissaient sur elles. Elles ont obéi une à une, et jusque dans les plus minces filets, à cette action extérieure, sans se rompre, hormis en quelques points, tant était grande leur nature plastique. Les courbes dans les angles se sont produites sans aucune cassure, et sont toutes parallèles. C'est là un des exemples les plus curieux de soulèvement et de compression des dépôts sédimentaires (carte III).

Toutes les qualités de houille se rencontrent dans le bassin de Belgique; une variété est particulière à ce pays, c'est le *flénu* (1), bon pour le gaz et la grille, et que les usines de Paris elles-mêmes recherchent. Le commerce divise les charbons en *gaillettes* (2) et *gailletteries*, ou gros et moyens, en *fines* ou menus, et en *tout-venant*. Cette dernière dénomination s'applique à la houille telle qu'elle sort de la mine, sans triage, sans choix. Classés d'après les usages industriels auxquels elle sont propres,

1. Nom d'une mine au couchant de Mons.

2. Ce nom vient sans doute de galets ou galettes, parce que les gaillettes sont en morceaux qui ont cette forme.

les houilles sont *dures*, *grasses*, *demi-grasses* ou *maigres*, suivant qu'elles renferment plus ou moins de matières volatiles, bitumineuses, brûlent avec une flamme plus ou moins longue, et se boursouflent ou non au feu. Ces quatre grandes divisions sont du reste admises dans presque toutes les mines.

En France, le centre industriel qui rappelle le mieux la Belgique est le bassin de Rive-de-Gier et Saint-Étienne, qui s'étend entre le Rhône et la Loire, du nord-est au sud-ouest. Au sud, le terrain houiller s'appuie sur les escarpements du mont Pilat, qui sépare les eaux tributaires de l'Océan de celles qui vont à la Méditerranée; au nord, il est adossé aux derniers contre-forts des montagnes du Lyonnais et du Forez. Entre ces deux limites, dont il a comblé le vide lors de l'âge carbonifère, il occupe une bande étroite qui s'élargit sensiblement en allant du Rhône à la Loire (cartes IV et V).

Quand on sort de Lyon par le chemin de fer qui, côtoyant le Rhône jusqu'à Givors, remonte ensuite la belle vallée du Gier aux collines boisées et verdoyantes, on ne tarde pas à arriver dans le district des mines de houille. Cette région commence à Rive-de-Gier. A partir de ce point, ce ne sont que puits et galeries de mines, ouverts dans la campagne pour l'extraction du charbon ou l'épuisement des eaux. Dans certaines portions du bassin, celles-ci sont des plus abondantes et forment de véritables fleuves souterrains. Çà et là se profilent les longues lignes des fours à coke, où l'on carbonise la houille, comme le bois dans les forêts. Les feux, la nuit, brillent en divers points de l'horizon, et l'on croit traverser une contrée volcanique aux fumerolles embrasées.

Les villes sur le parcours, Rive-de-Gier, Saint-Chamond, sont loin d'offrir un aspect agréable à l'œil. Ici le

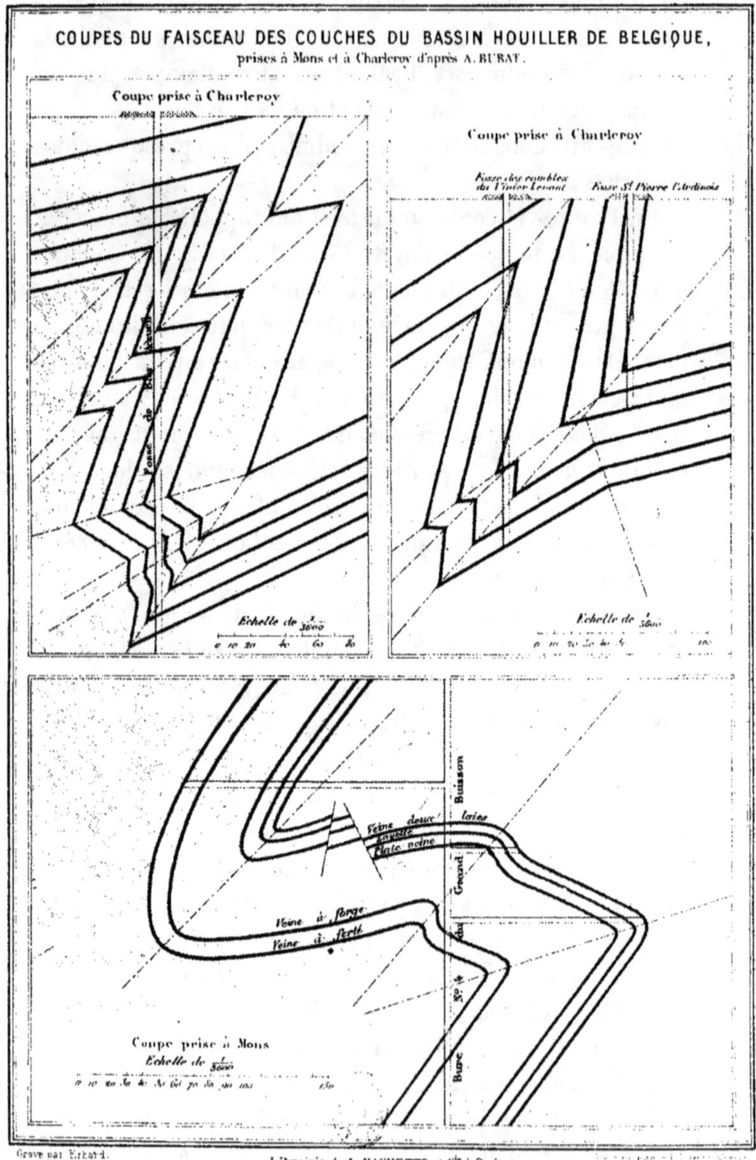

COUPES DU FAISCEAU DES COUCHES DU BASSIN HOUILLER DE BELGIQUE,
prises à Mons et à Charleroy d'après A. BURAT.
Coupe prise à Charleroy
Coupe prise à Charleroy
Fosse des combles du Vieur Levant
Fosse St Pierre l'Ardinois
Echelle de 1/3600
0 10 20 40 60 80
Echelle de 1/3600
0 10 20 30 40 50 100
Veine deux loies
Grande veine
Plate veine
Veine à forge
Veine à fierli
Buisson
Grande Bure
No 14
Bure
Coupe prise à Mons
Echelle de 1/5000
0 10 20 30 40 50 60 70 80 90 100 150
Gravé par Erhard.
Librairie de L. HACHETTE et Cie à Paris.

touriste n'a que faire, tout est livré à l'industrie du houilleur. Les rues sont pleines d'une boue noire, épaisse; les
façades des maisons sont noircies par la fumée et la poussière du charbon. Cette poussière pénétrante ne respecte
rien; les feuilles des arbres, le linge, le visage de l'homme,
elle salit et noircit tout, et le bourg de *Terre-Noire*, que
l'on rencontre en chemin, porte dignement son nom. Aux
abords des gares et des centres de population, se pressent
les lourds véhicules pesamment chargés, charrettes ou
wagons. Souvent le chemin de fer lui-même traverse la
rue, où les rails, par droit de conquête, s'alignent sur la
chaussée. Les cheminées des usines envoient dans l'air
leur panache de flamme et de fumée, l'atmosphère est
imprégnée de cette odeur de bitume et d'éther particulière à la houille, le bruit métallique du marteau
et des laminoirs résonne de tous côtés; les fictions de
l'antiquité ont pris un corps: on dirait le pays des Cyclopes. C'est le pays des courageux houilleurs; c'est le
bassin de la Loire ou de Saint-Étienne, ainsi nommé de
la ville que le travail de la houille a surtout transformée,
enrichie.

Au commencement du XVIIe siècle, Saint-Étienne
n'était qu'une bourgade habitée par quelques centaines
d'ouvriers experts dans l'art de forger les armes et les
outils. Deux siècles après, elle renferme à peine vingt
mille habitants, bien qu'à la fabrication des armes se soit
jointe celle de la taillanderie ou des outils tranchants,
celle de la grosse quincaillerie et le tissage des rubans.
Mais à peine les houillères de cet intéressant district se
développent-elles par la fabrication du fer d'après la méthode anglaise, que la ville voit augmenter de plus en
plus sa population. Le chiffre en dépasse aujourd'hui cent
mille âmes, au point que l'État, faisant enfin justice à des

demandes réitérées, a dû transférer, en 1855, le chef-lieu du département de la Loire de Montbrison à Saint-Étienne.

Il y a deux siècles, quand Saint-Étienne n'était encore qu'un modeste village, Rive-de-Gier et Givors n'existaient pas; aujourd'hui ce sont des villes importantes créées par la houille et le fer; Saint-Chamond n'était célèbre que par son immense château fort, relevant des comtes de Forez: le château est maintenant en ruines; mais à ses pieds s'élève une ville, que le travail métallurgique et le commerce du charbon, plus encore que la fabrication des lacets de soie, ont rendue populeuse et prospère.

C'est aussi aux houillères du bassin stéphanois que nous devons les deux premiers chemins de fer qui se soient faits en France : celui de Saint-Étienne au port d'Andrézieux sur la Loire, concédé en 1823, tracé alors comme une route ordinaire avec des pentes très-fortes et desservi par des chevaux; et celui de Saint-Étienne à Lyon, datant de 1826, qui fut notre premier chemin de fer à locomotives. On pensait encore si peu, à cette époque, au transport accéléré des personnes, que ces deux railways ne furent établis que pour faciliter le mouvement du combustible minéral. Et quand on parlait dans les chambres, en 1834, d'ouvrir des voies ferrées rayonnant de Paris sur la province, un ministre allait jusqu'à prétendre qu'on en ferait bien quatre ou cinq lieues par an, et que ces voies nouvelles ne seraient bonnes qu'à divertir les badauds de la capitale accourus au passage de la locomotive! Un grand savant ajoutait qu'on serait étouffé par la vapeur d'eau dans les longs tunnels; un célèbre économiste, que la France ne produirait jamais tout le métal exigé par les voies ferrées; enfin un député des Hautes-Alpes s'écriait que dans les montagnes les remblais et le chemin seraient précipités dans la vallée. Les mineurs laissèrent dire, et dotèrent le pays de ses premiers chemins de fer.

Le spectacle animé qu'offre le bassin houiller de la Loire se retrouve en France sur bien d'autres points. C'est un fait digne de remarque que l'industrie houillère, dans toutes les contrées où elle s'est établie, affecte un caractère d'uniformité très-frappant. Ainsi le bassin du nord, prolongement du bassin belge (cartes II et XI), présente, autour de Denain, d'Anzin, de Valenciennes, et dans le Pas-de-Calais entre Lens et Béthune, le même tableau que le bassin de la Loire à Saint-Étienne, Rive-de-Gier et Saint-Chamond.

Dans le département de Saône-et-Loire, nous trouvons Blanzy et Épinac (cartes IV et VI) qu'on range parmi les plus importantes de nos houillères, et le Creuzot, vallée triste et inhabitée il y a un siècle, inconnue alors sous son nom de *Charbonnières*[1], aujourd'hui centre industriel des plus actifs (cartes IV et XIII). L'extraction et le transport de la houille et du minerai, la fabrication de la fonte et du fer, la construction des machines, y occupent au delà de dix mille ouvriers. Cet établissement est l'heureux rival des plus fameux en ce genre dans le monde. L'Angleterre, la Belgique, les États-Unis n'en ont aucun à lui opposer de supérieur. Un morceau de charbon, on peut le dire, a été l'origine de ce merveilleux développement, qui n'a du reste pris tout son essor qu'à partir de 1837, avec l'habile direction de MM. Schneider.

Dans le Gard, la prospérité des houillères d'Alais et de la Grand'Combe est de date tout aussi récente : elle n'a véritablement commencé que le jour où un chemin de fer a relié ces gisements au Rhône en 1840. Alais, qui jusque-là n'avait marqué dans l'histoire de nos provinces du midi

---

1. On l'appelait aussi le *Creux*, d'où l'on a fait le *Creuzot*. Ainsi écrit l'Académie ; l'usine écrit aujourd'hui *Creusot*.

que par les guerres religieuses et le commerce de la soie, est devenu depuis une ville essentiellement industrielle, où les vieilles querelles entre catholiques et protestants se sont assoupies, où l'importance des magnaneries, des verreries, a peu à peu disparu devant celle des usines métallurgiques. Bességes, Portes, n'ont pas tardé à suivre la voie d'Alais et de la Grand'Combe, et aujourd'hui le département du Gard, naguère presque oublié, est classé parmi les plus intéressants de France, ceux où l'industrie minérale a fait les plus grands progrès. Ainsi le Gard vient en troisième ligne dans le tableau de notre production houillère. Il ne se laisse devancer que par les départements de la Loire et du Nord, qui marchent tous les deux en tête, contribuant chacun pour plus du quart au chiffre de l'extraction annuelle totale [1].

Le bassin d'Aubin, dans l'Aveyron, ne compte également dans notre industrie nationale que depuis une trentaine d'années. Decazeville doit son origine à un ministre de la Restauration, et ce n'est que depuis 1826, époque où furent installées les fonderies et les forges à l'anglaise qui y fonctionnent encore, que les mines de houille de l'Aveyron reçurent leur premier développement. Dans ces mines on eut aussi l'avantage de rencontrer en plus grande abondance qu'à Saint-Étienne et au Creuzot ce fer carbonaté pierreux, dit minerai des houillères, si répandu dans les mines britanniques, dont il n'a pas peu contribué à assurer l'étonnante fortune.

Sur tous les points il a fallu au début, pour favoriser l'extraction de la houille, s'attacher à en consommer sur place la plus grande quantité. Les usines à fer qui, pour un poids donné de métal, consomment jusqu'à cinq fois

---

1. Ce chiffre atteint aujourd'hui 12 millions de tonnes, soit 12 milliards de kilogrammes.

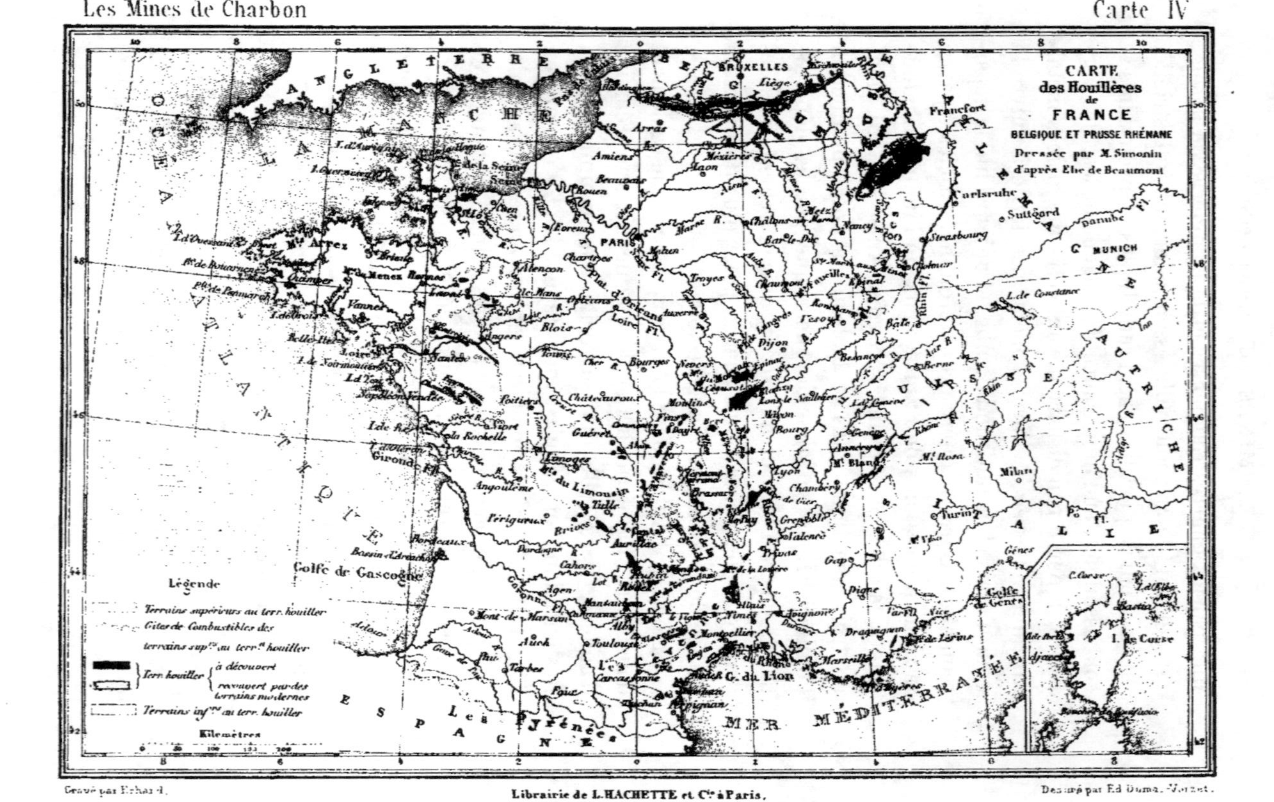
CARTE
des Houillères
de
FRANCE
BELGIQUE ET PRUSSE RHÉNANE
Dressée par M. Simonin
d'après Elie de Beaumont

Légende
Terrains supérieurs au terr. houiller
Gîtes de Combustibles des
terrains sup.rs au terr.ns houiller
Terr. houiller { à découvert
{ recouvert par des
terrains modernes
Terrains inf.rs au terr. houiller
Kilomètres

le même poids de combustible, sont celles que l'on a d'abord érigées dans le voisinage des mines de charbon. Ainsi se sont fondés en France les grands établissements de Terre-Noire, Saint-Chamond, Givors, le Creuzot, Alais, Decazeville, Commentry, Denain, Anzin et tant d'autres. Des verreries, des cristalleries, des fabriques de glaces, de porcelaine, des fours à cuire la tuile et la brique se sont également établis autour des plus importantes houillères. Enfin, dans certaines localités, comme dans les mines de la Basse-Loire et celles de Sarthe-et-Mayenne (bassin du Maine), on a employé à fabriquer de la chaux, pour l'amendement des terres argileuses et siliceuses de ces contrées, un charbon d'un écoulement malaisé. Tout le secret de la bonne exploitation des houillères, quand la qualité du combustible ne se prête pas à un transport lointain, ou que les routes elles-mêmes sont défectueuses, consiste à dénaturer la houille, comme disent énergiquement les exploitants, à la transformer en une autre matière : fer, produit de verrerie ou de céramique, chaux, etc., d'un placement immédiat, ou du moins plus facile et plus assuré.

Dans les mines du Maine, en moins de quelques années, le pays a été ainsi régénéré par l'application de la houille à la cuisson de la chaux. Auparavant on ne récoltait que du seigle et du sarrasin ; les campagnes avaient un air désolé. Aujourd'hui, grâce à l'emploi des amendements calcaires, on produit du froment de qualité supérieure, au delà même des besoins, puisque la moitié de la récolte est exportée. Les propriétés ont triplé de valeur, et ceux qui ont vu le pays il y a trente ans, disent qu'il n'est plus reconnaissable. Si l'exploitation des houillères a nui quelquefois à l'agriculture, ici le mal a été largement réparé.

Sans insister sur les bassins houillers de France que nous n'avons pas encore nommés, ceux de Carmaux, Graissessac, Brassac, la Moselle, etc. (cartes IV et XII), passons maintenant le détroit et visitons les bassins anglais. Comparons avant tout la carte (VII) qui en représente les groupes étendus, si largement distribués, à celle (IV) où se trouvent perdus nos îlots à peine visibles, formant un véritable archipel sur toute la surface du pays. En méditant sur cette situation exceptionnelle de l'Angleterre, un mot du roi de Castille, Alphonse le Sage, nous revient en mémoire, et il nous semble que l'on ne peut pas s'empêcher de dire (pourvu qu'on ne soit pas Anglais), que si le bon Dieu avait consulté autrui dans la création des terrains houillers, on aurait pu lui donner plus d'un excellent conseil. Le premier eût été de mettre moins de ces terrains en Angleterre, et un peu plus ailleurs. — Et l'autre? — Vous ne le devinez pas? De rendre la houille moins profonde. Il est vrai qu'on n'aurait plus eu alors aucun mérite à l'exploiter.

Parmi les bassins anglais, les deux plus célèbres occupent une position littorale. L'un, assis au couchant, le bassin du pays de Galles, a porté au quatre coins du monde la réputation du *Cardiff*, le charbon préféré des chauffeurs, qui a pris son nom du lieu qui l'expédie ; l'autre, saluant le soleil levant, le bassin de Newcastle, a répandu dans tout l'univers le charbon rival du Cardiff, le *Newcastle*, connu sous le même nom que le bassin d'où il est tiré. Le pays de Galles produit par an huit millions de tonnes ; le bassin de Newcastle, vingt-quatre millions. Ce dernier chiffre est plus du double de toute la production de la France ! Dans le pays de Galles, des villes comme Newport, Cardiff, Swansea, nées d'hier, comptent déjà chacune plus de quarante mille habitants, grâce au commerce du charbon. L'une d'elles a concentré dans des usines grandioses, à la faveur du bas prix de la houille, le traitement des minerais de cuivre du monde entier. « Voyez Swansea, — s'écrie l'auteur de la *Géologie appliquée*, M. Amédée Burat, — son nom poétique n'est pour rien dans sa prospérité. Autrefois, sous son ancien patronage [1], elle était inconnue. Aujourd'hui, c'est la grande ville des fondeurs. C'est elle qui envoie ses navires doubler le cap Horn pour rapporter les minerais du Chili ; c'est pour elle, c'est pour enrichir ses lords, que travaillent les nègres de Cuba, et les populations libres de Coquimbo ou de la Paz, et c'est uniquement à la houille qu'elle doit cette puissance. »

C'est au charbon aussi que Newcastle doit son renom. Ni la Tyne qui baigne ses quais, ni le mur que Septime Sévère y fit élever contre les irruptions des Pictes, ni le château fort que Robert, fils de Guillaume le Conquérant, y édifia, et que prirent et perdirent tant de fois les Écossais, n'auraient suffi à l'illustrer, ni même à la faire connaître. C'est la houille qui a répandu son nom au delà des mers ; c'est la houille qui a fondé aussi Sunderland, le principal port avec Newcastle où se fait le commerce du charbon sur cette partie du rivage britannique. Les Anglais sont fiers de leurs houillères. Ils les ont appelées les Indes noires, *black Indies*, pour montrer toute l'importance qu'ils attachent à cette exploitation. Et même ils ne donneraient pas ces Indes pour celles d'Asie ou d'Amérique. « Un jour, dit un auteur de la *British quarterly Review* [2], on vit trois cents navires sortir de la Tyne par un même flot de marée ; puis, la voile au vent, s'élancer sur l'Océan dans diverses directions, courbés sous leur charge mille fois plus précieuse que s'ils eussent porté l'or de l'Australie ou l'argent du Mexique. »

1. *Swan-Sea*, la mer du Cygne.
2. Ou *Revue britannique trimestrielle* (livraison du 1er janvier 1857).

Faut-il maintenant s'étendre sur les autres bassins houillers du Royaume-Uni ? Ceux du centre, dans les comtés de Stafford, Derby, Lancastre, York, etc., celui du nord ou de l'Écosse, allant d'Édimbourg à Glascow, et même de l'une à l'autre mer, comme celui de Newcastle et de Cumberland (carte VIII) ? Il y a de la houille jusqu'en Irlande, et le terrain carbonifère y est même fort étendu ; mais il est presque stérile. La pauvre Érin, toujours sacrifiée, n'a contribué que pour cent vingt-cinq milles tonnes au chiffre de quatre-vingt-dix-huit millions afférent en 1865 à tout le Royaume-Uni.

J'ai eu l'heureuse chance de visiter à plusieurs reprises une partie des houillères anglaises. C'est une animation, une vie que rien n'égale. Les chemins de fer, les canaux se croisent ; souvent même deux lignes ferrées, établies à des niveaux différents, suivent la même direction, tant est grand le mouvement auquel le combustible donne lieu. Partout des usines, des manufactures. Ici c'est Sheffield, le pays de l'acier ; là Birmingham, où les ateliers métallurgiques et mécaniques, les fabriques de tous genres, s'entassent, se pressent, produisant les machines, les outils, le métal anglais, les plumes de fer, les épingles, les aiguilles, les lits métalliques, etc. ; plus loin, ce sont les villes du Stafforshire où l'on fabrique la faïence et la porcelaine, et qui occupent dans ce comté le district que les Anglais appellent *Poteries*, comme ils nomment *Pays noir* celui des mines de charbon ; puis c'est Manchester, la première ville industrielle du monde, la cité des filatures, où le *roi-coton* occupe, ainsi qu'à Liverpool, presque toutes les têtes et tous les bras. Enfin c'est le pays de Galles, la patrie des grandes forges, où le minerai se trouve au milieu même du combustible et souvent avec le calcaire lui-même. Ce calcaire facilite la fusion. Jeté dans le four associé au minerai, il sert, comme on dit, de fondant. Les trois substances indispensables à tout travail métallurgique, le combustible, le minerai et le fondant, se trouvent ainsi rassemblées dans le même gîte par une singulière prodigalité de la nature.

Dans l'Europe centrale, on rencontre en quelques pays favorisés, en Prusse, par exemple, des bassins houillers comparables sinon à ceux d'Angleterre, du moins à ceux de France et de Belgique (cartes II et XII). La Prusse possède auprès de Sarrebruck, d'Aix-la-Chapelle, ainsi qu'en Westphalie, en Silésie, des gîtes importants dont la production totale, un tiers plus élevée que celle de la France ou de la Belgique, atteignait dix-huit millions de tonnes en 1865, et dépassait même vingt millions, en y comprenant tous les genres de combustibles fossiles. Le bassin de la Rhur (Westphalie), extrayait seul près de dix millions de tonnes et occupait quarante-cinq mille ouvriers. La Bavière, la Saxe, l'Autriche, avec ses mines de Bohême, viennent après la Prusse.

La Suisse possède quelques lambeaux de houillères autour de contre-forts de Alpes, surtout dans les cantons de Saint-Gall et de Fribourg. La Russie est dotée de bassins carbonifères immenses, s'étendant de la mer Blanche à la mer d'Azov, et le long de l'Oural. Les uns sont malheureusement peu fertiles en houille, les autres n'ont pas encore reçu tout le développement qu'ils comportent; mais l'industrie ne s'improvise pas. On cite un mot de Pierre le Grand au sujet des houillères de son vaste empire : « ces mines feront la fortune de nos descendants. » Est-il bien vrai qu'il l'ait dit? De son temps on ne soupçonnait pas encore les nombreuses applications de la houille, et n'est-ce pas là une de ces phrases toutes faites que l'histoire invente après coup?

L'Europe méridionale est pauvre en mines de charbon.

En Espagne, nous trouvons au nord les bassins des Asturies, de la Vieille-Castille et de la province de Léon, qui, sur l'un et l'autre flanc de la chaîne cantabrique, montrent les couches de houille par centaines et redressées presque debout. La qualité est excellente. Malheureusement les débouchés manquent; les chemins sont d'ailleurs fort défectueux. D'autres bassins, par exemple celui de San Juan (de las Abadessas) en Catalogne, ou celui d'Espiel et Belmez, en Andalousie, sont aussi exploités d'une façon restreinte. Ce sont là des réserves pour l'avenir.

En Italie, quelques îlots de terrain carbonifère, le long du golfe de la Spezzia, dans la Maremme toscane, dans les Calabres, sont également exploités. Le vrai terrain houiller manque, hormis en Sardaigne et au pied des Alpes. On n'extrait le plus souvent qu'un combustible imparfait; toutefois à Monte-Bamboli, dans la Maremme, on a trouvé d'excellente houille dans les terrains tertiaires.

Le reste de l'Europe méridionale est encore moins bien partagé. En Grèce, dans quelques îles de l'Archipel, sur les côtes de la mer Noire, à Héraclée (Asie Mineure), nous ne constatons que des lambeaux de terrain houiller.

En Afrique, on a trouvé plusieurs centres carbonifères (carte I). En Algérie, on n'a toutefois signalé que des affleurements insignifiants de lignite; mais dans le Choa et en Abyssinie il y a d'assez bonnes houilles. Par malheur le grand négus Théodore n'est pas un prince ami de l'industrie. Il veut bien qu'on exploite les mines, mais pour le compte de la couronne. Qu'attendre du reste de ce Tibère éthiopien qui prétend descendre de Salomon? Sous les plus futiles prétextes, ne retient-il pas aujourd'hui prisonnier le consul d'Angleterre, et n'a-t-il pas menacé un jour la reine Victoria de lui faire la guerre, si elle n'acceptait pas sa main?

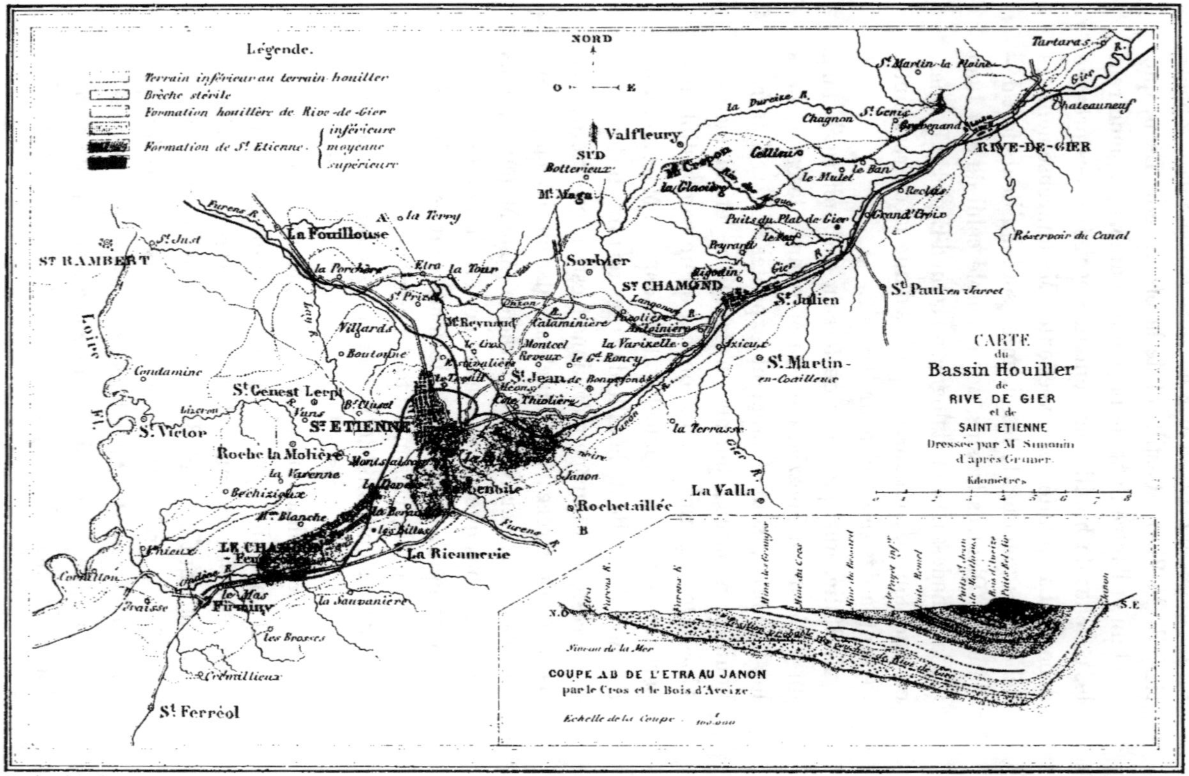

Légende.
Terrain inférieur au terrain houiller
Brèche stérile
Formation houillère de Rive-de-Gier
inférieure
Formation de St Étienne { moyenne
supérieure
NORD
O — E
CARTE
du
Bassin Houiller
de
RIVE DE GIER
et de
SAINT ÉTIENNE
Dressée par M. Simonin
d'après Gruner
Kilomètres
St Martin-la-Plaine
Tartaras R.
Gier R.
Chateauneuf
RIVE-DE-GIER
la Durèze R.
Chagnon
St Genis
Grand'Croix
Colleux
le Ban
le Mulet
Reclus
Réservoir du Canal
Valfleury
SUD
Botterieux
Mt Crepon
la Glacière
le Crep
Puits du Plat-de-Gier
le Ray
Peyraud
Gier R.
Grand'Croix
St Paul-en-Jarret
Mt Maga
St CHAMOND
Rigodin
St Julien
Furens R.
A. à la Terry
la Porchère
La Fouillouse
Etra la Tour
St Just
St RAMBERT
Loire
Sorbier
St Reynaud
Calaminière
Antoinière
la Varixelle
Axieux
Montcel
Reveux
le Gd Roncy
St Martin-en-Coailleux
Villards
Boutanne
la Terrasse
Condamine
St Genest Lerpt
St Jean de Bonnefonds
La Valla
liseron
Vans
Côte Thiolière
St Victor
St ÉTIENNE
Montsalson
Rochetaillée
B
Roche la Molière
la Varenne
Janon
Béchizieux
Furens R.
Mt Blanche
les Billes
LE CHAMBON
Feu
La Ricamerie
Phieux
le Mas
Firminy
la Sauvanière
Cornillon
Fraisse
les Brosses
Crémillieux
St Ferréol
N.O.
Niveau de la Mer
Furens R.
Mine de Grangon
Mine du Cros
Mine de Reuard
le Puys inf.
Puits Roard
Puits St Jean
de Montbarras
Bois d'Aveize
Puits Bel-Air
S.E.
COUPE AB DE L'ÉTRA AU JANON
par le Cros et le Bois d'Aveize
Échelle de la Coupe

Gravé par Lérard
Librairie de L. Hachette et Cie à Paris.
Dessiné par Ed. Dumas Vorzet

A la partie opposée du continent africain, on a signalé
aussi des houillères, par exemple au cap de Bonne-
Espérance, à Natal et sur la côte de Mozambique, le long
des rives du Zambèze. Les Anglais exploitent les premières
de ces mines; les Portugais, les secondes, et l'infortuné
Livingstone, dans ses voyages, chauffa plusieurs fois son
bateau à vapeur avec la houille mozambique.

Dans la grande île de Madagascar il y a également
des mines de charbon. Sur la côte occidentale, vers les
baies de Passandava et Bavatou-bé, on suit les couches
sur une très-longue étendue; mais elles s'enfoncent sous
la mer, communiquant probablement avec les houillères
de la côte d'Afrique, et formant ainsi un bassin presque entièrement sous-marin. Nos officiers de vaisseaux ont tour
à tour appelé l'attention sur ces mines. J'ai eu occasion
moi-même, en 1861, d'essayer ce combustible à l'île de la
Réunion, où des échantillons en avaient été déposés au
Muséum d'histoire naturelle de Saint-Denis. C'est un charbon de qualité assez bonne, appartenant à la variété des
lignites. Depuis on paraît avoir découvert aussi la véritable
houille à Madagascar.

Un Français, M. J. Lambert, le frère à la mode malgache de feu Radama II, avait eu, en 1857, l'idée de faire
exploiter ces mines, alors qu'il était négociant à l'île Maurice. M. d'Arvoy, ancien consul de France à Port-Louis,
fut chargé de la direction des travaux. La reine Ranavalo
vit de mauvais œil que les *vazas*, comme on appelle en ce
pays les étrangers, les blancs, s'introduisissent ainsi dans
son empire; elle excita les Hovas et les Saklaves contre
les exploitants. Une nuit les mineurs, traîtreusement surpris, furent massacrés. M. d'Arvoy lui-même fut tué à
coups de lance et indignement torturé. Il ne reste aujour-
d'hui à cette place que des galeries ou des tranchées ébou-

lées, et un petit fortin en ruine que les ouvriers avaient élevé pour se défendre et qui ne les protégea guère.

Dans l'Inde, la Birmanie, la Cochinchine, la Chine, le Japon, et même l'Asie Centrale (la Sibérie, la Perse, etc.), la nature s'est montrée plus prodigue qu'en Afrique (carte I). Il y a là des bassins très-importants, quelques-uns activement fouillés. On a déjà dit un mot de ceux de la Chine. Ceux de l'Inde, sous l'énergique impulsion des Anglais, sont mieux exploités. Il est probable qu'en Cochinchine il en sera bientôt de même, grâce à nos établissements.

Dans les îles de la Sonde, Sumatra, Bornéo, Java; en Australie; dans la Nouvelle-Zélande, la Nouvelle-Calédonie, le charbon existe également, souvent sur une immense étendue; mais la qualité n'en est pas toujours supérieure, ou bien ce sont les moyens de transport qui font défaut. Cependant les houillères d'Australie sont exploitées avec assez d'ardeur par les Anglais, comme celles de l'Inde. Notre station de la Nouvelle-Calédonie a aussi envoyé un moment de la houille à l'île de la Réunion.

Traversant le Pacifique, nous arrivons à l'Amérique du Sud (carte I). Là sur les côtes du Chili, nous rencontrons les mines de charbon de Concepcion, Lota, Valdivia, etc. Elles traversent l'Araucanie, ce royaume éphémère du bon M. de Tonneins, l'avoué de Périgueux; elles vont même jusqu'en Patagonie. Au Pérou, sur les plateaux des Andes; au Brésil, dans différentes provinces; au Vénézuela; à l'île de la Trinité, etc., on extrait aussi du charbon, mais la qualité s'en montre souvent inférieure; en outre la houille anglaise fait à ces combustibles indigènes une terrible concurrence. Les difficultés d'exploitation et de vente sont d'ailleurs presque insurmontables dans ces pays où les chemins manquent, et où l'industrie est à peu près nulle, sauf celle des métaux précieux et du cuivre.

Terminons notre course par l'Amérique du Nord. Il y a là des houillères jusqu'au pôle, au Groënland, dans l'archipel de la mer de Baffin ; mais elles sont sous la glace, le charbon ne s'y dégèle pas, alors que les pauvres habitants de ces régions désolées en auraient si grand besoin. Descendons de quelques parallèles. Du côté du Pacifique sont les gîtes carbonifères de la Californie et de l'Orégon, ceux-ci encore dans l'enfance, ceux-là activement exploités et dans une position exceptionnelle, au bord même de la baie de San-Francisco. Le wagon qui sort des galeries vient se vider dans les soutes des navires. Quel avenir est réservé à ces mines, le jour où le chemin de fer achevé entre l'Atlantique et le Pacifique, San-Francisco sera devenu avec New-York la grande étape entre Londres et Pékin ! Après les gîtes californiens viennent ceux de l'Utah qu'exploitent d'étranges sectaires, les Mormons polygames, au voisinage du grand lac Salé. Enfin au nord de l'Orégon sont les houillères de Vancouver plus fécondes encore que celles de Californie.

Du côté de l'Atlantique, nous saluons d'abord les houillères de l'Amérique Anglaise, au cap Breton et dans les provinces qui bordent au sud le golfe Saint-Laurent. Ces gîtes sont très-étendus et fertiles. Dans les États-Unis nous trouvons les plus puissantes mines du globe. Elles se développent au pied des Alleghanys, sur l'un et l'autre versant de la chaîne, mais surtout sur le versant occidental, et de là jusqu'au Missouri et l'Arkansas pour réapparaître au pied des montagnes Rocheuses (carte X). Les États de Pensylvanie, de Virginie, du Tennesee, leur doivent une partie de leur prospérité. Pittsburg dans la Pensylvanie a été souvent appelé le Birmingham ou le Sheffield de l'Amérique du Nord. En Pensylvanie les charbons, durs, anthraciteux, ont été appliqués avec le plus grand succès au traitement du fer, et entrent pour la moitié dans le chiffre de l'extraction totale des États-Unis. Plus avant dans l'ouest, nous rencontrons les bassins de l'Illinois, de l'Indiana et du Missouri ; enfin autour des grands lacs, le bassin du Michigan.

Huit fois plus étendues que toutes celles que nous venons de parcourir, fouillées depuis quarante ans à peine, ces mines égalent déjà par la production, sinon celles de la Grande-Bretagne, du moins celles de la France et de la Belgique ensemble. Le terrain houiller occupe aux États-Unis des surfaces immenses, le quart, souvent le tiers de la superficie des États. Ce grenier d'abondance est la grande réserve de l'avenir.

L'ensemble de ces bassins confirme une loi qui n'est peut-être qu'apparente dans la distribution géographique de la houille, mais qu'il est bon de faire connaître. Le combustible minéral est concentré dans l'hémisphère nord, dans les climats tempérés, comme si les peuples aujourd'hui les plus policés avaient dû naturellement se grouper autour du charbon de terre, le plus merveilleux agent de la civilisation et du progrès.

Dans l'Amérique du Nord, à des conditions géologiques déjà si favorables, s'en ajoutent d'exceptionnelles. C'est dans les États houillers qu'ont été découverts la plupart des lacs et des fleuves souterrains de pétrole, exploités depuis 1858 (fig. 20). Les Américains ont inondé le monde de cette *huile de pierre*, et la *Pétrolie* est devenue pour les aventuriers Yankees une seconde Californie. Il y a eu la fièvre du pétrole, comme il y avait eu celle de l'or. Au point de vue des phénomènes souterrains, le nouveau minéral a révélé aussi des conditions toutes nouvelles dans la formation et l'alignement des gîtes, et la science, comme l'industrie, a profité de cette étonnante découverte. Les

Fig. 20. — Exploitation des soürces de pétrole à Tarr-farm, près Oil-Creek (Pensylvanie).

amis des grands spectacles y ont même trouvé matière à des sensations dramatiques. Dans quelques-uns des puits, le pétrole s'est enflammé, et un incendie immense a ravagé les gîtes, montant jusqu'à la surface. En Pensylvanie la *Rivière de l'huile* (*Oil-Creek*) a roulé du feu sur plusieurs milles d'étendue.

En 1859, je parcourais moi-même ces contrées. Descendant le fleuve Hudson, au retour d'une excursion à Philadelphie et aux chutes du Niagara, je me prenais à admirer partout l'industrie de la vigoureuse république, et je comparais l'état florissant de ces jeunes pays, à celui d'abandon et de misère de la plupart des républiques de l'Amérique espagnole. « Les héritiers de Pizarre et de Fernand Cortez ressemblent-ils aux enfants des frères de Penn et aux fils des Indépendants[1]? » Sur l'une et l'autre rive de l'Hudson se dressaient les hauts fourneaux, devant lesquels venaient s'amonceler les produits des mines de fer et des houillères. Alors je songeais qu'il y avait un demi-siècle à peine, c'était sur cette même rivière que descendait le premier bateau à vapeur. Fulton, dont l'invention était restée incomprise en France, n'avait également trouvé dans son pays que la froide indifférence. Le jour où il fit l'essai de son navire, un passager seul s'était présenté, assez hardi pour partir avec lui. Et comme l'inventeur le remerciait : « C'est inutile, monsieur, répondit le touriste, je suis décidé à me détruire, j'espère que nous sauterons en route[2]. »

---

1. Chateaubriand, *Voyage en Amérique.*

2. Ce voyageur était un Français, A. Michaux, le célèbre botaniste, auteur de l'ouvrage resté classique sur les forêts américaines, *North-American sylva*. Michaux revenait d'une tournée aux bords des lacs Érié et Ontario, quand on lui annonça à Albany l'essai du bateau à vapeur de Fulton. Il ne trouva personne à bord que l'équipage et le capitaine, avec qui il se lia. Il a peut-être lancé en plaisantant le trait qu'a recueilli la légende.

V

LA POURSUITE DE L'INCONNU.

Les bassins houillers. — Découverte des mines de la Sarthe, d'Anzin, du Pas-de-Calais. — Emploi de la sonde. — Découverte de la houille dans la Moselle. — Un sondage arrêté. — Trait de courage d'un sondeur. — Existe-t-il du charbon sous Paris?

Nous avons désigné, avec les mineurs et les géologues, sous le nom de bassins houillers les étendues souvent considérables qu'occupe le combustible fossile. Les faits justifient cette dénomination; car le charbon et les roches au milieu desquelles il se trouve, remplissent d'ordinaire le fond d'anciens lacs ou de vallées et de mers disparues. Les couches, descendant sous le sol, se relèvent ensuite pour venir réapparaître sur le flanc de ces vallées, sur le bord de ces lacs, sur les rivages de ces mers d'autrefois. Elles affectent ainsi la disposition que la langue imagée des mines appelle *en fond de bateau* (fig. 21).

A la base du terrain, servant d'appui aux strates carbonifères, sont les *brèches*, les poudingues, les conglomérats, les grès, composés de morceaux de schistes, de granits, de porphyres, de gros noyaux de quartz, liés et cimentés entre eux (cartes V et VI). Détachés des roches plus anciennes, ces dépôts fragmentaires renferment comme les débris du vase qui forme le bassin, pour employer l'expres-

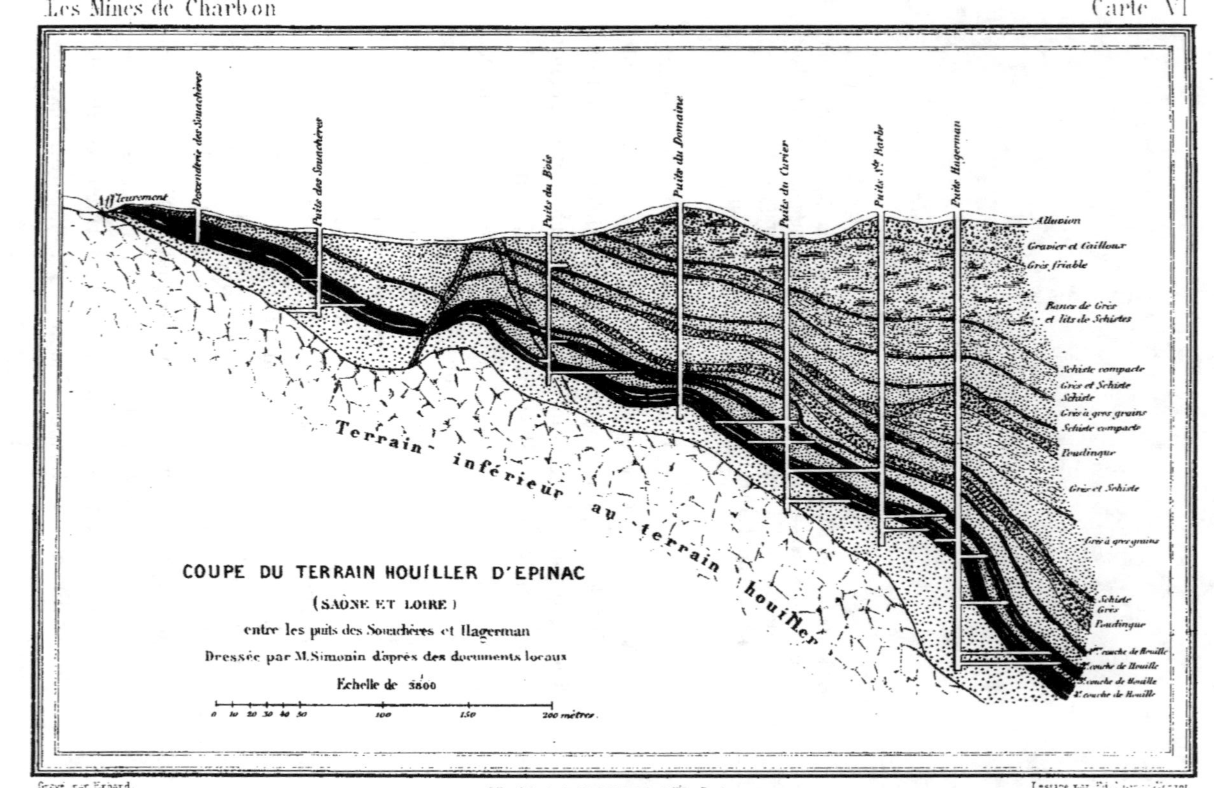

Affleurement
Descenderie des Souchères
Puits des Souchères
Puits du Bois
Puits du Domaine
Puits du Cuvier
Puits Ste Barbe
Puits Hagerman
Terrain inférieur au terrain houiller
Alluvion
Gravier et Cailloux
Grès friable
Bancs de Grès et lits de Schistes
Schiste compacte
Grès et Schiste
Schiste
Grès à gros grains
Schiste compacte
Poudingue
Grès et Schiste
Grès à gros grains
Schiste
Grès
Poudingue
1re couche de Houille
2e couche de Houille
3e couche de Houille
4e couche de Houille
COUPE DU TERRAIN HOUILLER D'EPINAC
(SAÔNE ET LOIRE)
entre les puits des Souchères et Hagerman
Dressée par M. Simonin d'après des documents locaux
Echelle de 1/3600
0 10 20 30 40 50 100 150 200 mètres
Gravé par Erhard.
Librairie de L. HACHETTE et Cie a Paris.
Dessiné par Ed. Simonin-Pezot

sion pittoresque d'un vieil ingénieur. Ils dessinent un horizon géologique précieux pour la recherche de la houille. Souvent même celle-ci affleure, c'est-à-dire que la tête des couches vient se montrer au jour. La houille alors est toute découverte. Sans doute les couches à la surface sont terreuses, *pourries ;* mais à une faible profondeur, elles sont vierges de toute altération, protégées par un manteau de roches solides contre les atteintes de l'eau, de l'air, de la lumière. En ce cas elles présentent cette couleur, cet éclat, cette compacité qui sont particu-

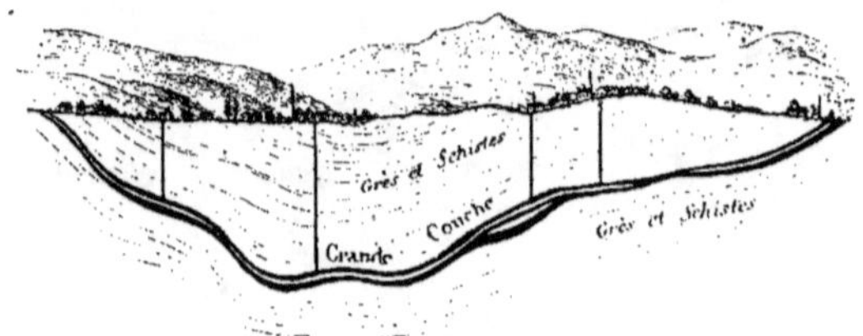

Fig. 21. — Coupe transversale du bassin houiller de Rive-de-Gier,
d'après Élie de Beaumont.

liers à la houille (planche I). La reconnaissance s'achève par des tranchées, des galeries, des puits peu profonds, et l'exploitation peut immédiatement commencer. Sur certains points favorisés on la poursuit même *à ciel ouvert,* et le gîte est fouillé comme une véritable carrière.

La plupart des bassins ont été ainsi de tout temps découverts et connus. Mais quand la houille est cachée sous terre, quand rien ne la révèle aux yeux, c'est le hasard ou la géologie qui la dévoilent, et alors commence dans l'exploitation toute une longue odyssée.

En 1813, on creusait un puits dans la Sarthe, aux environs de Sablé, pour le service d'une propriété. On remarqua parmi les déblais une terre noirâtre dont un spécimen fut envoyé à la *Société des arts* du Mans. Les membres se réunirent en session extraordinaire. Quelques-uns furent d'avis que cette matière pourrait bien être du charbon. Elle fut immédiatement essayée dans le poêle de la salle des séances. La terre brûla, aux acclamations des spectateurs. La société donna dans ses bulletins une grande publicité à ce résultat, et cet exemple prouve au moins que les académies de province, dont la malice du public s'est si souvent égayée, sont parfois bonnes à quelque chose.

Celui que cette découverte aurait dû enrichir confia les travaux de recherches à des ouvriers inexpérimentés, qui dépassèrent, sans s'en apercevoir, la couche de charbon, probablement brouillée ou altérée. Ce ne fut que trois ans après, en 1816, dans des travaux de percement de route, que la couche fut mise de nouveau à découvert, et cette fois sans plus de doute. Les propriétaires voisins commencèrent immédiatement des exploitations, et l'État leur accorda bientôt des concessions qui depuis n'ont cessé de prospérer.

Le hasard ne sert pas toujours aussi bien le mineur que dans la découverte du bassin houiller du Maine. Le vieil adage *aide-toi, le ciel t'aidera*, est applicable à la recherche des mines, plus peut-être qu'à aucune des entreprises d'ici-bas. Ce n'est généralement qu'en appelant la géologie à son aide, et qu'après les plus pénibles recherches, que l'on arrive à la constatation certaine d'un terrain houiller nouveau ; témoin ce qui s'est passé en France pour le bassin du Nord. Que de patience, de courage et d'argent ont été nécessaires, unis à tant d'intelligence, pour doter le pays de cet inépuisable gisement. Le bassin est entièrement souterrain, rien ne le révèle aux regards, et il a fallu toute une perspicacité de géologue, alors que la géologie était encore à naître, pour arriver à la découverte du gîte.

En 1716, un Belge, le vicomte Jacques Désandrouin, habile exploitant de houille dans la province de Charleroy, avait remarqué que les couches du terrain houiller de Belgique suivaient la direction constante de l'est à l'ouest, et pénétraient dans le Hainaut français sous les terrains de craie (cartes II et XI). Il eut l'idée de traverser ces terrains par des puits, et de rechercher la houille au-dessous. En moins de quatre ans, ses recherches furent couronnées de succès; mais des nappes d'eau très-abondantes inondèrent les travaux. Il y a dans ces contrées une véritable mer qui court sous le sol, et il fallut inventer, pour la refouler, ces merveilleuses digues en bois qu'on a nommées des cuvelages. Le nom en est emprunté à la forme même. Les pièces du cuvelage pressent contre les parois du puits comme les douves d'un immense tonneau ; seulement l'eau doit se tenir ici hors de la cuve, et ne jamais pénétrer en dedans.

C'est aussi sur ces mines que fut pour la première fois appliquée en France la machine à vapeur qui venait d'être découverte en Angleterre par Savery et Newcomen. Du reste, on ne rencontra d'abord que des houilles maigres, de mauvaise qualité, et ce ne fut qu'en 1734, après dix-huit années d'efforts continus, que les recherches aboutirent entièrement. Il était temps, les mines d'Anzin étaient trouvées, mais le vicomte Désandrouin et ses courageux associés y avaient dépensé presque toute leur fortune.

Je ne veux pas m'appesantir sur les diverses péripéties par lesquelles dut passer encore cette exploitation avant de devenir la brillante affaire que chacun connaît. Je ne ferai pas non plus l'historique de toutes les entreprises rivales dont elle provoqua la formation. C'est le propre de presque toutes les opérations de ce genre de susciter la concurrence, et de ne récompenser que la deuxième et souvent la troisième génération de hardis mineurs qui s'attachent à les poursuivre.

Dans ces dernières années, des recherches analogues à celles que le vicomte Désandrouin avait le premier commencées autour de Valenciennes ont été reprises au voisinage de Douai, continuées vers Lens et Béthune, et là encore le plus éclatant succès est venu couronner de longs et courageux efforts. Cette réussite a été la source, pour le département du Pas-de-Calais, de fortunes subites, inespérées, et d'une prospérité industrielle presque sans limites. Le hasard et la géologie ont contribué à cette heureuse transformation, le hasard même en a fait presque tous les frais, car la géologie, prise en défaut pour vouloir raisonner trop juste, était allée chercher en vain autour d'Arras la continuation du bassin de Valenciennes (carte XI). Le prolongement normal des couches conduisait en effet sur ce point; mais ce que les géologues ne pouvaient voir, c'était comme une falaise de terrains anciens qui courait souterrainement, faisant un retour brusque vers Douai. Le long de ce rivage avait dû s'étendre la mer houillère. Les couches qui s'y étaient déposées devaient obéir à cette inflexion en sortant de Valenciennes, et la direction du terrain houiller faisait un coude au lieu de se prolonger en ligne droite. Cet important détail ne pouvait être deviné des chercheurs. Après vingt ans d'efforts infructueux, ils avaient partout désespéré de trouver la houille, quand un heureux hasard vint à propos réveiller leur courage, et redonner à ces travaux la plus vive impulsion.

On était en 1847; on faisait une recherche d'eaux artésiennes dans le Pas-de-Calais, près de Carvin. Tout à coup la sonde signale inopinément le terrain houiller. La nouvelle à peine connue, tout le monde se remit à l'œuvre et l'outil n'alla plus chercher l'eau, mais le charbon. Un si grand nombre de trous de sonde fut à la fois exécuté, sur une longueur de vingt lieues et une largeur moyenne de quatre, que le sol en est percé comme une écumoire, et que les orifices des sondages rapportés sur un plan, même à une assez grande échelle, rappellent ces constellations d'étoiles que l'on voit figurées sur les cartes du ciel (carte XI). Le succès dépassa les espérances. Les nappes aquifères souterraines, si abondantes en ces endroits, créèrent aux mineurs les plus sérieux embarras; mais ils surmontèrent tous les obstacles. La richesse minérale de la France s'augmenta de cinquante mille hectares de terrain houiller. Dix-sept compagnies se formèrent pour exploiter les concessions. En dix ans la production de ce bassin a sextuplé. D'un million d'hectolitres (quatre-vingt mille tonnes) qu'elle atteignait en 1854, elle est arrivée, en 1864, à seize millions d'hectolitres ou douze cent mille tonnes [1] : le dixième de la production générale de la France ! Et tout cela a eu pour origine une recherche d'eau. La sonde, qui des sources souterraines de l'Artois était passée dans les houillères, a trouvé à son tour des houillères dans l'Artois.

Il faut s'arrêter sur la recherche de la houille par le sondage, le moyen pratique le plus sûr qui vienne aujourd'hui en aide aux spéculations des géologues dans la découverte des terrains houillers. Cette méthode ingénieuse démontre en même temps à quels résultats merveilleux peuvent atteindre la patience et l'adresse de l'homme. On franchit difficilement, lentement, la distance quelquefois énorme qui sépare de la surface les bancs carbonifères. Le sol est foré, creusé avec des outils d'acier, jusqu'aux plus lointaines profondeurs. Quand on ren-

---

1. Quatorze cent mille tonnes en 1865.

contre des rognons de silex, l'acier le plus dur, le mieux

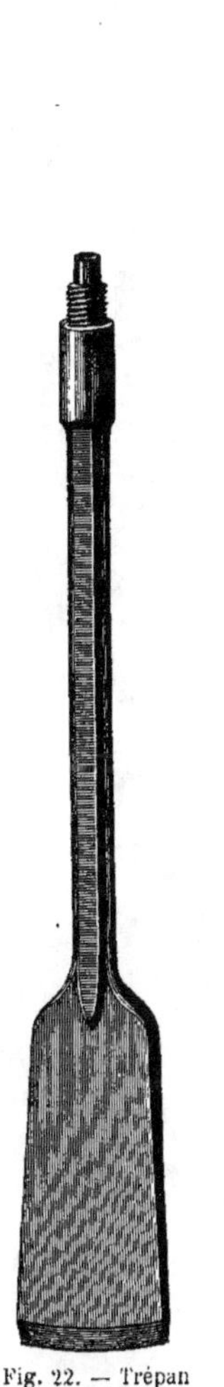

Fig. 22. — Trépan
ou burin.

Systèmes Degousée
et Laurent.
Éch. 1/10.

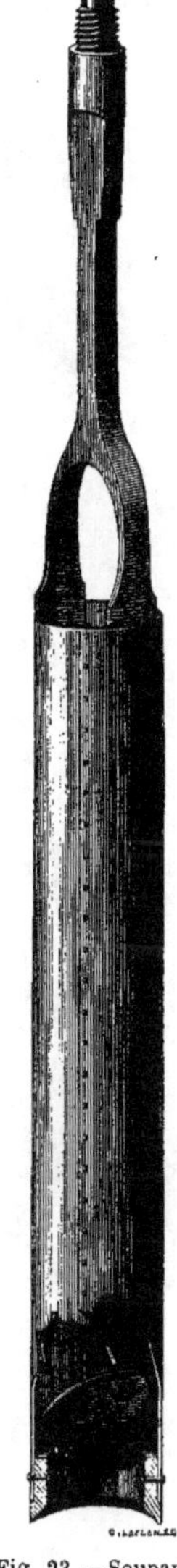

Fig. 23.—Soupape
à clapet.

trempé, s'émousse, se rompt, et l'on retire plus de poussière métallique que de débris de la roche. Quelquefois une tige se casse ou l'outil se brise ; alors, avec des grappins, on va les saisir; on ne recule point devant des sauvetages aussi délicats. La traversée des sables mouvants, des terrains ébouleux, des nappes d'eau présente les plus graves difficultés. Il faut protéger le trou avec une colonne de tubes en métal qu'on y fait descendre un à un.

Les tiges de sonde sont en bois ou en fer, et vissées. Le ciseau d'acier qui mord sur la roche et la broie est appelé par les ouvriers le casse-pierre, ou bien encore le trépan, le burin (fig. 22). Un mécanisme ingé-

Fig. 24. — Installation d'un sondage (système Mulot et Saint-Just-Dru). Forage du Trou.

nicux lui permet souvent de se détacher de la tige, de tomber librement, puis va le reprendre et le soulève, pour le laisser s'échapper de nouveau ; et ainsi marche le travail dans cette double oscillation. A la surface, un levier ou une chaîne élèvent les tiges qui descendent par leur propre poids. Un ouvrier, agissant sur une clef en fer, imprime chaque fois à l'appareil un petit mouvement circulaire, pour que le trou soit toujours bien rond (fig. 24). Les poussières, les débris, produits par la percussion du trépan, tombent au fond du trou, toujours plein d'eau. Ces boues sont extraites par des tubes à soupape (fig. 23). Peu à peu le trou s'approfondit, mais la besogne marche lentement. La patience est une des grandes vertus du sondeur.

Quelques sondages sont établis d'une façon toute primitive. Une chèvre pour descendre et remonter les tiges, un levier ou un treuil mis en jeu par des hommes, et garantis par une grossière charpente, composent l'installation. Dans les sondages profonds et à grand diamètre on procède avec plus de luxe, et l'on emploie une petite machine à vapeur (fig. 24 et 25).

Les sondages opérés en vue de découvrir le charbon partent, à moins de cas exceptionnels, d'un terrain plus moderne que le terrain houiller. Après avoir traversé les assises supérieures, généralement composées de calcaires, de grès, de marnes, d'argiles, on recoupe le terrain houiller lui-même. Il est reconnaissable à ses schistes noirs et à ses grès siliceux, semés de paillettes brillantes de mica. Bientôt on rencontre de minces lits de charbon, avant-coureurs de la couche qu'on cherche. Ici l'anxiété du sondeur redouble. Un accident a-t-il dérangé la stratification ? on peut traverser le niveau habituel qu'occupe la houille sans la rencontrer. En se basant sur des sondages analogues, s'il en a été déjà exécuté dans la même localité, on connaît cette profondeur d'une façon approximative. C'est un jour de victoire que celui où la sonde ramène la houille, la houille noire, étincelante, compacte, qui ne laisse plus aucun doute sur l'avenir de l'exploitation.

Le sondage tel qu'il vient dêtre décrit, est celui qu'on pratiquait encore il n'y a pas bien longtemps; mais il a été depuis peu perfectionné, et porté à un tel point d'exactitude, qu'on ne saurait désormais faire mieux. Les outils sont devenus à la fois très-simples et peu nombreux. L'inconvénient des anciens sondages était de ne rapporter à la surface que d'informes débris, des poussières, des boues sur lesquelles on ne pouvait rien décider. Ces grès traversés sont-ils bien ceux du terrain carbonifère? Ces terres noires sont-elles bien de la houille ou seulement des schistes? Quelle est la direction, l'épaisseur des bancs? Les roches présentent-elles quelques empreintes caractéristiques de l'èpoque houillère? A toutes ces demandes on a répondu par les sondages perfectionnés. On emploie un trépan en forme de cylindre creux, muni à sa base d'une rangée de dents, ou seulement de quatre ou six couteaux tranchants, d'acier fondu (fig. 26). On le manœuvre comme le trépan ordinaire, et il isole un cylindre dans la roche, une véritable colonne massive, rodée comme si elle était passée au tour. Quand on a découpé, dégagé cette *carotte*, comme l'appelle le sondeur, ou comme il dit plus élégamment, ce monolithe, on le brise à sa base avec l'emporte-pièce, véritable pince à ressort ou grappin qui le saisit et le remonte au jour (fig. 27). Comme le trou a au moins vingt à trente centimètres de diamètre, on ramène ainsi un magnifique échantillon, un témoin irrécusable, sur lequel on peut étudier les fossiles que renferme le terrain, la structure des couches, la distance qui

Fig. 25. — Installation d'un sondage (système Mulot et Saint-Just-Dru). Changement des tiges.

les sépare, leur pen-
dage sur l'horizon
(fig. 28). Quand on
remonte le cylindre
sans le déranger de
sa position naturelle,
on peut également
marquer le sens de la
direction et de l'in—
clinaison des couches.

Dans les mains de
M. Kind, habile son-
deur saxon, de simple
ouvrier devenu l'un
des plus célèbres in-
génieurs de ce temps,
la sonde a fait des
miracles. L'Allema-
gne appelle avec or—
gueil M. Kind *le Na-
poléon des sondeurs;*
nous ne devons pas
oublier qu'il est en
même temps le véné-
rable doyen de son
art. C'est dans la re-
cherche de la houille,
plus encore que dans
celle des eaux arté-
siennes, qu'il a tenu
à s'illustrer. Il est allé
interroger le sol aux
plus lointaines pro-

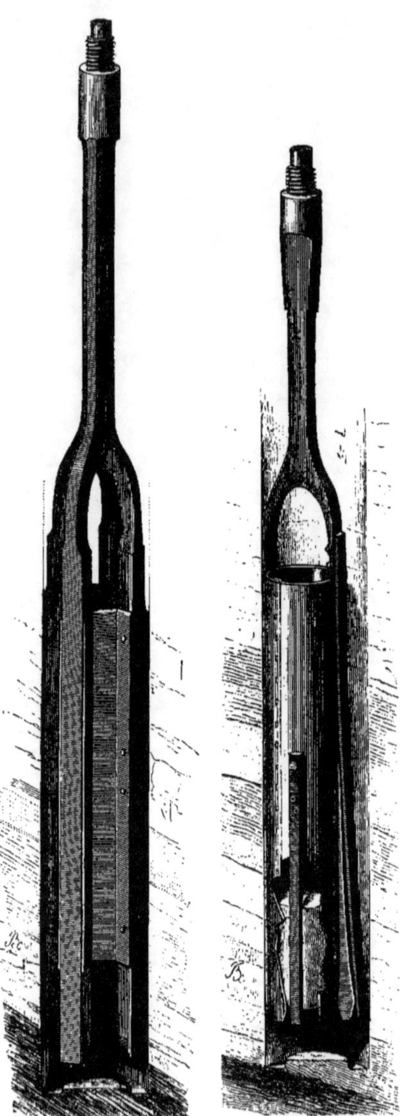

Fig. 26. — Trépan
découpeur.

Fig. 27. — Emporte-
pièce.

Systèmes Degousée et Laurent. Éch. 1/10.

fondeurs, avec un coup d'œil aussi sûr que hardi, et pour lui la géologie souterraine n'a plus eu de secrets. Dans l'exploration du bassin houiller de la Moselle, M. Kind s'est surpassé. Il a foré des trous de sonde de dimensions avant lui inconnues ; il a foré mécaniquement, au milieu de nappes aquifères montantes, même des puits de mine ! Les Mulot et Saint-Just Dru, les Degousée et Laurent,

Fig. 28. — Échantillon d'une colonne de schiste argileux avec empreintes végétales, retirée d'un sondage par M. Kind, à Stiring (Moselle). Éch. 1/2.

que l'art des sondages en France proclame des maîtres, ont suivi M. Kind dans cette voie, et dans la Moselle comme dans le Pas-de-Calais ont attaché leur nom aux plus féconds travaux.

J'ai nommé le bassin houiller de la Moselle. Il est digne d'occuper, dans l'histoire de la découverte du charbon, une place à part, glorieuse entre toutes. Sur ce champ ouvert à leurs patientes investigations, les chercheurs de mines français se sont rendus célèbres, ont bien mérité du pays. Par une brillante réussite, ils ont augmenté dans une sensible proportion la richesse souterraine nationale. Ils n'ont pas reculé d'ailleurs devant les dépenses. Plus de cinquante sondages ont été entrepris, d'une profondeur dépassant quelquefois cinq cents mètres. La moitié à peu près des recherches a atteint le but, au milieu des circonstances les plus difficiles, d'irruptions d'eau continues. Dix millions ont été dépensés. Les faits méritent d'être racontés avec quelque détail ; mais il faut prendre les choses à l'origine.

En 1815, les alliés, quand ils refirent les frontières de France, s'appliquèrent à les tracer de telle façon du côté de la Prusse rhénane, que tout le riche bassin houiller de Sarrebruck que nous exploitions depuis vingt ans, restât en dehors de la nouvelle limite (carte XII). Il sembla à l'ingénieur des mines prussien qui inspira aux diplomates l'idée lumineuse de nous borner si étrangement, que les couches, si elles ne tournaient pas impoliment le dos à la France, passaient cependant sous notre sol à une telle profondeur, que nous n'avions plus de charbon à espérer de ce côté. L'ennemi avait compté sans l'initiative courageuse, hardie, des habitants de la Moselle. On avait suivi avec attention, dans ces pays intelligents, les tentatives couronnées de succès du département du Nord, on en avait gardé la mémoire. On se mit résolûment à l'œuvre dès le premier jour, d'abord aux environs de Forbach. On sonda le terrain, on creusa des puits, mais ces découvertes sont toujours longues, pénibles : rien ne découragea les chercheurs. Les capitaux succédèrent aux capitaux. Les trous de sonde, les puits demeuraient sans résultats ; on en creusait d'autres. Il fallut aussi lutter à outrance contre les eaux qui inondaient les trous, y provoquaient des éboulements, ou remontaient en jets artésiens. Bref, après bien des années d'efforts continus, désespérés, où plus d'un lutteur tomba sur le champ de bataille pour ne plus se relever, vint le moment du triomphe. L'homme resta vainqueur dans cette guerre avec le sol. En 1858, l'empereur Napoléon III, ouvrant les Chambres, annonçait à la France et au monde la découverte du bassin houiller de la Moselle, prolongement du vaste et fertile bassin de Sarrebruck. Le fait était désormais définitif, hors de doute. Ici encore l'étendue de notre domaine souterrain exploitable s'est accrue dans une forte proportion; plusieurs concessions ont été instituées sur le nouveau bassin houiller, et elles contribuent pour une assez forte part au chiffre de la production indigène. Il est toutefois à regretter qu'après une lutte si patiente, si méritoire, dans laquelle se sont illustrés entre autres les de Wendel, les Pougnet, le succès n'ait pas été aussi éclatant que dans le Pas-de-Calais, où les efforts ont été moins longs, sinon moins coûteux.

Ce n'est pas seulement à la découverte de bassins houillers tout entiers, c'est aussi, dans un ordre plus modeste, à l'extension plus ou moins probable d'une houillère, que s'applique la sonde. Le problème est le même dans les deux cas. Il s'agit toujours d'aller retrouver le charbon au-dessus des terrains d'âge plus récent, que les houilleurs ont si bien nommé les *terrains-morts*. Ici encore nos mines occupent une place glorieuse. Dans le Gard, à la Grand'Combe, à Alais; dans la Haute-Saône, à Ronchamp, on a vérifié par des sondages le prolongement des bassins houillers qu'on croyait limités. Quelquefois les roches éruptives venaient s'interposer comme un écran devant la houille et faire douter de la continuité des couches; mais au delà de ces pitons de granit ou de porphyre s'étendaient les terrains plus modernes, les grès rouges, les calcaires jurassiques, frères cadets du terrain

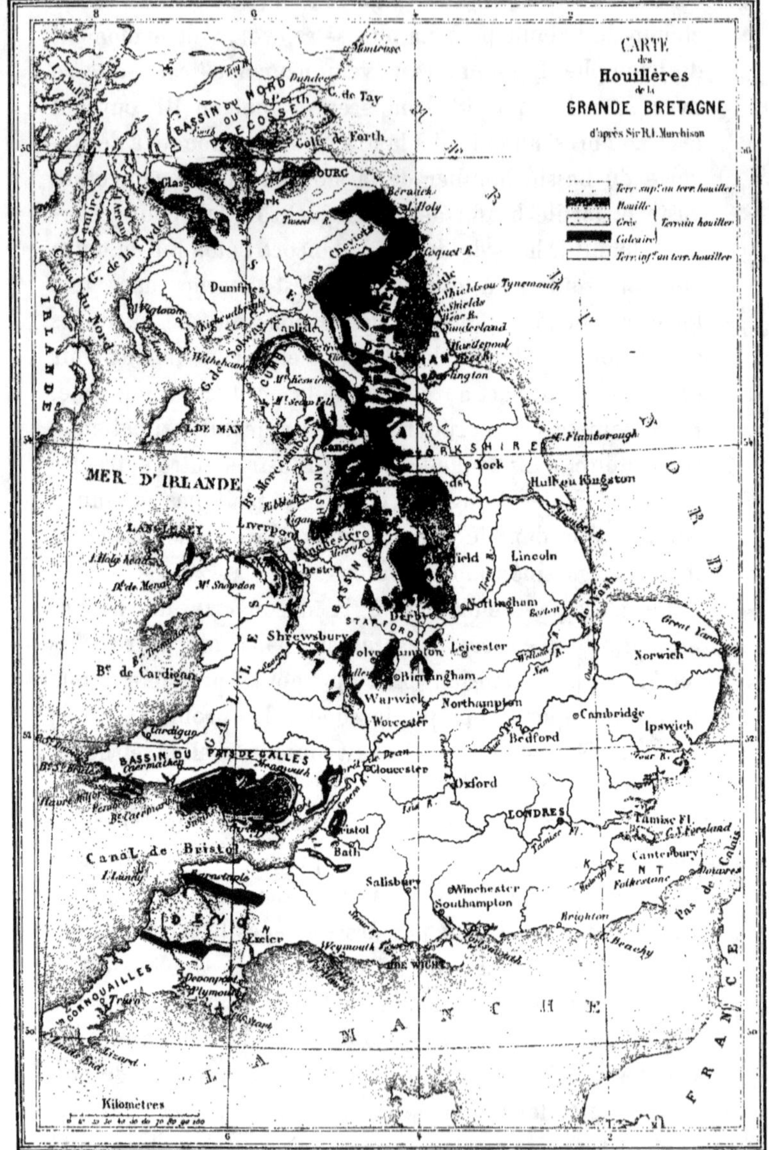
CARTE
des
Houillères
de la
GRANDE BRETAGNE
d'après Sir R.J. Murchison
Terr. sup.ᵉ au terr. houiller
Houille
Grès
Calcaire
Terrain houiller
Terr. inf.ᵉ au terr. houiller
BASSIN DU NORD OU D'ÉCOSSE
Montrose
Dunkeld
C. de Tay
Golfe de Forth
Forth
IRLANDE
Canal du Nord
G. de la Clyde
Galloway
Carrick
Dumfries
Wigtown
Kirkcudbright
Carlisle
Solway
Whitehaven
Berwick
L. Holy
Cheviots
Coquet R.
Tweed R.
Newcastle
Shieldsou
Tynemouth
S. Shields
Wear R.
Sunderland
Hartepool
Tees R.
Darlington
DURHAM
MER D'IRLANDE
I. DE MAN
Keswick
Scaw Fell
CUMBERLAND
LANCASHIRE
Île Morecambe
Ribble
Wigan
Liverpool
Chester
Manchester
Mersey R.
YORKSHIRE
C. Flamborough
York
Hull ou Kingston
Humber R.
Sheffield
Lincoln
Boston
Northampton
Great Yarmouth
Derby
STAFFORD
BASSIN DU PAYS DE GALLES
Shrewsbury
Wolverhampton
Leicester
Birmingham
Warwick
Northampton
Worcester
Norwich
Cambridge
Ipswich
Bedford
Oxford
LONDRES
Tamise Fl.
Canterbury
KENT
Folkestone
Gloucester
Bristol
Bath
Salisbury
Winchester
Southampton
Brighton
Pas de Calais
Beachy
FRANCE
Canal de Bristol
DEVON
Exeter
Weymouth
ÎLE WIGHT
CORNOUAILLES
Plymouth
Truro
MANCHE
GALLES
B. de Cardigan
Cardigan
BASSIN DU PAYS DE GALLES
Carmarthen
Kilomètres

houiller. Des chercheurs hardis ont jeté la sonde à travers ces grès, ces calcaires, et aux applaudissements unanimes des populations en ont ramené le charbon, que ces roches ne faisaient que recouvrir comme un manteau.

On ne racontera pas les nombreux incidents par où ont passé la plupart de ces recherches. Il en est une cependant sur laquelle on ne saurait se taire, car les applications les plus hautes de la géologie souterraine et de la physique du globe s'y mêlent à une dramatique aventure : c'est la recherche de la houille au Creuzot.

La couche du Creuzot affleure au pied de la vallée dans laquelle est bâtie l'usine. Elle s'enfonce sous le sol vivement, presque d'aplomb. A deux cent quarante mètres de profondeur, elle se moule sur le terrain qui la supporte, et s'étend en une nappe ondulée. Elle est surmontée par les grès et les schistes du terrain carbonifère. Ceux-ci à leur tour servent de base aux *grès bigarrés*, roches grenues, sableuses, ainsi nommées par les géologues à cause de l'irisation de leurs couleurs, qui passent souvent sur le même point du rouge au vert et au jaune (carte XIII).

Le chiffre de la production houillère s'élève à deux cent mille tonnes par an ; mais tant sont grands les besoins de l'immense usine qu'il faut aussi aller acheter pareille quantité au dehors. D'ailleurs, non-seulement le gîte local ne suffit plus ; mais encore, bien qu'il soit exploité avec le plus grand soin, on peut en prévoir l'épuisement, car la nappe de charbon ne tarde pas à buter contre ce qu'on appelle en géologie une *faille*[1]. Une barre de roches stériles coupe brusquement le terrain houiller. La couche disloquée a glissé ; elle a été rejetée au delà de cette barre, pour reprendre, à un niveau plus bas sans doute, sa pri-

---

1. Sans doute parce que la couche y manque, y *faillit*.

mitive allure. Mais la faille n'a pas encore été franchie.
Est-on certain de retrouver derrière elle le prolongement
du terrain houiller, et si ce terrain y existe, à quelle profondeur passe-t-il?

La réponse à la première de ces questions ne saurait
faire l'objet d'un doute, car le terrain houiller réapparaît
à six kilomètres du Creuzot, à Montchanin, le long du
canal du Centre. Il est donc plus que probable qu'il est
continu dans cet intervalle, sauf les accidents géologiques
de rejets ou ruptures, *brouillages* de couches, etc. Restait à résoudre le second et terrible problème: à quelle
profondeur le terrain houiller passe-t-il entre le Creuzot
et Montchanin?

L'habile directeur du Creuzot, M. E. Schneider, qu'aucune tentative n'effraie quand elle est dictée par la raison,
osa bravement entreprendre de *dégager cette inconnue*.
Quelle fortune pour le Creuzot, en présence de son énorme
consommation, si à une profondeur exploitable, son riche
gisement se reliait à celui de Montchanin! Dès 1853 un
sondage fut donc décidé. Appelé pour en fixer le point
le plus propice, le savant géologue, M. Fournet, professeur
à la Faculté des sciences de Lyon, commença de patientes
études. Après plusieurs mois d'investigations, il indiqua le
lieu dit *la Mouille-longe*, entre le Creuzot et le canal du
Centre, comme celui qui lui paraissait le plus convenable
pour le sondage projeté. Tout aussitôt M. Kind fut convié
à entreprendre ce travail. Les outils les plus perfectionnés
furent mis en usage; on en inventa même pour ce cas
spécial. Des cylindres massifs, de trente centimètres de
diamètre, d'une longueur de près d'un mètre, furent successivement extraits. Le *témoin* remonté au jour était immédiatement examiné avec le plus grand soin, étiqueté et
classé.

En 1865, visitant à diverses reprises le Creuzot, j'ai vu, dans les collections de la houillère, ces précieux échantillons qu'on y conserve religieusement. J'ai pris, je l'avoue, un bien vif plaisir à les étudier, en songeant au prix de quels longs efforts on est seulement parvenu à les extraire et de quelles profondeurs, ils sortaient. Dans leur ensemble, ils forment la coupe géologique assurément la plus exacte et la plus intéressante que l'on connaisse.

Le sondage de la Mouille-longe a duré quatre ans : il ne s'est arrêté qu'en 1857. On était arrivé à la profondeur énorme de neuf cent vingt mètres ; et le trou qui, au début, avait le diamètre de trente centimètres, en avait conservé un de seize. On n'avait pas quitté le terrain houiller, et des empreintes de végétaux particuliers qu'on voyait sur la section des colonnes ramenées par la sonde, avaient été soumises à l'examen de M. Adolphe Brongniart. Le grand botaniste avait reconnu dans ces empreintes l'*Annularia longifolia*, l'une des plantes caractéristiques du terrain houiller (fig. 7).

Un accident, que rien ne faisait prévoir, vint malheureusement arrêter ce sondage, le plus profond de beaucoup qui ait jamais été exécuté, et qui est passé presque à l'état légendaire pour ceux qui s'occupent de ces sortes de travaux. Au fond du trou, l'outil de sonde s'était rompu. Dans ce boyau étroit, resté cependant vertical, et où il fallait chaque jour descendre et remonter patiemment les trépans d'acier, en vissant et dévissant successivement les tiges qui étaient en bois, il était pour ainsi dire sans exemple que nul accident grave ne fût encore survenu. M. Kind, dont la longue et pénible carrière de sondeur a été marquée par tant de péripéties diverses, vit cette fois son expérience en défaut. Aucun de ses grappins ne put mordre sur l'outil engagé ; toujours le trépan, retenu captif, refusa de se lais-

ser saisir, et il fallut, au bout de six mois d'efforts infructueux, abandonner le trou sans espoir de jamais le
reprendre. Le Creuzot eût donné volontiers un million
pour que ce travail ne fût pas interrompu.

Quelques jours après l'abandon définitif, le contre-
maître Gentet (il faut conserver le nom de ce brave homme),
monté sur la plate-forme du sondage, essayait encore,
dans un suprême effort, de ramener l'outil engagé. Il voulait, dans un de ces moments de prescience qui ne sont
pas rares chez le sondeur, vaincre l'obstacle qu'il lui semblait deviner au fond du trou. La machine à vapeur,
organe moteur de la sonde, tirait de toute sa force sur la
tête des tiges que Gentet secouait fortement, lorsque tout
à coup un craquement sinistre se fit entendre: c'était le
câble qui se rompait. Gentet avait la main sur la première
tige, très-près d'un plancher de service par où elle s'en-
gageait. Sa main resta prise, serrée par ce poids énorme
de plusieurs milliers de kilogrammes. L'engin voulait redescendre, et sans cette main interposée là comme un coin,
il serait retombé au fond. Tandis que ses camarades, perdant
la tête, ne savaient plus comment le dégager, le patient,
resté seul de sang-froid, leur indiqua de scier la tige au
dessous, unique moyen qu'il y eût de faire cesser son hor-
rible torture. Puis, tenant les lambeaux de sa main broyée
(c'était la droite), dans celle restée intacte, il franchit à pied
la distance d'une lieue qui le séparait du Creuzot; et là,
sans pousser une plainte, il supporta l'amputation du
poignet. Le Creuzot a ouvert des invalides à ce brave serviteur en l'attachant à la surveillance des fours à coke, et
a pris soin également de sa famille.

Depuis cet accident, le sondage de la Mouille-longe a
été complétement abandonné. La charpente qui, recou-
vrant le trou, abritait la machine à vapeur et tout l'appa-

reil avec elle ; le village d'ouvriers bâti dans le voisinage en vue d'une prochaine exploitation, tout cela est demeuré désert. Seul, un infatigable observateur, M. Walferdin, qui a porté sur tant de points ses thermomètres *à déverse-ment* [1], est venu revoir un jour ce sondage, pour y vérifier une fois de plus la loi d'accroissement de la chaleur souterraine avec la profondeur. En opérant sur toute la longueur de trou, il a reconnu que le thermomètre montait en moyenne d'un degré centigrade par vingt-sept mètres d'abaissement sous le sol, résultat conforme à la loi généralement admise par les physiciens, qui comptent une élévation d'un degré du thermomètre pour vingt-cinq à trente-cinq mètres de descente verticale [2]. Cette loi se vérifiant jusqu'aux plus grandes profondeurs connues, il n'est pas de raison pour qu'elle ne continue pas à être vraie au delà de cette limite, et il en résulte qu'à une lieue sous terre on a la température de l'eau bouillante, cent degrés ; à vingt lieues toutes les roches, tous les métaux sont en fusion : ce qui explique les éruptions volcaniques, les tremblements de terre ; et dans le passé de notre planète, le soulèvement des chaînes de montagne, la formation des filons, l'origine des eaux thermales, etc.

Mais la physique du globe n'a pas seule profité du sondage de la Mouille-longe. La géologie des terrains houil-

---

1. Ainsi nommés parce que le déversement du mercure, dans une ampoule qui surmonte l'instrument, y marque le maximum de température.

2. M. Walferdin a fait plusieurs expériences sur le sondage de la Mouille-longe et celui de Torcy , voisin du premier (carte XIII). Il a trouvé une moyenne d'un degré d'élévation pour une profondeur de 31 mètres sur ces deux sondages, et jusqu'à 550 mètres. Ce résultat est conforme à celui qu'il avait trouvé avec Arago au puits de Grenelle. Au delà de 550 mètres, le sondage de la Mouille-longe accuse des chiffres un peu différents. Au reste les dernières expériences de M. Walferdin n'ont pas encore été publiées, et il ne m'a donné que comme une approximation la moyenne de 27 mètres que j'indique pour tout le puits de la Mouille-longe.

lers en a tiré aussi un grand enseignement. Ce que les spéculations de la science permettaient d'entrevoir, est aujourd'hui un fait que la pratique a vérifié et victorieusement démontré. Le terrain houiller, le charbon, existent entre le Creuzot et Montchanin, et le mineur portera un jour son pic au fond de cette ancienne mer carbonifère dont les richesses sont réservées à l'avenir.

Les exemples qui ont été donnés de divers sondages indiquent quels sont les principes qui doivent diriger les chercheurs dans la découverte de la houille par cet ingénieux procédé. En dehors du terrain houiller ancien, il y a fort peu d'espoir de rencontrer le combustible minéral. Nous savons que les bassins carbonifères contenus dans les terrains de grès rouges, — ceux que les géologues subdivisent en permien[1] et triasique[2], — et dans les formations jurassique, crétacée, tertiaire, sont des plus limités, et présentent surtout les variétés de houilles dites lignites, de qualité souvent médiocre. Dans ces terrains, comme dans ceux qu'on nomme *de transition* ou mieux primaires, situés sous le terrain houiller, et qui contiennent à leur tour des anthracites, il ne convient donc pas, si ce n'est à la suite d'indices certains, directs, de rechercher la houille. Mais on peut tenter d'aller découvrir avec la sonde le terrain houiller lui-même, au-dessous des assises des formations plus modernes qui peut-être le cachent. Néammoins l'extension des dépôts carbonifères anciens n'étant pas non plus illimitée, il ne faut pas agir au hasard, mais bien par analogie avec des terrains houillers voisins. Opérer autrement, ou prêter l'oreille au récit de prétendues découvertes de char-

---

1. Parce que cette formation est surtout développée dans la province de Perm (Russie).

2. Du grec τριάς (*trias*, nombre de trois, triade), parce que cette formation contient généralement trois étages.

bon dans tel ou tel terrain, ce serait vouloir se tromper ou
être dupe. Souvent de pompeux bulletins annoncent l'existence d'une houille imaginaire, et les niais prêtent leur
argent à des combinaisons malheureuses, qui devraient
plutôt aller se dénouer devant la police correctionnelle. Ces
faits se sont présentés partout, même aux environs de Paris,
et à bien des reprises. Aux abords de la capitale, si la
scène est des plus mal choisies pour les conditions géologiques, il faut convenir qu'elle s'offre avec tous les décors
voulus pour frapper l'imagination des masses. A-t-on songé
quelquefois au bruit que ferait dans le monde cette étonnante nouvelle : « On a decouvert une mine de charbon
sous Paris ? » Suivons donc sur ce théâtre, un moment
abordé par eux, les alchimistes de la géologie.

Quand on parle de trouver le charbon sous Paris, il faut
faire avant tout abstraction du combustible tertiaire qui
n'existe pas dans le terrain parisien, hormis à l'état d'une
masse tourbeuse ou ligneuse, de couleur chocolat. Restent
les combustibles des formations géologiques plus anciennes.
Le bassin parisien repose sur la craie dans laquelle on n'a
pas découvert sur ce point de combustible. Rationnellement on peut supposer que la série géologique se continue;
et qu'au-dessous du terrain de craie est le terrain jurassique, puis celui des grès rouges, enfin le terrain houiller
proprement dit. Comme les combustibles des terrains jurassique et de grès rouges ne sont jamais qu'accidentels, ce
n'est que sur la découverte du terrain houiller que l'on
pourra fonder quelqu'espérance. Mais auparavant il faudra
recouper tous les dépôts supérieurs. On rencontrera la
craie, cela n'est pas douteux ; la sonde ne l'a-t-elle pas
toujours ramenée à Grenelle, à Passy ? Pour le terrain
jurassique, la probabilité de son existence souterraine est
voisine de la certitude, puisqu'on voit sur la carte géolo-

gique de France les calcaires jurassiques enserrer dans une courbe continue la bande crétacée qui limite le terrain parisien (carte XIV). Maintenant sur quoi repose cette assise jurassique qui passe sous Paris? Ici l'on n'a plus d'indices directs, et ce peut être aussi bien sur le granit, sur les schistes anciens ou primaires, que sur le terrain houiller lui-même, si toutefois celui-ci n'est pas recouvert par l'épaisse bande des grès rouges, ce qui est probable. Imaginons donc l'échelle des formations complètes : la craie, le terrain jurassique, les grès rouges, le terrain houiller. A quelle profondeur le charbon va-t-il être découvert, en admettant qu'aucun accident géologique n'ait eu lieu? A 1500 mètres au moins, c'est-à-dire à une profondeur où la houille est aujourd'hui tout à fait inexploitable. J'ai dit 1500 mètres, et je vais justifier ce chiffre. Les sondages de Passy et de Grenelle ont fait voir que la formation crétacée avait une épaisseur de 500 mètres sous Paris. Or, l'on m'accordera que l'épaisseur du terrain jurassique, si abondamment développé en France, sera au moins égale ici à celle de la craie, et de même pour les grès rouges. C'est donc au total une assise de 1500 mètres à franchir avant d'être au terrain houiller, mais non présisément à la houille. Et encore rencontrera-t-on le terrain houiller ? Rien ne semble le faire espérer. Quoi qu'on pense de la continuité souterraine des bassins carbonifères, on ne voit rien, sur la carte géologique de France, qui porte la houille sous Paris. Ni les affleurements de la Belgique et de la Prusse rhénane, ni ceux de nos archipels houillers n'autorisent une telle hypothèse. Que si l'on prend, pour évaluer la probabilité du succès, le rapport entre la surface totale des bassins houillers français à celle du pays tout entier, rapport qui est à peu près de 1 à 200, on voit qu'on a contre soi 199 chances défavorables, contre une d'heu-

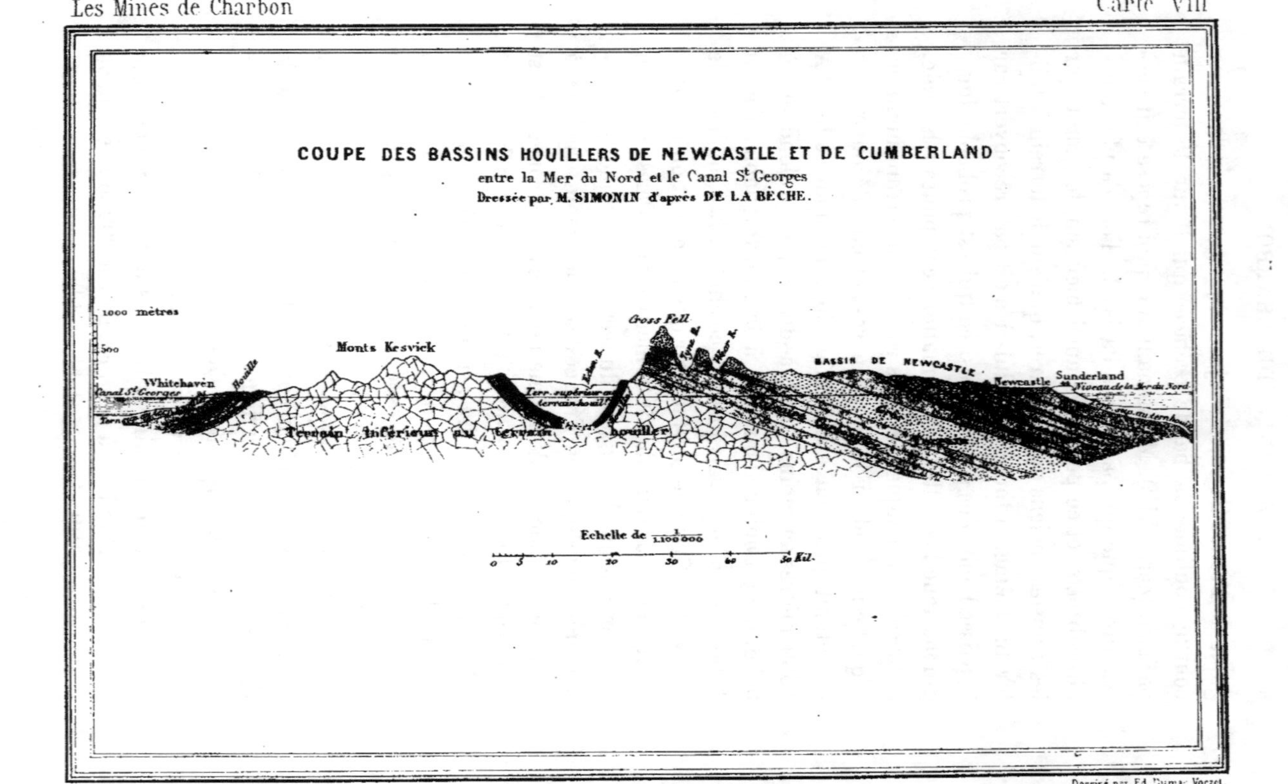

COUPE DES BASSINS HOUILLERS DE NEWCASTLE ET DE CUMBERLAND
entre la Mer du Nord et le Canal St Georges
Dressée par M. SIMONIN d'après DE LA BÈCHE.
1000 mètres
500
Whitehaven
Canal St Georges
Monts Kesvick
Cross Fell
BASSIN DE NEWCASTLE
Newcastle
Sunderland
Niveau de la Mer du Nord
Terr. supérieur au terrain houiller
Terrain Inférieur au Terrain houiller
Echelle de 1/1,100,000
0   5   10   20   30   40   50 Kil.

reuse, ou, comme on dit familièrement, 199 à parier contre 1 que l'on ne réussira pas. Il n'y a donc aucune probabilité sérieuse de rencontrer la houille sous l'horizon de Paris. Il est vrai qu'il y a peut-être là un bassin jadis entièrement marin, et qui n'a jamais émergé. Doux espoir! Laissons donc à nos petits-fils le soin d'aller fouiller ce grenier à charbon quand les houillères seront épuisées, qu'un morceau de houille se vendra son pesant d'or, et qu'on n'aura plus que la ressource, pour se chauffer économiquement, d'emmagasiner les rayons du soleil.

VI

LES PUITS ET LES GALERIES.

Creusement des puits. — Traversée des terrains ébouleux, aquifères, coulants, submergés. — Travail dans l'air comprimé. — Baptême des puits. — Les pompes de mine. — Fonçage des galeries. — Les animaux, les plantes, les canaux du monde souterrain. — Ce que coûte une mine de charbon. — L'enjeu et le gain.

Le charbon est découvert, l'étendue ou le prolongement des bassins houillers sont connus, il faut maintenant procéder aux travaux préparatoires d'exploitation.

On creuse pour cela des puits et des galeries.

Il importe avant tout de parler du percement des puits.

Quand le terrain est compacte, résistant, comme la plupart des calcaires, des grès, on avance avec lenteur, et quelquefois le roc est si dur qu'il émousse tous les outils. Les parois se soutiennent d'elles-mêmes, et n'ont pas besoin de revêtements ni d'étais ; mais quand la roche est ébouleuse, friable, comme certains grès, et la plupart des schistes, alors le puits est boisé ou muraillé. On l'entoure d'un revêtement artificiel destiné à résister à la poussée du terrain. Ce revêtement est formé de cadres équarris reliés par de fortes planches, ou d'une maçonnerie continue de pierres de taille, de briques, reposant sur une assise solide. La plupart de ces ouvrages,

exécutés d'après les règles les plus sévères de l'art de bâtir,
et non moins difficiles que beaucoup de ceux entrepris sur
les chemins de fer, mériteraient d'être vus au jour ; mais
c'est le propre de tous les travaux de mines, par leur nature même, de rester ignorés, et de n'avoir souvent d'autres témoins pour les apprécier que les seuls mineurs.

Quand on traverse des terrains aquifères, des nappes
d'eau (il y a sous le sol, comme à la surface, des rivières,
des lacs), les difficultés augmentent. En Belgique, avons-
nous dit, on pratique en ce cas un véritable endiguement
en bois dont on entoure le puits comme d'une cuve appliquée contre les parois. On joint si bien toutes les pièces,
que pas une goutte d'eau ne passe au travers.

Dans les terrains coulants, comme les sables désagrégés,
les travaux sont encore plus délicats ; mais le mineur ne
se rebute jamais. Il faut qu'il l'emporte dans cette lutte
désespérée contre les difficultés, on dirait presque les im-
possibilités que lui oppose le terrain. Ici ce sont des tours
en fonte ou en maçonnerie qu'il fait descendre dans les
puits. Le terrain est mouvant ; elles y pénètrent par leur
poids. A mesure qu'elles descendent, on les surmonte
d'une nouvelle couronne à la surface, et ainsi de suite,
jusqu'à l'achèvement du travail. C'est ainsi que Brunel
arma ces puits de seize mètres de diamètre par lesquels on
descend dans le tunnel sous la Tamise. D'habitude les tours
s'élèvent ; celles-ci au contraire s'enfoncent, et ce n'est pas
de la sorte que les maçons de Babel eussent bâti la leur.
Faisant œuvre plus méritoire que les artistes mentionnés
par la Bible, les Kind, les Guibal, les Chaudron ont comme
Brunel bien mérité de l'art des mines, et attaché leurs
noms à des travaux qu'il faut au moins signaler, sinon décrire complétement.

On a dit que M. Kind creuse mécaniquement des puits

de mine, comme il perce des trous de sonde. Dans la Moselle des eaux jaillissantes inondent les puits. C'est au milieu de ces eaux que M. Kind a poursuivi son œuvre. Les nappes aquifères franchies, la sonde a ménagé avec un outil spécial une banquette circulaire au fond du puits; celui-ci n'a pas moins de quatre mètres de diamètre. Ce premier travail achevé, un autre inventeur se présente, aussi patient, aussi ingénieux que le premier, M. Chaudron. Il fait descendre dans le puits submergé une tour en fonte, dont la base est extérieurement garnie d'un lit de mousse. La mousse, refoulée contre le terrain par le poids de huit cent mille kilogrammes de la tour, ferme hermétiquement l'accès à l'eau. Dans l'espace resté libre entre le terrain et la tour, on jette du béton hydraulique sur toute la hauteur; cela fait, l'eau est extraite du puits par des machines, et l'ouvrage reste exempt de filtrations. Alors seulement les ouvriers descendent. Le fonçage d'un de ces puits, l'installation de tous les appareils qui le desservent, coûtent jusqu'à deux millions.

Les systèmes qu'on vient de décrire, et celui de M. Guibal qui s'en rapproche, sont d'invention récente. Ils ont été surtout appliqués dans le Pas-de-Calais et la Moselle, et ont été précédés par celui de M. Triger, imaginé dès 1841, mais qui malheureusement ne peut s'employer au delà d'une certaine profondeur. Sur le terrain houiller de la Basse-Loire, un cas curieux se présente. Il faut traverser des sables submergés, s'établir dans le lit même du fleuve. Tous les moyens connus de fonçage et d'épuisement sont insuffisants. On viderait plutôt le tonneau des Danaïdes, que ces puits où l'eau retourne à mesure qu'on l'extrait. Va-t-on tenter d'épuiser la Loire? C'est alors qu'un Français, M. Triger, lui-même exploitant de mines dans ces localités, imagine d'enfoncer dans le terrain des cylindres

en tôle d'un mètre
et demi à deux mè-
tres de diamètre,
d'en extraire les
sables, les galets,
de diviser l'appa-
reil en trois com-
partiments étagés,
d'injecter de l'air
dans le bas et d'en-
fermer l'ouvrier
dans cette cham-
bre dont tous les
joints sont soigneu-
sement calfeutrés
(fig. 29). Le mi-
neur est là comme
dans une cloche à
plongeur. L'air
comprimé, pres-
sant sur le fond du
puits, empêche la
nappe liquide de
filtrer à travers les
sables, et fait re-
monter par un tube
débouchant à l'ex-
térieur le peu d'eau
qui parvient à pas-
ser. Au lieu de
chercher à épuiser
le fleuve, on le re-
pousse et le con-

Fig. 29. — Coupe de l'appareil Triger, servant à foncer
les puits sous l'eau, d'après Burat.

tient. « Imaginez une armée de souris, me disait pittoresquement l'inventeur, et un chat paraissant tout à coup, vous aurez l'image de l'eau arrivant au fond de nos puits par les mille pores du terrain, si la pression de l'air diminue, et retournant tout à coup vers les sables dès que l'air reprend sa tension. »

Les déblais, les sables coulants sont extraits par des seaux, à la main, ou au moyen d'une corde passant sur une poulie. Des trappes s'abaissent d'un étage à l'autre, selon qu'on établit l'équilibre entre la chambre intermédiaire et l'un des compartiments voisins ; les seaux passent et sont vidés au dehors. Le puits va ainsi s'approfondissant jusqu'au terrain solide, où l'on dispose les fondations d'un revêtement en bois ou en maçonnerie. Il faut descendre pour cela jusqu'à vingt et trente mètres : le lit de la Loire offre cette épaisseur d'alluvions.

Les ouvriers, plongés dans l'air comprimé, y travaillent avec autant de facilité qu'à l'air libre ; quelques-uns cependant, ceux surtout qui ont la membrane du tympan très-délicate, ou qui ont l'habitude de s'enivrer, n'ont jamais pu prolonger leur séjour dans cette atmosphère artificielle. Chez les autres un léger bourdonnement d'oreilles, une certaine accélération du pouls, la voix qui devient nasillarde, sont les seuls phénomènes physiologiques qui surviennent. Il y a mieux, on éprouve vite comme un certain bien-être au milieu de cet air enrichi d'oxygène. On y perd seulement la faculté de siffler, mais les sourds y retrouvent l'ouïe, et les lampes y brillent du plus vif éclat.

Pour parer à toutes les causes d'accident résultant d'une pression élevée, il faut faire entrer et sortir les ouvriers avec beaucoup de précaution, très-lentement ; éviter que l'air ne soit injecté trop brusquement au début ;

et dans le passage de l'air comprimé à l'air libre, prévenir également les effets d'une transition trop rapide. C'est à cette fin qu'on a ménagé le compartiment intermédiaire, que l'inventeur, empruntant cette dénomination à l'hydraulique, appelle l'écluse ou le *sas* à air. Sans toutes ces précautions, les plus graves désordres pourraient se produire : névralgies, surdité, paralysies, rhumatismes articulaires, rupture même des poumons.

On annule toutes les chances d'explosion en employant trois manomètres, l'un fixé près de la pompe à air; le second, à l'orifice du puits; le troisième, dans la chambre où travaillent les mineurs. Ces appareils indiquent exactement la pression atteinte. Quels que soient les dérangements qu'on suppose, il faut bien admettre qu'il y aura toujours au moins un manomètre en fonction. M. Triger règle de plus les diamètres et les vitesses relatives du cylindre à vapeur et de la pompe à air que celui-ci met en jeu, de manière que la pression ne dépasse jamais une limite donnée, trois à quatre atmosphères [1]. Enfin il fait aussi usage de soupapes de sûreté, et courbe depuis peu le toit et le fond de l'écluse en forme de calotte hémisphérique, comme celle des chaudières à vapeur. Avec toutes ces précautions minutieuses aucun danger n'est à craindre, et le diable, comme on l'en a accusé un jour, n'a rien à voir dans ce procédé, dont la découverte provoqua l'encouragement d'Arago, et fait le plus grand honneur à notre compatriote.

---

1. Cette limite est celle même où le procédé cesse d'être applicable sans danger pour l'ouvrier, et correspond à une profondeur de trente-cinq à quarante mètres.

On dit que la pression élastique d'un gaz est de 2, 3, 4.... atmosphères lorsqu'elle est double, triple, quadruple.... de la pression ordinaire de l'air.

La pression d'une atmosphère fait équilibre à une colonne d'eau de 10 mètres de hauteur; dans l'appareil Triger, comme la colonne d'eau est mêlée d'air, on calcule qu'une atmosphère de pression y élève jusqu'à 15 mètres d'eau.

L'invention de M. Triger est passée de l'exploitation des mines dans les grands travaux publics. Ainsi c'est le procédé de l'air comprimé que l'on a mis en œuvre pour l'établissement des fondations de certains ponts célébres, notamment celui de Rochester, construit en 1847, et plus récemment (1862) celui de Kehl. Sans ce moyen ingénieux, jamais on n'eût pu construire un grand pont sur le Rhin, aux eaux rapides, au fond mobile; jamais on n'eût pu franchir ce fleuve en chemin de fer, et jeter ainsi entre la France et l'Allemagne un de ces traits d'union qui font plus pour la fraternisation des peuples que tous les traités de paix ou de commerce. M. Triger n'a pris du reste aucun brevet pour sa découverte ; à leur tour, les entrepreneurs qui ont mis en usage son procédé au pont de Kehl l'ont notablement perfectionné.

Les puits de mine une fois creusés et soutenus, c'est-à-dire boisés ou muraillés, sont divisés en compartiments. On leur donne aujourd'hui une grande section, jusqu'à cinq mètres de diamètre quand ils sont ronds. Sur une aussi large surface la division en compartiments est aisée, ce sont comme autant de puits qu'on sépare dans l'œuvre primitive. De ces compartiments les uns servent au passage des wagonnets ou des *bennes* extrayant le charbon[1]; les autres à l'établissement des pompes destinées à épuiser l'eau. Quelquefois un compartiment spécial est réservé à l'installation des échelles sur lesquelles circulent les ouvriers. Enfin le puits sert toujours au passage de l'air. Que le courant soit libre ou qu'il soit forcé, c'est la cheminée naturelle par où se fait toute la ventilation de la mine.

---

1. Ce sont de fortes tonnes, aux épaisses douves de bois reliées par de gros cercles en fer. Ouvertes dans le haut, elles sont attachées au câble par des chaînes (fig. 30).

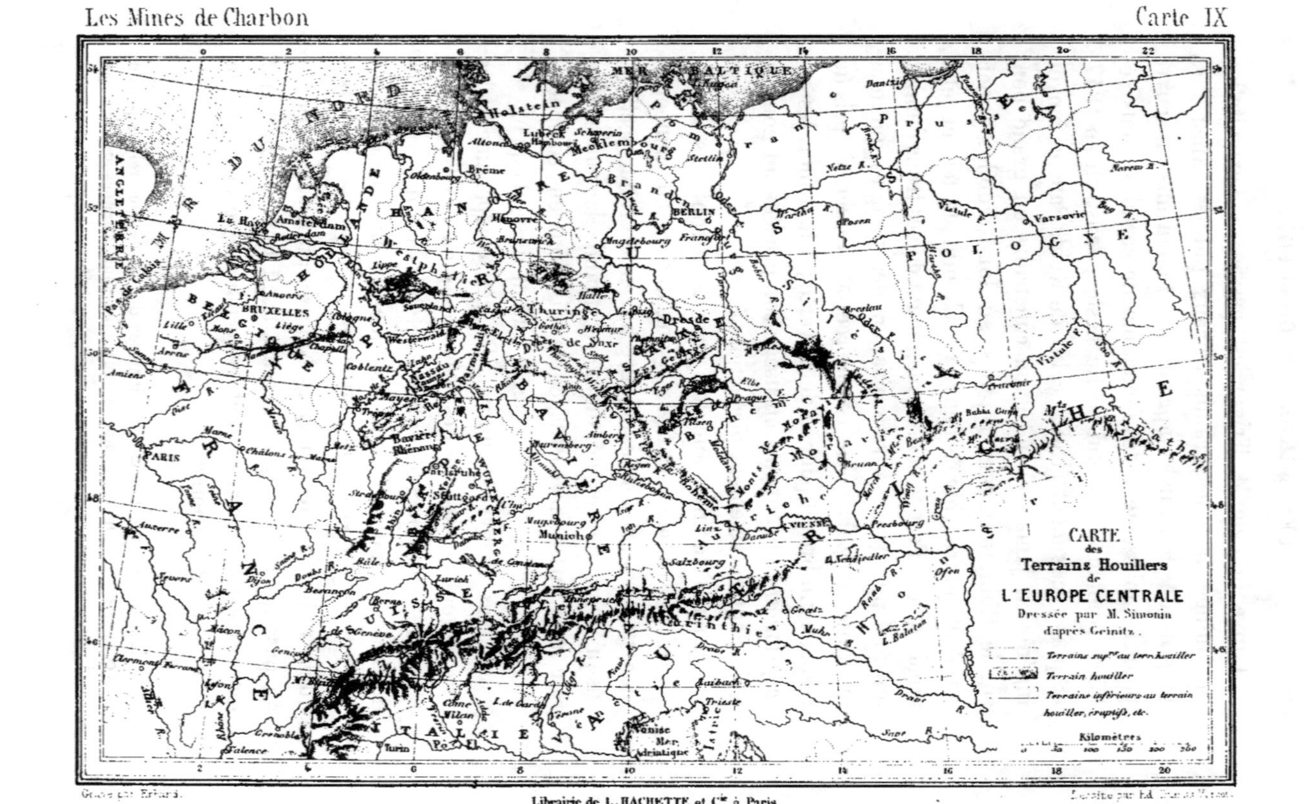

Gravé par Erhard.

Librairie de L. HACHETTE et Cⁱᵉ à Paris.

Dessiné par Ed. [illegible]

C'est par suite de tous ces services auxquels il doit à la fois satisfaire, que les dimensions d'un puits de houillère sont devenues si grandes. Cependant on préfère adopter quelquefois des dimensions moindres, et accoupler par exemple les puits, comme cela se voit aux houillères de Blanzy, dans le département de Saône-et Loire; d'autres aiment mieux les multiplier en les disséminant que les avoir jumeaux. Il n'est en cela aucune règle, et les dispositions adoptées sont différentes sur chaque mine. Elles dépendent d'une foule de raisons dont les exploitants sont les meilleurs juges.

Peu à peu, avec les exigences du travail, le nombre des puits va croissant, et alors ils prennent des noms en rapport avec le service spécial auquel ils restent affectés. Ce sont des puits d'*extraction*, par où sort le charbon; des puits d'*exhaure* ou d'*épuisement*, dans lesquels sont montées les pompes ou autres machines hydrauliques (fig. 30); des puits à *échelles*, le long desquels circulent les ouvriers; des puits d'*aérage*, par où l'air entre dans la mine ou en sort; des puits à *remblais*, où l'on fait descendre, quand il y a lieu, les matériaux destinés à combler les vides qu'occupait le charbon; enfin des puits de *recherche*, que l'on fonce en vue de découvrir la houille. En Belgique et dans le nord de la France, un puits de houillère porte le nom générique de *fosse* ou *bure;* en Angleterre on l'appelle *shaft* ou *pit*.

Il est une autre classe de puits, mais qu'il ne faut citer que pour mémoire, ce sont les puits *abandonnés*, vieux serviteurs qui ont fait leur temps, aux charpentes délabrées, aux édifices réduits à l'état de masures, aux engins rouillés et dépareillés. Quelquefois l'air passe encore dans la cuve du puits, l'air qui sort de la mine, échauffé par la respiration des hommes, la combustion des lampes, chargé de vapeur d'eau et de gaz méphitiques. Les ronces, les épines poussent jusqu'autour de l'orifice et dans le puits lui-même, qui devient ainsi un précipice à moitié caché sous la verdure; ou bien le puits est éboulé et alors la ruine s'ajoute à l'abandon. La stérilité que l'exploitation de la houillère a occasionnée dans les travaux de la campagne s'étend au loin; la désolation du paysage se mêle à celle que présente le puits abandonné; c'est un spectale navrant.

Les dénominations générales des puits d'extraction, d'exhaure, etc., ne marquent que le service auquel sont affectés les puits; elles ne suffiraient pas pour s'entendre dans la conduite d'une houillère, et les puits sont aussi baptisés. Le nom du saint inscrit au calendrier le jour où commence le fonçage, lorsque le pic vient pour la première fois fouiller les entrailles du sol, est celui que l'on préfère. Il a l'avantage de fixer irrévocablement une date. Volontiers on met aussi l'œuvre sous la protection de sainte Barbe, la patronne des mineurs. Quelquefois on choisit le nom d'un membre éminent du conseil d'administration de la houillère, ou bien celui d'une dame plus ou moins intéressée dans l'exploitation: un peu de galanterie ne nuit point. Par contre, le numéro d'ordre sec et sévère n'est pas non plus dédaigné, et ces puits n° 1, 2, 3..., rappellent la façon dont les Américains dénomment leurs rues et les Mormons leurs femmes. Enfin il est des appellations empruntées aux noms mêmes des localités, et d'autres qui consacrent les illusions souvent réalisées des exploitants: le puits *de l'Espérance, de la Fortune, de la Réussite,* etc.

Dans beaucoup de cas le puits reçoit un vrai baptême. Les solennités de l'Église viennent heureusement se mêler aux grands travaux de l'industrie. Les puits, à

Fig. 30. — Les pompiers du Creuzot, habillés de cuir, allant visiter la pompe,
d'après une photographie.

peine ouvert sur les premiers mètres, est couronné de guir-
landes, et le prêtre appelle toutes les bénédictions du ciel
sur cette mine qui va donner du pain à tant d'ouvriers.

C'est presque toujours une machine à vapeur qu'on établit à la surface pour extraire le charbon des houillères;
depuis cinquante ans, tous les perfectionnements possibles
ont été introduits dans les mines. C'est aussi le plus souvent une machine à vapeur spéciale qui épuise l'eau, à
moins que les tonnes qui extraient le charbon le jour ne
remontent l'eau la nuit. Les pompes sont gigantesques, et
qui ne les a vues ne saurait en avoir une idée. C'est en
Angleterre qu'elles ont pris naissance. On les appelle machines du Cornouailles ou de Newcastle, du nom des pays
où elles ont été la première fois employées: en Cornouailles,
sur les mines de cuivre et d'étain; à Newcastle, sur les
houillères. Quelques-uns de ces gîtes sont sous-marins, et
les infiltrations de la mer s'ajoutent à celles des eaux
douces. Watt appliqua son génie à créer les *pompes à feu*
si différentes de l'engin, encore dans l'enfance, que Savery
et Newcomen lui avaient légué. Aussi la pompe des mines
s'appelle-t-elle encore machine de Watt. La postérité n'est
pas toujours aussi reconnaissante.

La pompe est restée ce que Watt l'a faite. On peut
dire que le grand mécanicien l'a créée tout d'une pièce.
Qu'on se figure un immense cylindre, souvent de trois
mètres de diamètre, et d'autant de hauteur. Le piston à
vapeur s'y meut avec une lenteur calculée, et donne au
plus six à huit pulsations par minute. Sa tige est attachée à
l'une des extrémités d'un énorme balancier. A l'autre extrémité s'articule la tige des pompes, une lourde poutrelle
(fig. 30), descendant par son propre poids et remontée
par la machine. La longue ligne des tuyaux, la *colonne*,
ainsi qu'on l'appelle, est fixée aux parrois du puits. Elle

a jusqu'à un demi-mètre et même un mètre de diamètre, et s'étend souvent sur quatre et cinq cents mètres, égalant dix à douze fois la colonne Vendôme en hauteur! Quand ce n'est pas dans une galerie intermédiaire, c'est à la bouche elle-même du puits que la pompe vide son contenu. « Où êtes-vous, académiciens de Florence, et vous, Galilée, qui répondiez aux fontainiers des Médicis que l'eau ne pouvait monter au delà de dix mètres, parce que la nature n'avait horreur du vide que jusqu'à cette hauteur? »

Le seul défaut de la machine de Watt est d'occuper une très-grande place. Les constructeurs belges, qui ont cherché à économiser l'espace, ont attaché la tige des pompes directement à celle du piston, et installé sur l'axe même des puits le cylindre à vapeur renversé. Dans les deux cas, ce sont parfois des fleuves entiers que les machines extraient des houillères. Elles ne connaissent de limite à leur travail que celle de leur force. On en fait qui ont jusqu'à huit cents chevaux. Quant à la consommation de houille, elle est plus que modérée; souvent un kilogramme et demi à peine par heure et par force de cheval-vapeur. Ce sont, de toutes les machines, celle qui consomment le moins. On s'en étonnerait à bon droit, si l'on ne savait que ce n'est pas seulement sur les houillères que ces pompes fonctionnent, mais encore sur les gîtes métalliques. Dans les mines du Cornouailles, le seul comté d'Angleterre où le charbon soit très-cher, les exploitants ont eu la bonne idée d'afficher publiquement, chaque semaine, le travail fait par leur machine (tant de litres d'eau sortis en tant d'heures), et en regard la force en chevaux, le nom du fabricant et le chiffre de la consommation du charbon. On comprend quelle émulation établit entre les divers constructeurs un tel système de publicité.

Les puits font partie des ouvrages que l'on appelle dans
les mines travaux de premier établissement ou travaux
d'art, et que les exploitants anglais et américains nomment des travaux-morts, *dead works*, parce qu'ils ne rapportent rien, au moins directement. Dans cette catégorie
de travaux, il faut ranger aussi les galeries, j'entends
celles qui débouchent au jour et que l'on ouvre en même
temps que les puits, ou bien au lieu et place de ceux-ci,
pour la reconnaissance du gîte, l'aérage de la mine, le
passage des ouvriers, l'écoulement des eaux, etc. Quelquefois les galeries sont creusées dans la couche, et descendent avec elle, ayant le même sol et le même toit[1],
on les appelle des galeries *inclinées* ou *descenderies*.
Quand la pente est de plus de quarante-cinq degrés, c'est-
à-dire dépasse la moitié d'un angle droit, la galerie porte
le nom de *puits incliné*. A cette pente, on ne peut
déjà plus circuler qu'avec des machines, ou en ména-
geant des escaliers. La galerie est-elle horizontale ou à
pente insensible, on l'appelle galerie de *niveau*, et plus
spécialement galerie de *direction*, quand elle est tracée
dans le plan même des couches; mais si elle taille les
couches d'équerre ou transversalement, on dit que c'est
une galerie à *travers-bancs*. Quand elle sert au transport de la houille, c'est une galerie de *roulage*; à la
sortie des eaux, une galerie d'*écoulement*; à l'entrée ou
à la sortie de l'air, une galerie d'*aérage*. A Saint-Étienne,
on nomme *fendue* la galerie qui servait partout, il y a
quelques années encore, à l'entrée et à la sortie des ouvriers, alors qu'il était interdit de faire circuler ceux-ci
par les puits. Les Anglais désignent les galeries, quand

---

1. Le sol ou mur d'une couche est le banc sur lequel elle est assise; le
toit ou faîte est celui qui la surmonte.

elles débouchent au jour, sous la dénomination générale de *tunnels*, que nous n'avons adoptée que pour les chemins de fer.

On suit pour le baptême des galeries les mêmes usages que pour les puits. Les saints du calendrier, la numération, les noms d'hommes, de localités, sont mis à contribution. La liste, on le voit, est inépuisable et l'on n'a que l'embarras du choix.

Les difficultés qui ont marqué le creusement des puits se reproduisent dans le fonçage de galeries. Elles s'y présentent même quelquefois plus menaçantes, car l'on n'a pas d'ordinaire, dans la section de ces ouvrages, l'avantage des formes circulaires ou elliptiques pour résister de toutes parts et également à la poussée du terrain. En outre, les roches du toit pèsent ici de tout leur poids, et quand on traverse des schistes feuilletés qui se gonflent, foisonnent, le sol et la cime de la galerie peuvent tendre à se réunir. Cela s'est rencontré dans beaucoup de houillères. J'ai vu des excavations dans lesquelles, au début, un ouvrier pouvait se tenir debout, et où huit jours après on ne passait plus qu'en rampant[1].

Les revêtements adoptés dans les puits : murs en pierres ou en briques, boisages. etc., le sont également dans les galeries, et les moyens de défense employés sont dans

---

1. Ceux qui ont visité le tunnel sous la Tamise ont pu se rendre compte des difficultés qu'on a quelquefois à surmonter dans le creusement des galeries. Brunel, auquel est dû cet ouvrage, malheureusement aussi inutile que merveilleux, avait imaginé de protéger les ouvriers par des boucliers en fer qu'ils enfonçaient dans le terrain, et sous lesquels ils procédaient au creusement. Un mollusque, le taret, qui perce ainsi les bois par le moyen de sa coquille, avait inspiré Brunel. On sait tous les encombres qui vinrent assaillir notre compatriote ; on connaît les irruptions répétées de la Tamise au milieu du travail, où il eut le courage de se faire descendre en plein accident, attaché à une corde. Tous les obstacles furent à la fin vaincus, à la gloire du grand ingénieur.

les deux cas à peu près les mêmes, pour franchir les terrains ébouleux, mouvants ou aquifères.

Quand une galerie doit avoir une très-longue durée,
et que le terrain qu'elle traverse n'est pas résistant, on la
revêt d'nne maçonnerie et non d'un boisage. Il en est de
même d'ailleurs pour un puits. Les praticiens ont fait le
calcul que toutes les fois qu'un ouvrage devait durer plus
de huit à dix ans, il convenait de le protéger par une
maçonnerie plutôt que par des étais de bois. Récemment
on a essayé aussi de remplacer ces derniers par des étais
en fer.

Fig. 31 et 32. — Vues de galeries muraillées.

La forme usitée pour le muraillement des galeries est
celle en plein cintre avec murs droits (fig. 31), et celle
en double voûte, circulaire ou ovale, la voûte supérieure
pour résister à la poussée du terrain, la voûte inférieure
renversée, pour conduire les eaux (fig. 32). Au-dessus du
canal, on établit un plancher pour la circulation des wagons et des hommes, muni au besoin d'un chemin de fer.

Le muraillement des galeries s'exécute avec des cintres,
comme pour les ponts, les arceaux, et ne présente rien de

particulier. Il est indispensable d'employer de bons matériaux, pierre taillée ou brique, et de ne faire usage que du
mortier hydraulique ou ciment romain.

Pour boiser les galeries, on établit de distance en distance des cadres en forme de trapèze, entre lesquels on
chasse des planches ou des bois ronds (fig. 33, 34 et 35).
Un cadre complet se compose de quatre pièces : le *chapeau*, les deux *montants* et la *semelle*. Généralement il n'y
en a que trois ; la semelle n'est employée que contre les
schistes qui se gonflent (fig. 34).

Fig. 33 et 34. — Vues de galeries boisées.

La pression supérieure et latérale du terrain ne tarde
pas à rompre quelques bois, qui plient d'abord, se cour-
bent, puis se cassent vers le milieu, assez franchement.
Il est bon de les remplacer au plus tôt, pour prévenir
tous les dangers d'éboulement.

Les bois sont rarement employés équarris ; on les préfère tels qu'ils sortent de la forêt. On se borne à les
écorcer, et à les couper aux longeurs voulues. Les assemblages sont de simples entailles faites aux extrémités,

sur la moitié de l'épaisseur. La hache doit être l'outil du charpentier-mineur (fig. 36). Les bois travaillés à la scie se pourrissent trop vîte ; car elle coupe les fibres que la hache ne fait que séparer.

Les bois de sapin et de chataignier sont ceux, en France, qui conviennent le mieux au boisage des mines ; dans les Alpes on emploie le hêtre ou fayard ; en Italie, le chêne ou le pin. On est partout dans l'habitude d'écorcher les bois pour en prévenir la pourriture et la fermentation.

Dans un air chaud et humide, comme celui de la plu-

Fig. 35. — Creusement d'une galerie boisée.

part des houillères, les boisages des galeries se couvrent facilement de végétations élémentaires, de champignons, de flocons légers et cotonneux, jaunâtres ou d'un blanc de neige. La fermentation des bois dégage aussi une odeur toute particulière que connaissent bien ceux qui ont la pratique des mines. C'est comme une odeur d'essence rappelant l'éther, la créosote, et qui est loin d'être désagréable à l'odorat. Autour des végétations parasites, se fixent des insectes particuliers, des papillons, des mouches, des araignées. Quelques-uns de ces animaux appartiennent probablement à des espèces nouvelles, que les zoologistes n'ont pas encore étudiées, et sur lesquelles il est, je crois, convenable d'attirer toute leur attention. J'en dirai autant pour les botanistes, au sujet des productions végétales, que je n'ai signalées qu'en profane. Dans les grottes, les cavernes, l'apparition d'espèces jusqu'alors inconnues a été constatée ; à plus forte raison doit-elle se représenter dans les mines. Il y a là comme un monde à part, qui naît dans des conditions exceptionnelles. On dirait que

Fig. 36. — Haches de boiseurs.
Éch. 1/10.

les diverses formes que revêt la vie se développent ici-bas suivant les milieux, et quel milieu plus étrange que celui des mines, où toutes les conditions normales de température, d'humidité, de pression et même de composition de l'air, sont si profondément modifiées ? Les rats, qui se glissent partout, entrent aussi dans ces souterrains. Ils hantent les lieux où les mineurs font leurs repas, et quand les ouvriers mangent au dehors de la houillère, ces rongeurs, à défaut de croûtes de pain, grignottent les débris de mèches ou de chandelles, même les bois. On les rencontre çà et là, traversant au plus vite les galeries, effarés, se blottissant sous les étais. Dans les travaux abandonnés, une autre espèce d'animal, la chauve-souris, trouve un gîte qu'elle aime. Le lieu est chaud, sombre, paisible, et le *vespertilio* des houillères y prélude en toute liberté à la confection d'un guano spécial.

Les dimensions adoptées pour les grandes galeries de

mines sont moindres que celles des puits, et les maxi-
mums ne dépassent guère, à moins de cas spéciaux, deux
mètres pour la hauteur, et deux mètres et demi pour la
largeur; encore ce dernier chiffre n'est-il usité que pour
des galeries de roulage où s'opère un très-grand mouvement. Il est aussi des galeries, celles d'écoulement par
exemple, pour lesquelles de très-grandes dimensions sont
nécessaires. Quelques-uns de ces énormes *drains* ont une
longueur considérable, jusqu'à une lieue, une lieue et
demie, comme les plus longs tunnels des voies ferrées.
Ils déversent au jour une véritable rivière. Sur certaines
mines, par exemple en Angleterre, on a su utiliser ces
cours d'eau souterrains, et en faire de véritables canaux
pour le transport même de la houille.

Aux mines du Rocher-Bleu, dans les Bouches-du-Rhône,
il existe une galerie d'écoulement de trois kilomètres de
long, alimentée par des galeries transversales, comme un
fleuve par ses rivières. On peut y aller en bateau. Les
travaux sur le charbon se poursuivent dans le pays depuis
plus d'un siècle. La nature particulière du sol, fissurée,
spongieuse, amène toutes les eaux de la surface dans les
vides intérieurs, et les ruisseaux du pays sont à sec. En
revanche la galerie d'écoulement débite le volume d'un
fleuve. Après les violents orages dont cette partie de la
Provence est quelquefois le théâtre pendant l'automne, la
section de la galerie n'est plus suffisante. L'eau est vomie à
l'embouchure jusqu'à la clef de voûte, et se déverse dans
un large ruisseau qu'elle alimente presque seule. En
1853, chargé, dans une question délicate, d'expériences
sur ces mines, j'ai jaugé plusieurs fois le volume d'eau
roulé par la galerie d'écoulement après les grandes pluies,
et trouvé jusqu'à huit cents litres par seconde!

Quand les puits et les galeries ont été foncés, armés

de leur revêtement, quand les machines sont installées
à la surface, la houillère est ouverte, comme on dit,
prête à entrer en exploitation. Dieu sait au prix de combien de dépenses on est arrivé à ce résultat! Nous pouvons désormais calculer ce que coûte une mine de
charbon. C'est par millions qu'il faudrait supputer les
sommes à tout jamais immobilisées. Je ne parlerai pas
des sondages toujours très-dispendieux : c'est à cent cinquante et deux cents francs qu'on porte le mètre d'avancement; je supposerai même qu'on a été dispensé de ce
long noviciat. Mais il est des puits, à grande section, dont
le creusement exige mille et deux mille francs le mètre
et au delà, et qui ont jusqu'à cinq et six cents mètres
de profondeur, c'est-à-dire huit ou dix fois la hauteur
des tours de Notre-Dame de Paris. Il est des galeries
dont le prix du fonçage dépasse cinq cents francs le
mètre, et dont la longueur, on l'a dit, atteint jusqu'à
cinq ou six kilomètres. Les millions employés dans ces
grands travaux sont à tout jamais engagés. L'amortissement
seul, c'est-à-dire une retenue annuelle sur les bénéfices,
permettra de les retrouver.

Les machines affectées aux divers services reviennent
à mille francs et plus par force de cheval, et la force de
quelques-unes, les machines d'extraction, atteint deux
cents, trois cents, et même cinq cents chevaux; celle de
quelques autres, les machines d'épuisement, jusqu'à six
et huit cents chevaux. Celles-ci sont non moins puissantes,
non moins formidables que les fameuses pompes à feu de
Chaillot, si largement réinstallées. Dans la Moselle, dans le
Pas-de-Calais, des puits munis de leurs machines et de tous
leurs appareils ont coûté jusqu'à deux millions. Et l'on
disputerait à quelques houillères les bénéfices qu'elles sont
supposées réaliser! Mais marchande-t-on aux chemins de

fer, cependant soutenus par l'État, le gain qu'ils font?
Et quand on cite certaines mines privilégiées, fait-on le
compte de toutes celles qui n'ont pas pu se développer,
surtout chez nous, et où les millions sont venus s'enfouir
en pure perte?

Il faut compter plus largement avec l'industrie minérale. La recherche des mines, — ce champ incessamment
ouvert à l'activité humaine, à l'intérêt, si l'on veut, et à
l'amour du gain, qui dirigent bien souvent nos actes, —
la recherche des mines a enfoui de nos jours autant de
capitaux qu'à l'époque de la Régence l'entreprise de Law
pour la colonisation du Mississipi. La somme totale immo-
bilisée dans les seules houillères de France aujourd'hui en
activité dépasse trois cents millions !

Supposons un bénéfice net de deux francs et demi par
tonne de charbon extraite (c'est à peu près la moyenne
que donnent les houillères), et prenons le chiffre de notre
production, qui est en ce moment de douze millions
de tonnes, nous arrivons ainsi à un bénéfice total, pour
toutes les houillères de France, de trente millions, soit
dix pour cent du capital immobilisé. En Angleterre, en Belgique, le calcul indique sensiblement les mêmes résultats.
Ce revenu est faible, eu égard à tous les risques qu'on
court et au taux élevé qu'atteint aujourd'hui le loyer
de l'argent. N'est-il pas juste que quelques-uns des capitaux engagés dans l'industrie la plus chanceuse fruc-
tifient largement, quand tant d'autres y ont été sacrifiés
et perdus sans retour? Lorsqu'une houillère donne de
beaux dividendes, on doit donc applaudir, en songeant
que les bénéfices ont été le plus souvent mérités, et ache-
tés au prix de longs efforts et de bien des années de patience et de courage.

En certains cas, quand la réussite est atteinte, elle

est complète, et dépasse même les espérances les plus exagérées. Les mines du département du Nord nous en offrent des exemples nombreux : telle action de houillère qui, à l'émission, valait vingt-cinq mille francs, en vaut aujourd'hui sept cent mille. On cite une mine dont une part s'est élevée de seize mille à soixante-dix mille francs ; une autre dont la part a décuplé, allant de mille à dix mille francs. Si de tels faits n'existaient point, il faudrait le regretter. C'est par l'appât de ces gains illimités que les chercheurs se mettent en campagne, risqnent tous leurs capitaux, et arrivent à la découverte de la houille. Sans de telles amorces personne n'aurait le courage d'aller fouiller le terrain en dehors des points où le charbon est déjà connu, et tous les grands travaux qui chez nous ont amené la découverte des bassins de Valenciennes, de la Moselle, du Pas-du-Calais, n'auraient jamais été entrepris.

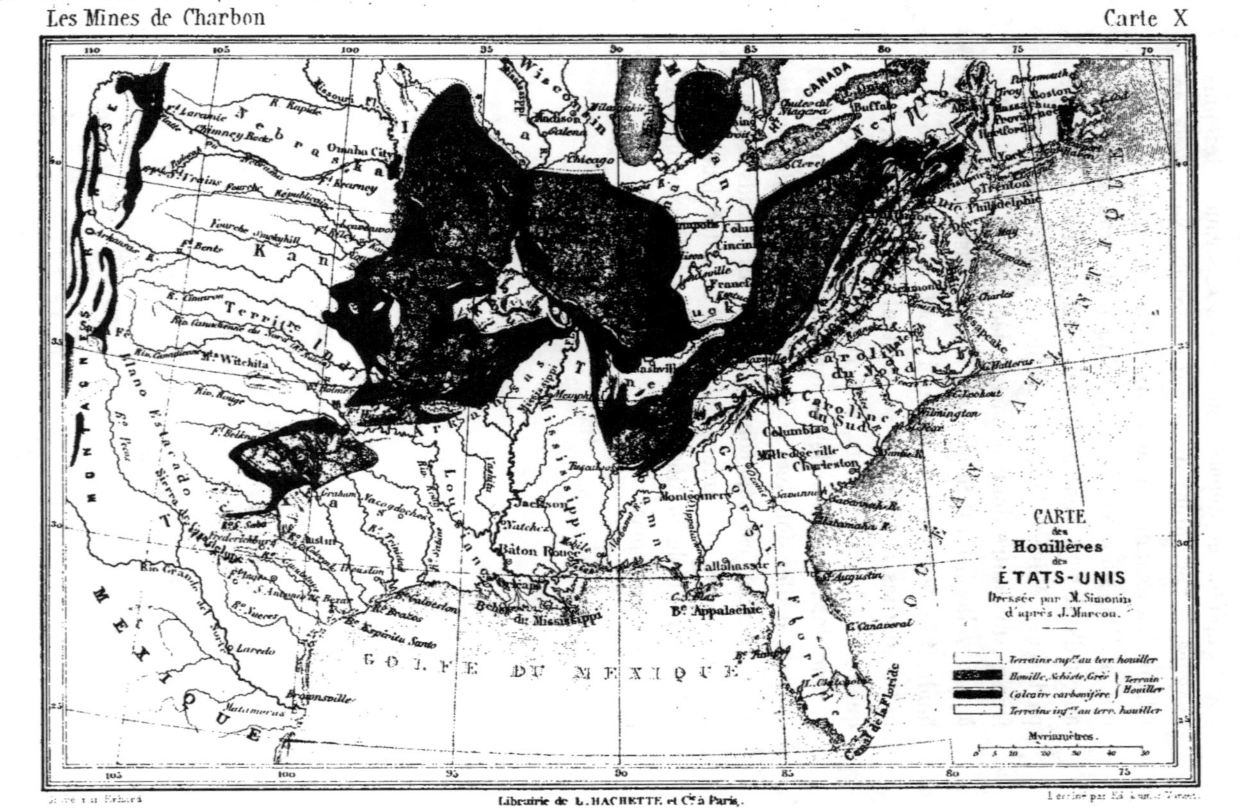
CARTE
des
Houillères
des
ÉTATS-UNIS
Dressée par M. Simonin
d'après J. Marcou.

Terrains sup.rs au terr. houiller
Bouille, Schiste, Grès Terrain
Calcaire carbonifère Houiller
Terrains inf.rs au terr. houiller

Myriamètres.

MONTAGNES ROCHEUSES
CANADA
MEXIQUE
GOLFE DU MEXIQUE
Nebraska
Kansas
Territoire Indien
Texas
Louisiane
Mississippi
Géorgie
Floride
Caroline du Nord
Caroline du Sud
Wisconsin
Chicago
Omaha City
Missouri
Llano Estacado
Sierra de Guadalupe
Rio Pecos
Rio Rouge
Rio Grande del Norte
Santa Fe
Arkansas
Baton Rouge
Jackson
Natchez
Mobile
Montgomery
Tallahassee
Columbia
Charleston
Savannah
Milledgeville
Nashville
Memphis
Cincinnati
Columbus
Richmond
Philadelphie
Trenton
New York
Boston
Buffalo
Chutes du Niagara
Chesapeake
Wilmington
C. Hatteras
C. Lookout
St Augustin
C. Canaveral
Canal de la Floride
Bouches du Mississippi
B. Appalachie
Brownsville
Matamoras
Laredo
Houston
F. Belknap
F. Witchita
Chimney Rock
F. Laramie
R. Rapide
Librairie de L. HACHETTE et Cie à Paris.

VII

L'EXPLOITATION DE LA HOUILLE.

Le grand Turc et les Chinois. — Le travail à col tordu. — Les enfants dans les mines. — Un plaisant tour. — Le *foudroyage*. — Les méthodes perfectionnées. — Les chevaux de mine. — La descente dans le puits. — Une ville sous terre. — La levée du plan. — La sortie de la houille. — Les abords du gouffre. — Les houillères anglaises.

Les méthodes employées pour l'abatage de la houille sont non moins ingénieuses, non moins perfectionnées que celles qui nous occupaient tout à l'heure dans l'établissement des travaux d'art. Le progrès est apparu quand on a senti le besoin d'économiser le combustible, qu'on en a compris la valeur, que l'industrie l'a appliqué à tous les usages. Auparavant, les systèmes d'exploitation rappelaient ceux encore employés en Turquie ou en Chine.

En Turquie, on raconte qu'aux mines d'Héraclée (Asie Mineure) les travaux offrent un ensemble confus de galeries se croisant en tous sens, et tracées de façon à ne permettre aucun écoulement à l'eau ; bien plus, elles aspirent toute l'eau du dehors.

Le sultan, en vertu de son droit absolu, s'est adjugé la propriété de ces mines ; puis, par une combinaison ingénieuse, et poussant jusqu'au bout la ressemblance avec le lion de la fable, il les a divisées en trois parts, dont il a gardé deux pour lui et vendu la troisième, à beaux deniers comptants, à des pachas à plusieurs queues. Ceux-ci ont fait poursuivre les travaux, mais soldé à des époques fort inexactes les ouvriers, qui les ont payés de la même monnaie, en travaillant irrégulièrement.

Dans le Liban, la Turquie possède aussi des houillères, et les exploite avec non moins de sans-façon. On dit qu'un caïmacan ou préfet turc, chargé de la surveillance de la mine, comme on avait laissé dans les chantiers des piliers pour les soutenir, ordonna aux ouvriers d'abattre ces gros blocs de houille, qui, d'après lui, avaient été oubliés. Il s'ensuivit un éboulement des excavations, dans lequel le caïmacan faillit être écrasé lui-même[1]!

Les houillères de la Chine ne sont pas mieux travaillées que celles de la Turquie, et le fils de l'Empire-Céleste est là-dessus le digne rival du descendant de Mahomet. Les exploitants se bornent à fouiller la surface. Les travaux sont arrêtés dès que les eaux pénètrent dans l'intérieur; les ouvriers au reste, comme nous l'avons déjà dit, sont forcés de battre en retraite devant les éboulements du terrain et les explosions de grisou. Tant qu'il n'y aura pas d'école des mines à Pékin, et que les Chinois n'auront pas suivi, au moins dans la géologie pratique, les procédés de ceux qu'ils appellent les *Barbares*, les choses n'iront guère mieux.

Il ne faudrait pas remonter au delà d'un siècle pour trouver dans les houillères européennes le même gaspillage qu'en Chine et en Turquie. La nature de certaines couches force même encore nos exploitants d'employer quelquefois des méthodes qui pourraient sembler primitives. Dans les petites couches, l'abatage de la houille est fort pénible pour le mineur. Si, pour dépenser le moins possible, on ne veut pas entamer la roche stérile,

---

1. Cela n'est pas une fable. Voyez le remarquable article sur la *Houille*, de M. Lamé-Fleury (*Dictionnaire du commerce*), et le livre de Mgr Mislin, *Les Saints lieux*.

le travail rappelle celui des anciens sur les gîtes métalliques, quand on condamnait aux mines les esclaves et les
prisonniers. Le houilleur, couché sur le flanc, le col tordu
(fig. 37), pratique avec l'outil une entaille horizontale au
pied de la couche; puis, accroupi sur les genoux, ouvre
deux entailles verticales sur toute la hauteur. Il fait enfin
tomber le charbon avec un coin ou un levier. Si la houille
est trop dure, il l'abat à la poudre. C'est par suite de la
position particulière qu'est obligé de prendre le mineur

Fig. 37. Le travail à col tordu.

en fouillant le charbon, que ce système d'abatage a reçu
le nom si bien choisi de *travail à col tordu.*

La houille arrachée, vient le *porteur* ou *traîneur* qui la
sort par une galerie basse, étroite, soit dans des sacs qu'il
charge à dos, soit sur un petit chariot dont la corde lui
passe entre les jambes et se fixe à la ceinture. A moitié
nu, courbé sur lui-même, appuyé sur un bâton, le traîneur
va suant, soufflant, faisant ce travail d'esclave, et souvent
il monte jusqu'au jour, le sac sur le dos, par la galerie inclinée. Puis il redescend à vide pour recommencer, nouveau Sisyphe, et ainsi de suite entre matin et soir.

J'ai vu ce système toujours en vigueur dans les mines
de charbon des Bouches-du-Rhône, près d'Aix, il n'y a

pas encore dix ans. Il a commencé d'être mis en œuvre vers le milieu du xviiie siècle, époque où ces mines furent pour la première fois exploitées à l'usage des savonneries de Marseille. Les pères apprennent le métier à leurs enfants, car il faut être à la fois jeune et vigoureux pour se plier à pareil exercice. Le chariot, très-bas, de forme triangulaire, est porté sur trois petites roues, dont une à chaque angle. Sur le châssis, composé de quelques mauvaises planches, on charge des paniers en spart ou *couffins*[1], pleins de charbon. La voiture se nomme le *courriau*[2], un enfant s'y attelle et la traîne jusqu'à la principale galerie de roulage où les paniers sont vidés dans des wagons (fig. 38). Quand je visitai ces mines, les porteurs remontaient quelquefois leur charge par les galeries inclinées jusqu'au dehors ; mais depuis, divers perfectionnements ont été introduits dans ces charbonnages, et peut-être que le courriau, digne de l'âge primitif des houillères, en aura disparu.

Ces porteurs et traîneurs se nomment en Provence des *mendits*. Le mendit, dans la langue des troubadours, est, à proprement parler, le valet du berger ; c'est donc ici, par extension, le manœuvre ou l'aide du mineur. Ces enfants accomplissent allègrement et vite leur besogne, tant il est vrai qu'on peut arriver à tout par l'habitude.

Les *sorteurs*, à Saint-Étienne, faisaient autrefois un travail non moins rude. Pieds nus, s'appuyant sur un bâton, ils devaient, dans leur journée, remonter à dos un certain nombre de *faix* par la fendue ou galerie inclinée débouchant à la surface. Dans les haltes, ils soutenaient le fardeau sur leur bâton. Les chemins étaient glissants, très-roides, et le métier fort dangereux.

---

1. Ce mot, emprunté au dialecte provençal, trahit une origine grecque, phocéenne : κόφινος, corbeille.
2. Corruption du mot chariot.

Dans quelques mines d'Angleterre et d'Écosse, les couches de houille ont une très-faible épaisseur, comme en Provence. De petits garçons, dits *putters*, y remplissent une

Fig. 38. — Les *mendits* ou porteurs de charbon, en Provence.

tâche analogue à celle des mendits. Ils traînent, dans des galeries très-basses et fort étroites, qui n'ont pas plus d'un mètre de haut, des wagons à quatre roues. Portant autour du corps une ceinture de cuir à laquelle est suspendue une

chaîne en fer, ils s'attellent au wagon, et le tirent en rampant sur les pieds et les mains; le sol est inégal, couvert
de boue, de pierres, d'eau (fig. 39). Dans les endroits
élevés, ils changent de position, et poussent le wagon
par derrière, s'aidant de la tête et des bras. Comme les
mendits, ils acquièrent une grande adresse à ce travail,
et traînent avec aisance le poids moyen de cent cinquante
kilogrammes de charbon à chaque voyage; mais ce n'est
pas là un spectacle plaisant à voir[1]. Autrefois des femmes
même remplissaient ce rude métier, pendant que leurs

Fig. 39. — Les *putters* ou traîneurs de charbon, en Angleterre.

compagnes tournaient au dehors la manivelle qui faisait
monter le charbon par le puits.

Dans d'autres mines d'Écosse, de pauvres petites filles
exécutent sur des échelles le même travail que les men-

1. Dans une de ces houillères d'Écosse, il fut joué un tour plaisant à
Bruce. La mine appartenait au célèbre voyageur. De retour de son excursion en Afrique, il crut avoir à se plaindre de l'ingénieur, et voulut vider le
différend sur les lieux mêmes. On descend dans la mine par les échelles,
puis on parcourt une à une les galeries basses, sinueuses, où Bruce déjà
âgé, obèse, a peine à marcher en rampant. Il se heurte à chaque instant la
tête, et n'en peut mais. On arrive enfin à un passage si étroit que Bruce,
engagé à demi, ne parvient pas à en sortir. Que faire? On mande les mineurs qui déblayent le terrain. Mais il faut du temps, et il y a plusieurs
heures qu'on est dans la mine. Le dîner a sonné. Enfin Bruce est tiré
de ce mauvais pas. Jamais, dans aucun de ses voyages, en Abyssinie, aux
sources du Nil, il ne s'était trouvé, disait-il, à pareille aventure.

dits de Provence dans les galeries montantes. Elles portent sur le dos une hotte, que retient une courroie fixée autour de leur front. A cette courroie elles attachent aussi leur lampe, et, ainsi équipées, charrient péniblement la houille. Les mineurs ajoutent à la charge de la hotte de gros morceaux qu'ils entassent autour du cou des petites malheureuses, et elles s'avancent par bandes, courbées sous le faix, gravissant par les longues échelles toute la hauteur des puits, qui dépasse quelquefois cent mètres ! (fig. 40). Si une courroie usée se casse, si un bloc de houille tombe, les porteuses qui forment la queue sont grièvement blessées, ou même tuées sur le coup. Le moyen de sortie employé est donc aussi primitif qu'inhumain. Il aura probablement disparu des houillères à la suite de l'enquête provoquée, il

Fig. 40. — Les monteuses de charbon, en Écosse.

y a quelques années, dans la Grande-Bretagne, sur le travail des femmes et des enfants dans les mines. Les exploitants avaient comblé la mesure au point que l'opinion publique s'était émue, et que le gouvernement, qui cependant n'aime guère chez nos voisins s'immiscer dans les affaires privées, avait jugé indispensable d'intervenir [1].

Dans les couches de grande puissance, une méthode non moins barbare que celles qui viennent d'être décrites, a été longtemps de mode; mais cette fois pour l'abatage, et non plus pour le transport souterrain de la houille. C'est dans les mines de Commentry, du Creuzot, d'Épinac, de Blanzy, etc., qu'on l'a surtout pratiquée en France, jusqu'à ces dernières années. On l'appelait méthode *par éboulement*, terme qui indique nettement en quoi elle consiste. Les mineurs, armés de pics emmanchés à de longues perches, provoquaient la chute du charbon en grandes masses au-dessus de leur tête, au risque d'être écrasés. Comme il fallait soutenir les vides gigantesques qui se produisaient, des massifs entiers étaient abandonnés dans la mine comme étais ou piliers, et les deux tiers de la houille restaient complétement improductifs. C'était, on le voit, un vrai gaspillage. Il fallait fuir, au reste, devant l'éboulement qui souvent s'annonçait formidable, et une portion du charbon abattu était encore laissée dans la mine; mais le grand désavantage de ce foisonnement était surtout de provoquer des incendies dans

_____

1. D'autres enfants, qu'on appelle *trappers*, parce qu'ils ouvrent les portes d'air (en anglais *traps*) dans les galeries de roulage, au passage des convois de charbon, peuvent aussi être comptés parmi les victimes des houillères britanniques. Ils n'ont qu'une petite chandelle pour toute leur journée, et restent à leur poste douze heures. Ils sont donc le plus souvent sans lumière. La nuit, ils dorment dans la mine. Ils ne remontent que le dimanche. Quelques-uns de ces pauvres trappeurs avaient naguère moins de sept ans. L'édit de la reine Victoria sur les mines aura réformé cet abus comme tant d'autres.

les chantiers, par suite de la décomposition chimique des charbons menus, chargés de gaz, et de l'échauffement qui en résultait. Enfin d'immenses crevasses, des affaissements énormes, se propageaient jusqu'à la surface du sol. On pouvait suivre, par les mouvements du terrain au dehors, la marche des excavations au dedans. Les édifices se fendillaient, s'écroulaient ; les eaux pénétraient dans l'intérieur de la mine, tout cela par suite des vides qu'on ne prenait nul soin de remblayer.

Cette méthode d'abatage portait, dans la plupart des houillères, le nom expressif de *foudroyage*, qui en explique très-bien les effets.

Aujourd'hui, la nécessité de produire la houille au plus bas prix possible, pour résister à toutes les concurrences ; le besoin de ne rien laisser dans les tailles, par suite d'un épuisement que l'on pressent déjà ; enfin l'utilité qu'on a partout reconnue de travaux sagement aménagés, bien entretenus, sans lesquels il n'y a pas de sécurité ni de fructueuse exploitation, toutes ces raisons ont conduit peu à peu les houilleurs à la méthode dite *par remblais*. Cette méthode, appliquée à peu près partout, consiste à remblayer soigneusement les vides qu'occupait la houille, et à prendre tout le combustible, en remplaçant par de la pierre l'utile minéral. L'un des plus grands soucis des exploitants est désormais de ne plus abandonner dans la mine un seul atome de charbon.

L'exploitation perfectionnée des houillères offre quelque chose qui rappelle la culture des champs ou des forêts. Le travail des mines n'est-il pas d'ailleurs comme une culture particulière du sol? Aussi les Italiens ne disent pas, comme nous, l'exploitation, mais bien la *cultivation* des mines. La première chose à faire pour un champ, pour un bois, dont on veut tirer le plus de profit possible, c'est d'aménager les cultures, les coupes, d'entretenir les chemins de service, d'effectuer les travaux, les transports, avec les animaux ou les machines. Il en est de même pour une houillère. Plus de méthode par foudroyage, par éboulement; plus de travail à col tordu, plus de chemins étroits, sinueux, mal entretenus; plus de transports à dos d'homme; mais une division méthodique des tailles, un système régulier d'abatage, un transport rapide, effectué sur des voies perfectionnées, sur des railways intérieurs, et emprunté, soit à des chevaux, soit même à des machines. Avec toutes ces améliorations, le prix de revient de la houille abattue et extraite a été diminué de moitié, et la vie des hommes a été aussi mieux protégée.

Étudions cet aménagement des houillères, il vaut bien la peine qu'on s'y arrête. Il est plus intéressant encore que celui des forêts et des taillis mis en coupe, car la houille ne se reproduit pas. Examinons avant tout les divers cas qui peuvent se présenter dans les méthodes d'arrachement, suivant que la couche est plus ou moins inclinée, plus ou moins épaisse.

Si la couche est peu inclinée, on y trace des galeries qui se coupent d'équerre, et laissent entre elles des piliers divisant la mine en damier (carte XV). On attaque ces piliers par un des angles, en soutenant le toit par des étais, et remblayant au fur et à mesure. Si la couche est très-épaisse, on l'exploite par tranches successives en s'élevant sur les remblais.

Quelquefois, au lieu de diviser méthodiquement la couche, on se borne, surtout si elle est de peu d'épaisseur et faiblement inclinée, à l'attaquer par de grandes tailles qu'on remblaye derrière soi. Au milieu des remblais, on ménage une galerie longitudinale pour le roulage, et des galeries perpendiculaires ou traverses, pour la circulation de l'air, des ouvriers, le parcours du charbon, etc. Souvent aussi on ne remblaye pas toute l'étendue exploitée, et l'on résiste par des étais de bois, disposés de distance en distance, à la pression des roches supérieures.

Quand la couche est fortement inclinée et peu épaisse, on applique d'autres méthodes. Monté sur des échafaudages ou sur les remblais, le mineur exploite le gîte en le découpant en gradins qui, toujours dégagés sur deux faces, et se présentant renversés à l'ouvrier, facilitent singulièrement l'attaque. Les massifs disposés pour être ainsi abattus, sont séparés les uns des autres par des galeries horizontales nommées *étages* ou *niveaux*, et par des galeries tracées dans la pente du gîte, qui portent ici le nom de *cheminées* ou *remontées*. De ces galeries inclinées la houille descend d'ordinaire dans les niveaux, d'où elle gagne le puits d'extraction.

Enfin quand la couche est fortement inclinée et de grande épaisseur, on trace une galerie longitudinale sur l'une de ses parois, au toit par exemple, et l'on marche ensuite du toit au mur, en enlevant le charbon par grandes tranches remblayées au fur et à mesure. Quand une tranche est épuisée on s'élève sur les remblais. On ménage une cheminée pour descendre la houille dans la galerie principale, et l'on procède ainsi par coupes successives.

Il serait hors de propos de s'appesantir plus longuement sur ces divers systèmes d'exploitation. Il suffit que l'on en ait bien compris l'économie. Au reste, chaque mine offre, on peut dire, un cas particulier; et c'est surtout dans le chantier d'abatage et d'après les allures de la couche, qu'un ingénieur de houillère, comme un capitaine en campagne, juge des mesures à prendre, et des modifications à apporter aux méthodes théoriques.

Fig. 47. — Pic des houillères
de Saint-Chamond.

L'outil employé surtout par le houilleur est le pic, qui est de diverses formes, suivant qu'on attaque le roc dur ou le charbon plus tendre; il peut être aussi à une ou deux pointes (fig. 41 à 46'). Dans les mines du nord de la France et en Belgique, on emploie des pics d'un modèle spécial, entre autres une sorte de pic à deux pointes ou *rivelaine* (fig. 47). Cet outil sert à ménager dans le bas de la couche une entaille horizontale qui la fait porter à vide. L'entaille obtenue, on abat la houille avec des coins frappés à la masse (fig. 48

Fig. 42, 43, 44, 45. — Pics de divers modèles.

1. Tous les outils de mineur représentés fig. 41 à 43 sont réduits au dixième de leurs dimensions

à 51) ou avec des pinces (fig. 52.) Quand le charbon est

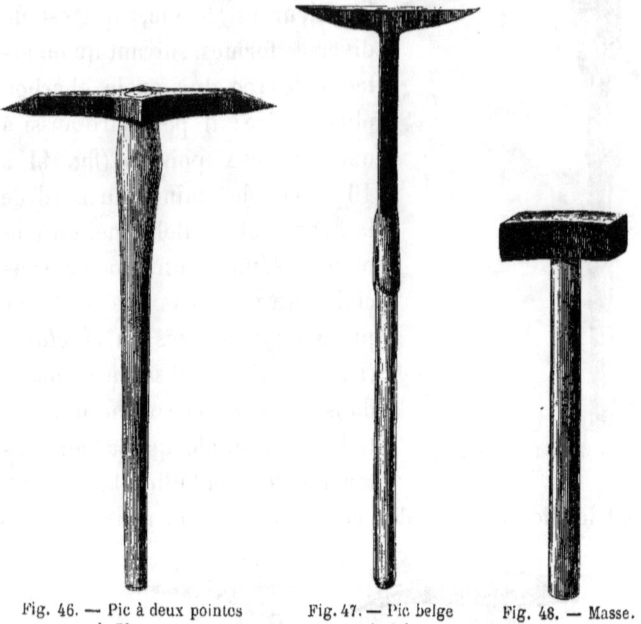

Fig. 46. — Pic à deux pointes
de Blanzy.

Fig. 47. — Pic belge
ou rivelaine.

Fig. 48. — Masse.

trop résistant, on emploie la poudre, en opérant comme
il sera dit plus loin.

Fig. 49, 50, 51. — Coins.

La descente du charbon s'effectue souterrainement le
long des cheminées. Celles-ci sont quelquefois de simples

couloirs munis dans le bas d'une trappe, devant laquelle on vient charger les wagons directement ou à la pelle (fig. 53).

Quand les dimensions des cheminées sont assez considérables, que la pente ne dépasse pas quarante-cinq degrés, les cheminées se transforment en galeries inclinées, et l'on emploie alors des *plans automoteurs*. Dans ce système, les wagons combles de houille des-

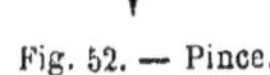

Fig. 52. — Pince. 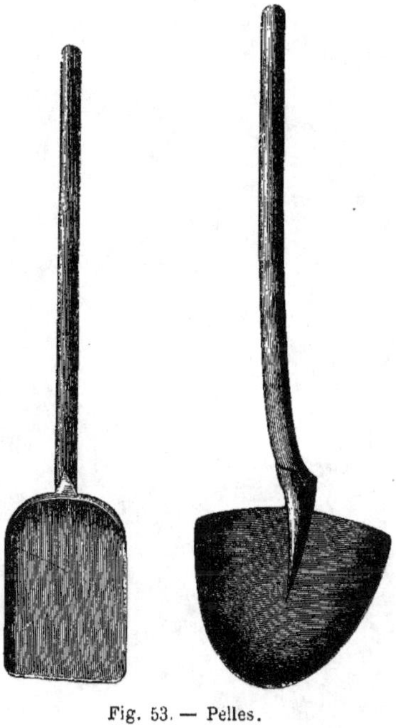　　　　　Fig. 53. — Pelles.

cendent d'eux-mêmes sur des rails dont le seuil de la galerie est muni. Le mouvement s'opère par la force de la gravité, et le convoi descendant fait remonter les wagons vides, au moyen d'un câble commun qui passe sur une énorme

Fig. 54. — Descente d'un cheval par un puits de mine, au Creuzot,
d'après une photographie.

poulie. C'est l'ancien système des *montagnes russes*. Un frein qui presse sur la poulie sert à modérer la vitesse.

Par ces divers moyens, la houille est transportée des tailles dans les galeries de roulage. Celles-ci, tracées dans la direction de la couche, sont pourvues d'un chemin de

Fig. 55. — L'écurie dans la mine.

fer. Des chevaux ou des hommes (les rouleurs) tirent jusqu'à la place d'*accrochage* les wagons rassemblés en convois. Là on vide la houille dans les bennes suspendues au câble et elle monte le long du puits. Un procédé plus économique et qui conserve mieux le combustible, consiste à accrocher directement au câble, ou à pousser dans une cage portée par celui-ci, les wagons qui arrivent pleins des chantiers, tandis que les wagons vides, retirés de la cage ou du câble, vont charger à leur tour le charbon.

Les chevaux qui traînent les wagons sur les chemins de fer souterrains sont descendus dans la mine attachés au câble, soit dans des filets, soit par des courroies (fig. 54). Quand cette manœuvre s'opère, ils ne font pas le moindre mouvement, transis d'effroi et comme morts. Arrivés dans la galerie, ils reprennent peu à peu leurs sens. Ces intelligentes bêtes s'habituent vite à leur nouveau métier, et savent bientôt reconnaître tous les passages, les courbes, les points dangereux. Il faut voir avec quel soin elles évitent, dans les garages, les rencontres de trains, et comme elles savent s'arrêter à distance aux portes d'aérage, afin de laisser au conducteur ou au gamin qui veille l'espace nécessaire pour l'ouverture de la porte. On les soigne comme d'utiles serviteurs. L'écurie est vaste, bien aérée (fig. 55), la litière renouvelée souvent. Le foin, l'avoine, d'excellente qualité, garnissent les râteliers à l'heure des repas. Les chevaux deviennent gras et dodus, leur poil s'allonge et reluit, et ils semblent préférer le séjour dans cet air chaud, de température égale, à celui des grandes routes ou des champs, par le soleil, le vent, la pluie ou la gelée. Une fois entrés dans la mine, ils n'en sortent plus. Ils y travaillent des années, et achèvent leur vie dans ce service utile. Ils font partie, on peut le dire, du personnel de la houillère, et sont portés sur un tableau spécial, avec des noms à rendre jaloux les chevaux de course.

Dans certaines houillères, ce ne sont pas seulement des chevaux, ce sont des locomotives qui traînent les convois de houille, ou des locomobiles qui les remorquent; mais ces cas sont encore très-rares, et le roulage intérieur se

Fig. 56. — Exploitation de la houille dans les couches puissantes de Staffordshire.

fait généralement par le moyen des hommes ou des animaux.

Les chariots qui servent à transporter souterrainement la houille sont en bois ou en tôle, à quatre roues. Ils ont, sauf les dimensions, la forme des wagons de terrassement employés sur les chemins de fer extérieurs. Quelquefois, au lieu de wagonets, ce sont des tonnes ou bennes portées sur un châssis à roues. Dans quelques galeries, au sol glissant, on emploie des bennes à patins rappelant les traîneaux. En somme, les vases d'extraction diffèrent assez peu. Qu'on les appelle wagons, wagonets, berlines, tonnes ou bennes, la forme est celle d'un petit wagon ou d'une cuve ronde ou ovale, ouverte par le haut. La capacité varie de trois à cinq hectolitres, c'est-à-dire de deux cent quarante à quatre cents kilogrammes de charbon. En Belgique les *cuffats*, énormes cuves de trois mètres de haut, vont jusqu'à quinze et vingt hectolitres. En Angleterre, des mines privilégiées sortent le charbon en empilant sur un plateau la houille en gros blocs retenus par des cercles de fer. Le plateau est fixé par les angles à la chaîne du puits, et le diamètre des cercles va en diminuant de bas en haut (fig. 56). Ce système est primitif et original à la fois, mais n'est applicable qu'à des qualités exceptionnelles qui ne s'abattent qu'en gros morceaux sans donner de menus.

Une sorte de discipline est adoptée dans l'exploitation souterraine de la houille. Les ouvriers, descendus presque partout par les machines, prennent le poste le matin et le quittent le soir, pour faire place à d'autres qui composent le poste de nuit. Les travaux ne chôment que le dimanche. La semaine suivante les postes sont intervertis, la brigade de nuit remplace celle de jour; à moins que chaque brigade n'ait une destination spéciale, l'une l'exploitation, l'autre l'entretien des travaux.

Dans ce cas il y a des houilleurs dont le rôle est invariable : travailler la nuit, dormir le jour. Paraphrasant la chanson du mineur belge, ils peuvent dire :

Ma lampe est mon soleil, tous mes jours sont des nuits.

Les ouvriers se groupent par compagnies et sont le plus souvent à l'entreprise, c'est-à-dire payés à tant les mille kilogrammes de houille extraite. Il y a les *piqueurs* qui abattent le charbon, les *rouleurs* ou *traîneurs* qui le transportent, les *conducteurs* ou *toucheurs* qui mènent les chevaux, les *accrocheurs* qui attachent les wagons au câble, ou les installent dans la cage montante. Il y a aussi les *remblayeurs* qui disposent les remblais, les *cantonniers* qui réparent les voies, les *boiseurs* qui étayent les galeries, les *mineurs au rocher* qui poursuivent dans le roc stérile les travaux de recherche : c'est toute une petite armée.

A la surface, sont les *receveurs* qui détachent les wagons, les *basculeurs*, les *trieurs*, les *laveurs*, les *machinistes*, les *chauffeurs*, puis les *pompiers*, les *forgerons*, les *charpentiers*, les *lampistes*, etc., dont les titres expliquent suffisamment les fonctions.

Tous ces hommes, qu'ils travaillent au dedans ou au dehors, sont compris sous la dénomination générale de *houilleurs*, en anglais *coal-men*. Ils sont surveillés par des chefs-mineurs appelés *gouverneurs* dans les mines de Saint-Étienne, *maîtres-porions* dans celles de Belgique, *overmen* en Angleterre, *caporaux* dans les mines italiennes et allemandes. L'ingénieur commande, dirige tout ce monde ; il porte le nom de *viewer* (surveillant) dans les mines anglaises.

La visite d'une houillère est toujours fort intéressante, émouvante même pour les novices. On gagne les chantiers souterrains par le puits. A cheval ou debout sur une

Fig. 57. — La descente par le puits.

tonne suspendue au câble (fig. 57), on éprouve au départ comme un sentiment pénible, cette sensation du vide que produit la descente dans un puits. La tonne frotte contre les parois; l'espace est limité et le paraît encore davantage, par suite de l'obscurité. A peine est-on éclairé par les lampes. L'eau filtre de la roche goutte à goutte, en pluie fine, et parfois l'on se prend à réfléchir qu'une pierre pourrait tomber des parois et vous écraser la tête; que le câble, tendu par le poids et dont on sent les oscillations, pourrait aussi se rompre ou le fond de la tonne s'ouvrir. Au milieu du puits on songe à une rencontre, à un accrochage possible. L'obstacle franchi, on respire plus aisément, et bientôt on arrive au terme du voyage, heureux d'en être quitte à si peu de frais. J'ai vu des visiteurs refuser de prendre ce chemin pour descendre dans une mine; j'en ai vu d'autres se blottir au fond de la benne, et là rester immobiles de peur. A l'arrivée il fallait littéralement basculer la cuve pour les en faire sortir, et ils ne reprenaient leurs sens qu'avec peine. Les mineurs font au contraire cette route deux fois par jour, sans souci du péril; ils causent et rient dans le trajet : tels les vieux grognards de l'empire allaient au feu sans sourciller, et gaiement affrontaient la mitraille.

Deux ou trois fois par vingt-quatre heures, mais d'habitude deux fois, le matin et le soir, les postes entrent dans la mine. Le spectacle est curieux; les ouvriers se pressent en foule, puis, au son de la cloche, disparaissent en groupes serrés par les bennes, les cages ou les échelles. On les entend causer au départ ; mais bientôt la voix se perd dans le puits, ce n'est plus qu'un sourd murmure ; on ne distingue que la pâle lueur des lumières.

Dans quelques mines, on fait la prière avant la descente. Dans la plupart, on néglige ce soin ; mais plus d'un travailleur se signe dévotement en partant, et récite à voix basse une invocation à la Vierge ou à sainte Barbe, la grande patronne des mineurs. Arrivées au fond, les bandes se séparent et vont chacune sur leur lieu de travail.

Visitons ces différents quartiers de la mine, entrons dans le dédale souterrain. Dans les chantiers d'abatage, où l'on entend le bruit, où l'on sent l'odeur de la poudre, se tiennent les piqueurs. Dans les galeries, les rouleurs, les chevaux se pressent, les trains vont et viennent. A la place d'accrochage, c'est le mouvement des tonnes qu'on suspend ou détache, et le cri des accrocheurs du fond qui correspondent avec les receveurs du jour. Les lampes n'éclairent que quelques points, illuminant le visage des hommes, le contour des wagons, la houille qui brille çà et là ; le reste est plongé dans l'ombre, et néanmoins cet ensemble est animé, saisissant.

Les galeries en tous sens se croisent comme les rues d'une ville aux mille détours (carte XV). Il y a des carrefours, des places. Chaque voie a son nom et sa destination ; mais comme il n'y a pas de poteaux indicateurs, on s'y perd les premiers jours, on s'y retrouve ensuite par l'habitude. Quelques-unes des galeries, longues, larges, bien ventilées, forment les artères principales, les grandes rues : c'est le beau quartier de la mine. Les autres sont parfois basses, étroites, tortueuses, à peine aérées, entretenues, et sujettes d'ailleurs à moins de durée : ce sont comme de vieux quartiers qui doivent bientôt disparaître. Cette ville souterraine est habitée nuit et jour ; elle est éclairée, mais par des lampes fumeuses. Elle a des chemins de fer que parcourent des chevaux, des locomotives. Elle a des ruisseaux, des canaux et des fontaines, sources d'eaux vives dont, il est vrai, on se passerait bien. Elle a même certaines plantes, certains êtres qui lui sont propres, et la vie, on l'a dit, semble y revêtir des formes spéciales. C'est la cité noire et profonde, la cité du charbon, centre animé du travail. Les habitants n'y demeurent qu'une partie du jour ou de la nuit, seulement pour remplir leur tâche, et les postes, comme on les a si bien nommés, se relayent deux ou trois fois en vingt-quatre heures. Il n'y a donc là ni promenades, ni magasins, ni maisons, comme on pourrait se l'imaginer, et encore moins des mineurs à demeure qui ne revoient plus le jour dès qu'ils sont descendus dans les travaux. Nous savons que les chevaux seuls, une fois entrés dans la mine, n'en sortent plus.

Il nous faut ici arracher à leurs rêves les gens du monde, les artistes, et dévoiler une fois pour toutes ces fables, ce tissu d'erreurs que des touristes exaltés ou des écrivains ignorant les choses ont propagé sur le travail et la vie des mineurs. Le côté romanesque, dramatique, y perdra, mais si nous aimons notre métier, la vérité nous est encore plus chère, comme au disciple de Platon.

Songeant aux condamnés aux mines de l'antiquité, et à ceux que l'autocratie du czar envoie encore en Sibérie, quelques auteurs ont parlé d'hommes qui passent toute leur vie sous terre, y naissent, y meurent, péniblement assujettis à un travail de Troglodytes. Il est surtout deux mines sur lesquelles l'imagination s'est plu à broder : ce sont celles de Wielliczka et de Bochnia, en Gallicie (Autriche), au pied des monts Carpathes. On n'y exploite pas de houille, mais de riches amas de sel gemme. Aux embranchements des galeries, les mineurs ont taillé dans la roche massive des obélisques, des colonnes, des statues, et jusqu'à une chapelle. Il n'en a pas fallu davantage pour qu'on ait prétendu qu'il

y avait dans ces salines des maisons à plusieurs étages, des
bazars, des théâtres, des cafés, des hôtels, des sources et
des ruisseaux d'eau douce, et jusqu'à un moulin à vent !
On a dit que les mineurs ne quittaient jamais ces ténébreux
séjours; qu'ils y naissaient et y mouraient. Tout cela est
purement légendaire, brodé par la brillante imagination
d'écrivains plus poëtes que mineurs. Il n'en est pas moins
certain qu'une mine largement exploitée rappelle, par
quelques côtés, par son aspect, par l'animation qui règne
dans les chantiers, dans les galeries, une véritable ville,
et nous avons usé nous-même de cette comparaison.

Dans cette ville sous terre, obscur labyrinthe, il faut
dire comment on retrouve son chemin, comment on reconnaît nettement et la position des diverses tailles, et
l'avancement de chaque jour. Le soleil est absent ; le
plan seul peut donner le véritable état des lieux. L'ingénieur de la mine dresse une carte détaillée des travaux.
Mais si les levées topographiques sont souvent difficiles
à la surface, qu'on se figure ce qu'elles doivent être sous
le sol, où les lumières éclairent à peine, où l'on ne peut
voir les points à distance, où l'intersection des galeries
forme comme un inextricable dédale. On a surmonté
ces obstacles, et la boussole qui donne au marin le
moyen de se diriger en pleine mer, permet également
au mineur de s'orienter sous terre. C'est avec la boussole que le houilleur lève ses plans. La faculté mystérieuse dont jouit l'aiguille aimantée de regarder partout
le pôle, sauf une variation angulaire qui est connue pour
chaque localité, offre une ligne mathématique à laquelle
on rapporte toutes les directions observées. La boussole
est suspendue sur un cordeau dont les deux extrémités
sont fixes ; un ingénieux mécanisme, analogue à celui en
usage sur les navires, lui permet de rester horizontale.

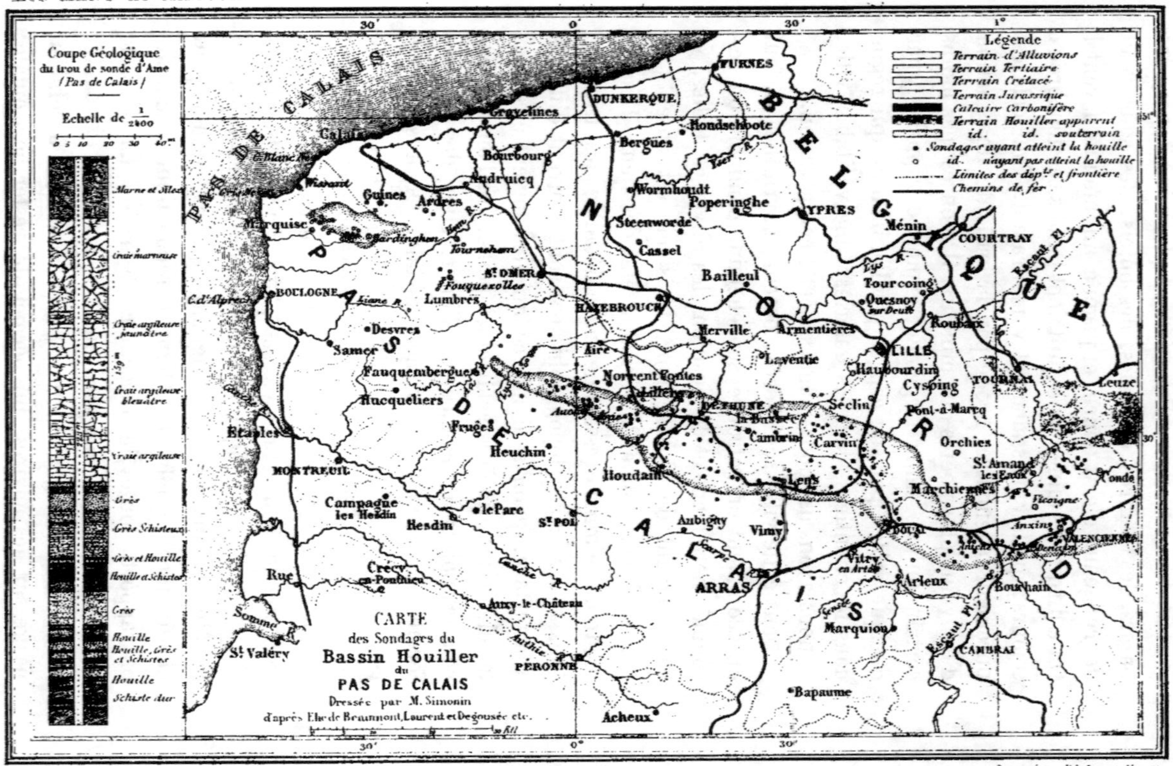

Coupe Géologique
du trou de sonde d'Ame
(Pas de Calais)
Echelle de 1/2400
0 5 10 20 30 40m
Marne et Silex
Craie marneuse
Craie argileuse jaunâtre
Craie argileuse bleuâtre
Craie argileuse
Grès
Grès Schisteux
Grès et Houille
Houille et Schistes
Grès
Houille
Houille, Grès et Schistes
Houille
Schiste dur

Légende
Terrain d'Alluvions
Terrain Tertiaire
Terrain Crétacé
Terrain Jurassique
Calcaire Carbonifère
Terrain Houiller apparent
id. id. souterrain
Sondages ayant atteint la houille
id. n'ayant pas atteint la houille
Limites des dép.ts et frontière
Chemins de fer

PAS DE CALAIS
CALAIS
Gravelines
Calais
C.Blanc Nez
Wissant
Guines
Ardres
Marquise
Hardinghen
Tournehem
C.d'Alprech
BOULOGNE
Liane R.
Fouquezolles
St OMER
Lumbres
Desvres
Samer
Fauquembergues
Hucqueliers
Fruges
Etaples
Heuchin
MONTREUIL
Campagne les Hesdin
le Parc
St POL
Hesdin
Rue
Crécy en-Ponthieu
Canche
St Valéry
Somme
Acheux
DUNKERQUE
Bourbourg
Audruicq
Bergues
Hondschoote
Wormhoudt
Poperinghe
Steenworde
Cassel
Bailleul
FURNES
BELGIQUE
YPRES
Ménin
COURTRAY
Lys R.
Tourcoing
Quesnoy sur Deule
Roubaix
Merville
Armentières
Laventie
Aire
Norrent Fontes
Lillers
Béthune
la Bassée
LILLE
Haubourdin
Cysoing
Pont-à-Marcq
Séclin
Cambrin
Carvin
Orchies
St Amand les Eaux
Houdain
Lens
Marchiennes
TOURNAI
Leuze
Scarpe R.
Aubigny
Vimy
DOUAI
Anzin
VALENCIENNES
ARRAS
Vitry en Artois
Arleux
Bouchain
Escaut R.
Bapaume
Marquion
CAMBRAI
Sensée R.
NORD
Authie R.
Anxy-le-Château
PÉRONNE

CARTE
des Sondages du
Bassin Houiller
du
PAS DE CALAIS
Dressée par M. Simonin
d'après Elie de Beaumont, Laurent et Degousée etc.

Librairie de L. HACHETTE et Cie à Paris

Dessiné par Ed. Dumas-Vorzet

L'aimant oscille comme s'il était animé ; bientôt les mouvements deviennent de plus en plus faibles ; l'aiguille reste à peu près immobile. On lit alors l'angle de direction. Les angles d'inclinaison, qui donneront plus tard les différences de niveau, se prennent au moyen d'un demi-cercle gradué, muni d'un fil de plomb, et suspendu à son tour au cordeau. Enfin les distances se mesurent avec une chaîne aux anneaux de cuivre.

Il faut avoir bien soin, en opérant avec la boussole, d'écarter tous les objets en fer. On enlève même les rails des galeries. Si l'on néglige ce détail, quelque autre précaution que l'on prenne, comme de tenir la boussole très-haut, ou à égale distance des rails, la lecture de l'angle donné par l'aiguille sera entachée d'erreur, et par suite le plan fautif, ce qui peut conduire, dans la poursuite de l'exploitation, aux plus graves mécomptes.

J'ai connu un vieil ingénieur qui, en pareil cas, faisait couvrir les rails d'un paillasson ou d'un tas de houille menue, et croyait garantir ainsi la boussole contre les effets du fer. Le brave homme avait bien perdu de vue cette partie du cours de physique qu'il avait apprise à l'école, et qu'on appelle le magnétisme. Et cependant il n'oubliait jamais d'interroger au préalable tous ses aides, pour savoir s'ils étaient munis de lampes en cuivre, et n'auraient pas gardé sur eux un couteau, une clef.

C'est pour parer à tous les inconvénients résultant de la présence du fer avec l'emploi de la boussole, que beaucoup d'ingénieurs de houillères adoptent aujourd'hui, dans la levée des plans souterrains, les mêmes instruments qu'à la surface : le graphomètre, le théodolite, le cercle répétiteur. Ces appareils sont munis de lunettes pour viser, et sont portés sur des trépieds très-bas. Des lampes, maintenues autant que possible à la même hauteur que le limbe ou cercle divisé, servent de points de mire. L'appareil donne à la fois les angles de direction et d'inclinaison, et l'on mesure avec la chaîne d'arpenteur, ou un rouleau divisé en mètres, la distance entre les deux stations. Toute la levée des plans est là, sous terre comme à la surface : prendre des angles et des longueurs pour construire des triangles, dont les côtés et les angles inconnus répondent aux longueurs et aux directions que l'on cherche; de là le nom de triangulation donné parfois à la levée des plans.

En opérant de proche en proche, comme il vient d'être dit, soit avec la boussole, soit avec les instruments perfectionnés, on lève le tracé complet d'une galerie, puis d'une autre, et ainsi de suite. Cela s'appelle procéder par *cheminement*. On obtient de la sorte le plan de la mine, ou la projection horizontale de tous les travaux, et la coupe ou projection verticale, et avec elle les différences de niveau de tous les points.

C'est toujours une opération intéressante que la levée d'un plan souterrain. Quand on opère avec la boussole, on travaille ordinairement de nuit, car il faut enlever les rails des galeries sur lesquels circulent les trains pendant le jour. L'ingénieur est avec ses aides autour de l'instrument. Il note sur un carnet spécial les angles de direction et d'inclinaison, les longueurs, les diverses observations que lui fournit l'aspect des lieux. Lui seul est attentif. Les aides, qui tiennent et tendent la chaîne, le gamin qui porte les appareils, font leur besogne insouciants. S'il y a une erreur dans les chiffres, ce n'est pas eux que cela regarde, ce n'est pas eux qui seront fautifs. Les maîtres-mineurs seuls prêtent à leur chef un appui soutenu et quelquefois tiennent conseil avec lui (fig. 58). Ce travail du plan ramène

Fig. 58. — Le conseil de la mine.

en effet la discussion sur tous les problèmes que présente la conduite des travaux. On interprète les accidents géologiques qui ont pu se produire dans le terrain, on détermine avec précision la direction qui sera donnée à telle ou telle galerie.

Le graphomètre ou les instruments analogues doivent toujours être employés, de préférence à la boussole, dans le tracé de certains travaux fort délicats. Parmi ceux-ci, il faut citer surtout le percement d'une galerie exécuté de plusieurs points à la fois, comme les tunnels de chemin de fer; le fonçage d'une galerie qui doit rencontrer un puits ou une autre galerie; enfin le prolongement d'un puits dont on ne peut arrêter le service. L'opération se poursuit, en ce cas, par un puits intérieur creusé au-dessous du premier, de façon que les deux ouvrages se raccordent plus tard parfaitement.

Il est peu de travaux de mines dont la poursuite exige une attention plus soutenue que ceux que l'on vient de rappeler. Une légère déviation dans la direction ou dans la pente suivie, peut faire manquer le travail; les galeries, les puits, peuvent ne pas se rencontrer, ou se joindre à faux, et un raccordement malvenu, obtenu après coup, rappeler comme un témoin muet, mais éternellement réprobateur, un manque de soin, de vigilance, et souvent, il faut bien le dire, un défaut de capacité. Les mineurs se regardent comme aussi intéressés que l'ingénieur à ce qu'une telle mésaventure n'ait pas lieu. Non-seulement ils s'attachent fidèlement aux repères qu'on leur trace; mais, bien avant de se joindre, ils s'interrogent du pic et du marteau, et devinent par la manière dont se transmet le son à travers le massif qui les sépare encore, si les deux chantiers marchent bien à la rencontre l'un de l'autre.

On comprend maintenant toute l'importance de la levée des plans souterrains. Sans eux, il n'est pas de travaux réguliers, raisonnés, pas de bonne exploitation, aucun aménagement possible. Dans les procès entre deux mines limitrophes, c'est souvent le plan qui décide, et cela irrévocablement, avec l'infaillibilité de la géométrie. Aussi, sur quelques houillères, un ingénieur spécial est-il attaché à ces levées. C'est le géomètre, l'arpenteur de la mine. Il a ses aides, ses porte-mire, ses porte-chaîne, toute une brigade d'opérateurs pour le seconder. Au bureau des plans, il rapporte sur le vélin les opérations de l'intérieur. C'est la même boussole qui sert. Les clous de la table, des portes, des fenêtres, des boiseries, sont en cuivre, pour ne pas influencer l'aimant, et l'aiguille est si sensible, que ce n'est pas pousser la précaution trop loin.

L'ingénieur marque sur le plan l'avancement de tous les travaux. Des couleurs diverses, de convention, indiquent les différents niveaux ou étages, les tailles, les remblais ; des traits particuliers, la direction, l'inclinaison de la couche, et tous les accidents : plis, rejets, etc. Il y a des plans d'ensemble et des plans de détail, et les uns et les autres sont souvent accompagnés de coupes géologiques. On rapporte sur ces plans les principaux points de la surface, de sorte qu'on sait toujours si les édifices sont menacés ; si l'on doit craindre les infiltrations des cours d'eau ; s'il faut commencer à réserver le massif de houille qu'on doit laisser intact entre la mine et la surface, ou entre deux concessions voisines. On trace aussi sur ces plans les affleurements des couches exploitées, et les contours des divers terrains, enfin les courbes *de niveau*, au moyen desquelles on peut connaître instantanément l'altitude ou hauteur en mètres, au-dessus d'un niveau initial, d'un point quelconque de la surface ou de l'intérieur.

C'est sur le plan que l'ingénieur trace sa base d'opération, et qu'il médite, comme un capitaine sur sa carte,
lorsqu'il faut prendre une décision importante. On n'arrête aucun travail de longue haleine sans consulter le
plan, lui seul dessine véritablement les lieux; il dit le
cube de charbon déjà extrait et celui qui reste à extraire;
c'est lui, en un mot, qui est le grand révélateur du
passé et de l'avenir. Un œil exercé y découvre la situation
d'une mine, et c'est pour cela que, sur bien des houillères,
le plan n'est pas volontiers communiqué aux visiteurs.

Nous avons dépeint l'aspect animé, mais sévère, qu'offrent les chantiers souterrains. A la surface, autour du
puits d'extraction, le mouvement redouble. Il y a là plus
d'entrain et de vie, car on travaille à l'air et au jour.
Les wagonets, remplis de houille, disposés les uns au-
dessus des autres, ont monté avec rapidité tirés par la
machine à vapeur. On les vide par des moyens ingénieux.
Les uns ont un fond mobile, les autres sont basculés
mécaniquement. Cependant, au fond du puits, on fait
la manœuvre inverse, c'est-à-dire qu'on charge et qu'on
étage les vases d'extraction, et tout cela sans perdre
une minute. A un signal donné, le machiniste, attentif,
met de nouveau la vapeur en jeu. Les câbles glissent
sur les poulies; l'un monte chargé des tonnes pleines,
l'autre descend portant les tonnes vides. Au milieu du
parcours, si le puits n'est pas divisé, le machiniste veille
à ce qu'une rencontre n'ait pas lieu. Averti par un index
qui se meut sous ses yeux, le long d'un tableau fixé au
mur, il ralentit la vitesse. Le point difficile franchi, le
mouvement s'accélère de nouveau, et à peine a-t-on le
temps d'y songer, que déjà un second convoi est arrivé
au jour. C'est par la promptitude et la bonne organisation du service, joints à la vitesse et à la force des ma-

chines, que quelques puits sont arrivés à un chiffre d'extraction énorme, six et huit cents tonnes par jour en France et en Belgique, et mille tonnes en Angleterre et aux États-Unis[1].

Sur la margelle du puits, le receveur marque le nombre des bennes extraites, pendant que les basculeurs les vident, et que le bataillon des trieurs et des laveurs sépare de la houille, à la main, ou sur des tamis mécaniques oscillant dans l'eau, toutes les impuretés. Le charbon non lavé est classé au moyen de râteaux, de cribles ou de blutoirs, en morceaux d'égale grosseur. Enfin viennent les chargeurs, qui jettent le combustible dans les charrettes et les wagons.

Les abords du puits d'extraction si vivants, surtout pendant le jour, sont ce qu'on nomme, dans le jargon d'une houillère, les *plâtres*, le *carreau* ou les *haldes* de la mine. A la bouche du puits brûle, dans une corbeille de forme originale, aux barreaux de fer, le charbon sans cesse allumé. C'est comme le feu des Vestales, qui jamais ne devait s'éteindre. On expose à ce foyer ses habits humides quand on sort de la mine ; c'est là que le fumeur allume sa pipe, et que se chauffent et bavardent les travailleur de la surface, les hommes *du jour* ou du dehors. C'est également autour de cette corbeille que se réunissent, pour la descente, les hommes *du fond* ou du dedans.

Les installations qui surmontent et environnent un puits de houillère, offrent un tableau saisissant, devant lequel le visiteur émerveillé s'arrête. Jamais gouffre n'eut de plus pittoresques abords. Une charpente élevée, aux formes massives ou sveltes, parfois étranges, et dont les mille détails s'enchevêtrent, supporte les lourdes pou-

---

1. La tonne est prise ici pour le poids de mille kilogrammes.

lies de fonte sur lesquelles passent les câbles. Des édifices, souvent bâtis avec luxe, recouvrent les machines d'extraction et d'épuisement. Au dehors, est le massif en briques des chaudières ; le liquide emprisonné bouillonne dans l'appareil, tandis que la vapeur s'échappe en sifflant par les soupapes. Une cheminée de grande hauteur, couronnée par un panache d'épaisse fumée, dessert tous les foyers. Puis viennent les ateliers de triage et d'épuration de la houille, où des mécanismes automatiques font quelquefois tout le travail. A côté, sont les vastes halles de dépôt, de mesurage, de chargement, l'usine où l'on comprime et agglomère les charbons menus en forme de briquettes, enfin la longue ligne des fours à coke où l'on carbonise la houille. Cette opération a pour but de séparer toutes les matières volatiles. La houille, transformée en coke, est moins sulfureuse, et douée d'un pouvoir calorifique plus élevé. Elle s'applique ainsi à de nouveaux usages, par exemple à la fusion des minerais, des métaux, au chauffage des locomotives, etc. C'est pour des raisons à peu près semblables qu'on carbonise le bois dans les forêts : le coke n'est que du charbon de houille.

Autour du puits principal de la houillère se groupent la forge où l'on trempe les outils, les ateliers de réparation, les logements d'ouvriers, les bureaux, la maison d'administration elle-même, entourée de l'inévitable jardin. Le chemin de fer étend partout ses bandes parallèles sur lesquelles roulent les wagons, traînés quelquefois par la locomotive rapide, qui porte aux destinations les plus lointaines le noir et utile minéral.

Sur quelques mines, certains puits offrent de splendides installations. En France, en Belgique, dans la Prusse rhénane, on trouve des modèles à citer ; mais les puits d'extraction ne sont pas tous installés d'une façon aussi grandiose. Entre les années 1849 et 1852, j'ai même encore vu à Saint-Étienne, à Rive-de-Gier, nombre de puits marchant à l'antique, c'est-à-dire avec les *baritels* ou *wargues*, sortes de treuils ou tambours en bois, droits ou couchés, sur lesquels s'enroulait un câble rond, en chanvre, semblable à ceux des navires[1]. Un paisible cheval, *d'un pas tranquille et lent*, les yeux couverts par un tampon de cuir, menait le baritel à la façon d'un manége de maraîcher, et les bennes, une seule à la fois, étaient péniblement extraites et basculées à l'orifice (fig. 59). Ce système datait des exploitations du moyen âge. Quelques-uns de ces puits sont peut-être encore en activité dans le bassin stéphanois; mais la plupart d'entre eux, passés à l'état de souvenir, ne servent plus qu'à égayer les récits du soir, quand les vieux mineurs, penchés sur l'âtre, racontent à leurs fils les histoires du passé. Ici au moins les narrateurs ne peuvent pas dire : *de notre temps, c'était mieux qu'aujourd'hui.*

Le baritel est resté le compagnon obligé des mines à leur début, surtout des puits de recherche, quand on veut ménager ses ressources, ou que l'éloignement d'une houillère ne permet point l'introduction économique des machines à vapeur. Il est vrai que dans ce cas l'entreprise court grand risque de ne pas réussir. Toute houillère qui n'a pas à sa portée des voies de transport rapides est une mine que l'on fera bien de respecter.

Les houillères anglaises, si elles ont les premières répudié le baritel, se sont distinguées toujours par un cachet de rude simplicité dont elles paraissent enfin vouloir sortir. Je me souviens que, dans le comté de Warwick,

---

1. Aujourd'hui on tresse des câbles en fils de fer, en fils d'aloès, et, au lieu de les faire ronds, généralement on les fait plats. Aux États-Unis, on emploie souvent comme câble des bandes de fer laminé.

Fig. 59. — L'antique baritel ou manége des houillères.

près de Bilston, non loin de Birmingham, sur un bassin houiller très-productif, très-animé, où se croisent en tous sens les routes, les railways, les canaux, où sont partout disséminées des usines de toute nature, j'ai vu, en 1860, des puits de mine ouverts dans la campagne, sans abri, sans nul édifice à l'entour. La machine d'extraction, placée entre les puits très-rapprochés, envoie à chacun un câble. Quant un puits a exploité la partie qui lui a été dévolue, on en creuse un autre à côté, et la machine, cantonnée comme dans un centre invariable d'activité, continue à le desservir. En France, où la nature a si parcimonieusement distribué la houille, des moyens aussi primitifs ne seraient guère de mise. Ils ne sont acceptables qu'en Angleterre où le charbon est partout. En certaines houillères de ce pays favorisé, on voit les wagons extraits de la mine venir se vider dans les bateaux eux-mêmes, sur un canal, dans un port de mer, ou passer sans transbordement du puits ou de la galerie souterraine sur les railways de la surface. On comprend tout l'avantage qui en résulte; car la houille est une matière fort onéreuse à remuer; elle est lourde, encombrante, friable, soumise à de nombreuses causes de déchet.

C'est ici le cas de faire observer que l'Angleterre n'a pas, dans l'exploitation des mines de houille, la suprématie pratique qu'on lui attribue généralement. Elle a été seulement mieux partagée qu'aucun autre pays, par une accumulation de combustibles minéraux sans exemple. On y cite telle mine dont la production dépasse deux mille cinq cents tonnes par jour, ou par an sept à huit cent mille tonnes, ce qui est en France la production de bassins houillers tout entiers; une quinzaine de houillères anglaises de cette importance remplaceraient donc tous nos gîtes, car nous atteignons à peine douze millions de tonnes par an. Le petit bassin de Newcastle fournit à lui seul le double de ce dernier chiffre. L'Angleterre a de plus l'avantage d'avoir des gîtes qui bordent la mer. Quand les bassins sont intérieurs, ils se trouvent au milieu des centres industriels les plus puissants, que la houille a créés, il est vrai, mais où elle rencontre sur place un écoulement sans limites. Par les ports qui entourent ses mines, l'Angleterre expédie une partie de sa houille ; elle dispense aux contrées européennes la portion qui manque à chacune, elle alimente l'univers. Le charbon qu'elle consomme elle-même, et elle en consomme beaucoup plus que tout le globe entier, lui sert à fabriquer les machines, les tissus et tous ces produits d'espèces si diverses dont elle inonde tous les marchés. Là est le secret de sa puissance industrielle, commerciale, maritime ; là elle puise une partie de sa force politique ; mais dire que les Anglais exploitent leurs mines mieux que les autres peuples, c'est se tromper étrangement. Ils peuvent livrer leurs charbons à plus bas prix, c'est vrai, pour les raisons données tout à l'heure. Quant aux travaux d'art, aux méthodes d'exploitation, à l'aménagement souterrain, aux installations de la surface, tout chez eux est inférieur à ce qu'on voit en France et en Belgique. A l'époque du traité de commerce, en 1860, des enquêtes officielles ou privées ont démontré de la façon la plus convaincante cette infériorité de nos voisins. Eux-mêmes le savent, et introduisent en ce moment sur leurs mines de nombreux perfectionnements.

Les considérations qui précèdent ne diminuent en rien la valeur, l'énergie, l'aptitude au travail de la race anglo-saxonne, à tous égards si bien douée ; mais il n'en reste pas moins démontré que le principal motif pour le-

quel elle l'emporte sur toutes les autres dans la production du charbon, c'est que la nature l'a dotée à
profusion de bassins plus étendus (j'entends au point de
vue de la surface houillère), plus riches, mieux situés
que partout ailleurs. Les couches de combustible y sont
souvent plus épaisses, moins profondes, toujours plus
compactes et le terrain plus résistant. Enfin l'Angleterre,
entourée de côtes partout accessibles, est en outre munie
d'un réseau de voies ferrées et navigables plus développé qu'en nul autre pays. Il faut bien le dire aussi,
l'absence de tout règlement administratif favorise chez elle
l'essor de l'industrie ; aucune mesure coercitive n'y gêne
la liberté du travail. C'est par ce dernier côté surtout
que nous devons désirer de ressembler aux Anglais ; tandis
que pour la bonne exploitation des houillères, ils pourront à leur tour puiser chez nous plus d'une heureuse
inspiration.

VIII

LE CHAMP DE BATAILLE.

LES COUPS DE MINE. — LES INCENDIES. — LES EXPLOSIONS DE GRISOU. — LE MAUVAIS AIR.

Les quatre ennemis du houilleur. — Tirage à la poudre. — Précautions prises contre les accidents. — Incendies des houillères. — Moyens employés pour les combattre. Phénomènes dus au feu souterrain. — Le grisou et ses explosions. — Catastrophes de Méons, de Merthyr-Tydvil. — Les lampes éternelles. — Le pénitent ou canonnier. — La lampe de Davy. — Les gaz viciés. — L'aérage des mines. — Appareils respiratoires.

Nous n'avons assisté encore qu'au commencement de la lutte. On a vu ce que coûtait une houillère de capital et de travail; il faut dire ce qu'elle coûte de vies d'hommes, et montrer à quel prix revient parfois un morceau de charbon. Ce n'est pas sans raison que l'art des mines emprunte à l'art de la guerre quelques-unes de ses expressions; qu'on appelle du nom de campagne une année d'exploitation, du nom de postes les divers ateliers souterrains, du nom de brigade ou d'escouade une compagnie de mineurs. Ne dit-on pas qu'on attaque la houille, et la mine elle-même n'est-elle pas le champ de bataille du houilleur? N'est-ce pas là qu'aux prises avec tous les dangers il les combat pour ainsi dire pied à pied? Les quatre éléments des anciens, le feu, l'air, la terre, l'eau, sont conjurés contre lui. Le feu le menace dans les coups de mine, les incendies du charbon, les explosions du grisou ; l'air, en se raréfiant ou mêlant à des substances méphitiques, détonantes ; la terre, dans les éboulements ; l'eau, dans les inondations. Le houilleur oppose à tous ces ennemis, souvent invisibles, ce calme stoïque, ce courage à toute épreuve, cette science pratique qui font les vaillants et habiles mineurs. Et le soldat des souterrains est d'autant plus méritoire, que ni la certitude d'un avancement, ni l'espoir d'une récompense honorifique ne le guident dans cette lutte à outrance où il dispute à chaque instant sa vie. Il n'a que la satisfaction d'obéir à la discipline, et de remplir fidèlement son devoir.

Le feu est peut-être le plus terrible de tous les ennemis du houilleur, et c'est d'abord dans le tirage des coups de mine qu'il faut se garer de ses atteintes. On sait comment s'exécute le travail à la poudre[1]. L'ouvrier tient de la main gauche la *barre à mine* ou *fleuret* (fig. 60), appuyée contre le roc, et de l'autre main le marteau appelé massette (fig. 61). Quand le travail exige des trous de grande dimension, un

---

1. La poudre, appliquée au jet des projectiles de guerre dès le jour de son invention, ne l'a été que bien des siècles après à l'abatage des roches. C'est à partir du dix-septième siècle seulement que les mineurs ont commencé à en faire usage. L'application la plus utile est venue la dernière et fort tard. Cet emploi de la poudre a donné à l'exploitation des mines un très-grand développement tant en Europe qu'en Amérique.

La poudre a été aussi partout introduite dans le travail des carrières. Depuis une vingtaine d'années, dans l'exploitation des marbres, dans l'extraction des pierres à bâtir calcaires, on prépare même, avec des acides qui rongent la roche, des chambres ou fourneaux qu'on remplit de quantités considérables de poudre, et l'on soulève ainsi sur leurs fondements des collines entières. Plus récemment, l'emploi d'une huile détonante, la nitro-glycérine, employée concurremment avec la poudre et dans toute espèce de carrière, a permis de faire sauter à la fois jusqu'à cent mètres cubes de roches. La nitro-glycérine, par son inflammation, développe un volume de gaz qui est jusqu'à huit fois celui qu'engendre la poudre. Mais ce sont là des opérations extérieures et différentes du travail des mines proprement dit.

seul mineur ne suffit plus. Alors un ouvrier accroupi tient la barre entre les deux mains, un autre, debout, manœuvre la masse (fig. 48). Il y a quelquefois deux frappeurs, battant alternativement sur la tête de l'outil, comme les forgerons sur l'enclume dans les travaux de grosse forge.

Le trou se creuse peu à peu. De temps en temps, on l'humecte pour prévenir l'échauffement de l'acier, et

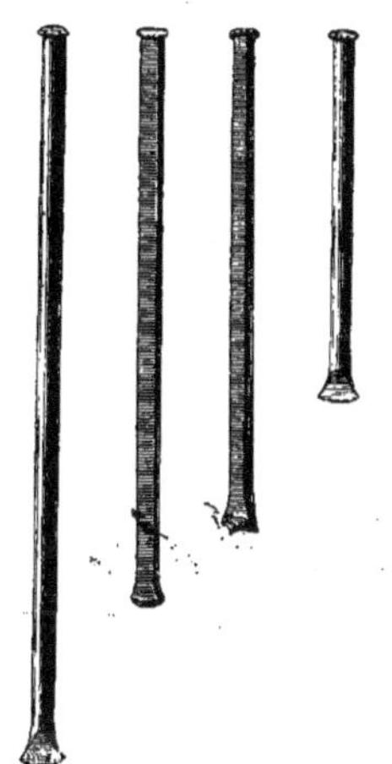

Fig. 60. — Fleurets de mineur de différents modèles.

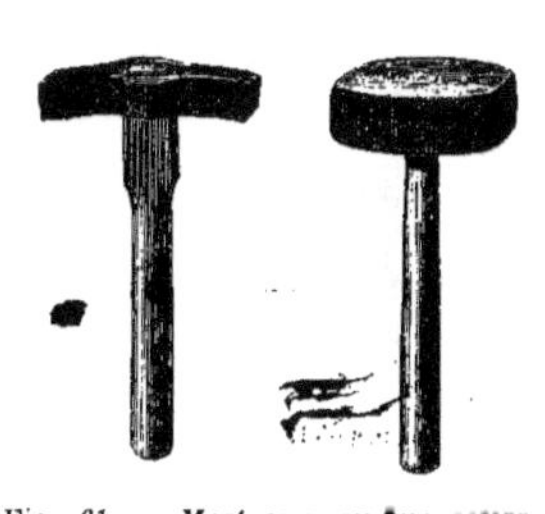

Fig. 61. — Marteaux ou massettes de mineur.

N. B. Tous ces outils et les suivants sont représentés au dixième de leurs dimensions.

agglomérer les poussières. On le nettoie avec la *curette* (fig. 62). Plus d'une fois on a changé les fleurets qui se détrempent et s'émoussent vite[1].

Quand le trou a atteint la longueur voulue, on le sèche

1. On creuse quelquefois les trous de mine par des moyens mécaniques, soit avec des *perforateurs* manœuvrés à bras, soit avec des trépans mus par des machines, comme dans le percement des Alpes. On a aussi imaginé d'armer le bout des barres à mine de pointes de diamant noir, pour forer les roches les plus dures. En Angleterre, un outil automatique, appelé l'*Homme de fer* (*iron-man*), sert depuis quelque temps à l'abatage de la houille. Enfin, aux États-Unis, on enlève mécaniquement la roche, sans poudre, sur le front des galeries, au moyen de ciseaux circulaires.

avec de vieux chiffons fixés dans la boutonnière de la
curette, puis on procède au chargement. Pour cela on
descend une cartouche au fond du trou. La cartouche
est préparée d'avance, et la quantité de poudre employée
dépend de la nature de la roche et de l'effet à produire.
On bourre avec de la glaise, de la brique pilée ou de
la terre prise dans la mine. Une barre ronde en fer,

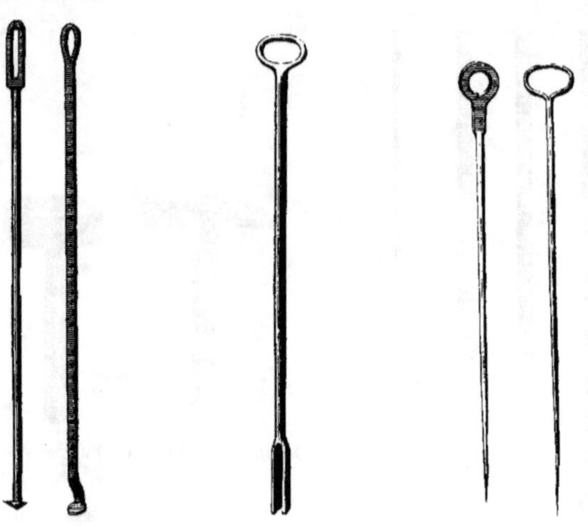

Fig. 62. — Curettes pour nettoyer les trous de mine.   Fig. 63. — Bourroir pour enfoncer la cartouche et la terre.   Fig. 64. — Épinglettes pour piquer la cartouche.

le *bourroir*, joue le rôle de la baguette dans les fusils
(fig. 63). Avec l'*épinglette* (fig. 64), sorte de broche terminée
en pointe, on pique en même temps la cartouche. L'épinglette, appliquée pendant le bourrage contre la paroi du
trou, y ménage un canal le long duquel on dispose une
série de petits tuyaux ou *cannettes*, en paille ou en papier,
enduits de poudre et terminés par une mèche soufrée.

C'est toujours un beau spectacle que celui d'un chantier où l'on allume les mines. Pour perdre le moins de
temps possible, on amorce tous les coups à la fois. A un

signal donné par le chef de poste on met le feu, puis chacun se retire au plus vite. Les coups partent à des distances rapprochées; l'air est chassé au loin; les masses cèdent, se fissurent; des éclats de roche sont projetés çà et là, et tous les échos de la mine se renvoient le bruit de l'explosion. C'est une véritable canonnade. Une fumée épaisse et blanche, à l'odeur nauséabonde, des gaz délétères résultant de la combustion du soufre, du charbon, du salpêtre, remplissent le chantier et ne se dissipent que peu à peu. Bientôt les hommes retournent à leur ouvrage, et interrogent le roc avec le marteau, pour juger des effets produits par l'explosion.

Quand un coup de mine ne part pas, ce n'est qu'avec la plus grande précaution et après un délai suffisant que le mineur doit se rapprocher. On a vu des mines n'éclater que dix minutes après qu'on y avait mis le feu. Que d'accidents sont survenus par suite d'une trop grande hâte de l'ouvrier, pressé de retourner à son poste et de débourrer le trou.

Les accidents par coups de mine reconnaissent aussi d'autres causes : au lieu d'employer des cartouches, on verse quelquefois directement la poudre au fond du trou, sous prétexte qu'elle agira mieux. Elle s'éparpille le long des parois. Or, dans la manœuvre du bourroir ou de l'épinglette, une étincelle peut se produire par le frottement du fer contre des matières siliceuses, absolument comme dans le choc du briquet. Cette étincelle se communique à la poudre, et la mine éclate à la face du mineur, qui reste aveuglé, défiguré, s'il n'est pas tué sur le coup (fig. 65).

Pour prévenir ces accidents, on a eu l'idée de faire les bourroirs et l'épinglette en bronze; mais il a été démontré que le bronze, frottant vivement contre le

Fig. 65. — Le coup de mine.

11

roc dur, dégage des étincelles comme le fer. L'épinglette, retirée trop brusquement, peut d'ailleurs échauffer l'air comprimé dans le trou jusqu'à enflammer la poudre. Ici c'est le phénomène bien connu du briquet à air qui se produit. Pour ces raisons on emploie maintenant sur beaucoup de houillères des bourroirs en bois. Quant à l'épinglette, aux cannettes, aux mèches soufrées, qui sont cause aussi de nombreux accidents, on y a renoncé, pour faire usage des mèches goudronnées ou *fusées de sûreté* anglaises (*safety fuses*). Elles se composent d'une petite corde en chanvre, imbibée de goudron, que l'on monte sur la cartouche et qu'on coupe à la longueur voulue. La partie centrale en est remplie par une traînée de poudre. Ces fusées brûlent lentement et permettent au mineur de s'éloigner en toute sécurité. Leur défaut est de se tordre, de se rompre même, pendant le bourrage. Enfin, comme elles font corps avec la terre tassée dans le trou, une fois allumées il n'est plus possible de les retirer, ce qui peut occasionner de très-graves accidents. Un jour, à Rive-de-Gier, au fond d'un puits en creusement, les ouvriers avaient mis le feu à la mine et donnaient le signal de la montée. Au départ, le cheval qui, à la surface, conduit le manége, s'embarrasse dans les traits et tombe. Les mineurs appellent, pas de réponse. Un d'eux saute bravement à bas de la benne, et arrache la mèche soufrée ; si c'eût été une fusée anglaise, il n'eût pas été possible de le faire, et un effroyable accident aurait eu lieu.

C'est toujours au fond des puits que le tirage à la poudre offre le plus de dangers. Les ouvriers ne peuvent prévenir au dehors qu'après avoir allumé la mine, et il faut qu'on les remonte en toute hâte, au moins jusqu'à une certaine hauteur. Les chevaux qui tournent le treuil comprennent bien ce signal ; au premier son de cloche, les bonnes bêtes s'élancent à fond de train.

Pour mettre le feu aux mines dans le fonçage des puits on a imaginé des batteries électriques. Je les ai vu employer sur quelques houillères, notamment sur celle de Montsalson, près Saint-Étienne, en 1852, au puits Imbert alors en creusement. On peut de cette façon n'allumer la mine qu'au moment précis et de la bouche même du puits. Les courants traversent chacun un conducteur en fil métallique qui aboutit dans la cartouche ; l'étincelle électrique met le feu à la poudre. Ce système ne fonctionne pas toujours, et ne permet d'ailleurs de faire partir qu'une seule mine à la fois.

La poudre étant l'annexe obligée de tous les travaux de mines, il était intéressant de chercher à lui substituer son analogue, le fulmi-coton ; mais cette nouvelle matière, qui n'a jusqu'à présent réussi ni pour les armes de chasse ni pour celles de guerre, ne s'est pas mieux comportée avec les roches. Cela est d'autant plus fâcheux que son emploi dans les mines eût prévenu bien des accidents.

Ce n'est pas seulement dans le tirage à la poudre que le feu menace les mineurs. Des incendies spontanés s'allument aussi dans les houillères, produits par la décomposition du charbon. Quand les houilles menues sont laissées dans la mine (et l'on a vu que c'était autrefois le cas dans la méthode d'exploitation par éboulement), elles ne tardent pas à fermenter, surtout dans un air humide et chaud. Cette décomposition chimique est accompagnée d'un grand dégagement de chaleur. Bientôt le charbon s'enflamme et l'incendie, trouvant là un aliment naturel, se propage sur une grande étendue.

A ces atteintes du feu on oppose des barrages ou

corrois en argile qui limitent le champ du désastre. Si la construction est faite soigneusement, peu à peu le feu privé d'air s'éteint. Pendant un certain temps une température plus que sénégalienne, 50 à 60 degrés du thermomètre centigrade, se fait sentir dans ces parages de la mine. L'ouvrier ne résiste à cette énorme chaleur qu'en travaillant tout nu, ce qui n'inquiète la pudeur de personne, car les dames ne vont guère sous terre, surtout en de tels endroits. Espérons que si les épreuves de ce monde comptent pour quelque chose dans l'autre, les pauvres houilleurs tourmentés ici-bas par le feu iront droit en paradis.

Les barrages que les mineurs opposent au feu sont un de leurs travaux les plus pénibles. Obligés de séjourner dans un air impur et à une température excessive, ils peuvent tomber asphyxiés. En tenant sous les narines et sur la bouche un linge imbibé d'eau de chaux ou d'ammoniaque, on neutralise en partie les effets des gaz méphitiques. Les postes sont d'ailleurs de très-courte durée.

On a proposé, pour éteindre les incendies des houillères, l'emploi de la vapeur d'eau et de l'acide carbonique. Ce dernier gaz serait produit par la combustion d'une masse de coke et projeté sur la partie en feu, qui recevant alors de l'air privé de son élément comburant s'éteindrait d'elle-même. La vapeur d'eau agit semblablement comme un gaz inerte. Ces moyens ont été employés victorieusement dans les mines anglaises. On pourrait user aussi de l'*extincteur*, appareil depuis peu inventé, et qui permet de lancer sur une masse incandescente de l'eau chargée d'acide carbonique à une très-forte pression, une véritable eau de Seltz. Un ouvrier porte l'appareil sur son dos, et projette l'eau gazeuse au moyen d'une lance à incendie (fig. 66).

Quand le feu atteint les proportions qu'il prend d'habitude, tous ces moyens sont impuissants, et il faut faire, comme on dit, la part du feu. En Angleterre on a dû boucher entièrement et pendant fort longtemps certaines mines. D'ordinaire il suffit de construire ces murs ou barrages en argile, ces *corrois* dont il a été parlé. L'incendie dure souvent encore plusieurs années, et il y a des mines où, après vingt et trente ans, les ouvriers sont toujours obligés de travailler tout nus au voisinage des corrois.

Il est quelquefois arrivé que les barrages eux-mêmes étaient insuffisants. En ce cas on a dû recourir aux mesures extrêmes de salut, en inondant les travaux. Une mine près de Charleroi a été ainsi submergée en 1851. On a détourné dans l'intérieur les eaux de la Sambre; l'inondation a duré trois mois. Dans la Grande-Bretagne on a de la même façon dompté sur quelques mines des incendies qui duraient depuis nombre d'années, et rendaient les chantiers inaccessibles. Dans ce pays on préfère toutefois, comme il a été dit, fermer hermétiquement les houillères en feu, et attendre patiemment que l'heure revienne de reprendre l'exploitation.

On n'attaque pas toujours les incendies par des mesures aussi radicales. Souvent on les laisse brûler, sauf à dresser contre eux des barrages. Il est de ces feux souterrains qui sont en activité depuis des siècles. Quand la communication avec l'air extérieur n'est pas entièrement fermée (et il suffit pour cela de quelques fissures invisibles), alors l'élément destructeur promène à souhait ses ravages. Il brûle en partie le charbon et le transforme en coke : il en fait presque du diamant, moins la transparence, la cristallisation, et les cendres qui restent. Il calcine les grès, les schistes avoisinants, en change la couleur qui passe au

Fig. 66. — Emploi de l'extincteur contre les incendies de houillères.

rouge, en modifie la composition. Au *Brûlé*, près de Saint-Étienne, il y a une houillère qui est en feu de temps immémorial. Le sol, à la surface, est stérile, calciné ; des vapeurs chaudes s'en échappent ; la fleur de soufre, des produits de nature diverse, de l'alun, du sel ammoniac s'y déposent : on dirait un coin des villes maudites consumées jadis par les feux de la terre et du ciel.

On cite en France d'autres houillères embrasées, par exemple celles de Decazeville dans l'Aveyron et de Commentry dans l'Allier. Les habitants ont même longtemps maintenu ces incendies pour exploiter les sels alumineux qui se dégagent de la houille, et se déposent à la surface du sol en efflorescences blanchâtres.

Dans le bassin carbonifère de Sarrebruck, dans celui de Silésie, il existe également des houillères depuis très-longtemps en feu. En Belgique, entre Namur et Charleroi, au lieu dit Falizolle, l'incendie est allumé depuis nombre d'années. On lui attribue une étrange origine. Les habitants, avant la concession de cette partie du terrain houiller, avaient l'habitude d'exploiter le charbon pour leur compte. Ce travail était conduit sans aucune règle. Or il arrivait souvent que, dans leur marche aventureuse, deux houilleurs se rencontraient tout à coup. C'étaient alors d'interminables querelles, qui dégénéraient en rixes sanglantes. Un des moyens le plus volontiers employés pour tenir éloignés les concurrents était de projeter de vieux cuirs sur un ardent brasier, ce qui dégageait une insupportable odeur. Un jour l'incendie se communiqua ainsi à la houille, et depuis lors il n'a plus cessé de brûler. On aperçoit, à travers les fissures de la surface, le feu qui brûle souterrainement. Autour de ces soupiraux le soufre se dépose en traînées d'un jaune citron ; des gaz acides se dégagent : c'est comme un petit Vésuve en miniature.

En Angleterre, dans le Staffordshire, les incendies des houillères ont produit, comme à Saint-Étienne, des effets d'altération surprenants sur le terrain encaissant la houille. Les grès ont été vitrifiés, des bancs d'argile plastique durcis, changés presque en porcelaine; les roches cuites par le feu, dilatées, ont été par le retrait découpées en prismes comme les orgues basaltiques.

Aux environs de Dudley, il y avait autrefois une houillère incendiée. Dans les jardins, la neige fondait dès qu'elle touchait terre. On faisait trois récoltes par an; on cultivait même les plantes tropicales; on jouissait comme dans l'île de Calypso d'un printemps éternel. C'est du reste à peu près de même façon qu'on obtient des primeurs en plein hiver, dans quelques jardins autour de Paris : on y élève artificiellement la température du sol et de l'air ambiant, au moyen de courants d'eau chaude qu'on fait circuler sous terre dans des conduits.

Dans une autre houillère du Staffordshire, dont l'incendie datait de plusieurs siècles, et que les habitants désignaient sous le nom de *Burning-hill* ou Colline brûlée, on avait remarqué, comme à Dudley, que la neige fondait en arrivant sur le sol, et que les prés étaient tapissés d'une herbe toujours verte. Des gens du pays eurent l'idée d'installer sur ce point une école d'horticulture. Ils firent venir à grands frais des plantes coloniales, et les cultivèrent dans cette espèce de serre en plein vent. Un beau jour l'incendie se déplaça, le sol reprit sa température normale, les plantes tropicales s'étiolèrent, et l'école d'horticulture dut porter ailleurs ses jardins.

Les incendies souterrains n'inquiètent le mineur que par les gaz méphitiques qu'ils dégagent, et la haute température qu'ils occasionnent dans les chantiers. Il n'en est pas de même des incendies allumés par le gaz détonant des houillères, cette combinaison d'hydrogène et de carbone, ce frère du gaz d'éclairage, que les mineurs belges et français ont appelé le *grisou*, d'autres le *feu grisou* ou *sauvage*, et les Anglais le *gaz fulminant*[1]. Ici il se produit une explosion terrible, foudroyante, qui enlève des centaines d'hommes à la fois.

Il n'est pas de météore, quelque terrible qu'on le suppose, qui puisse être comparé à une inflammation de grisou. Que l'on imagine un de ces fléaux du ciel qui semblent avoir été inventés par la nature pour le châtiment des humains, un coup de foudre, un ouragan, un cyclone, une trombe, brûlant, renversant, détruisant tout sur leur passage, et l'on sera encore au-dessous des effets que peut produire une explosion du gaz des mines. Un coup de canon chargé à mitraille et tiré à bout portant sur une compagnie; une poudrière prenant feu au milieu d'un corps d'artificiers; un gazomètre éclatant dans une usine, peuvent donner à peine une idée d'une inflammation de grisou surprenant tout à coup les mineurs.

A peine le gaz est-il au contact de la flamme d'une lampe, qu'une détonation épouvantable a lieu. C'est l'effet de la combinaison de chacun des éléments du grisou, l'hydrogène et le carbone, avec l'oxygène de l'air. Les deux corps se désassocient pour se porter tous deux sur l'oxygène, avec lequel ils ont une grande affinité. Le double phénomène n'a lieu qu'à une haute température; sans la flamme d'une lampe, il ne s'opérerait pas. La réaction se fait comme par un coup de tonnerre. L'explosion se propage instantanément dans toutes les galeries de la mine, elle renverse les chariots, les barrages, remonte jusque

---

1. Anciennement on disait en Belgique *feu brisou* ou *feu grilleux*, de là sera venu grisou par corruption. Brisou et grilleux expriment très-bien les effets du gaz explosif qui brise et brûle à la fois.

dans les puits, et soulève sur leurs fondations les charpentes qui en couronnent l'orifice.

Les hommes sont aveuglés, jetés par terre, calcinés (fig. 67). Souvent leurs habits prennent feu. Quand on essaye de voler à leur secours, il n'est plus temps : ce ne sont plus que des cadavres à peine reconnaissables. Que les chantiers occupent cent, deux cents mineurs, le fléau ne respecte personne; la mort s'étend sur toute la partie de la mine où régnait le gaz, où l'explosion a eu lieu.

Les portes d'air sont abattues, l'aérage de la mine est interverti, l'atmosphère souterraine viciée par la combustion du grisou. La vapeur d'eau, l'acide carbonique, ont rempli les chantiers. Quelquefois la température s'élève si haut que le charbon est transformé en coke sur les parois des galeries, et la commotion est si violente que les barrages opposés à l'eau et au feu, les muraillements élevés contre la poussée du terrain, sont eux-mêmes renversés. Alors à une scène de désolation déjà indescriptible se mêlent l'inondation, l'éboulement, l'incendie, quand l'explosion n'a fait déjà que trop de victimes! Voulez-vous un surcroît à tant d'horreurs? Le mauvais air se répand dans la mine et l'asphyxie achève ceux auxquels le coup de feu avait laissé un reste de vie. Et ne croyez pas le tableau chargé à plaisir. En 1812, une explosion terrible eut lieu dans une houillère près de Liége. Soixante-huit mineurs qui avaient échappé à la commotion du grisou furent étouffés par les gaz résultant de la combustion. A Jemmapes, en 1860, neuf ouvriers, au bruit d'une explosion qui avait éclaté à quelque distance du chantier où ils travaillaient, tentent de s'échapper par le puits aux échelles; ils y sont atteints par les gaz développés par l'inflammation du grisou, et tombent morts asphyxiés.

Où prendrai-je un exemple entre mille pour donner à

Fig. 67. — L'explosion du grisou.

ceux qui n'ont jamais vécu près des houillères un véridi-
que récit du plus terrible des accidents de mine? Je choi-
sirai au hasard parmi toutes les navrantes histoires qu'on
raconte dans les houillères françaises. En 1835, la mine de
Méons, près de Saint-Étienne, fut le théâtre d'une épouvantable explosion. C'était la nuit. Le maître mineur et
trois hommes venaient de descendre dans la mine, où se
trouvait déjà le palefrenier soignant les chevaux, et les
charpentiers qui réparaient les boisages. Tout à coup une
effroyable détonation retentit. La maçonnerie entourant la
margelle du puits faite de grosses pierres de taille, la charpente supportant les poulies, tout est projeté au loin, jusqu'à cent mètres de l'orifice. Les bennes elles-mêmes et les
câbles ont été remontés du fond par l'ouragan dévastateur
et lancés dans l'espace. L'ingénieur arrive effrayé; il croit
à une explosion des chaudières : c'est une explosion du
feu grisou! Un sauvetage est promptement organisé. On
descend par la *fendue*, mais les lampes s'éteignent dans
les galeries; la mine est pleine de fumée, de mauvais air.
Les sauveteurs tombent asphyxiés, deux sont morts.

On établit une ambulance à l'entrée de la mine, et l'on
redescend. Les houilleurs, quand il faut arracher des camarades au péril, se sacrifieraient jusqu'au dernier. On cherche
toute la nuit, à tâtons, car les lampes n'éclairent pas. A dix
heures du matin on n'a encore retiré aucune des victimes.
Nombre de sauveteurs asphyxiés remplissent l'ambulance.

Une foule inquiète, les familles des mineurs, se pressent
à l'orifice de la mine. Une femme se fait remarquer par
l'expression de sa vive douleur; elle est jeune, belle; elle
porte un enfant à son sein; de grosses larmes tombent de
ses yeux. C'est la femme du maître mineur. Elle demande
comme une faveur suprême d'entrer dans la mine pour y
retrouver son mari; mais il n'est permis à aucune femme

de pénétrer dans les travaux. Elle attend anxieuse au dehors.

Cependant on retourne dans l'intérieur. Les boisages détruits, les éboulements de charbon forment le plus désolant spectacle. De temps à autre on entend tomber encore des blocs de houille, qui se détachent des parois. Les charpentiers qui réparaient les étais ont été écrasés. A l'écurie, on trouve tous les chevaux asphyxiés (il y en avait six), et le palefrenier mort avec eux, couché dans la crèche, semblant dormir; le foin incendié, brûlant encore. On découvre enfin un des hommes descendus avec le maître mineur : il est vivant! Emporté par l'ouragan au fond d'une galerie, il avait été horriblement brûlé, presque aveuglé. Les éboulements lui fermaient la retraite, il n'avait pas de lumière, il n'osait pas bouger. N'entendant plus aucun bruit depuis quinze heures, n'espérant plus revoir le jour, il attendait la mort patiemment. Il se consolait en songeant, ce sont ses propres expressions, « que sa femme et ses enfants seraient pensionnés par la caisse de secours de la mine. »

Après ce premier sauvetage, un autre ouvrier est bientôt retrouvé, presque enseveli sous des décombres, mais vivant aussi. Il avait été, comme ses camarades, entraîné au loin par l'explosion, roulé par terre. Il avait vu passer sur lui *un fleuve de feu*, et, pour se garantir, s'était appliqué les mains sur les yeux. Elles étaient affreusement meurtries et il était devenu aveugle !

A sept heures du soir on découvrit enfin le maître mineur et le troisième ouvrier, défigurés, carbonisés, à une grande distance l'un de l'autre. Leurs chapeaux, leurs lampes avaient été le jouet du tourbillon.

Longtemps cette mémorable catastrophe inspira une sorte de terreur superstitieuse aux mineurs du pays. On ne

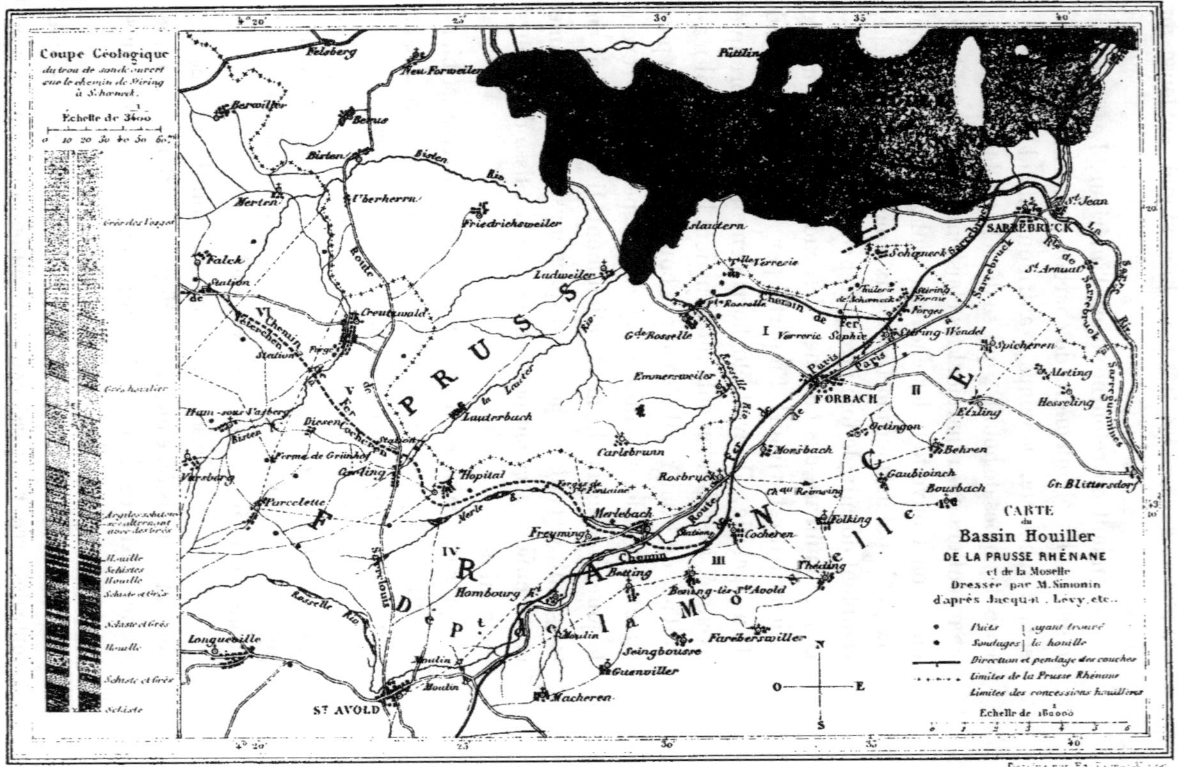

Coupe Géologique
du trou de sonde ouvert
sur le chemin de Piring
à Schœneck.
Echelle de 3400
0 10 20 30 40 50 60.
Grès des Vosges
Grès houiller
Argiles schisteuses alternant avec des grès
Houille
Schistes
Houille
Schiste et Grès
Schiste et Grès
Houille
Schiste et Grès
Schiste
CARTE
du
Bassin Houiller
DE LA PRUSSE RHÉNANE
et de la Moselle
Dressée par M. Simonin
d'après Jacquot, Lévy, etc.
Puits   } ayant trouvé
Sondages } la houille
Direction et pendage des couches
Limites de la Prusse Rhénane
Limites des concessions houillères
Echelle de 160000
N
O   E
S
PRUSSE
DÉPᵗ DE LA MOSELLE
FRANCE
Felsberg
Neu-Forweiler
Berwiller
Berus
Birten
Birten
Rio
Merten
Uberherrn
Friedrichsweiler
Slautern
Püttlin
St Jean
SARREBRUCK
La
Falck
Station
Ludweiler
Verrerie
Schœneck
St Arnual
Creutzwald
Rosselle
Chemin
de Fer
I Verrerie Sophie
Stiring-Wendel
Spicheren
Gᵈᵉ Rosselle
Emmersweiler
Paris
FORBACH
II
Alsting
Hesseling
Etzling
Ham-sous-Valsberg
Lauterbach
Oetingen
Behren
Bisten
Carlsbrunn
Monsbach
Ferme de Grünhof
Hopital
Rosbruck
Chau Reinwing
Gaubioinch
Bousbach
Gr. Blittersdorf
Gerling
Parcelette
Merle
Merlebach
Folking
Freyming
Station
Cocheren
St Avold
R
Chemin
Betting
III
Theding
Hombourg
Béning-lès-St Avold
Farebersviller
N
Rosselle Rio
Longueville
Moulin
Seingbousse
O   E
Moulin
Guenviller
S
St AVOLD
Moulin
Macheren

descendit plus dans les chantiers sans des lampes de sûreté, sans implorer la protection divine et se recommander à sainte Barbe, la patronne des mineurs, dont la statue fut solennellement installée à l'entrée de la principale galerie.

La femme du maître mineur devint folle de désespoir. Sa folie fut douce comme elle, et elle allait errant par les villages, demandant aux passants le chemin d'un pays lointain où elle devait retrouver le père de ses enfants. Trois mois elle vécut ainsi, puis mourut. Son souvenir s'est conservé dans le pays comme celui d'un type légendaire, et si vous allez à Saint-Étienne, les vieux houilleurs vous raconteront l'histoire de Marie, la femme du maître mineur de Méons[1].

Faut-il ajouter d'autres narrations à celle-là? Faut-il donner d'autres exemples? On en trouve partout. Chaque houillère a été frappée à son tour, et c'est toujours le même martyrologe. Dans la Loire, il y a seize ans, j'ai été témoin de quelques-uns de ces désastres, où pas une victime n'a échappé, où l'explosion s'est fait entendre jusqu'à la surface et y a jeté l'épouvante; mais je puis citer des faits plus récents.

En 1861, dans une des houillères de Merthyr-Tydvil (pays de Galles), une explosion cause la mort de quarante-sept mineurs. En décembre 1865, le gaz s'enflamme de nouveau dans ces souterrains: quarante ouvriers y sont occupés, trente-deux sont tués sur le coup. Parmi ceux qui travaillent aux chantiers voisins, vingt-deux sont dangereusement blessés par la répercussion du choc.

Seuls entre les huit ouvriers échappés à la mort sur le

1. M. le docteur Riembault, dans son excellent ouvrage sur l'*Hygiène des ouvriers mineurs*, a donné dans tous ses détails, et d'après les notes mêmes de l'ingénieur qui dirigeait alors la houillère de Méons, le récit du lamentable événement que nous n'avons fait que résumer.

point où avait commencé l'accident, les deux frères John et Thomas Hall purent donner quelques détails. L'aîné, John, était occupé à l'une des extrémités du chantier, quand un commencement d'explosion se fit entendre. Il se précipita vers son frère qui travaillait à quelque distance, mais un second coup plus terrible que le premier les renversa tous deux. Ils reprirent peu à peu connaissance et parvinrent à se relever. L'air était lourd, brûlant; ils ne respiraient qu'avec peine. John, se rappelant qu'il avait son bidon de thé, en lava le visage de son frère et le sien.

Ces ablutions ranimèrent peu à peu les deux mineurs. Se soutenant l'un l'autre, ils essayèrent de gagner l'entrée de la mine. Ils allaient à tâtons, marchant sur le corps de leurs camarades dont quelques-uns poussaient des cris déchirants, tandis que tous les autres étaient déjà glacés par la mort. Après mille difficultés, ces deux hommes parvinrent à donner l'alarme au dehors.

On descendit dans la mine, et à la lueur des lampes un spectacle navrant s'offrit aux regards: trente-huit corps gisaient à terre, six respirant encore, les autres sans vie. Dans les galeries voisines, vingt-deux ouvriers grièvement atteints. On sortit les blessés et les morts, péniblement, lentement, comme on peut faire dans une mine. A l'orifice du puits, ce fut alors le désolant tableau qui se présente toujours en pareil cas. Des femmes, des vieillards, des enfants, éplorés, cherchant un mari, un fils, un père. Quelle joie pour ceux qui revoyaient les leurs en vie, bien que blessés; quelle douleur pour ceux qui ne retrouvaient plus qu'un cadavre, quand ils pouvaient le reconnaître [1]!

---

1. Il est rare que les mines anglaises n'aient pas à déplorer chaque année quelque catastrophe du même genre. On connaît les terribles explosions de Barnsley (Staffordshire), qui frappèrent coup sur coup cette houillère en décembre 1866, et coûtèrent la vie à quatre cents mineurs.

Avant l'invention de la lampe de sûreté de Davy, dont la disposition et l'emploi seront bientôt expliqués, le grisou était la grande plaie des houillères, et bien des mines restaient inexploitées, inabordables, à cause de la présence de cet invincible ennemi. Comme on ne pouvait se servir de lampes ordinaires, on avait imaginé d'éclairer les chantiers au moyen d'une roue d'acier tournant contre une pierre à fusil : c'était le *rouet des mineurs ;* ou bien, quand le grisou était très-abondant, et se dégageait de points reconnus, on allumait le gaz une fois pour toutes. On obtenait ainsi une véritable fontaine de feu, et l'on appelait ces becs de gaz naturels des *lampes éternelles.* On cite dans le bassin de Newcastle une de ces lampes qui a brûlé dix-neuf ans. Le gaz, recueilli dans des tuyaux, avait été amené au dehors, où on l'avait enflammé.

Sur d'autres houillères, on allumait chaque nuit le grisou. En France, à Rive-de-Gier, on se rappelle encore le temps où un homme, courageux entre tous, venait tous les soirs enflammer le gaz dans la mine, en provoquer l'explosion, pour que les chantiers fussent de nouveau accessibles le lendemain. Roulé dans une couverture de laine ou de cuir, la figure protégée par un masque, la tête couverte d'un capuchon analogue à la cagoule des moines, il rampait sur le sol pour se tenir autant que possible dans la couche d'air respirable, car le grisou, plus léger que l'air, monte toujours au sommet des galeries. Il tenait d'une main un long bâton, au bout duquel était une chandelle allumée. Et il allait seul, perdu dans ce dédale empoisonné, provoquant les explosions par l'approche de sa lampe, et décomposant ainsi le gaz pernicieux. On l'appelait le *pénitent,* à cause de la ressemblance de son costume avec celui des ordres religieux (fig. 68), et ce mot semblait en même temps dicté par une dérision amère, car souvent le pénitent, victime sacrifiée d'avance, ne revenait pas, emporté par l'explosion. Sur d'autres mines, on nommait ce brave houilleur le *canonnier*. Quand le grisou le tuait sur place, on disait que le canonnier était mort à son poste, au champ d'honneur, et c'était là toute son oraison funèbre. Le même ouvrier portait dans les mines anglaises le nom expressif de *fireman* ou l'homme du feu.

Tels étaient les moyens plus ou moins efficaces employés dans les houillères pour combattre le grisou, quand eut lieu l'invention de la lampe de sûreté. Davy, habile chimiste, dont l'Angleterre ne saurait trop s'enorgueillir, avait remarqué qu'un treillis métallique à fils très-serrés, interposé dans la flamme d'une lampe, ne se laissait pas traverser. Toute la chaleur est en ce cas employée à échauffer le métal, bon conducteur du calorique, comme disent les physiciens, et la flamme ne conserve pas assez de chaleur pour brûler au delà du treillis (fig. 69). Cette expérience, qui semble insignifiante en elle-même, fut pour Davy comme une révélation. On était en 1817. On s'entretenait alors beaucoup en Angleterre des explosions de grisou, et de l'arrêt fatal qu'elles apportaient à l'exploitation des mines de charbon. « J'entourerai la chandelle des houilleurs d'un treillis métallique, se dit Davy; la flamme ne passera pas au travers. Prisonnière dans sa cage, elle ne communiquera pas avec le gaz, et les explosions n'auront pas lieu. S'il y en a, ce ne seront que de petites explosions partielles, au contact de la flamme, mais elles ne pourront pas se propager. » L'expérience confirma toutes les prévisions du grand chimiste, et l'humanité doit acclamer son nom comme celui d'un de ses plus grands bienfaiteurs [1].

1. Il est juste de dire que Georges Stephenson dispute à Davy la priorité de l'invention. Les mineurs de Newcastle appellent même la lampe de sûreté

Fig. 68. — Le *pénitent* enflammant le grisou,

Ce n'est pas seulement aux houillères à grisou que la lampe de sûreté a été profitable. Elle permet encore d'aborder, de visiter sans crainte les égouts, les cales de navires, toutes les enceintes fermées où des gaz explosifs se produisent ou se sont accumulés[1]. Par la sécurité, par la préservation qu'elle assure, elle justifie son nom, et l'on

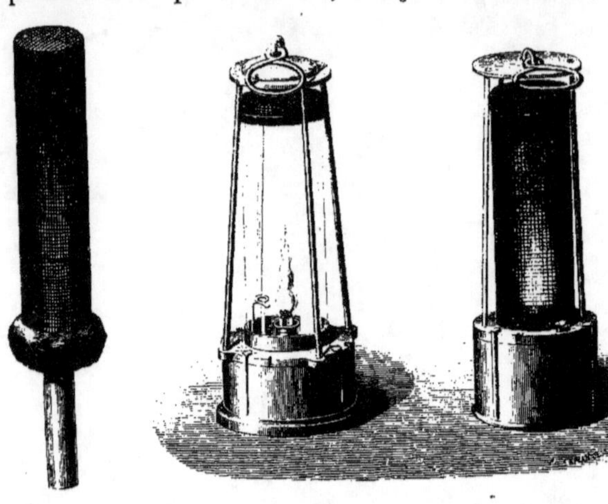

Fig. 69. — La pre-
mière lampe de
Davy.

Fig. 70.

Fig. 71.

Lampes de sûreté anglaises.

pourrait l'appeler aussi la *lampe merveilleuse*, comme la lampe d'Aladin.

La plupart des inventions offrent dans l'origine un côté

du surnom qu'ils ont donné à Stephenson, un *Georgey;* mais Davy se re-
commande par d'autres titres au souvenir de la postérité. Le premier il a
décomposé l'eau au moyen de la pile de Volta, et isolé de leurs combinaisons les métaux alcalins et terreux, le potassium, le sodium, le magnésium, etc. Aussi le grand prix de 3000 francs, fondé par Napoléon *pour la
meilleure expérience sur le fluide galvanique,* lui fut-il décerné en 1808,
bien que la France fût alors en guerre avec l'Angleterre.

1. Dans les ingénieuses machines *à vapeurs combinées* de M. du Tremblay, où la vapeur d'eau, en se condensant, vaporise l'éther qui sert
à son tour de moteur, la lampe de sûreté a prévenu les explosions
que les fuites d'éther eussent pu occasionner dans la chambre des machines.

défectueux. Ainsi l'on a reproché à la lampe de Davy (fig. 71) de ne donner qu'une clarté pâle, douteuse, et souvent, si le tirage de l'air est vif dans la mine, de permettre à la flamme de traverser le treillis. On a donc imaginé d'entourer la flamme d'un tube de cristal, réservant le treillis pour la partie supérieure de la lampe (fig. 73). D'autres inventeurs sont venus qui ont répudié entièrement la cage métallique, et n'ont plus construit qu'une lampe à tube de cristal, dont le contour est protégé par quelques gros fils de fer pour empêcher le verre de se rompre, et dont le bout resté libre est fermé par une rondelle à treillis (fig. 70 et 72). Il ne m'appartient pas de décrire ici tous ces systèmes. En France, en Angleterre, on est resté fidèle à la lampe de Davy; en Belgique, on emploie de

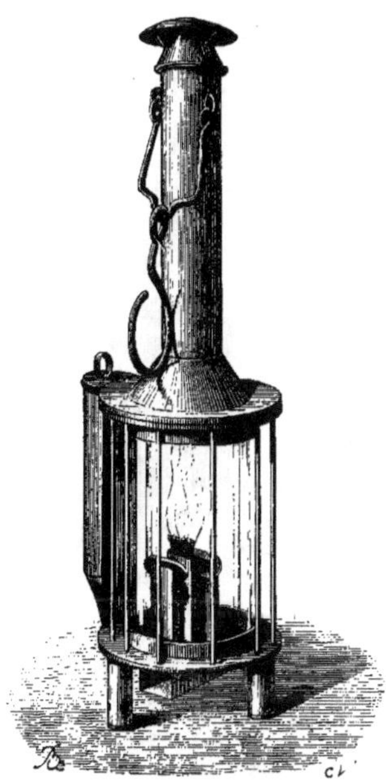

Fig. 72. — Lampe Dumesnil, pour les éclairages fixes.

N. B. Toutes les lampes ont été représentées à l'échelle de 1/5.

préférence la lampe à tube de cristal, dite de Mueseler (fig. 73). Celle de Dumesnil est appliquée aux éclairages fixes (fig. 72). M. Dubrulle, lampiste à Lille, a heureusement modifié les lampes Davy et Mueseler (fig. 74, 76, 77). Quel que soit d'ailleurs le système adopté, les lampes doivent être construites de telle sorte qu'elles s'éteignent si le mineur veut les ouvrir, ou même qu'il ne puisse les

ouvrir, tout en pouvant en manœuvrer la mèche. Dans
tous les cas, elles doivent être soigneusement visitées, une
à une, avant chaque descente dans la mine.

C'est presque toujours par l'effet de l'imprudence ou
de la témérité des mineurs qu'un accident a lieu avec les
lampes de sûreté. Dans la dernière catastrophe de Merthyr-Tydvil, où il y a eu soixante-deux ouvriers tués

Fig. 73.   Fig. 74.   Fig. 75.

Fig. 73. — Lampe Mueseler, à treillis et à tube de cristal. — Fig. 74. Lampe
Dubrulle avec cheminée. — Fig. 75. — Lampe à pétrole.

ou blessés, on n'a retrouvé que soixante et une lampes.
Celle de l'ouvrier coupable, — un fumeur sans doute, qui
aura voulu ouvrir sa lampe pour allumer sa pipe, — a
dû être emportée et brisée en éclats par l'explosion qu'elle
a la première provoquée.

On sait combien la pratique continuelle du danger
rend indifférent au danger lui-même. Si les lampes de
sûreté ne sont pas fermées à clef, les ouvriers s'amusent
souvent à les ouvrir par bravade ou à la seule fin
d'étudier comment brûle le grisou. Que le gaz soit en

quantité plus forte que d'habitude, et dès lors une explosion formidable a lieu.

En 1852, je visitais une houillère près de Saint-Étienne. L'ingénieur m'accompagnait. Il prenait plaisir à dévisser de temps en temps sa lampe, pour me rendre témoin du phénomène de combinaison du grisou avec l'oxygène de l'air. Le grisou était ce jour-là peu abondant. Il brûlait avec une flamme rouge, parfois bleuâtre, accompagnée d'une

Fig. 76.   Fig. 77.

Lampes Dubrulle à treillis.

petite détonation. Un rien pouvait augmenter la quantité du gaz, et j'admirais à la fois le calme de l'expérimentateur, et le sans-façon avec lequel il m'initiait à la connaissance du grisou.

Pour écarter complétement le péril des explosions, que les lampes à treillis métallique ou à tube de cristal laissent encore subsister, on a proposé des lampes électriques. Une d'entre elles, celle de MM. Dumas et Benoît, éclairant dans un tube fermé, de manière à ce qu'on n'ait pas à redouter l'inflammation du grisou, paraît devoir répondre à toutes

Fig. 78. — Lampe photo-électrique et sa boîte.

les objections (fig. 78, 79). Elle a aussi son emploi indiqué

Fig. 79. — Générateur d'électricité, bobine et tube éclairant, sortis de la boîte.

dans tous les milieux pauvres d'oxygène, partout où les
autres lampes refusent de fonctionner.

Dans les mines que n'infecte pas le grisou, les lampes sont de diverses formes. On peut adopter la classique

lampe ronde en fer si usitée à Saint-Étienne (fig. 80), la petite lampe en fer-blanc retenue par un gros clou au chapeau, comme à Anzin et en Belgique (fig. 81), ou celle en laiton du pays de Galles (fig. 98). Dans la plupart des mines anglaises, on emploie aussi des chandelles fichées dans un tampon d'argile (fig. 153). Aux États-Unis on use d'une lampe en fer-blanc de la forme d'un encrier à siphon, munie d'un crochet pour la pendre au chapeau. Enfin on a proposé des modèles de lampes à pétrole (fig. 75). Toutes ces lampes font place à celles de sûreté dès la première apparition du gaz inflammable.

Fig. 80. — Lampes des mines de Saint-Étienne.

Le grisou n'existe pas dans toutes les houillères ; seules quelques variétés de charbons en dégagent. D'ordinaire ce sont les variétés *grasses*, celles qui

Fig. 81. — Lampe des mines d'Anzin portée au chapeau.

contiennent beaucoup de bitume et de matières volatiles. Le gaz est accumulé dans les pores du charbon, souvent à une très-forte pression ; il sort avec un petit bruit, une espèce de petillement qui rappelle celui des eaux gazeuses s'échappant des bouteilles. Ce bruit est une sorte d'appel à la vigilance de l'ouvrier. Il est bien connu des houilleurs, et ceux d'Angleterre, par amour sans doute de l'onomatopée, l'ont baptisé du nom de *puff*. Un appareil depuis peu inventé par un Anglais, M. Ansell, sert à révéler le grisou dans les mines. Le gaz se trahit par les indications d'une aiguille, montée sur un petit instrument qui fonctionne à peu près comme les baromètres métalliques.

L'aérage souterrain influe sur le dégagement et l'accumulation du grisou. Plus l'air est dense, et moins le grisou qui est plus léger que lui (il pèse moitié moins) a de chance de se dégager ; plus le tirage est vif et moins le grisou a le temps de se mêler à l'air dans les proportions voulues pour l'explosion. On peut donc, jusqu'à un certain point, combattre utilement les effets du grisou par un vif tirage, ou par une injection d'air comprimé. On a remarqué que plus le baromètre monte, c'est-à-dire plus l'air est naturellement dense, et moins abondants sont les dégagements de grisou. Injecter mécaniquement de l'air dans les mines, c'est augmenter artificiellement la densité de l'air.

Le grisou n'est pas le seul gaz détonant qu'on rencontre dans les houillères : il y a aussi l'oxyde de carbone mêlé à d'autres gaz méphitiques, qui composent ce que les mineurs ont si bien nommé le *mauvais air* ou la *moffette*.

L'oxyde de carbone se dégage spontanément de la houille, bien qu'assez rarement, et ses explosions sont toujours limitées. Le mineur n'est que brûlé, et non foudroyé comme avec le grisou. Mais l'oxyde de carbone est un gaz vénéneux qu'on ne saurait absorber sans danger. Dans les asphyxies par le charbon c'est lui qui joue le rôle le plus actif.

Un autre gaz, l'acide carbonique, se dégage aussi de la houille, par une sorte de distillation lente, naturelle. L'acide carbonique n'est pas un poison, il est simplement irrespirable; il asphyxie en pénétrant dans les poumons, où il empêche l'accès de l'oxygène de l'air. Le mécanisme de la respiration s'arrête et avec lui la vie.

L'acide carbonique n'existe pas seulement dans les houillères, c'est un des gaz les plus répandus dans la nature. Il se rencontre dans les cuves à vin en fermentation, dans les amas de foin fraîchement coupé; c'est l'élément des eaux gazeuses; on le retrouve dans les éruptions volcaniques et dans beaucoup de grottes; enfin c'est le produit direct de la combustion du charbon et de la respiration des animaux. Une des fonctions des plantes est d'en purger l'air, mais non l'air des houillères.

Tout concourt donc à vicier, à raréfier l'atmosphère d'une mine. Non-seulement le dédale des travaux oppose quelquefois de très-grandes difficultés à la diffusion de l'air frais venant du dehors, mais la composition de cet air lui-même est bientôt altérée, soit, comme nous venons de le voir, par les gaz qui se dégagent spontanément du charbon, soit par ceux que produit la respiration des hommes et des animaux, la combustion des lampes, la fermentation des bois, l'évaporation de l'eau. L'inflammation de la poudre dégage à son tour des principes malsains: du gaz acide sulfureux, de l'hydrogène sulfuré, de l'oxyde de carbone, de l'acide carbonique, de la vapeur d'eau, etc. Enfin, la température d'une mine est toujours très-élevée, tant par suite de la production même de presque tous ces gaz, qu'à cause de la profondeur que les travaux ont atteinte. Nous savons que le thermomètre monte d'un degré par trente mètres en moyenne d'abaissement sous le sol.

On devine à toutes ces raisons combien l'aérage d'une

houillère offre de difficultés. Le mineur n'en a pas moins
tenté de les vaincre, et presque toujours il y est parvenu. Il ventile les mines comme on fait pour les salles de
spectacle, car l'air des souterrains est soumis aux mêmes
lois que celui des édifices; il dispose des portes, des
conduits d'air dans les galeries, pour forcer le courant à
prendre telle ou telle direction, le diviser, etc. (carte XV).
Généralement la mine a au moins deux issues, à des niveaux différents; l'air entre par l'une et se répand dans
tous les chantiers, sort par l'autre, comme par les portes et
les cheminées de nos appartements. La marche suivie par
le courant en hiver est l'opposée de celle de l'été. Le
sens du mouvement dépend de la différence entre les températures extérieure et intérieure, cette dernière variant
peu, cette autre suivant toutes les variations des saisons.
Ce double mouvement de l'air dans les mines compose ce
qu'on appelle l'aérage naturel.

A mesure que les travaux se développent, s'approfon-
dissent, ou bien quand la mine n'offre qu'une seule issue,
l'aérage naturel n'est plus suffisant. A quel artifice recourir? Quelquefois on dispose un foyer au pied d'un puits,
et l'on y entretient du feu jour et nuit. Au moins a-t-on
le combustible sous la main. Le tirage qui s'opère dans
cette haute cheminée chasse au dehors l'air vicié ; par un
autre point entre l'air pur de la surface, qui circule dans
toute la mine, et vient se dégager à son tour par le foyer
d'aérage.

D'autres fois on aspire les gaz de la houillère au moyen
d'un énorme ventilateur, installé à l'orifice d'un puits et
dont les palettes ou les hélices, mises en mouvement par
la vapeur comme celles d'un navire, entraînent l'air de la
mine dans leur course précipitée. On ne voit point passer
les ailettes tant la vitesse est grande ; on n'entend qu'un

ronflement formidable qui ébranle l'atmosphère à distance.
C'est le bruit d'un ouragan déchaîné. L'air intérieur est
absorbé dans ce phénomène de succion ; l'air extérieur
se précipite par une autre issue, pour combler le vide,
comme aurait dit Aristote. Cet air frais se disperse dans la
mine, et des tuyaux le distribuent jusque dans les chantiers les plus lointains. Souvent on établit aussi des ventilateurs dans les galeries elles-mêmes. Ceux-ci sont mus
d'ordinaire par des enfants, car ils sont loin d'avoir la
force de ceux qu'on installe à l'orifice des puits. Ils ont
du reste un autre but, c'est de refouler l'air dans les galeries où il manque.

Au lieu des ventilateurs placés à la surface, on emploie
quelquefois des pompes pneumatiques aspirantes, accou-
plées, à côté desquelles celles des cabinets de physique
ne sont que des jouets d'enfants.

Par ces moyens énergiques, non-seulement on donne
de l'air pur à une mine, mais on en chasse encore tous les
gaz irrespirables qui s'y accumulent, et qui souvent, dans
l'atmosphère d'une galerie, forment autant de couches distinctes, comme ces liquides de poids spécifiques différents
qui se séparent dans un flacon par ordre de densité. L'acide
carbonique plus lourd occupe le bas de la galerie. Si l'on
avait un chien avec soi, comme dans la fameuse grotte de
Pouzzoles près de Naples, il tomberait asphyxié. Il faut tenir
sa lampe haute ; elle s'éteint dès qu'elle arrive au contact
de l'acide carbonique. Au-dessus de ce gaz, formant la
couche moyenne, est l'air plus ou moins pur, puis l'oxyde
de carbone, et enfin, occupant la partie supérieure, l'hydrogène carboné, le gaz inflammable, explosif, le terrible
grisou, avec lequel nous avons fait connaissance. Quelquefois tous ces gaz se mêlent par l'effet de ce qu'on nomme la
diffusion, et forment comme un tout homogène. C'est alors

que les explosions, les asphyxies sont surtout à craindre.
Une bonne ventilation, l'accumulation ou la pression de
l'air artificiellement obtenue, enfin l'emploi des lampes de
sûreté et de l'indicateur du grisou de M. Ansell, sont les
meilleurs moyens de prévenir les accidents.

Quand on pénètre dans une mine où règne le mauvais
air, peu à peu les lampes pâlissent ; elles finissent par s'é-
teindre. On éprouve comme un serrement aux tempes,
comme une défaillance : une fatigue extrême dans les
membres, le cœur vous manque ; c'est l'asphyxie qui vient.
Il faut retourner sur ses pas. Avec quel bonheur on retrouve un air plus frais, plus vif. Auparavant l'air était
mort, comme disent les mineurs. Les lampes refusant de
brûler dans le mauvais air, ou s'y éteignant au moindre
mouvement, il a fallu regagner à tâtons une place meilleure, ce qui augmente le plaisir qu'on éprouve à se trouver
hors de danger ; on salue avec joie l'éclat de la première
allumette, et moins curieux que la femme de Loth, on marche allègrement devant soi, sans jeter de regards en arrière.

Il est quelquefois urgent d'entrer dans des chantiers
pleins de gaz délétères, soit pour porter secours à des ouvriers asphyxiés, soit pour explorer d'anciens travaux. Pour
cela, il faut se munir avant tout d'un appareil respiratoire,
renfermant une provision d'air pur. On porte sur le dos
une sorte de sac en cuir ou en métal, dans lequel on a injecté de l'air à une assez forte pression. Un tuyau en caoutchouc, partant du sac, s'épanouit en forme de rondelle à
l'autre extrémité, et s'applique dans la bouche contre les
dents. Il est muni de deux soupapes, l'une qui s'ouvre pour
amener l'air dans les poumons, l'autre pour renvoyer au
dehors l'air respiré. On comprime les narines par une
pince à ressort. Quelquefois l'extrémité du tube s'ouvre en

pavillon, de manière à s'appliquer simultanément contre
le nez et la bouche. Pour des parcours assez longs on
peut emporter des sacs de rechange, chargés d'air, qu'on
traîne sur une brouette.

Tel était, jusqu'à ces derniers temps, l'appareil généralement usité dans les mines infectées de mauvais
air. Cet appareil avait été perfectionné par Humboldt, et
imaginé par le physicien Pilastre des Rosiers, dont le nom
est resté si tristement attaché aux ascensions aérostati-
ques. M. Rouquayrol, ingénieur aux houillères de l'Aveyron, a inventé, il y a quelques années, un mécanisme plus
complet. Le réservoir est en tôle épaisse, pouvant résister
à des pressions de vingt-cinq et quarante atmosphères. On
y injecte l'air au moyen de pompes fort ingénieuses, dont
les pistons sont fixes et les cylindres mobiles. « Nous avons
changé tout cela, » peut dire l'inventeur avec Molière ; car
jusqu'ici c'étaient les pistons qui se mouvaient, et les
corps de pompe qui restaient fixes. On charge l'appareil sur
son dos à la façon du sac des soldats (fig. 82). Une sorte de
mécanisme à soufflet, surmontant le réservoir, permet à
l'air, bien qu'à une très-grande pression, de n'entrer
dans les poumons qu'à la tension ordinaire. Une petite
soupape extérieure, formée de deux feuilles de caoutchouc,
que la pression de l'atmosphère tient appliquées l'une
contre l'autre, s'ouvre pour laisser passer l'air respiré.

Dans cet appareil l'air est quelquefois distribué à une
lampe particulière en même temps qu'aux poumons ; une
lampe ordinaire ou de Davy pourraient ne pas fonctionner
dans une atmosphère viciée ; mais, dans ce cas, la lumière
électrique brûlant dans un tube fermé est encore le plus
sûr moyen d'éclairage (fig. 78 et 79).

Muni de l'appareil Rouquayrol, un homme respire à
l'aise même sous l'eau. Des expériences concluantes en

Fig. 82. — Sauvetage avec l'appareil Rouquayrol.

ont été faites au fond des fleuves et au fond de la mer. Grâce à cette invention, les opérations sous-marines, la pêche des perles, du corail, des éponges, la réparation des carènes immergées, l'abatage des roches sous l'eau, le sauvetage des navires engloutis, deviennent désormais praticables sur une très-large échelle et sans aucun danger. L'appareil est même préférable à l'incommode et lourd *scaphandre* ou *nautile* employé aussi dans ce but. Dans les mines il peut être quelquefois utile de travailler sous l'eau, par exemple au fond des *puisards*[1], pour réparer des pompes noyées : en ce cas l'appareil Rouquayrol sera aussi très-utile.

Le système inventé par M. Galibert pour pénétrer dans une atmosphère de gaz méphitiques ne saurait être passé sous silence, même à côté du précédent. La simplicité du mécanisme est extrême, il ne renferme aucun organe capable de se déranger, et peut être mis en action instantanément. Avec un petit soufflet cylindrique en cuir, ayant absolument la forme des lanternes transparentes en papier, on injecte de l'air dans une peau de bouc ou mieux une toile gommée hermétiquement fermées. Le sauveteur charge l'outre sur son dos, la maintient par des courroies passées autour des épaules et de la ceinture (fig. 83). Deux tubes en caoutchouc se dégagent de l'outre, terminés ensemble par une pièce de corne ou d'ivoire, évidée sur son pourtour, et que l'on tient entre les dents : c'est l'embouchure. Les narines sont comprimées par un petit pince-nez en bois, à ressort. Enfin quand il est nécessaire, dans un air très-chaud, enflammé, une paire de lunettes à monture de cuir, à verres ronds, protége les yeux.

Ainsi accoutré, le sauveteur n'en jouit pas moins d'une

1. C'est ainsi qu'on appelle le réservoir des eaux au fond d'un puits de mine.

liberté entière dans tous ses mouvements. La respiration s'opère sans difficulté. L'air expiré retourne dans le réservoir et peut servir jusqu'à deux fois sans inconvénients; mais au bout d'un quart d'heure il faut renouveler l'outre. Le tube qui amène l'air s'ouvre à la partie supérieure du sac, celui qui le renvoie descend au contraire jusqu'au fond. Du reste l'air expiré étant plus lourd gagne naturellement le bas de l'outre. Au bout de quelques secondes, un mouvement de la langue se produit instinctivement, sans qu'on en ait conscience, qui obstrue ou dégage dans l'embouchure tantôt l'un tantôt l'autre des tubes, suivant que les poumons aspirent ou renvoient l'air.

L'appareil de M. Galibert, tel qu'il vient d'être décrit, est surtout en usage chez les pompiers et les puisatiers, les ouvriers des égouts, etc. Il a été employé dans l'assainissement des hôpitaux, des cales de navires, dans la réparation des chambres de plomb des fabriques d'acide sulfurique. Il peut servir avec avantage toutes les fois qu'il s'agit de pénétrer dans des pièces fermées remplies de gaz dangereux. Pour les mines, l'inventeur a construit spécialement des réservoirs en fer-blanc qui ne sont pas sujets à se crever par le choc comme il pourrait arriver à la peau de bouc, ou même à la toile gommée, et qui permettent d'injecter l'air à une plus forte pression.

Tels sont les appareils employés pour opérer des sauvetages dans des mines pleines de gaz délétères. Mais que de fois, malgré l'efficacité des inventions, on arrive trop tard, pour ne relever que des mineurs sans mouvement, depuis longtemps glacés par la mort!

Fig. 83. — Sauvetage avec l'appareil Galibert.

IX

LES ÉBOULEMENTS ET LES INONDATIONS.

Nouveaux ennemis du houilleur.—Les éboulements.—Le puisatier Giraud.
— Le mineur Cochet. — Les irruptions d'eau. — Inondation d'une mine
près de Liége; d'une houillère de la Loire. — La complainte des mineurs. — Inondation de la houillère de Lalle. Détails émouvants. —
Histoire d'Hubert Goffin. — Aventure du houilleur Évrard.

La lutte est loin d'être achevée. Nous allons voir le
houilleur aux prises avec de nouveaux ennemis non moins
terribles que les précédents : les éboulements et les irruptions d'eau.

Les éboulements menacent incessamment le mineur. Le
roc est fendillé, se gonfle, ou bien il est meuble, coulant.
Nous savons comment on lui résiste par des ouvrages ingénieux en bois ou en maçonnerie. Ces ouvrages cependant cèdent quelquefois à l'énorme pression du terrain, il
se produit un éboulement et le mineur se trouve pris dans
les déblais (fig. 84).

L'éboulement! c'est le genre de péril qui se présente
tout d'abord à l'idée quand on rêve de travaux souterrains.
Nul n'a oublié en France l'histoire du terrassier Giraud
qui creusait un puits près de Lyon, en 1854. Le malheureux, atteint au fond du trou par une chute des terres supérieures, peut-être mal étançonnées, vit comme une voûte
se former tout à coup au-dessus de sa tête, l'étreindre de

sa pression, et demeura prisonnier avec son camarade. Comment sauver les pauvres mineurs? Il fallut foncer un nouveau puits au voisinage du premier, et rejoindre ensuite, par une galerie, le point où l'accident avait eu lieu. Malgré toute l'ardeur déployée, un mois fut nécessaire pour mener l'entreprise à bien, car des éboulements survinrent dans les travaux de sauvetage eux-mêmes. Giraud et son compagnon entendaient le bruit du pic, répondaient aux travailleurs, croyaient à chaque instant que l'heure de la délivrance allait sonner. Vain espoir! Le camarade succomba. La faim l'emporta sur la douleur, comme dans la sombre aventure d'Ugolin.

Giraud, plus énergique, résista. Le cadavre de son ami, couché sur lui, viciait le peu d'air qu'il respirait; mais le désir de vivre l'emporta. Ni la faim, ni ce sinistre voisinage n'abattirent cet homme : il ne voulait pas mourir. Il lutta un mois tout entier. A chaque instant on croyait le rejoindre, puis survenait un accident; il fallait recommencer. Giraud ne faiblissait pas; il répondait distinctement à toutes les demandes qu'on lui faisait. La France, l'Europe entière suivit cette lutte jour par jour. On donnait chaque soir un bulletin de la marche de la journée. Le trentième jour on cria victoire, Giraud était sauvé. Pâle, défait, réduit à l'état de squelette, son corps n'était plus qu'une plaie. La gangrène avait attaqué tous ses membres, et la cause en était due à ce cadavre qui, pendant trois semaines, s'était décomposé à ses côtés. On transporta l'infortuné puisatier à l'hôpital de Lyon : il y vécut encore quelque temps, puis s'éteignit.

Les éboulements peuvent être rangés au nombre des plus grands périls que court le mineur. Si le choc est direct, l'ouvrier est écrasé sur le coup; ou s'il échappe, c'est avec un membre de moins. Du toit des galeries, dans les schistes,

Fig. 84. — L'éboulement.

dans les charbons friables, se détachent quelquefois brusquement, sans que rien ait pu en faire soupçonner la présence, des blocs de roche isolés, des *cloches*, des *culs de chaudron*, pour employer la langue énergique et figurée des houilleurs. Ces blocs tombant d'aplomb sur la tête du mineur, le tuent roide.

Dans d'autres cas, ce sont les muraillements, les boisages qui cèdent à l'énorme pression du terrain. Malheur aux ouvriers s'ils ne fuient pas à temps : ils sont broyés dans cet amas de déblais (fig. 84). Il en est cependant qui en sont sortis vivants. Témoin ce brave houilleur Cochet, de la mine du Creusot. Surpris, en 1864, dans un éboulis de charbon, il a la force d'appeler au secours. Son camarade, un moment éloigné, arrive, donne l'alarme. Les moyens de sauvetage les mieux combinés sont immédiatement mis en œuvre. On use de précautions infinies pour assurer la réussite. Une partie du charbon ayant été enlevée autour du patient, on apercevait la tête et une main. Cochet était sous un amas de bois brisés, renversé sur le sol de la galerie, couché sur le flanc droit, les jambes repliées sous lui. Tout mouvement était impossible ; mais la poitrine heureusement n'était pas comprimée. On envoie de l'air dans l'éboulement au moyen d'un ventilateur et d'un tube. On scie les rails, les traverses de la galerie, les étais au milieu desquels le houilleur se trouve engagé. Puis on fouille la galerie pour le rejoindre par-dessous. On délivre d'abord les jambes. Quant à lui, il ne perd pas courage : il a tout son sang-froid, et donne même aux sauveteurs plus d'une indication utile. Enfin, après six heures d'atroces souffrances, il est littéralement extrait de ce tombeau où il allait être enterré vivant. Tous les ouvriers avaient rivalisé d'ardeur et d'habileté pour arracher leur camarade à la mort. Jamais, dans des cas pareils, le zèle, l'énergie ne font défaut au mineur, et jamais il ne manque à ces sentiments d'étroite confraternité qui doivent lier entre eux tous les ouvriers qu'un même péril menace.

Le danger des inondations souterraines est aussi redou-table que celui des éboulements. A l'élément liquide qui fait de tous côtés irruption, nous avons vu le houilleur opposer des digues en bois ou en métal, des pompes gigantesques et des tunnels qu'il transforme en canaux, tirant ainsi profit du mal lui-même. L'eau s'accumule dans la mine en amas, en bassins, en véritables lacs. Il la contient par des *batardeaux* construits en ciment, en argile; par des *serrements* en bois, dont les diverses pièces sont géométriquement assemblées, comme les pierres d'un mur ou d'une voûte. Dans les puits nous avons vu s'élever des maçonneries non moins savamment établies, et cependant la pression de l'eau peut arriver à rompre tous ces obstacles. Un vieux houilleur anglais, qui croyait que la terre était animée, comparait les veines d'eau qu'on rencontre dans les mines aux veines et aux artères du corps. « Quand l'eau fait irruption dans nos chantiers, disait-il, c'est le terrain qui se venge, parce qu'on lui a coupé une artère[1]. »

Non moins que les incendies, les inondations peuvent arrêter l'exploitation de la houille. En 1838, les mines de Rive-de-Gier furent sur le point d'être à jamais perdues. Les travaux avaient été conduits assez mal sur toutes les concessions, car l'art des mines n'était pas alors aussi avancé qu'aujourd'hui. De vieilles excavations, datant de plusieurs siècles, avaient détourné dans l'intérieur une partie des eaux de la surface; le Gier lui-même y était descendu. Les concessionnaires, dont presque toutes les

---

1. Peut-être est-ce par l'effet d'une croyance analogue que les mineurs belges nomment l'eau qui sort de la houille *le sang de la veine*. Mais ici veine est synonyme de couche de charbon.

Fig. 85. — L'inondation.

mines communiquaient au moins géologiquement, ne pouvaient arriver à s'entendre, et il fallut qu'une loi intervînt pour les réunir en une espèce de syndicat et les sortir de péril.

Ici l'accès de l'eau était connu et l'on savait comment le combattre, mais il est des inondations souterraines dont la cause est pour ainsi dire imprévue. Les eaux du ciel, éclatant comme une trombe à la surface, gonflant les ravins, les torrents, pénètrent quelquefois dans la mine par l'entrée des galeries, par les fissures du sol et la ravagent. Un fleuve entier fait irruption dans les travaux ; les ouvriers, les chevaux sont emportés, noyés (fig. 85).

L'envahissement des eaux provenant des vieilles excavations est peut-être le plus à craindre. Ces vides irréguliers, ces anciennes tailles, existent dans presque toutes les mines. Souvent on n'en connaît pas l'étendue, car aucun plan ne les a délimités. Il en est qui datent de plusieurs siècles, et même des premiers temps de l'exploitation ; ce sont les plus mauvais voisins d'une houillère. Ils deviennent le réceptacle des eaux pluviales qui s'y accumulent[1], ils renferment des amas de gaz irrespirables, sont le théâtre d'incendies souterrains. Toutes ces raisons empêchent de les visiter, et d'en dresser le plan pour le raccorder avec celui de la mine. Quand les besoins de l'exploitation conduisent vers ces vieux travaux, on ne doit donc s'en approcher qu'avec la plus grande précaution, surtout quand on soupçonne des amas d'eaux. Il est d'usage, en pareil cas, d'interroger prudemment le terrain au moyen d'une sonde qu'on manœuvre horizontalement au front de taille de la galerie. L'outil, qui se visse à une longue tige, varie suivant la nature de la roche à perforer (fig. 86 et 87).

1. Nous avons autour de nous *la mer d'eau*, disent dans ce cas les houilleurs belges.

Si l'eau n'apparaît pas, on marche sûrement sur toute la longueur examinée, puis on sonde de nouveau. L'eau se montre-t-elle? c'est un jet comme celui d'une fontaine; on le laisse tranquillement s'écouler.

Dans quelques cas, l'abondance des eaux arrivant par ces sondages est telle que la mine en peut être inondée.

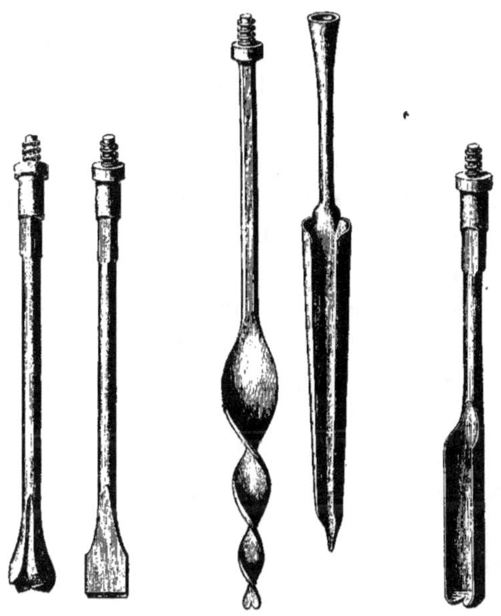

Sondes à bras pour l'intérieur des mines. Éch. 1/5.

Fig. 86. — Trépans pour
les roches dures.

Fig. 87. — Tarières pour
les roches tendres.

Cette circonstance s'est présentée en 1825 dans une houillère près de Liége. Les eaux, chassant la sonde, s'élancèrent avec impétuosité. A plusieurs reprises, les ouvriers essayèrent de boucher le trou, ne purent y parvenir, et bientôt il n'y eut plus de salut que dans la fuite. Quelques heures après, tous les chantiers étaient envahis, et devenaient entièrement inaccessibles. Les vieux travaux s'avançaient sous le lit même de la Meuse; la rivière fut pour ainsi dire détournée dans la mine.

Devant un si grand désastre, les exploitants ne perdirent pas courage. Des machines d'épuisement furent installées sur quatre puits à la fois; mais ce ne fut qu'au bout de sept ans qu'on parvint à maîtriser les eaux. Alors seulement on put redescendre, on ferma toute issue au liquide par des serrements, des barrages établis avec le plus grand soin, et l'on reprit l'exploitation. Cet exemple d'énergique persévérance est l'un des plus remarquables qu'offre l'histoire des mines de houille.

Dans ces irruptions d'eaux souterraines, la vie des hommes est presque toujours en jeu. Il y a quelque trente ans, dans une houillère de la Loire, on marchait vers de vieux travaux. On avait négligé de prendre aucune précaution. Les mineurs fonçaient leurs galeries insoucieux, allègres. Tout à coup les eaux rompent la paroi amincie qui les sépare encore des ouvriers, et se déchaînent comme une avalanche. Les hommes épouvantés s'enfuient. Une galerie montante s'offre sur leur passage; ils s'y réfugient; mais cette galerie n'a pas d'issue, et l'eau s'élève jusqu'à eux. Au dehors, on s'inquiète de les secourir. Que faire? comment les sauver? où sont-ils? N'ont-ils pas été asphyxiés, noyés? Mais on n'hésita pas. On fit ce qu'en pareil cas l'humanité conseille de faire. On supposa les hommes vivants, et l'on se mit résolûment en devoir de les retrouver. On tâtonna d'abord, puis on devina où ils pouvaient être. Les plans de la mine, bien tenus, donnaient les projections horizontale et verticale des travaux, ce qu'en géométrie souterraine on appelle le plan et la coupe. Par le plan on connaissait la position exacte, dans le dédale de la mine, du chantier où travaillaient les mineurs, et par suite du refuge qu'ils pouvaient avoir choisi. La coupe faisait connaître à son tour la distance verticale qui séparait ce point de la surface, et par conséquent le degré d'inclinaison entre un endroit donné et le lieu du refuge. Sur cette pente, on fonça une galerie dirigée vers le point supposé. Si les mineurs étaient là! Des coups de pic frappés contre le roc en manière d'appel restèrent d'abord sans réponse; puis on entendit comme une faible réplique à ces coups répétés. On sait que les roches transmettent fort bien les sons sur une très-grande étendue, et les Indiens de l'Amérique ne l'ignorent pas, eux qui, l'oreille appuyée contre la terre, entendent le cavalier venir de si loin. « Allons, enfants, courage, et que la galerie s'avance! » Bientôt les sons se transmettent plus distincts; il n'est plus besoin de frapper du pic pour s'appeler. On entend même le bruit de la voix. Vite la sonde! Dieu soit loué! Les houilleurs sont là, tous en vie. On communique avec eux; on leur demande ce qu'ils désirent. « Avant tout de la lumière, » répondent-ils, et il y a plusieurs jours qu'ils n'ont mangé. On leur passe des lampes. On leur verse ensuite du bouillon le long d'un tube de fer-blanc engagé dans le trou de sonde. Enfin le dernier coup de pic est donné, les victimes sont hors de péril, les prisonniers revoient la lumière. Que n'ont-ils pas souffert dans ces longs jours d'attente! Ils ont mangé leurs chandelles, ils ont dévoré leurs courroies. Et cependant, tant est sinistre l'obscurité qui se prolonge, qu'ils ont demandé à y voir avant de demander à manger.

Notre excellent maître, M. Duhaut, alors qu'il était répétiteur à l'École des mines de Saint-Étienne, en 1851, nous racontait cet accident dans tous ses détails. Il avait assisté au sauvetage. Le professeur tirait de ce récit une moralité, comme le bon Ésope de ses fables. Il essayait de nous prouver par là l'utilité de joindre aux plans de mines une projection verticale rattachant, par de véritables coordonnées géométriques, chaque point de l'intérieur à ceux de la surface. Et nous, écoliers moqueurs et sans pitié, pour que rien ne manquât aux leçons du maître, nous avions fait une complainte qui commençait ainsi :

> Mineurs, écoutez l'histoire
> De trois malheureux ouvriers,
> Restés sans manger ni boire
> Pendant six grands jours entiers.
> Au fond d'une galerie
> Serrés comme en un bocal,
> Ils auraient perdu la vie
> Sans la coupe vertical'.

Cela se chantait au commencement et à la fin des leçons quand le maître n'était pas là, sur l'air de toutes les complaintes. Il nous semblait que la nôtre valait bien celles si connues de Fualdès ou du Juif-Errant ; et nous la chantions avec un entrain admirable. *O jeunesse, printemps de la vie !...*

Une des plus terribles inondations dont les houilleurs garderont le souvenir, est celle qui survint en 1862 à la mine de Lalle, près Bességes (Gard).

C'était le 11 octobre, entre trois et quatre heures de l'après-midi. Un orage violent avait éclaté sur le pays, quelques-uns disent même qu'une trombe était venue crever sur ce point. Les eaux de la rivière la Cèze, celles d'un ruisseau et d'un ravin ordinairement à sec, tous deux tributaires de la Cèze, étaient montées à des hauteurs qu'on n'avait jamais vues, même lors des grandes inondations de 1840 et 1855. C'était un vaste débordement, un véritable déluge. Tout à coup l'eau tourbillonne en un point, sur l'affleurement d'une des couches de houille, et de là, par une large ouverture qui vient de se former, se précipite tumultueusement dans la mine[1].

Le plan même de la couche sert de conducteur au liquide. Un grondement sinistre est répercuté de galerie en galerie; la mine occupe en ce moment tous ses ouvriers; la catastrophe est lamentable! Une brigade de houilleurs épouvantés a pu néanmoins s'enfuir à temps par une des *fendues*, quelques autres remontent précipitamment par un puits, talonnés par les eaux. Un acte de noble dévouement a eu lieu. Un brave boiseur, Auberto, Piémontais, s'est aussi échappé par un puits, non sans avoir prévenu son camarade qui travaille à un niveau plus bas. Il court à une autre issue, fait accrocher la benne au câble, descend, appelle, l'eau tombe à torrents. Cinq ouvriers se présentent. Quatre montent dans la benne; le cinquième s'écarte un moment; il est perdu. A peine arrivé au jour, Auberto se fait redescendre, aperçoit un jeune manœuvre cramponné aux boisages de la galerie du fond, l'attire à lui, le jette dans la benne et remonte. Il était temps; les eaux envahissaient en ce moment cette partie de la mine. Auberto a sauvé six hommes. Il en sauverait d'autres, mais aucun point n'est plus accessible, tout est à présent sous l'eau. Une issue restait ouverte; elle a été formée par un effondrement du sol tout près du gouffre où les eaux sont entrées. On y a vu briller des lumières, on a jeté des cordes amarrées à des arbres. Hélas! la fureur des eaux redouble, le sol s'effondre de nouveau, cette dernière issue à son tour est close et tous les hommes sont noyés! Une demi-heure a suffi pour changer cette mine en un lac. L'air et les gaz de l'intérieur, violemment refoulés par l'eau, se sont échappés même par les fissures du terrain.

1. Un an après, comme je passais à Lalle, un habitant me montrait l'endroit où se fit la crevasse, et me racontait l'accident.

Ils y ont produit l'effet d'un coup de mine, projetant la terre à distance, ébranlant les maisons.

Dès la première nouvelle du sinistre, l'ingénieur, M. Courroux, le maître mineur, Martin Dagasso, sont sur les lieux. A eux se sont joints bien vite les ingénieurs des houillères ou des forges voisines. On pourrait tous les nommer; car ils sont tous venus, accompagnés de leurs maîtres mineurs. Un ingénieur a été aussi mandé en hâte de Saint-Étienne; il n'y aura pas trop de monde pour conduire tous les travaux. Enfin M. Parran, du corps impérial des mines, est accouru d'Alais pour diriger le sauvetage auquel prennent également part toutes les autorités.

Cependant aucun secours immédiat n'est possible; la houillère n'est peut-être plus qu'un vaste tombeau. Cent trente-neuf lampes ont été distribuées le matin, vingt-neuf seulement ont été rapportées: c'est cent dix mineurs qui restent encore dans la mine, et parmi eux les quatre chefs de poste : les capitaines avec les soldats. Tout ce monde était disséminé, qui sur un point, qui sur un autre, à différents niveaux, là ou le travail l'exigeait. Comment s'y prendre pour rejoindre ces pauvres houilleurs, et sait-on même s'il en reste un seul en vie?

Pendant qu'on établit à la surface une digue contre les eaux, et qu'on étudie sur le plan les moyens les plus prompts et les plus sûrs de sauvetage, un jeune rouleur, précédemment attaché comme porte-chaîne aux levées intérieures de la mine, entre dans une galerie. C'est le samedi, 12 octobre, dans l'après-midi, vingt-quatre heures après l'accident. Il frappe aux parois, écoute longtemps et croit distinguer des sons qui répondent aux siens. Il fait venir ses camarades, répète l'essai avec eux ; le même phénomène se reproduit. On prévient les ingénieurs. Tout le monde accourt. M. Parran renvoie quelques personnes afin d'obtenir le plus grand silence, et donne un appel à coups de pic également espacés. Il a laissé de ces travaux de sauvetage une relation saisissante. « L'oreille collée au charbon, écrit-il, et retenant notre respiration, nous entendîmes aussitôt, avec une émotion profonde, des coups extrêmement faibles, mais précipités, rhythmés, en un mot, le rappel des mineurs, qui ne pouvait être la répercussion du nôtre, puisque nous avions frappé à intervalles égaux [1]. »

Un massif de plus de vingt mètres sépare les captifs de leurs sauveurs. Il y a là néanmoins un premier travail à poursuivre, mais la plupart des mineurs sont restés ensevelis dans la mine. Qui abattra le roc? Les compagnies voisines prêtent généreusement leurs ouvriers, et les premiers coups de pic qui bientôt retentissent portent l'espérance dans le cœur des prisonniers. Dès six heures du soir, on est à l'œuvre. On attaque les travaux de sauvetage par cinq points différents, au moyen de galeries inclinées, dirigées vers les endroits où l'on suppose que les victimes se sont réfugiées. Le point de départ de ces descenderies est pris dans la galerie même où l'on a entendu l'appel. Un seul piqueur, relayé dès que ses forces sont à bout, travaille à chaque avancement avec toute l'énergie dont il est capable. Le charbon abattu est enlevé dans des corbeilles, que se passent de main en main une chaîne d'hommes, étagés dans les descenderies. A mesure qu'on gagne en profondeur, le travail devient plus difficile à cause du manque d'air. Il faut installer des ventilateurs, et parfois les lampes ne peuvent brûler que devant le tuyau d'aérage. Le lundi 14 octobre, à deux heures du matin, on communique de la voix avec les captifs. Ils disent: « Nous sommes trois, » et

---

1. *Bulletin de la Société de l'Industrie minérale*, t. V.

COUPE TRANSVERSALE PASSANT PAR LE PUITS STᵉ BARBE DE MONTCHANIN ET LE PUITS Sᵗ LAURENT DU CREUSOT
Dressée par M. Simonin d'après des documents locaux 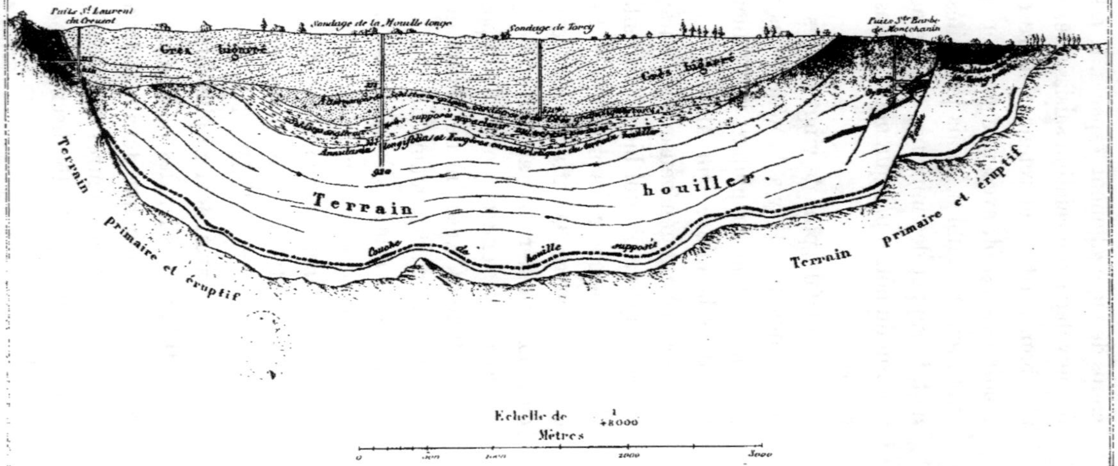
Puits St Laurent du Creusot
Sondage de la Houille longue
Sondage de Torcy
Puits Stᵉ Barbe de Montchanin
Grès bigarré
Grès bigarré
Terrain
houiller.
Terrain
Primaire et éruptif
Terrain Primaire et éruptif
Couche de houille supposée
Échelle de 1/48000
Mètres
Librairie de L. Hachette et Cⁱᵉ à Paris.
Dessiné par Ed. Dumas Vorzet.

donnent leurs noms. Les efforts redoublent, mais comme par une espèce de fatalité, le charbon devient plus dur. Le mardi, le travail se continue à outrance. L'air manque, la chaleur est intolérable. Les piqueurs d'élite sont au front de taille, sapant la houille avec rage. Les prisonniers ne cessent de se faire entendre. Enfin, le même jour, à minuit, une des descenderies atteint le refuge où gisent les prisonniers. Deux sont encore en vie; le plus jeune tout ému sanglote, l'autre est en proie à la fièvre; le troisième, âgé, asthmatique, n'a pu soutenir jusqu'au bout cette pénible épreuve; il est mort non loin de ses compagnons. On trouve son cadavre au bas de la galerie en cul-de-sac où les trois houilleurs avaient cherché un abri.

Enveloppés dans des couvertures chaudes, réconfortés par un cordial, couchés sur des lits, les deux ouvriers sauvés furent conduits doucement à l'hôpital de la mine, où ils reçurent les soins du médecin. Le lendemain leur état était déjà satisfaisant.

Les travaux de sauvetage avaient duré sans discontinuer du samedi soir 12 octobre, à six heures, jusqu'au mardi 15 octobre, à minuit; c'est-à-dire, soixante-dix-huit heures. En calculant le cube de roche extrait, ou l'avancement d'un des chantiers, qui n'a pas été une minute interrompu, on trouve qu'il aurait fallu un mois, dans des circonstances ordinaires, pour faire tout le travail qui a été exécuté en trois jours. Ce simple calcul donne la mesure de l'activité, de l'énergie qui a été déployée, et de la discipline qui n'a cessé de régner dans cette difficile opération.

On a recueilli de la bouche même des deux houilleurs sauvés, les détails les plus précis sur les circonstances qui ont marqué leur captivité. Ils travaillaient à un chantier d'abatage, quand ils entendirent arriver les eaux. Ils s'en-

fuirent au sommet de la galerie où on les a retrouvés.
Le lieu est étroit, très-incliné, glissant. Avec leurs mains
et le crochet de leurs lampes, ils creusent dans le schiste
une petite place pour s'asseoir. L'eau baigne leurs pieds,
et ils sont comme dans une cloche dont l'air est soumis
à une très-forte pression[1]. Ils ressentent des bourdon-
nements d'oreilles, leur voix est assourdie. Les lampes,
privées d'huile, se sont éteintes. Ils frappent avec le
talon de leurs souliers sur les parois de la galerie pour
appeler du secours. C'est le bruit que l'on a entendu, mais
seulement quand ils frappaient depuis vingt-quatre heures !
Comprenant qu'on venait les sauver, le plus âgé des
trois, celui qui ne devait plus revoir la lumière, verse
des larmes de joie. Un autre, altéré par la soif, descend
dans la galerie plane, ayant de l'eau jusqu'aux aisselles,
cherche inutilement un passage à travers les remblais, puis
regagne sa place, guidé par la voix de ses compagnons.
Le plus jeune, âgé de dix-sept ans, cède fréquemment au
sommeil. Il tomberait à l'eau sans le secours de son voisin
qui le soutient dans ses bras comme un enfant, et l'arrache
ainsi à la mort. Un instant, le bruit du ventilateur des travaux de sauvetage arrive plus distinct à leurs oreilles. Ils
croient à une nouvelle irruption des eaux et se décou-
ragent. Le vieillard surtout s'agite sans cesse. Épuisé par
ses efforts, il perd son point d'appui, glisse sur le plan
incliné, tombe dans l'eau et se noie, sans faire un seul
mouvement, sans pousser un seul cri. Glacés d'horreur,
cloués immobiles à leur place, les deux autres n'osent pas
descendre pour tenter de venir à son aide, au moins pour
lui relever la tête. Plus tard ils se gardent même d'annoncer ce triste accident au dehors : « Nous sommes trois, »

---

1. On a calculé que cette pression avait dû atteindre quatre atmosphères, c'est-à-dire qu'elle était quadruple de celle de l'air extérieur.

ont-ils crié. Celui que la soif dévore se décide cependant à se mouvoir. Il touche au cadavre en buvant, et bien vite remonte. La fatigue, le mauvais air, cet affreux voisinage, lui donnent le délire. Il dit à son camarade : « Viens, sortons d'ici. » L'autre avait peur et pour faire diversion lui propose de revenir boire ; mais celui-ci manque de se noyer : son ami l'aura sauvé deux fois. On heurte encore en passant le cadavre ; désolant spectacle qu'aucune lumière ne vient éclairer !

Cependant les eaux baissaient dans la galerie plane ; mais il y faisait froid. Les deux captifs restent à leur place où l'air est sec et chaud. Enfin on les a rejoints et les bras de leurs camarades les ont ramenés au dehors. Par un phénomène étrange, ces deux hommes avaient perdu la notion du temps ; ils ne croyaient pas être restés plus de vingt-quatre heures dans la mine ; ils n'avaient pas eu faim [1].

Tandis que les opérations de sauvetage s'exécutaient sur cette partie de la houillère où l'on venait d'arracher si miraculeusement deux victimes à la mort, on poursuivait d'autres travaux pour pénétrer vers de nouveaux points de l'intérieur. On creusait des puits où les mineurs travaillaient attachés à des cordes dans la crainte d'éboulements. En même temps on réparait d'autres ouvrages endommagés par l'inondation, et sur ceux-ci l'on procédait à l'épuisement des eaux. Un de ces anciens puits était en réparation au moment du sinistre. Il eût fallu en temps ordinaire quinze jours au moins pour réinstaller la machine, poser les câbles, etc.; on fait le tout en quatre

---

1. On cite d'autres exemples de faits pareils. Des mineurs du Hainaut, au dix-septième siècle, demeurés vingt-cinq jours captifs dans une remontée, à la suite d'une irruption d'eau, croyaient n'y avoir séjourné que huit ou neuf jours.

jours : le 15 octobre l'épuisement commence, et n'est plus interrompu.

Cependant dans la nuit du 20 au 21, on a rejoint par un trou de sonde une crevasse qui communique avec les travaux souterrains ; mais le rocher est fendillé, l'air n'a pu s'accumuler en ce point, et les ouvriers, s'ils s'y sont réfugiés, ont dû périr noyés. Le gaz qui s'échappe par le sondage a une mauvaise odeur ; c'est l'air vicié des mines. On appelle, on agite une sonnette, rien ne répond.

On continue à sonder, et à creuser le puits de sauvetage. Le 24 octobre on atteint la profondeur de 11 mètres, et par le trou de sonde celle de 25 mètres. Il y a treize jours que l'accident a eu lieu. Tout à coup les ouvriers occupés au fond du puits entendent des cris. Trois hommes sont encore en vie, séparés seulement par des remblais et un vide du terrain du point où l'on travaille. « Nous sommes là depuis fort longtemps, » crient-ils. On se dispute à qui les sauvera. Un des maîtres mineurs présents, attaché à une corde, obtient la faveur insigne de descendre le premier vers eux. Il rencontre deux hommes qui se cramponnent à lui, le suppliant de les faire sortir. Il les rassure, les couvre de ses habits. Pendant ce temps les boiseurs consolident le terrain, et bientôt on accourt à la délivrance des captifs.

Restait le troisième prisonnier, un enfant. Ses camarades l'ont enterré dans le charbon pour qu'il eût moins froid. Ils désignent la place. M. l'ingénieur Courroux y vole, sans même prendre de lampe, saisit l'enfant qui l'embrasse et qui pleure. Bientôt les trois nouvelles victimes retirées vivantes de la houillère de Lalle se trouvent réunies aux deux premières dans la même salle de l'hôpital de la mine : touchant voisinage dans la souffrance et dans la guérison.

Comme leurs camarades dont on connaît le dramatique
récit, les trois derniers houilleurs sauvés avaient fui devant
les eaux dès le premier instant de l'inondation. Trouvant
un couloir à remblais obstrué, de désespoir ils y avaient
fait une percée. Ils avaient ensuite gravi un bout de galerie comme dernier refuge. Leurs lampes s'étaient éteintes,
ils entendaient l'eau monter, reculaient devant elle. Les
éboulements, les ruptures de bois, les explosions dues à
l'air comprimé, tous ces bruits arrivaient distincts à leurs
oreilles comme un effroyable vacarme qui semblait leur
annoncer les dernières heures qu'ils eussent à vivre. L'un
d'eux avait une montre à répétition qu'il fit sonner à plusieurs reprises; elle s'arrêta le samedi matin 12 octobre,
à deux heures trois quarts. Ils se tenaient serrés les uns
contre les autres pour se réchauffer. Ils entendaient le
bruit des tonnes d'épuisement plongeant dans l'eau des
deux puits voisins. Ils eurent l'idée de compter par les
brefs moments d'interruption les changements de poste,
et se firent ainsi une idée très-approchée du temps de leur
captivité, qu'ils évaluaient à quinze jours au lieu de treize.
Pour assouvir leur faim, ils mangeaient le bois pourri des
étais, qu'ils émiettaient dans l'eau; ils avaient entamé
aussi leurs ceintures de cuir [1]; mais ils pouvaient à leur
aise étancher leur soif, et cela les soutenait. D'abord l'eau

1. M. Chalmeton, directeur de la mine de Bességes, limitrophe de celle
de Lalle, a suivi toutes les péripéties de ce mémorable drame. Il m'écrivait
récemment:

« .... J'ai conservé la ceinture en cuir de l'un des ouvriers sauvés; elle
porte encore l'empreinte des dents. Ce pauvre diable en avait mangé une
longueur de cinq à six centimètres.

« Ce serait bien le cas, si vous parlez de cette catastrophe, de dire
quelques mots de la lampe électrique de Dumas; elle n'est devenue pratique qu'un an après l'accident, et nous aurait rendu de grands services.
Nous aurions pu travailler plus activement dans les galeries, où les
lampes à huile brûlaient avec peine. »

La lampe de M. Dumas est celle qui est représentée page 187, fig. 78 et 79.

était montée jusqu'à eux, leur mouillant les pieds. Plus tard le niveau avait baissé, et alors ils avaient imaginé d'attacher une de leurs bottes à une corde, et de boire à ce seau improvisé.

Voyant les eaux se retirer peu à peu, l'enfant s'était décidé à aller tenter un passage. Nageant, se tenant aux parois, il suit à tâtons la galerie plane d'où se détache la remontée. Bientôt il tombe dans un trou et se retient à un rail. Épuisé, transi de froid, ayant perdu ses effets, il parvient à rejoindre ses camarades. Ceux-ci se couchent près de lui pour le réchauffer, puis l'enterrent dans le charbon menu : on l'a retrouvé dans cette position.

C'est après treize jours de captivité que ces hommes ont été délivrés. La température, la pression et la composition de l'air dans lequel ils sont restés emprisonnés étaient favorables à la vie, et de plus ils avaient la faculté d'étancher leur soif. Dans de telles conditions on peut vivre jusqu'à un mois. A quoi ne se prête pas notre pauvre nature quand elle y est forcée et que toute énergie subsiste ! Le puisatier Giraud lui-même, dont j'ai rappelé la désolante histoire, n'a-t-il pas vécu tout ce temps sans eau, presque sans air, pis que cela, dans un air empesté, avec un cadavre couché sur lui !

Il n'y eut que cinq hommes sauvés dans la catastrophe des mines de Lalle. Tous les autres étaient morts, cent cinq ! L'épuisement des eaux par les machines se poursuivit avec ardeur, au milieu de péripéties sans nombre : ruptures de câbles, de roues d'engrenage, etc. Ce ne fut que le 4 janvier 1863 que la houillère fut entièrement vidée : elle avait tenu dans ses flancs jusqu'à deux cents millions de litres d'eau ! Dans l'intervalle les cadavres avaient été peu à peu retrouvés, et l'on se figure quel spectacle de désolation présenta l'orifice du puits quand les victimes furent extraites. Les parents, les amis se pressaient devant cette sortie lugubre, et cherchaient à distinguer, à deviner un visage connu. N'insistons pas sur ces détails; ils sont navrants. La France entière les a lus jour par jour, dans les feuilles du temps, et elle en garde le souvenir. Reportons plutôt les yeux sur les braves sauveteurs qui tous ont fait leur devoir, depuis les ingénieurs jusqu'aux plus humbles manœuvres. Tout le monde se disputa une tâche quelque pénible qu'elle pût être. Tous les directeurs d'exploitations minérales du Gard accoururent, ou envoyèrent leurs maîtres-mineurs, leurs géomètres, leurs ouvriers, qui tous firent preuve d'un courage et d'une abnégation qui ne se démentirent pas une minute. Le gouvernement a distribué des croix, des médailles; c'est bien : mais une modeste colonne devrait aussi s'élever sur le lieu même de l'accident pour perpétuer la mémoire des malheureuses victimes et des courageux sauveteurs.

Ferai-je à présent le récit d'autres inondations souterraines? il faut, dans tous les cas, rappeler celle qui eut lieu dans une des houillères de Liége, en 1812. L'histoire en est aussi dramatique que celle qu'on vient de lire, et elle est restée gravée dans le souvenir de tous les vieux mineurs.

C'était le 28 février. Une irruption subite des eaux, contenues par des serrements dans de vieux travaux, avait surpris les houilleurs dans la mine de Beaujonc. Quelques-uns purent s'échapper à temps par le puits : d'autres, au nombre de dix-neuf, dans leur précipitation à s'enfuir, se noyèrent; le reste demeura prisonnier. Le maître-porion, Hubert Goffin, aurait pu monter par la tonne; il ne le voulut point, et retint même son fils, un enfant de douze ans, auprès de lui. Comme le capitaine qui ne doit pas abandonner son navire au moment du péril, il entendit rester dans la mine, montra le plus héroïque dévouement, la plus noble résignation. « Je sauverai tous mes hommes, dit-il, ou je mourrai avec eux. » Inébranlable à son poste, il encourageait, soutenait chacun, s'étudiait à relever le moral de ceux qui allaient succomber.

Des scènes que la plume a peine à décrire eurent lieu. Deux ouvriers s'étaient pris de querelle, et comme Goffin essayait de les séparer : « Laissez-les battre, dit quelqu'un, nous mangerons celui qui sera vaincu. » Une autre fois le désespoir s'empare de tous ces hommes. Le travail que leur avait fait commencer Goffin pour trouver, s'il était possible, une issue au dehors, ayant amené des dégagements de grisou : « Ne fermez pas la communication, crièrent-ils à leur chef, portons-y les lampes et faisons-nous sauter, » Quelques mineurs épuisés semblaient près de mourir; leurs camarades, comme ils l'avouèrent plus tard, guettaient l'instant pour se repaître de leurs cadavres.

Toutes les lampes s'étant éteintes faute d'air, les plus faibles, les plus peureux deviennent fous, se plaignent de ce qu'on veut les faire mourir en les laissant sans nourriture, sans lumière. Ils demandent impérieusement à manger et s'emportent contre Goffin.

On se dispute les chandelles qu'on dévore. Quelques-uns, à tâtons, vont étancher leur soif. « Il nous a semblé que nous buvions le sang de nos camarades noyés, » disent-ils.

Cependant on venait du dehors au secours des houilleurs. L'ingénieur des mines, un Français, M. Migneron, mort inspecteur général il y a quelques années; le préfet de Liége, baron de Micoud (la Belgique appartenait alors à la France), dirigeaient avec ardeur les travaux de sauvetage.

Le 4 mars, après cinq jours, on put rejoindre les prisonniers. Tous furent miraculeusement sauvés, soixante-quatorze, y compris quinze enfants !

Goffin, poussant l'inflexibilité jusqu'au bout, sortit le dernier. « Si j'avais eu le malheur d'abandonner mes hommes, je n'aurais plus osé voir le jour, » répondit-il à ceux qui lui demandaient comment il ne s'était pas sauvé tout d'abord pour aller rejoindre sa femme et ses six enfants. En récompense de son admirable conduite, il fut nommé chevalier de la Légion d'honneur, et reçut une pension. Tout le monde célébra à l'envi le courage du brave houilleur, et Millevoye, concourant au prix proposé à cette occasion par l'Académie française, écrivit une pièce de vers intitulée *Goffin ou le héros liégeois*, qui fut couronnée. On peut la lire dans le recueil de ses œuvres. Elle est composée dans le style maniéré et emphatique du temps, et ne soutient plus la lecture ; mais l'intention était louable, il faut pardonner à Millevoye.

Le proverbe dit : « Tant va la cruche à l'eau qu'enfin elle se brise. » Le héros liégeois, fidèle à son premier métier, continua d'exploiter la houille. Vaillant mineur, il tomba sur le champ de bataille, et fut tué en 1821 par un éboulement. L'ennemi dont il avait triomphé tant de fois, le frappa à son tour[1].

Dans les mines de Charleroi, où les inondations sont non

1. Les descendants de Goffin existent encore. Un dimanche du mois de mars 1866, à Montmartre, je faisais une conférence aux ouvriers au nom de l'Association polytechnique. Je racontai l'histoire du charbon, et dépeignis les luttes du houilleur. En passant, je dis quelques mots de Goffin. La conférence finie, un homme de bonne mine vint à moi, demandant à féliciter le professeur. « Vous êtes des nôtres, me dit-il ; permettez à un porion belge de vous serrer la main. » Je pressai une main calleuse, durcie au travail souterrain. « Tout le monde se souvient là-bas de Goffin, reprit le mineur ; sa fille est ici à Paris ; ah ! si elle vous avait entendu parler de son brave père ! »

Je donnai rendez-vous à ce confrère pour qu'il me conduisît vers la fille de Goffin ; mais je ne l'ai jamais plus revu.

moins fréquentes qu'à Liége, un houilleur, Jean-Baptiste
Évrard, était passé, au siècle dernier, à l'état de type légendaire comme Goffin dans celui-ci. Son aventure fut un peu
différente; mais fit si grand bruit que l'Académie des
sciences de Paris en fut elle-même informée, et l'a mentionnée dans ses mémoires[1].

Le 17 décembre 1760, les eaux, accumulées au milieu
d'anciens vides, avaient tout à coup apparu dans un
chantier où travaillaient neuf mineurs. Deux eurent le
temps de s'échapper par le puits; sept autres, parmi lesquels était Évrard, furent emportés par l'inondation. Au
milieu des éboulements et séparé de ses camarades, Évrard
gagna un chemin montant, et de là une galerie communiquant avec les puits; mais ceux-ci s'étaient effondrés. Le
pauvre houilleur, les habits trempés, le corps couvert de
blessures, incommodé par le manque d'air, cria, appela
longtemps, frappant la roche avec un pic qu'il avait
trouvé en chemin. Rien ne répondit à son appel. Il regagna
alors la montée qui avait été son premier refuge, et, vaincu
par la fatigue, s'endormit profondément. A son réveil, ses
habits étaient secs.

Mourant de faim, il essaya de manger les chandelles qu'il
avait sur lui. Il ne put vaincre la répugnance que lui cau-
sait cette nourriture insolite; mais il étancha sa soif en
buvant de l'eau de la mine. Cependant il ne s'y prit qu'à
trois fois pendant tout le temps de sa captivité, et resta
presque toujours assoupi ou plongé dans le plus lourd
sommeil. D'ailleurs il ne désespérait pas de son salut.

Neuf jours après l'accident, le 26 décembre, la houillère
étant redevenue accessible, les ouvriers du dehors y avaient

---

1. Morand, *le médecin*, qui avait connu Évrard, raconte aussi l'histoire
tout au long et dans les termes les plus curieux. Voyez *l'Art d'exploiter les
mines de charbon de terre*, 1768-74.

pénétré pour rechercher les cadavres. Évrard les entendit qui se concertaient sur les moyens d'en enlever un en lui mettant une corde au col, ou en l'attachant par les épaules. De nouveau il appela, frappant avec son pic. Les ouvriers effrayés s'imaginèrent que c'était l'esprit, le mauvais génie de la mine, auquel on croit encore dans beaucoup de houillères. Cependant ils ne s'enfuirent point et frappèrent de leur côté. Évrard répondit. Ils renouvelèrent l'appel, même réponse. Enhardis au point de se rapprocher, mais en nombre, et entendant l'esprit qui déclinait son nom et les appelait par le leur, ils ne savaient que penser de tout cela. Vint enfin une bande d'ouvriers qui, heureusement pour le captif, étaient pris de boisson, et se décidèrent à se mettre à la besogne. A peine un commencement d'issue fut-il pratiqué, qu'Évrard, impatient de sortir du tombeau où il s'était vu enseveli, se jeta sur le premier mineur qui s'offrit à lui. Celui-ci, saisi par la tête avec l'étreinte du désespoir, pensa mourir d'effroi, et crut plus que jamais avoir affaire à l'esprit de la mine. Le mauvais air ayant éteint toutes les lampes, on dépêcha le sauvetage dans l'obscurité. Évrard, lié à une corde, fut amené au bas du puits d'extraction et monta le premier dans le panier, accompagné du mineur qu'il n'avait pas voulu lâcher.

Le curé (qui était venu au cas où on aurait eu besoin de son ministère), et plus de cent personnes rassemblées à la bouche du puits, reçurent avec acclamation le mineur sauvé. Le grand jour, dont l'effet subit aurait pu l'aveugler, ne l'impressionna point. Sans s'inquiéter de l'accueil de la foule qui grossissait d'instant en instant, il cherchait à assouvir sa faim. Apercevant enfin trois pommes qui cuisaient au feu de la machine à vapeur, il se jeta sur elles et les dévora. On lui fit boire un peu de vin blanc, puis on le livra aux médecins qui le remirent par degrés au régime ordinaire. Il ne recouvra le sommeil que le septième jour; peut-être avait-il trop dormi dans la mine.

Au bout de trois semaines il était complétement guéri, et retourna à la houillère où il ne fut plus attaché qu'aux services extérieurs. Ses camarades n'en demeurèrent pas moins convaincus, plus fortement que jamais, qu'un esprit habitait la mine, et que cet esprit n'était autre qu'un des mineurs qui y avaient péri.

Pour nous, l'exemple d'Évrard prouve une fois de plus, après tant d'autres déjà cités, qu'il ne faut jamais désespérer du salut des ouvriers en péril, et qu'on doit toujours marcher résolûment à leur délivrance, quel que soit le temps écoulé depuis le premier moment de leur captivité souterraine.

X

LA VOIE PÉRILLEUSE.

Le puits, tombeau du mineur. — Précautions ingénieuses. — Une fâcheuse rencontre. — La *visette*. — Chutes dans le puits. — Un rude trajet. — Situation critique. — Suspension dans l'abîme. — Le lustre vivant. — La descente à l'anglaise. — Les échelles de mine. — La machine à monter. — Éboulement des puits. — Sinistres d'Hartley, de Poder-Nuovo, de Marles. — Statistique des accidents souterrains.

Après tous les accidents causés par le feu, le grisou, le manque d'air, les éboulements et l'eau, il reste à parler de ceux qui ont le puits pour théâtre. Ceux-ci proviennent de la rupture des câbles, des boisages, des pièces de machines installées à l'orifice, de la chute de pierres, d'outils, de l'abordage des tonnes d'extraction, etc. Par les causes variées, continues, qui les distinguent, ces sortes d'accidents font encore un très-grand nombre de victimes.

Le puits, voie des plus périlleuses, est comme le tombeau du mineur, et l'on dirait que c'est avec intention que les Belges ont nommé cet abîme la fosse. Sur quelques mines, il est le théâtre de tant de sinistres événements que les ouvriers ne l'abordent qu'avec une sorte de terreur superstitieuse. J'en ai vu ne jamais y descendre sans se signer auparavant, et faire une courte prière. Ce n'est pas que l'on n'ait pris, contre les nouvelles menaces de mort incessamment suspendues sur la tête du pauvre houilleur, toutes les précautions nécessaires. Ainsi les tonnes ont d'abord été couvertes d'un toit[1] (fig. 30 et 57), et les hommes se sont garanti le chef avec un chapeau de fer-blanc ou du cuir le plus dur. Un double indicateur, parcourant sous les yeux du machiniste une planchette graduée, et donnant la position relative des tonnes à chaque point de leur parcours, au besoin une sonnette agitée par la machine aux moments voulus, avertissent au dehors que les tonnes passent au milieu du puits, ou qu'elles arrivent au fond et à l'orifice. Par des moyens particuliers, des signaux peuvent aussi être transmis de la mine à la surface. On tient constamment en éveil l'attention du machiniste, et l'on prévient de la sorte la rencontre des tonnes, leur immersion dans le puisard ou leur chute brusque au fond du puits, à moins qu'elles n'aillent charger de l'eau, enfin leur choc violent contre les poulies.

Peu à peu d'autres perfectionnements ont été introduits. On a muni les puits de guides, c'est-à-dire d'un double chemin de bois vertical, le long duquel montent et descendent les cages, portant les vases d'extraction et les mineurs. S'il tombe une pierre, un bois, un outil, un morceau de houille, le toit de la cage préserve les hommes et le matériel. Le câble se brise-t-il? Immédiatement un ressort, placé au-dessus de la cage, et que la tension du câble comprimait, se détend. Il commande une double griffe de l'acier le plus résistant, le mieux trempé. Cette griffe ou grappin entre instantanément dans le bois des guides, avant même qu'un commencement de descente s'opère. La cage reste suspendue avec sa charge, et l'on a le temps de procéder au sauvetage (fig. 88 et 89). Rarement ces parachutes refusent de fonctionner ou manquent leur effet.

1. Vulgairement baptisé du nom de *parapluie,* et qui serait mieux appelé le *parapierre.*

Que d'accidents ont été ainsi annulés, que de houilleurs ont été sauvés de la sorte! Aussi le passage des hommes par le puits, que l'administration avait presque partout défendu en France, est aujourd'hui autorisé sur toutes les mines qui ont adopté l'emploi des guides, et muni les cages de toits et de parachutes.

Un autre avantage des guides est d'empêcher la rencontre des tonnes, cause de nombreux sinistres. Autrefois quand les ouvriers, malgré les défenses administratives ou faute de pouvoir faire autrement, circulaient par les puits, il fallait, au milieu du parcours, se tenir en garde contre un abordage. Souvent les deux tonnes avaient peine à passer ensemble, tant l'espace était restreint. Comme on poussait quelquefois le mépris du danger jusqu'à descendre debout sur le bord de la cuve (fig. 57), et qu'on s'amusait même à la faire osciller, on comprend qu'une rencontre, un simple contact, le frôlement contre les parois du puits, pouvait jeter un homme à bas.

En 1851, je visitais avec des camarades la mine de Roche–la–Molière. Le système des puits à guides faisait à peine son apparition dans le bassin de Saint–Étienne. L'appareil était encore des plus primitifs : on tendait quatre câbles en fer entre l'orifice et le fond. Les bennes étaient munies latéralement d'anneaux qui les maintenaient entre les guides, le long desquels elles glissaient. Ce système permettait uniquement d'éviter la rencontre des vases. Néanmoins les mineurs allaient voir ces installations en pèlerinage de plusieurs lieues à la ronde.

Notre puits n'offrait rien de semblable. Nous étions dans une petite benne sans toit, étroite et quelque peu délabrée. On nous avait laissés partir seuls. Suspendus au câble, nous devisions et nous allions sans même songer à nous garer, quand tout à coup, au milieu du parcours, la benne montante nous accroche. La frêle nacelle est à moitié renversée. Notre premier mouvement est de saisir

Fig. 88.— Cage d'extraction à parachute (système Fontaine). Éch. 1/50.
La cage monte tirée par le câble ; le ressort est tendu et maintient les grappins
en regard des guides du puits.

fortement les chaînons de fer qui la supportent. Nous nous mettons à crier. On nous entend. On fait descendre lentement la benne qui avait abordé la nôtre; puis on reprend la première manœuvre. Devenus dès lors attentifs, nous écartons l'ennemi au passage, et gagnons le fond sans autre embarras.

Cette aventure me servit de leçon; et quelques années

Fig. 89. — Cage d'extraction à parachute (système Fontaine). Éch. 1/50.
Le câble s'est cassé ; le ressort détendu a refoulé les grappins dans les guides. Le convoi reste suspendu dans le puits en attendant le sauvetage.

plus tard, visitant à diverses reprises les charbonnages des Bouches-du-Rhône, je ne m'étonnais pas que le directeur, M. Grand, un vieux loup de mine (ainsi l'avaient baptisé amicalement ses confrères), aussi habile que prudent, préférât toujours entrer dans ses chantiers par la galerie descendante. Celle-ci s'apppelait une *visette* dans la langue des troubadours. Le puits était peu profond, cent quarante mètres au plus; la visette n'avait pas moins d'un kilomètre, un quart de lieue de développement. Et quelle visette, bon Dieu! Si ces lignes tombent jamais sous les yeux de ceux qui l'ont parcourue, ils pourront dire que je ne mens pas. C'était une galerie fort inclinée, étroite, basse, alors que M. Grand, « ayant six pieds moins deux pouces,» porte dignement son nom. Il avait doté la galerie de marches et d'une rampe comme un véritable escalier. Les marches, c'étaient des gradins taillés dans le roc, usés, réduits à rien, luisants comme glace, où l'on glissait à qui mieux mieux. La rampe, c'était un vieux câble en fils de fer, consumé par la rouille, défait, auquel on s'arrachait les doigts. Par cette galerie inclinée on descendait encore, mais pour sortir c'était le chemin montant et malaisé du coche :

Chacun suait, soufflait, était rendu.

Une chute dans un puits est presque toujours mortelle, et cependant il est des hommes qui, en pareil cas, se sont sauvés soit en se retenant aux boisages, soit en tombant directement dans le puisard ou réservoir des eaux, et là, nageant, appelant, attendant qu'on vînt à leur secours.

En Toscane, aux mines de charbon de Monte-Massi, deux ouvriers sont précipités un jour au fond du puits. L'un meurt sur le coup; le second se blesse grièvement, mais il a encore le courage et la force de remonter par les boisages, d'aplomb. Effrayante gymnastique! le puits n'avait pas moins de quatre cents mètres de profondeur.

A Saint-Étienne, en 1863, un jeune ingénieur des mines sortait d'une houillère par un vieux puits. Il était avec le fils du maître mineur. Un bloc se détache des parois, tombe dans la benne, écrase son compagnon. Lui-même arrive

presque sans vie. Le bloc avait froissé ses côtes, produit
une commotion foudroyante. Malgré l'espoir que conser-
vait le médecin, il ne tarda pas à expirer. Au bas du
puits se trouvait le maître mineur qui assista, on peut le
dire, à la mort de son fils. En dépit d'ordres sévères, et
pour complaire à l'ingénieur fatigué, il avait autorisé la
sortie par la benne, sans se douter que tous en allaient être
si cruellement punis !

Les abords des puits, presque toujours libres, sont une
nouvelle source de danger. Un directeur de mines de ma
connaissance, en Algérie, était occupé à lever un plan. Il
avait lancé le fil au fond du gouffre béant pour en avoir
la profondeur. Tout à coup il disparaît, comme si l'abîme
l'avait attiré à lui. On ne releva plus qu'un cadavre ; il
s'était brisé le crâne contre les parois. L'infortuné ! il avait
vieilli dans le métier, disputé ses os aux mines de mercure
et aux fièvres de la Maremme toscane, de l'Afrique ; qui
eût pu croire qu'après avoir si heureusement bravé tant de
périls, cette triste fin lui serait réservée !

Les accidents dans les puits étaient naguère très-fré-
quents. A Saint-Étienne, avant l'adoption des guides, on
attachait quelquefois deux bennes de charbon au câble,
non pas toujours superposées, mais souvent l'une à côté
de l'autre. Un jour qu'à la mine de Méons, où ce dernier
système était en usage, l'ingénieur et le maître-mineur
descendaient ensemble, un choc violent eut lieu à la moitié
du parcours par suite d'une rencontre. Les deux hommes
se tenaient debout, la lampe d'une main, l'autre main
passée autour des chaînes. Le choc décrocha leur benne
et ils restèrent suspendus au câble. Comme les houilleurs, non prévenus, avaient chargé outre mesure les
tonnes montantes, que la consigne ordonnait en pareil
cas de laisser partir à vide, de gros blocs de charbon se

détachèrent dans le ballottement et tombèrent dans le puits. Par une chance inespérée, ni l'ingénieur, ni le maître-mineur ne furent atteints. Le sang-froid ne les abandonna pas un instant, et ils arrivèrent au terme de ce rude trajet toujours suspendus au câble qu'ils serraient d'une main convulsive (fig. 90).

Le même ingénieur de Méons éprouva un autre accident qui n'eut pas non plus de suites fâcheuses, mais qui, avec un homme moins courageux, eût pu se terminer de la façon la plus lamentable. Un jour qu'il montait par le puits, le machiniste, au départ, enleva trop vivement le câble. La benne fut renversée par la secousse, et l'ingénieur, suspendu par un pied, la tête en bas, fut hissé sur une hauteur de quarante mètres. L'alarme ayant été donnée, on put enfin arrêter la machine et porter secours au patient (fig. 91).

Cette ascension anormale rappelle celles de ces aéronautes qui se suspendent par les pieds au trapèze de leur ballon, et exécutent dans l'espace mille tours périlleux; mais au moins ne sont-ils pas pris au dépourvu comme le brave ingénieur de Méons. Autrefois on rencontrait peu de directeurs de houillères qui n'eussent été soumis à d'aussi pénibles épreuves. Il n'en est plus de même aujourd'hui que l'art des mines a réalisé tant de progrès.

A Liége, on avait jadis, comme à Saint-Étienne et dans presque toutes les houillères, l'habitude de descendre dans les chantiers à cheval ou debout sur la tonne. Une fois, un ingénieur demeura pris par son vêtement à un étai qui faisait saillie dans le puits, et resta suspendu. La position était aussi critique pour lui que pour les autres personnes qui l'avaient accompagné, et continuaient à descendre. Elles pouvaient, s'il tombait, être écrasées par sa chute. Leurs cris ne furent pas entendus, car l'homme qui aurait dû veiller à l'orifice n'y était plus, et l'alarme ne put être

Fig. 90. — Rencontre de tonnes.

donnée qu'à l'arrivée au fond du puits. Après vingt mortelles minutes, l'ingénieur fut enfin délivré. Il avait vainement cherché des mains un appui, un vide contre les

Fig. 91. — Situation critique d'un ingénieur de Méons (Loire).

étais, où il aurait pu se soutenir et soulager son frêle vêtement qui menaçait de céder sous le poids. A peine rentré dans la tonne, il perdit connaissance entre les bras de ses sauveurs. Il fit une longue maladie, continua cependant son métier, mais préféra désormais les échelles à la cuve comme moyen d'accès dans les travaux.

Il est des mines où la descente s'opère d'une façon ingénieuse, sinon commode, par le câble seul, sans tonne. Le minéralogiste Beudant raconte, dans son *Voyage en Hongrie*, que visitant, en 1818, les salines de Wielliczka dont nous avons déjà parlé, on le fit entrer par le puits d'une manière assez imprévue. L'extrémité du câble, amenée à l'orifice, portait autour d'un nœud cinq ou six bouts de corde repliés en forme de balançoire, et munis de deux sangles transversales, l'une servant de siége, l'autre de dossier. Installés sur ce fauteuil aérien, on lançait les visiteurs dans le vide, et ils formaient comme un lustre vivant. Ici l'image est d'autant plus vraie que chacun tenait à la main sa chandelle allumée. Était-on trop nombreux? Alors on se divisait en deux paquets, deux grappes superposées, et l'on descendait de la sorte jusqu'au bas du puits, où les mineurs venaient vous délivrer (fig. 92). S'il faut en croire le récit des voyageurs, c'est toujours ainsi qu'on aborde les curieuses salines de la Gallicie.

En Angleterre, sur quelques mines, on pratique un moyen de descente analogue. Les groupes sont seulement de deux hommes, passant chacun une jambe dans une chaîne de fer reliée au câble et qui forme le siége. Un homme seul peut aussi se tenir debout le pied engagé dans un étrier. Les accidents sont fréquents par ce mode de descente, et plus d'un ouvrier, buttant en route contre un obstacle imprévu, a été ainsi précipité dans l'abîme sous les yeux de ses camarades consternés (fig. 93).

Quand on emploie pour la descente les vases ou paniers d'extraction (en anglais *corves*, corbeilles), les hommes y entrent, et les enfants se tiennent debout au-dessus des

Fig. 92. — Entrée dans la mine de Wielliczka

chaînes de suspension, souvent sur deux rangs superposés. Enfin on s'abandonne quelquefois au câble seul dont l'extrémité est ramenée sur elle-même pour laisser passer une jambe, ou porte une barre de bois transversale sur laquelle on s'assied. Avec des systèmes de circulation aussi primitifs, qui d'ailleurs vont peu à peu disparaissant devant l'emploi des cages de sûreté, on est sans défense contre les chutes de pierres, de bois, etc. (fig. 94); de plus, un machiniste oublieux peut vous envoyer prendre dans le puisard un bain direct et hors de saison.

La circulation par les échelles, comme l'emploi des cages guidées, prévient la plupart des accidents; mais elle offre à son tour des inconvénients

Fig. 93. — Une chute pendant la descente.

Fig. 94. — Un éboulement dans le puits.

très-graves. L'ouvrier, à la descente et à la montée, perd beaucoup de temps. En outre, cet exercice, répété deux fois par jour, le fatigue, l'affaiblit, l'exténue; on a beau ménager des paliers pour les arrêts, le mineur ne parcourt pas impunément, sa vie durant, des centaines de mètres d'échelles ; à la longue cette gymnastique forcée est cause d'affections pulmonaires, d'asthmes, de consomptions très-graves, qui l'emportent fatalement ou le rendent impropre au travail après l'âge de quarante-cinq ans.

Pour parer à ces fâcheux désagréments des échelles fixes, presque aussi longues parfois que les échelles que Jacob vit en songe, on a disposé sur beaucoup de mines des échelles mobiles, mises en mouvement par des

machines. Ces échelles ont pris naissance, il y a une trentaine d'années, dans les mines métalliques profondes du
Harz, en Allemagne, et de là sont passées sur celles du
Cornouailles en Angleterre, puis
sur les houillères de Belgique et
de France. Aujourd'hui, nombre
de mines les emploient. On les appelle *fahrkunst* (en allemand,
chemins artificiels ou mécaniques),
men engines (en anglais, machines
à hommes), ou *warocquères*, du
nom de l'ingénieur belge Warocqué qui les a perfectionnées. Les
ouvriers français, rebelles aux dénominations allemandes et anglaises, les désignent volontiers sous
le nom de *machines à monter*.
Le principe en vertu duquel ces
échelles fonctionnent, selon qu'elles
sont établies sur un puits incliné
ou vertical, est le suivant :

Si l'appareil est double, c'est-à-
dire à deux échelles, imaginez deux
fortes tiges parallèles, munies de
distance en distance de marchepieds
(fig. 95). Par le jeu de la machine
motrice installée à l'orifice, une des
tiges s'élève, l'autre s'abaisse d'une
certaine amplitude, deux mètres

Fig. 95.—La machine à monter.
Échelle mobile double.

par exemple. Survient un très-petit temps d'arrêt. L'ouvrier passe alors immédiatement du marchepied sur lequel il est sur le marchepied vis-à-vis. Nouvelle oscillation, cette fois en sens contraire, nouveau mouvement du

mineur. On comprend que de cette façon, si l'ouvrier descend ou monte, il s'abaisse ou s'élève de deux mètres à chaque oscillation et sans fatigue; le seul mouvement qu'il ait à faire n'est qu'un mouvement latéral à chaque temps d'arrêt. Bientôt il atteint le fond ou le sommet du puits, en dix minutes, par exemple, si le puits a trois cents mètres et si la machine fait quinze oscillations par minute. Il faudrait un peu moins de temps par la tonne; mais par les échelles fixes, il en faudrait deux ou trois fois plus, sans arrêt à aucun étage, et l'ouvrier arriverait très-fatigué[1].

Dans l'appareil de M. Warocqué, le plus commode qui existe, et qui de Belgique est passé en France, notamment à Rive-de-Gier, les marchepieds sont remplacés par des paliers à balustrade qui peuvent recevoir deux hommes. L'amplitude des oscillations est de trois mètres, et celles-ci varient de douze à quinze par minute. Une vingtaine d'ouvriers peuvent à la fois se trouver répartis sur les divers paliers, sans inconvénient. Par les cages guidées, à double étage, on atteint quelquefois ce nombre, mais par les tonnes on n'en dépasse guère, suivant la capacité intérieure, le quart ou la moitié, soit de cinq à dix ouvriers.

Nous avons expliqué le mécanisme de l'échelle mobile double. Quand la machine est simple (fig. 96), ce qui a lieu surtout dans les puits inclinés, on passe de l'échelle mouvante sur un marchepied vis-à-vis, fixé aux parois du puits. On s'y tient debout, et l'on attend une nouvelle oscillation

---

1. C'est sur le principe des échelles mobiles qu'ont été construits des appareils applicables également à l'extraction, par exemple l'appareil Méhu, qui fonctionne aux mines d'Anzin. Par un mouvement automatique, la tonne passe successivement d'un palier à l'autre. C'est à de tels appareils qu'il faudra évidemment recourir quand on exploitera les houillères aux plus grandes profondeurs, alors que la distance verticale sera telle que les câbles ne pourront plus même résister à leur propre poids.

pour prendre le palier de
l'échelle. Il ne faut pas
d'hésitation. Si la place est
déjà occupée sur l'échelle
ou le marchepied fixé contre le puits, par exemple
par un ouvrier qui monte
quand on descend, on
doit rester prudemment
à sa place, en attendant
une seconde pulsation. Le
moindre embarras peut
causer le plus grave mal-
heur, et la machine bru-
tale, dans son mouvement
subit de retour, vous
broyer sur le coup ou
vous briser un membre.
C'est ainsi que les précautions que l'on prend con-
tre les accidents donnent
lieu quelquefois à de nouveaux sinistres.

Toutes les catastrophes
dont les puits sont la cause
et qui ont été énumérées,
n'égalent pas, en intensité,
celles qu'amène l'obstruc-
tion des puits, quand les
mines n'ont que cette seule
issue. La rupture des étais
et les éboulements qu'elle
entraîne, la chute de quel-

Fig. 96. — Échelle mobile simple
et échelles fixes.

ques-uns des organes des machines d'extraction ou d'épuisement, sont l'origine de ces nouveaux malheurs qui jettent la désolation et la mort dans la mine.

Le 16 janvier 1862, sur la houillère d'Hartley (bassin de Newcastle), un balancier de pompe se brise, et tombant au fond du puits, y entraîne huit hommes qui remontaient par la cage. Trois seulement purent être sauvés après douze heures de pénibles recherches; mais on eut à déplorer la perte de bien d'autres victimes.

La mine était en plein travail; tous les houilleurs étaient au fond. Sous le choc de l'énorme balancier de fonte pesant vingt mille kilogrammes, et fouettant dans sa chute les parois, le puits s'était éboulé en plusieurs points; les déblais, les boisages rompus s'étaient amoncelés, et une voûte impénétrable avait fermé la seule issue par où les captifs auraient pu s'échapper. Deux cent quatre ouvriers, en y comprenant les cinq déjà cités, et quarante chevaux, trouvèrent la mort dans cet accident.

Comme les effondrements avaient intercepté toute communication entre l'intérieur et le dehors, et que la mine était munie de foyers d'aérage sur lesquels on brûlait du charbon, il est probable que le manque d'air aphyxia en peu d'heures les victimes. Toujours est-il qu'elles ne subirent pas les horreurs de la faim, car l'on trouva un poney mort à côté des mineurs. Quelques hommes, dans un moment de suprême désespoir, essayèrent de se frayer une issue. Des bois avaient été coupés, sciés; les sauveteurs avaient entendu du dehors ces tentatives désespérées, qui furent malheureusement aussi courtes que vaines. La foule des parents et des amis des victimes, qui stationnait à l'orifice du puits, trouvant que les travaux de sauvetage n'allaient pas assez vite à son gré, menaça de se soulever et réclama effrontément les corps qu'elle attendait. Rien ne manqua à l'horreur de ce sinistre; mais on parvint à calmer toutes les impatiences, puis les cadavres, sortis un à un, furent solennellement inhumés. Vit-on jamais, en temps de guerre ou d'épidémie, plus long et plus morne convoi?

Parmi les différentes suggestions qu'inspira aux journaux anglais cette effrayante catastrophe, l'idée que toutes les mines fussent pourvues de deux puits se présenta pour ainsi dire d'elle-même. Le puits d'Hartley était divisé par une cloison et suffisait aux besoins de la houillère. Nul doute que l'existence d'une seconde fosse n'eût permis aux ouvriers restés ensevelis dans la mine de se sauver. Est-ce à dire qu'il faille imposer aux exploitants le fonçage de deux puits au moins? Comme le fit remarquer avec raison l'ingénieur chargé de l'enquête officielle, il serait à la fois impossible et injuste, dans la majorité des cas, d'exiger un tel surcroît de travaux. D'abord le droit qu'a l'État de se mêler des opérations de l'industrie privée ne semble pas aller jusque-là; ensuite la dépense forcée d'un second puits ou d'une galerie descendante ne permettrait pas, sur certaines houillères où le terrain est très-résistant, l'espace limité, de continuer fructueusement l'exploitation, et une nombreuse et intéressante population se trouverait ainsi privée d'une source assurée de travail. Mais le parlement anglais ne tint aucun compte de ces observations, car l'obligation de deux issues différentes est aujourd'hui imposée à tous les exploitants de mines dans la Grande-Bretagne. On dirait qu'alors que nous cherchons à imiter les Anglais dans leurs allures indépendantes, ils tendent à nous emprunter à leur tour quelques-unes de nos mesures restrictives.

La mine de charbon de Poder-Nuovo, près de Volterre (Toscane), fut, en 1864, le théâtre d'un triste accident qui rappelle celui d'Hartley. Là encore un éboulement dans le puits ferma toute sortie aux mineurs. Je tiens les détails de cette nouvelle catastrophe d'un vieux camarade, M. F. Blanchard, directeur de mines en Italie, qui s'est renseigné sur les lieux mêmes.

C'était le jeudi saint, 24 mars 1864. Trois ouvriers étaient descendus dans la mine. Ils avaient remarqué au passage un certain dérangement dans les étais qui garnissaient le puits, foncé d'ailleurs dans des argiles mouvantes; mais n'en avaient pas moins continué leur route. Au fond se trouvait déjà un jeune manœuvre occupé à charger les déblais dans les tonnes d'extraction. Il était inquiet, car il avait entendu des craquements. Quelques minutes après, des pierres commençant à tomber, il cria aux mineurs de venir, et se fit remonter en hâte. Ces hommes se moquèrent de lui et continuèrent leur besogne. Arrivé au jour, l'enfant prévint le boiseur (charpentier de la mine), le caporal ou maître mineur étant malade.

Le boiseur descendit jusqu'à l'endroit périlleux, environ à quarante mètres du jour [1]. Là, voulant consolider les étais, formés de cadres et de planches, il donna lieu à un premier éboulement. Les bois, précipités dans le puits, s'entrecroisèrent vers le milieu, où ils formèrent échafaudage. Le boiseur se fit retirer en grande hâte, en criant aux hommes du fond de monter dans la tonne qui allait descendre tandis qu'il sortirait. A peine était-il arrivé au jour, qu'un second éboulement eut lieu; les argiles cédèrent en masse et vinrent tout à fait obstruer le puits.

Cependant, les trois mineurs restés enfermés dans la mine étaient accourus, et suppliaient à grands cris qu'on

1. La profondeur totale du puits était de cent mètres.

leur vînt en aide. Ils ajoutaient qu'au-dessus d'eux l'espace était entièrement libre sur une hauteur de trente mètres.

Qu'y avait-il à faire en pareil cas? On pouvait ouvrir une galerie descendante au niveau de l'éboulement, pour aller rejoindre les mineurs; ou limiter le champ lui-même du désastre par des fascines, des étais, puis essayee de le traverser, pour envoyer avant tout aux victimes de l'air, des aliments. Mais il manquait un ingénieur, ou au moins un mineur de sang-froid, pour diriger les opérations et animer les ouvriers de son exemple. Au lieu de procéder à un sauvetage méthodique, on commença tout, on n'acheva rien, on perdit la tête. Le caporal lui-même, en proie à la fièvre, perclus, jugea prudent de s'enfuir. Pour échapper aux poursuites des gens de la localité, parents ou amis des prisonniers, il n'eut pas honte de déserter lâchement son poste et partit sur un âne!

Le lundi 28, quatre jours après l'accident, un Anglais, obéissant à un sentiment d'humanité, et je dirai même de confraternité, arriva sur la mine. C'était M. George Brown, ingénieur d'une exploitation voisine. Il s'imposa résolûment la direction du sauvetage. Voyant l'hésitation des ouvriers, il descendit sur le lieu du sinistre et travailla seul, jour et nuit, au déblaiement du puits. Le jeudi 31 mars, il pratiqua dans l'éboulement une ouverture par laquelle on envoya de l'air. Alors il manda près de lui le boiseur, celui même qui avait une première fois essayé de réparer le désastre. « Tous deux nous allons descendre sous l'éboulement par le câble, lui dit-il; arrivés au fond, nous lierons une à une les victimes, soit vivantes, soit mortes, et nous les extrairons. » Auparavant le boiseur appela, et entendit l'un des ouvriers lui répondre de se hâter parce qu'il se mourait.

Il n'y avait plus à hésiter et pas une minute à perdre.
M. Brown remplaça la tonne trop large par un simple
seau dans lequel il mit le pied. Il ordonna au boiseur d'en
faire autant et de le suivre. A peine la descente fut-elle
commencée à travers les boisages entrelacés, que quelques
planches mal étayées tombèrent, frappant l'Anglais à la
poitrine et au visage. Il voulut continuer, mais son compagnon épouvanté, tremblant, jeta des cris d'effroi, et l'on
dut remonter au jour.

Avant que le courageux ingénieur ait pu décider un
autre homme à venir avec lui, un nouvel éboulement se
produisit, et alors commença une série de travaux aussi
longs que pénibles. Ce ne fut que le vingtième jour après
l'accident que l'on put enfin réparer tout le mal. M. Brown
descendit au fond du puits, mais il n'y rencontra plus que
des cadavres déjà décomposés. Aidé d'un jeune garçon et
d'un mineur, il enveloppa les corps d'un drap et les ren-
voya au jour. Les cercueils avaient été préparés d'avance,
tant on avait conservé peu d'espoir dans le succès d'un
sauvetage mêlé de tant de péripéties.

Les trois mineurs étaient étendus chacun sur une
planche. Ils s'étaient dépouillés de leurs habits qu'ils
avaient roulés sous leur tête en forme d'oreiller, puis
s'étaient endormis de leur dernier sommeil. Deux gisaient
dans la galerie, le troisième avait quitté sa place, et fut
trouvé près du puits. C'était sans doute celui qu'on avait
entendu donner encore des signes de vie le septième jour.
Les malheureux avaient dû mourir de faim, car ils n'a-
vaient emporté qu'un pain avec eux lorsqu'ils étaient entrés dans la mine. Bloqués dans un espace restreint,
privés peut-être d'air respirable, ils avaient attendu longtemps, avec une sainte résignation, le moment du salut;
puis, comprenant que la lumière ne devait plus luire

pour eux, ils avaient dressé eux-mêmes leur cercueil, et dans leur lente agonie s'étaient en quelque sorte étudiés à bien mourir. On retrouva leurs lampes, encore pleines d'huile, accrochées à un wagon. Plus d'une fois, la lampe de mineur, qui rappelle dans quelques localités la lampe sépulcrale des anciens, a ainsi justifié sa forme.

Dans la déplorable série d'accidents dont les puits ne sont que trop souvent le théâtre, on ne saurait taire, avant de clore une liste déjà si longue et tant de navrants récits, l'éboulement du puits de Marles (Pas-de-Calais) survenu récemment.

Le 28 avril 1866, l'ingénieur de la mine, M. Micha, s'aperçut que les cages ne pouvaient plus circuler dans les guides. Le cuvelage en pièces de bois dont le puits était armé, éprouvait, à la profondeur de cinquante-six mètres, un mouvement de torsion sensible, et cherchait, comme la tour inclinée de Pise, a dévier de la verticale. Les joints s'ouvraient, et des fuites se manifestaient sur beaucoup de points.

On fit remonter à la hâte tout le personnel, trois cents ouvriers; on ne laissa dans la mine que les chevaux, au nombre de vingt-sept. Des hommes courageux descendirent dans le puits pour essayer de masquer les fuites; mais il s'en produisit de nouvelles. Durant deux jours de lutte on entendit les pièces du cuvelage craquer, se briser une à une, les terres s'ébouler, et les eaux se précipiter avec fureur dans les travaux, dont le développement était considérable et s'étendait jusqu'à deux cent cinquante mètres de profondeur.

Cependant on avait prévenu au Grand-Hornu (Belgique) M. Glépin, ingénieur-conseil de la mine. Il arrive, descend avec le maître-porion, Louis Wyns, au milieu de l'éboulement. Croyant aller à une mort presque certaine, car le câble de suspension est fort endommagé et de nature à se rompre, il salue les assistants: « J'ai cinquante ans, dit-il, une femme, des enfants, mais je vais où le devoir m'appelle. Allons, partons, à la garde de Dieu! Adieu, messieurs. »

Dans la descente les lampes s'éteignent, et M. Glépin et le porion ne sont plus précédés dans l'abîme que par une lanterne, qu'ils avaient suspendue extérieurement au fond de la tonne sur laquelle ils étaient placés. A la lueur incertaine, lugubre, de cette lampe qui oscille, on aperçoit le vide énorme produit au milieu du cuvelage dont les pièces disjointes continuent à tomber, et par où l'eau s'écoule à torrents. « Remontons, dit alors M. Glépin, l'ennemi est maître de la place, tout espoir de sauver ce travail est perdu. »

Il y a quelque temps, le courageux ingénieur me racontait ce terrible incident. « J'ai vieilli de dix ans en un quart d'heure, me disait-il, mes cheveux ont blanchi dans cette périlleuse descente que je n'oublierai de ma vie. » Et il me détaillait la fin sinistre de ce drame déjà si palpitant. La nuit était venue; l'éboulement du milieu du puits avait gagné le fond et la surface. A l'orifice, une ouverture immense, un cratère de trente-cinq mètres de diamètre et de dix mètres de profondeur, s'était formé. Tout était peu à peu descendu dans l'abîme : charpentes, machines, chaudières, bâtiments. A chaque oscillation du sol, un nouvel engloutissement s'opérait. Le ciel était sombre, couvert de nuées. Les charpentes du puits, violemment brisées, jetaient des étincelles sous l'effet du frottement énorme développé par la subite rupture du bois. Un oiseau, un paon. enfermé dans la basse-cour voisine, annonçait par des cris lamentables chacune des trépidations du terrain, chacun des éboulements. « Aucun poëte ne pourrait décrire, aucun peintre représenter les désolants spectacles dont nous fûmes témoins, » me disait en terminant M. Glépin, qui avait peine à contenir son émotion en me faisant ce pénible récit.

La fosse de Marles était l'une des plus productives du Pas-de-Calais ; elle existait depuis dix ans. Le fonçage, l'étaiement de cette œuvre importante avaient occupé jour et nuit l'attention de ceux qu'on avait chargés de la mener à bien, et ils avaient surmonté heureusement toutes les difficultés opposées par les eaux. De l'avis de tous les praticiens, rarement travail plus difficile s'était présenté, avait été mieux conduit. Le capital dépensé à cette installation s'élevait à quinze cent mille francs. Et tout cela s'est écroulé et abîmé en deux jours, malgré les efforts de toute une population d'ouvriers, et de tous les ingénieurs accourus des mines voisines. C'est là un des plus grands sinistres que l'industrie houillère ait jamais eu à déplorer, bien qu'il n'y ait eu aucune victime parmi les mineurs ; mais la société de Marles n'a pas perdu courage. Avec cette invincible constance qui caractérise les compagnies de mines, elle va rouvrir ses travaux sur une autre fosse, et prépare les moyens de reprendre ceux du puits si tristement éboulé.

Et maintenant que tous les genres d'accidents auxquels est sujet le houilleur ont été passés en revue, résumons ce long martyrologe. La statistique a soigneusement calculé, en différents pays, le nombre des morts et des blessés. En étudiant ces documents, non moins intéressants et curieux que ceux que M. le docteur Chenu a recueillis pour l'armée de Crimée, on trouve que les accidents des houillères frappent chaque année en moyenne deux ouvriers sur cent, et que le chiffre des morts est à celui des blessés dans la proportion de un à cinq, soit de quatre pour mille.

En Angleterre, on calcule de plus que la production de cent mille tonnes de charbon exige la mort d'un ouvrier. Il y a quelques années, le rapport était encore plus effrayant : un ouvrier tué pour soixante-dix mille tonnes extraites !

En France, les éboulements font le plus grand nombre de victimes, la moitié à peu près; viennent ensuite, pour un tiers, les accidents par les puits : ruptures de machines, de câbles, décrochages ou rencontres de bennes, etc. Le reste, soit le sixième des accidents, comprend les coups de mine, les explosions de grisou, l'asphyxie par le manque d'air ou les gaz méphitiques, enfin les inondations. Il est donc vrai qu'un morceau de charbon coûte souvent plus cher qu'on ne croit, et que la mine est pour le houilleur un véritable champ de bataille.

XI

LE SOLDAT DE L'ABIME.

Mineur et pionnier. — Qualités du houilleur. — Il est sobre. — La Sainte-
Barbe. — Sollicitude des exploitants. — Logements à bon marché. —
Le jardin et la cabane. — L'ouvrier propriétaire. — Goût du confort.
— Le cottage. — Le mineur célibataire. — Vie quotidienne. — Récréa-
tions du dimanche. — Salaires. — Types de mineurs français, belges,
anglais, américains, nègres, allemands, espagnols, italiens. — La vie au
milieu de la Maremme: le Corse Agostino, les caporaux pistoyais. —
Le gouverneur Mairand. — Les maîtres mineurs Louiset et Vitalis. —
Pierre Lhôte et le père Garnier. — La légion des houilleurs.

La lutte de chaque jour contre ce que l'on pourrait
appeler la fatalité des éléments, a fait du houilleur une
sorte d'ouvrier-soldat, discipliné, plein d'énergie. Dans
cette armée du travail, les vieux instruisent les jeunes, et
ceux-ci acquièrent bien vite, par la pratique assidue du
chantier, une foule de qualités solides, la patience, la
réflexion, le sang-froid, sans lesquelles il n'est pas de bon
mineur. Il faut rompre aussi le corps aux plus dures fatigues, braver en face de continuels périls, s'accoutumer à
la vie sous terre. Voyez-vous ces hommes qui sortent du
puits à la brune, la lampe à la main, la démarche alourdie
et comme résignée, la figure noircie, les habits et le chapeau mouillés, couverts de boue? Où vont-ils? Ils rentrent
dans leurs familles, calmes, silencieux. Saluez en eux les

17

obscurs et virils combattants de l'abîme, les pionniers du monde souterrain.

Le houilleur est naturellement courageux, dévoué. Toujours prêt à sacrifier sa vie pour sauver celle de ses camarades, on a vu avec quelle résignation stoïque il supporte les plus pénibles épreuves. Aimant sa mine, au voisinage de laquelle souvent il est né, il est rare qu'il émigre ou qu'il se mette en grève. Il ne nourrit contre ses patrons aucun sentiment mauvais; il comprend qu'il a aussi sa part dans la réussite, et travaille avec plaisir. Une seule fois, en 1848, il a manqué à ses devoirs sur quelques-unes de nos houillères françaises, mais il s'est bien vite amendé.

Le travail du houilleur, contrairement à ce qu'on s'imagine, et sauf quelques cas dont nous avons indiqué la disparition ou l'exception, n'offre rien qui rappelle le labeur de l'esclave; bien mieux, il exerce à la fois les qualités morales et physiques de l'ouvrier. Le mineur s'habitue à l'exactitude, à l'obéissance; il suit avec docilité le commandement de ses chefs, tandis que le travail quotidien développe toutes ses facultés corporelles, et leur donne comme une trempe vigoureuse.

L'intelligence du mineur est sans cesse en jeu dans la poursuite de l'œuvre à laquelle il prend part. Les applications de la géométrie et de la géologie souterraines lui deviennent familières, et il pourchasse la *veine* ou le *filon*, comme il appelle la couche de combustible, il en étudie les phases diverses, avec tout l'entrain d'un joueur. La disparition, la perte de la couche l'affecte; il cherche à franchir l'accident, cette faille maudite qui est venue subitement couper, interrompre le charbon, en déranger les allures connues, et le reporter qui sait où. Il n'a de joie qu'il n'ait retrouvé la veine. Celle-ci se renfle-t-elle, fournit-elle un combustible de qualité supérieure, il en est

aussi joyeux que si la mine était à lui. Chasseur sans cesse
à l'affût, il étudie toutes les particularités du terrain, et
suit le gîte à la piste comme le trappeur des prairies ou
des forêts vierges suit le bison ou le castor.

Le houilleur est généralement sobre, l'intempérance est
rare chez lui; il rentre de la mine fatigué et s'endort. S'il
fréquente le café, le cabaret, ce sont les jours de paye seulement, c'est-à-dire chaque quinzaine ou chaque mois,
quelquefois aussi le dimanche. Il convient cependant de
dire qu'en certains pays tous les mineurs n'ont pas des
habitudes aussi exemplaires, et que les sociétés de tempé-
rance auraient chez eux plus d'une conversion à opérer.

L'emploi continu de la poudre a fait du mineur un frère
en quelque sorte du canonnier et du marin. C'est pourquoi
il fête sainte Barbe. Il la fête en suspendant son image
encadrée et enluminée à l'une des poutres de la charpente
du puits ou même dans les carrefours des galeries; il la
fête, le verre en main, le 4 décembre, jour anniversaire
de la grande patronne. Ce jour-là les libations sont bien
permises, et c'est liesse sur toutes les mines. La direction
donne un grand dîner où assistent tous les employés, et
avec eux le curé, le médecin, les maîtres mineurs, les premiers ouvriers; aux autres on donne double paye. On tire
force boîtes et pétards. Le lendemain tout est rentré dans
l'ordre, et la mine a repris son aspect accoutumé.

Dans l'atmosphère limitée et privée de soleil où le houilleur vit la moitié du temps, il contracte peu de maladies
particulières. Cependant le mauvais air appauvrit à la
longue son sang, est cause d'anémies, et la poussière continue de la houille affecte dangereusement la poitrine et
les poumons. En retour le mineur est à l'abri de toutes
les intempéries, le froid, le vent, la pluie, et plus favorisé
en cela que l'ouvrier du dehors. Il lui faut veiller néan-

moins à ne pas se refroidir trop brusquement en sortant de la mine, et observer certaines règles quand il doit travailler dans l'eau. Aujourd'hui que les longues échelles ont presque partout disparu, et avec elles les maladies pulmonaires si graves qu'elles occasionnaient, on peut dire que les ennemis les plus redoutables du mineur sont les rhumatismes, les accidents de mine écartés. Ce sont ces accidents qui exposent seuls l'ouvrier à mille périls, et qui font que la mort marche pour ainsi dire sans cesse à côté de lui.

Les directeurs de houillères veillent avec une sollicitude paternelle sur le sort de leurs ouvriers. Des caisses de secours ont été partout établies. Les exploitants y contribuent par des dons; les ouvriers, par une faible retenue sur leur salaire mensuel (deux ou trois pour cent au plus), et par le produit des amendes qu'ils encourent, et qui sont appliquées sur chaque mine toutes les fois qu'il y a infraction aux règlements en vigueur.

Les caisses de secours fonctionnent sous la surveillance des mineurs eux-mêmes. On accorde gratuitement à l'ouvrier malade les soins du médecin et les remèdes, à l'hôpital de la mine ou chez lui; on lui paye en outre une rétribution journalière qui est moyennement d'un franc. Quand des blessures nécessitent une amputation grave, qui ne permet plus aucun travail, l'ouvrier reçoit une pension sa vie durant. S'il meurt dans un accident, la compagnie prend soin de ses enfants et fait également une pension à sa veuve. Enfin on n'oublie pas non plus les ouvriers âgés ou infirmes, et la caisse de secours se transforme ainsi bien souvent en caisse de retraite. On le voit, la plupart des mines ont pensé d'elles-mêmes et de longue date à assurer l'existence des *invalides du travail.*

La sollicitude des exploitants ne s'est pas bornée à ces

mesures humanitaires. Dans la plupart des cas, ils ont également songé aux soins de l'âme et de l'esprit. Ils ont fait bâtir à leurs frais des églises ; ils ont fondé des écoles, qu'ils ont dotées de cours gratuits pour les enfants et les adultes, et même de bibliothèques. Les compagnies houillères ont ainsi répondu dignement à leur mission. Le travail vient d'en bas, la lumière et l'aide d'en haut. Des secours si noblement distribués n'ont rien qui dégrade celui qui les reçoit. C'est de cette seule façon qu'à notre époque doivent s'exercer la bienfaisance, le patronage. Pas de charité ni d'aumône; mais la protection la plus large, la plus libérale, l'instruction surtout, voilà ce qu'il faut garantir à l'ouvrier.

Les compagnies sont allées plus loin encore, et jalouses du bien-être de leurs mineurs, elles leur ont bâti des logements à bon marché. Ces logements sont composés d'une maison autant que possible isolée, avec cour et jardin. J'ai vu dans plusieurs pays, entre autres le département de Saône-et-Loire, divers types de ces habitations ouvrières. La maison est en pierres ou en briques, bien bâtie, d'un heureux modèle. La porte d'entrée donne accès dans une vaste pièce, munie d'une cheminée, et qui sert à la fois de cuisine, de salle à manger et de chambre à coucher. A côté est une seconde pièce plus petite, où sont les armoires à linge, à vêtements et les lits des enfants. Les fenêtres versent à pleine baie l'air et la lumière. Les parquets sont carrelés, les murs blanchis à la chaux. La pièce principale a au moins cinq mètres de long, autant de large et trois mètres de haut. Que d'appartements parisiens ont des plafonds moins élevés; que de sous-sols, que d'entresols de la capitale envieraient ces maisons d'ouvriers mineurs!

Au dessus du rez-de-chaussée s'étendent d'habitude les

mansardes. Quelques logements, n'offrant qu'une pièce à l'entrée, jouissent d'un premier étage, où l'on monte par un escalier intérieur.

Sous la maison et sur le côté, protégée par un toit en appentis, est la cave pour le vin et les provisions. Derrière le logis est le jardin, où le mineur plante des légumes pour aider à sa table, des fleurs pour orner sa demeure. Il peut encore y séparer une petite loge à porc, un poulailler, une garenne, et tenter de résoudre le fameux problème de se faire, en élevant des lapins, trois mille livres de revenu.

Chacun de ces logements coûte à peu près deux mille francs, y compris la valeur du terrain. On les loue aux ouvriers pour une somme qui équivaut, suivant les mines, à deux et demi ou à cinq pour cent du capital. Il est peu de propriétaires dans les villes qui se contenteraient pour leurs immeubles d'aussi minimes rendements.

On a reconnu qu'il était indispensable d'entourer les maisons d'un jardin, non moins que de les isoler complétement. Le mineur, par quelques-unes des qualités qui le distinguent, par le milieu dans lequel il est né et il vit, par la nature de son travail, se rattache aux populations agricoles; il aime à fouiller la terre après avoir fouillé la houille. Le plus souvent, dans son village, il a travaillé aux champs étant jeune, et il retrouve dans la culture de son potager quelques-unes de ses habitudes passées. Au temps des récoltes, il est même très-difficile de le retenir. Volontiers il s'échappe de la mine pour aller faire la moisson ou prendre part à la vendange; mais c'est là sa seule école buissonnière.

Le goût très-prononcé du mineur pour une habitation isolée s'explique moins. On dirait qu'après avoir travaillé tout le jour en compagnie de ses camarades, il éprouve le soir le besoin d'être seul avec sa famille. L'excessive fatigue qu'il ressent au sortir des chantiers le fait peut-être aussi aspirer à un repos que rien ne trouble.

A tout prix il a fallu ménager cet isolement au houilleur, et ç'a été l'une des conditions indispensables à la réussite des habitations ouvrières des mines, où les cités, les grandes casernes n'ont jamais pu se généraliser. Le mineur répugne à cette sorte de vie en commun, dont la morale, la tranquillité, l'hygiène ont également à souffrir. Les systèmes de Fourier, de Considérant, de Cabet, les phalanstères, les habitations communes ont ici complétement échoué. Les philosophes ne comptent pas assez avec la pauvre nature humaine. Ils voient dans le bipède sans plumes, comme l'appelait Platon, un animal par trop parfait et sociable. Imaginez une cité ouvrière. Cent, deux cents ménages y vivent côte à côte : les femmes, promptes à se quereller, surtout quand les maris sont absents ; les hommes, rentrés du travail, apportant dans la maison leur part de trouble et de bruit ; les enfants, renchérissant sur le tout par leurs cris continus et leurs jeux bruyants (je passe sur d'autres incommodités), tout cela va bien vite rendre cette caserne inhabitable et la changer en un enfer. Avec les logements isolés chacun est libre, ne gêne pas son voisin, et *charbonnier est maître chez lui*, c'est ici le cas de le dire.

Le besoin de l'isolement a été tel sur quelques houillères, qu'il a même fallu renoncer au modèle des cités ouvrières de Mulhouse qu'on avait essayé d'y introduire. Dans ces maisons, quatre familles peuvent s'abriter sous le même toit, mais ont chacune un logement à part. L'indépendance est aussi grande que possible. Eh bien ! cela n'a pas suffi, au moins dans les houillères de Saône-et-Loire, et il a fallu partout, à Blanzy, au Creuzot, à Épinac, en venir aux maisons tout à fait isolées. Les habitations qu'on a ainsi bâties, aux toits de tuile rouge ou d'ardoises, aux murs blanchis, munies de cours et de jardins, composent par leur groupement des villages fort pittoresques. Les rues sont larges, régulières, bien ouvertes, souvent plantées d'arbres.

On vend les maisons à prix coûtant aux ouvriers qui désirent les acheter. On leur donne toutes sortes de facilités pour le payement, qu'ils peuvent effectuer en un certain nombre d'annuités sans intérêt, ou par des retenues successives sur leur salaire. Comme il en est qui veulent se bâtir une maison à leur guise, et ne payer en aucune façon de loyer à la compagnie, celle-ci leur vend alors sans bénéfice des lots de terrain, et des matériaux de construction: chaux, pierres, briques, etc. Elle va même jusqu'à leur faire des avances d'argent pour les engager à bâtir. « Vous ne voulez pas payer de termes, ayez une maison à vous. » De cette manière se réalise sans pression, sans secousse, le rêve de l'ouvrier propriétaire, caressé par quelques économistes.

Les houilleurs, dès qu'ils possèdent ainsi une maison sur le sol même qu'ils exploitent, s'attachent encore plus à leur mine, et s'intéressent davantage à sa prospérité, Opposés aux grèves, fuyant le cabaret, ils prennent du goût pour l'épargne, et font souche dans le pays, ce qui est avant tout apprécié des exploitants, car le métier est rude, difficile, exige une longue pratique et une sorte de noviciat. On n'improvise pas des mineurs. Il faut qu'ils se plient de bonne heure aux dures fatigues, à cette discipline presque militaire qui règne dans les travaux souterrains. Le meilleur moyen pour arriver à ce but, est de fonder sur la mine même, et de la façon qui vient d'être indiquée, l'honnête famille du travailleur.

Les mesures, les institutions philanthropiques que nous

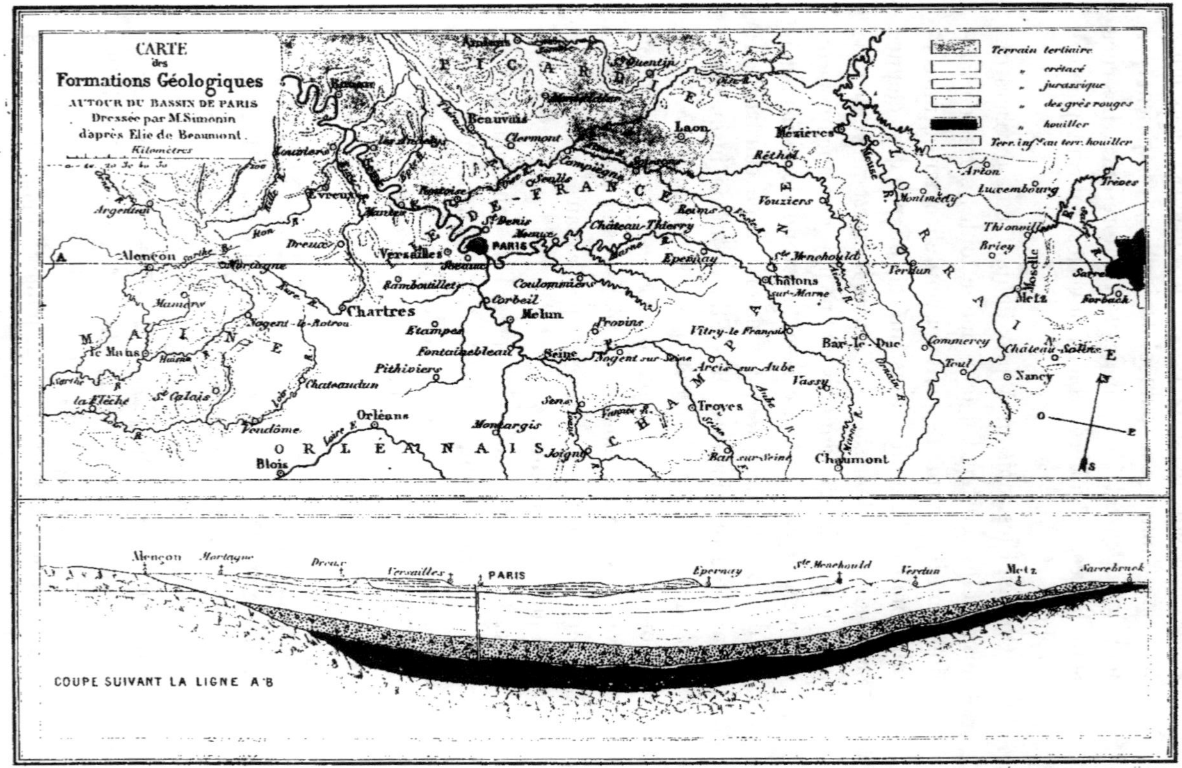

Librairie de L. HACHETTE et Cie a Paris.

avons fait connaître, sont aujourd'hui en usage sur la plupart des houillères françaises. Par la fondation d'un prix annuel accordé dans quelques localités à l'habitation la mieux tenue, la plus propre, on a développé chez nos ouvriers le goût du confortable que d'ordinaire ils n'ont pas. On a même provoqué chez eux, par une émulation louable, une certaine recherche du bien-être, de l'élégance, qui fait involontairement songer à l'Angleterre.

C'est dans ce dernier pays qu'il faut aller surtout visiter les maisons de houilleurs, les *cottages*, comme on les nomme au delà du détroit. Elles sont ornées, coquettes, autant que possible indépendantes, même isolées. La femme est au logis, attentive, soigneuse, préparant le thé du mari, confectionnant le *pudding* traditionnel, prête à satisfaire à toutes les exigences du ménage. Les meubles reluisent, l'ordre est partout; on distingue des objets de luxe, des livres, un journal, ce qui manque trop souvent ailleurs. Les mineurs ont même un journal à eux, tandis que les nôtres n'en ont jamais eu. Les enfants, et il y en a quelquefois une bande, sont paisibles, d'une gaieté douce, vêtus soigneusement. Peut-être aimerait-on à leur voir, en retour, un peu de cet entrain bruyant dont les enfants de nos mineurs ont trop. Ce n'est pas là la maison d'un ouvrier, c'est celle d'un citoyen, c'est le *home* chéri de l'Anglais, le foyer domestique sacré, inviolable. *Every english-man's home is his castle*, le domicile de l'Anglais est son château fort.

Les habitations ouvrières, dans tous les pays où on les a établies, n'abritent que des familles de mineurs. Le célibataire prend le plus souvent pension chez l'ouvrier marié, où il partage, à prix débattu, le vivre et le couvert. Comme le soldat en route échu au bourgeois, il a place au feu et à la chandelle. Le dimanche, il accompagne ses hôtes à la promenade. Il participe en un mot à toutes les joies de la famille, sans en avoir aucunement les soucis; mais il outrepasse volontiers ses droits.

C'est pour obvier aux plaintes incessantes auxquelles donne lieu le pensionnaire, comme on l'appelle, que sur beaucoup de mines, en France, on a transformé les casernes des premiers jours en chambres meublées de célibataires, et établi des cantines, sortes de *Bouillons-Duval* à l'instar de Paris. Pour une faible somme, moins d'un franc par jour, l'ouvrier peut y faire deux excellents repas. Le pain, le vin, le potage, le bœuf ou le mouton entourés de légumes, et le dessert ornent la table. Un vif appétit, comme en développe le travail des mines, distingue les convives. Dans ces sortes d'établissements, tout se passe avec ordre et convenance, sous la surveillance d'un employé de la mine, et il n'y a là rien qui rappelle ces cantines d'ouvriers nomades qu'on installe sur les routes ou les chemins de fer en construction.

En Angleterre, aux États-Unis, les établissements alimentaires sont très-répandus sur les mines sous le nom de *boarding-houses*. Les repas sont plus substantiels qu'en France. La pomme de terre et le *roast-beef*, les tartes aux fruits ou *pies* et le pudding y règnent en maîtres. La bière, le thé, le café, le lait, souvent l'eau pure, remplacent le vin. Le prix moyen de la pension est, aux États-Unis, d'un demi-dollar, un peu plus de deux francs cinquante centimes par jour [1]. Dans toute la Grande-Bretagne, le bœuf est non moins indispensable que le thé, et ce régime s'explique sous un climat septentrional, humide et brumeux. En Belgique, les mineurs ont adopté presque exclusivement

---

1. Ou trois francs avec le logement.

Fig. 97. — Mineurs et femmes des houillères de Charleroi (Belgique), en tenue de travail, d'après une photographie.

l'usage du café, et remarqué que cette boisson joignait à ses qualités hygiéniques des propriétés très-nutritives, ce que la science a confirmé.

La vie quotidienne du houilleur présente une sorte de calme et de régularité due à la discipline même qui règne dans les travaux. Ici pas de réunions bruyantes, pas de cris, pas de chants, pas de veillées consacrées à jouer ou à boire. Le travail marche sans désemparer, jour et nuit, par postes non interrompus de huit ou de douze heures chacun. Le dimanche seulement on chôme, et ce jour-là le mineur fait toilette. Après que sous des ablutions répétées, ont disparu les atteintes qu'une poussière noire et ténue inflige à sa peau, il met ses plus beaux habits et part pour la promenade. La campagne est à deux pas; il s'y rend avec sa femme, ses enfants, ses amis. On se promène en causant, au grand air, le long des chemins ou des ruisseaux, au bord des prairies, sous les grands arbres. Ce n'est pas que le cabaret ne reçoive aussi quelques visiteurs, et ne fasse plus d'une victime, le soir, après des libations trop prolongées. *Une fois n'est pas coutume*, peuvent répondre les buveurs.

Le salaire du houilleur est élevé. Il est en moyenne de quatre à cinq francs par jour en France et en Belgique, pour les premiers ouvriers du dedans. Il peut augmenter quand le travail a lieu à l'entreprise ou, comme on dit, à prix fait. Les autres ouvriers gagnent environ trois francs, et les enfants, les femmes, un à deux francs. En Angleterre, aux États-Unis, le prix des journées est sensiblement plus élevé, souvent de moitié plus fort. Les femmes, en France, ne travaillent plus dans les mines; en Belgique, en Angleterre, on les y occupe encore (fig. 97 et 98); mais ces cas deviennent de plus en plus rares. Partout les enfants ne peuvent plus être employés, au dedans comme au dehors, que passé un certain âge et sous certaines conditions. Les travaux des femmes, à l'extérieur, se réduisent à trier, cribler et laver le charbon, ce qui les fatigue peu et à quoi elles sont très-aptes. A l'intérieur, elles chargent la houille dans les wagons ou la traînent des tailles au puits. Les enfants font à peu près les mêmes travaux que les femmes.

Dans tous les pays de charbon, la vie du mineur est sensiblement la même, sauf les traits particuliers à chaque pays. Nous connaissons le houilleur français. En Belgique, où le métier a, pour ainsi dire, pris naissance dans la province de Liége, le mineur se distingue par un type encore plus prononcé. La Belgique est le vrai pays de la houille, et nombre de termes employés dans nos exploitations viennent de là. Déjà au moyen âge, le métier de mineur, à Liége, honorait, ennoblissait en quelque sorte celui qui l'exerçait. La corporation des houilleurs avait sa charte, ses priviléges. Ses armes étaient *d'azur aux deux pics d'or en sautoir*, et l'azur était là sans doute le signe de l'honnêteté et de la force; l'or, l'emblème des richesses dues à la houille.

En Angleterre, où l'extraction du charbon a commencé aussi de très-bonne heure, les allures du houilleur sont moins accusées qu'en Belgique. Là, les grands propriétaires fonciers se sont emparés même du sous-sol peu de temps après la conquête normande, et ce ne sont que des vassaux, ou des fermiers payant des droits de *royalty*[1]

---

1. La propriété des mines, en Angleterre, est considérée comme de droit *régalien*, c'est-à-dire appartenant à la couronne. La grande charte donnée par le roi Jean sans Terre, en 1215, aux barons révoltés, ayant substitué ceux-ci, sur leurs fiefs, aux droits de la couronne, la propriété du sol emporta dès-lors la propriété du *tréfonds*.

En France, une loi particulière régit les mines depuis 1810. Elles appartiennent à l'État qui les concède aux demandeurs, après une minutieuse enquête, et ne les exploite jamais lui-même.

énormes, qui ont exploité les houillières. Néanmoins on ne

Fig. 98. — Femme et jeune ouvrier des houillères de Pontypool (pays de Galles)

saurait méconnaître le rôle éminent que remplit aujour-
d'hui le houilleur britannique dans la prospérité indus-

trielle du Royaume-Uni. Et puis le mineur anglais n'apporte-t-il pas dans le travail souterrain les fortes qualités qui distinguent sa race? Il est assidu, ponctuel, réservé, se résigne volontiers à faire éternellement la même besogne, et ne témoigne aucun désir de changer de place ou de métier. Il fait plus d'ouvrage que nos mineurs, parce qu'il se nourrit mieux. Obéissant, zélé, impassible, exécutant sans les discuter tous les commandements qu'il reçoit de ses chefs, il contribue pour une large part, grâce à toutes ces qualités précieuses, au succès des exploitations.

Le houilleur des États-Unis offre plus d'un point de ressemblance avec celui des mines anglaises. Sur l'un et l'autre côté de l'Atlantique, le peuple et la langue sont les mêmes, seulement la constitution politique est différente, et la plus grande liberté, la complète égalité dont on jouit dans l'État américain, réagissent jusque sur les allures du citoyen, que dis-je? du travailleur. Ici les termes de patron et d'ouvrier sont presque bannis, le mineur travaille à la mine comme il remplirait toute autre fonction; il s'est engagé librement, à prix débattu. Il est votre égal, ne l'oubliez pas; de son côté, il n'oubliera point les égards qui sont dus à chacun; il commence par se respecter lui-même, et sorti des travaux, il endosse l'habit et le chapeau noirs. Le nivellement des classes est complet. Nous sommes dans le pays où Lincoln, le charpentier, et Johnson, le tailleur, sont successivement arrivés à la présidence. A l'ouvrage, chacun est appliqué, sérieux; pas de chants, pas de disputes. On ne fume pas, on se contente de mâcher silencieusement du tabac. Hors du chantier, la conduite n'est pas toujours aussi irréprochable, du moins à la cantine, à la buvette.

Une particularité que j'ai rarement retrouvée ailleurs semble distinguer l'ouvrier américain : on dirait qu'il a pour ses outils un certain attachement. Il s'étudie à les tenir toujours en bon état. Il est à remarquer, du reste, que dans ce pays où la mécanique est si cultivée, chaque outil revêt les formes à la fois les plus élégantes et les mieux adaptées au but que l'on se propose.

Tout ce que l'on vient de dire s'applique à l'ouvrier libre des États-Unis. Faut-il parler de l'ouvrier esclave, aujourd'hui que l'émancipation est proclamée? Dans les États houillers du centre et du sud, par exemple la Virginie, on a longtemps employé des nègres sur les exploitations, soit qu'ils appartinssent directement aux propriétaires des charbonnages, soit qu'on les louât dans ce but. Le nègre s'est montré là ce qu'il est partout, un grand enfant, peu capable de longs efforts ni d'une application soutenue, bon manœuvre, mais mauvais mineur. Souhaitons-lui plus de réussite, maintenant qu'il est libre, et contentons-nous de l'avoir mentionné dans la grande famille des soldats de l'industrie.

Le houilleur allemand, en Prusse, en Saxe, en Autriche, conserve les traits distinctifs de la race germanique. Plus impassible et flegmatique encore que le mineur anglo-saxon, il a fidèlement transporté dans les houillères les habitudes de discipline des mines métalliques, qui datent en Allemagne de plusieurs siècles, et ont été partout conservées avec un soin si religieux et si jaloux. C'est de ces mines que sont sortis les premiers houilleurs de l'Europe centrale. Là les mineurs sont enrégimentés au sens propre et figuré du mot; ils forment une population distincte. C'est plus qu'une corporation, c'est comme une caste qui a son costume, ses mœurs à part, sa franc-maçonnerie, ses traditions, et jusqu'à ses superstitions. Certains termes particuliers se transmettent d'une génération à l'autre, et quand le long des chemins, à la campagne, vous entendez le sacramentel *glück auf* [1], vous pouvez être certain que ce sont deux mineurs qui se saluent. Dans les mines métalliques nous retrouverons le travailleur allemand avec des traits encore plus accentués, justifiant de tous points le dicton teutonique : « fier comme un mineur. »

A l'extrémité occidentale de l'Europe, l'ouvrier des houillères espagnoles, dans les Asturies et la vieille Castille, comme en Andalousie, se distingue aussi par un cachet spécial. Sobre, vivant de rien, éternel fumeur de cigarettes, c'est en même temps un travailleur énergique, courageux, intrépide ; mais d'un caractère inquiet et changeant. Il est froid, parle peu, et quand il regagne sa demeure, enveloppé noblement dans son manteau couleur d'amadou, le *sombrero* rabattu sur la face, on dirait un hidalgo campagnard bien plus qu'un mineur charbonnier. L'Asturien l'emporte sur le Castillan par des qualités encore plus austères ; il est aussi meilleur ouvrier et plus rompu à la fatigue. Ses allures semblent se ressentir de l'âpreté de ses montagnes. Au midi de l'Espagne, l'Andalous, moins énergique, a gardé quelque chose du costume et de la nonchalance du More avec lequel il a jadis mêlé son sang ; mais c'est encore un vaillant mineur.

Il est, dans le midi de l'Europe, un autre type plein de caractère, qu'il nous faut aussi rappeler : c'est celui du houilleur italien, mais surtout du mineur émigrant de la Maremme toscane. J'ai moi-même habité à diverses reprises cette contrée, surtout pendant l'année 1857. La mine est au milieu des bois, des *maquis* [2]. L'horizon est borné. Les toits de quelques fermes qui apparaissent entre les arbres, la fumée blanche de quelques charbonnières qui

1. Mot à mot *heureux dehors,* comme qui dirait : heureuse sortie, bon voyage dans la mine et bon retour.
2. De l'italien *macchia,* bois taillis.

monte à travers le taillis, rompent seuls la monotonie du paysage. Pourquoi la fièvre a-t-elle établi son domaine dans ce pays boisé ? Sans doute par suite du manque de culture. Ces campagnes, jadis florissantes, très-peuplées, furent l'un des greniers de Rome. A la suite des invasions barbares, la bruyère a remplacé la moisson. Le sol, couvert de matières en décomposition, fermente, laisse échapper des miasmes putrides. Peut-être aussi que les vents, venant de la mer, apportent la fièvre des marais de la côte, malgré les montagnes interposées au passage. Quoi qu'il en soit, la fièvre existe, produite ou non par le mauvais air du littoral tyrrhénien. De juillet en octobre elle décimerait les mineurs ; aussi ferme-t-on la houillère pendant ces quatre mois. Le reste du temps on travaille sans interruption.

Dès l'automne, les ouvriers émigrants, engagés dans les montagnes de Pistoye, sur les flancs salubres des Apennins, ont quitté leurs campagnes visitées déjà par le froid et que bientôt va recouvrir la neige. Ils arrivent par centaines. Le vieux Niccolini, le comptable de la mine, est allé les engager à l'avance, leur payer des arrhes qui les lient. La mi-octobre survient, et bientôt l'exode commence. Les uns partent à pied, les autres en carriole ; ceux-ci quêtent une place aux *calessini* ou voitures du chemin. Ils viennent seuls, laissant femmes et enfants au logis : il ne faut pas exposer trop de victimes à la *malaria*, l'air meurtrier de la Maremme.

Bientôt les travaux commencent, gênés d'abord par les dernières pluies d'automne. On répare les désastres survenus dans la mine pendant l'arrêt de la précédente campagne. Les boisages se sont rompus, les remblais ont cédé ; au dedans comme au dehors, les eaux ont fait de nombreux dégâts. Tout est remis promptement sur pied, et l'exploitation est reprise et se poursuit avec ardeur. Le charbon extrait est envoyé à Livourne pour le service des fabriques du pays, pour le chauffage des bateaux à vapeur. On l'expédie aussi à Rome, et le Vatican s'éclaire avec le gaz fourni par cette houille.

La mine occupe deux cents mineurs. Où logent-ils dans des maisons communes ou casernes, couchant sur des lits de camp, roulés dans une couverture de laine, ayant pour tout matelas un sac de paille. Et le vivre? au gré de chacun, mais peu varié. La mine tient un magasin où Niccolini et sa fidèle *siora* Bitta débitent aux ouvriers de la morue sèche, du porc salé, du riz, du café, du vin et du rhum, et surtout de la farine de maïs, avec laquelle on fait une bouillie épaisse, la *polenta*, mets favori de l'ouvrier italien, du nord au sud de la péninsule.

La polenta soutient peu, et l'on travaille beaucoup, douze heures en moyenne par jour. Calculez plutôt. Les postes sont de huit heures et se succèdent sans interruption. La journée du mineur est donc une fois de seize heures sur vingt-quatre, le lendemain de huit heures, soit de douze heures en moyenne, toutes données au dur travail. Ce labeur continu accable, énerve l'ouvrier, amène des accès de fièvre. Qu'y faire? La coutume et la discipline exigent ce surcroît d'efforts, et puis ne faut-il pas retrouver dans les seuls huit mois que dure la campagne les quatre mois d'arrêt forcé?

Tout n'est pas dit : comme à l'excessive fatigue corporelle se joignent l'usage quotidien des salaisons et le séjour dans une vallée humide et chaude, le scorbut attaque ceux que la fièvre a respectés. En 1855, le choléra s'est aussi abattu sur la houillère et y a fait plus d'une victime.

On raconte qu'un Anglais demandait à un paysan des

marais Pontins, comment il pouvait vivre en si malsain pays, « Nous ne vivons pas, nous mourons, » lui répondit le *contadino*. Ainsi peuvent dire nos mineurs. Et cependant chaque année voit revenir ceux que la fièvre ou le scorbut a épargnés : il faut gagner son pain, et l'on ne travaille pas en hiver dans les Apennins couverts de neige.

Le dimanche, les travaux s'arrêtent, et tout le jour la chasse ou bien le jeu, le chant, la *morra* forment la récréation des ouvriers. On va boire à la cantine le *poncino* national, mélange d'eau chaude, de citron, de sucre et de rhum, qui a le pouvoir de chasser la fièvre. On renouvelle ces libations, on s'anime, on improvise à deux, en chantant, des octaves comme celles du Tasse. Les poëtes se défient au début comme les bergers lettrés des Bucoliques ou des Idylles; rien n'est changé depuis deux mille ans. Virgile et Théocrite, s'ils revenaient en Italie, y reconnaitraient leurs élèves. On invoque toujours Apollon, on ira cueillir au Capitole la couronne de laurier, récompense du vainqueur. Dans ce bel idiome toscan, qu'on parle ici avec une élégance et un accent qui rendraient jaloux les académiciens eux-mêmes de la Crusca, tout le monde fait des vers. Il n'est pas jusqu'à un bandit corse, Agostino, réfugié dans ces maquis, qui n'improvise aussi à ses heures de loisir. Son parler n'est pas des plus purs; il hésite, manque la rime, ce qui donne à son rival une victoire facile.

Pour se consoler de n'être pas poëte, Agostino remplit avec une fidélité farouche son mandat de garde de chemin de fer. Chaque jour, il parcourt à pied, armé jusqu'aux dents, les vingt-cinq kilomètres de voie ferrée qui séparent la houillère de la mer. C'est lui aussi qui va chercher l'argent pour la paye, chaque quinzaine. La diligence de Livourne lui jette en passant, sur la route, les sacs pleins d'écus. Il est nuit. Agostino a fait connaître la veille par tout le pays le but de son voyage, pour voir si quelqu'un se hasardera à l'attaquer. N'oublions pas que la Maremme est la terre classique des bandits, des *birbanti*. Ils viennent faire de fréquentes apparitions sur la houillère, mais en amis, à cause des nombreux ouvriers qui y sont, et qui au besoin chasseraient les brigands.

A la suite d'une *vendetta*, Agostino s'est enfui de Corse. Il porte sur la figure des traces de ses luttes passées: le nez a été fendu en deux d'un coup de stylet, la face est couturée d'une énorme balafre. Contumace, il est venu demander du service au grand-duc, qui honorant le courage malheureux, a admis le Corse à prêter serment, et l'a préposé à la garde du chemin de fer de la houillère de Monte-Bamboli. Fier de pouvoir se parer du couteau, du pistolet et du fusil, cette fois sans opposition, le Corse fait son service durement, et personne, parmi ces paysans ignorants ou sauvages dont les terres bordent la voie, n'oserait enlever un rail, ou interposer un obstacle sur le parcours des wagons. On dit que les buffles eux-mêmes, qui vivent en liberté dans les maquis, hésitent à franchir les haies, quand Agostino fait sa ronde.

A côté de ce Corse farouche, les maîtres-mineurs ou caporaux font un singulier contraste. Ils sont tous Pistoyais; ils ont nom Luigi, Sandro, Geremia et Beppe. Luigi et Sandro, deux frères, de simples ouvriers devenus chefs-mineurs, surveillent un des districts de la mine, l'un de jour, l'autre de nuit. D'une taille élevée, dignes dans leur maintien, porteurs de belles barbes, calmes, réservés, ouvrant toujours les premiers le poste, ils rappellent ces artilleurs d'élite ou ces soldats du génie vieillis dans la discipline des camps.

Geremia plaît par des allures différentes. Vif, beau

parleur, alerte, courageux, il ne recule devant aucun péril. Partout où il y a un pas difficile à franchir, il est le premier ; partout il donne l'exemple. Au besoin il sait affronter la mort. Son frère était comme lui, toujours prêt à marcher en avant ; il a été tué dans la mine par une explosion de gaz. Quant à Beppe, c'est en apparence l'opposé de Geremia. Il est froid, silencieux, lourd à se mouvoir ; mais il a, plus que tous les autres, l'esprit observateur, et il est le plus intelligent. Il cherche à pénétrer les secrets de la géologie souterraine, se demande pourquoi les couches affectent telle ou telle allure, interroge l'ingénieur, et s'enquiert si l'on n'aurait pas écrit quelque livre d'exploitation à l'usage des caporaux-mineurs.

C'est avec ces quatre hommes que j'ai passé toute une année. Chaque jour je descendais dans la mine ; les chefs de poste me pilotaient. Avec quelle attention, avec quel soin ils me tendaient la main dans les endroits pénibles ! Comme ils me soutenaient dans les descentes périlleuses et sur le seuil glissant des montées !

Cet exil au fond de la Maremme a été l'un des plus tristes auxquels m'ait condamné la vie de mineur. Le travail remplissait les journées, mais que les soirées étaient longues ! Jeté au milieu de ces deux cents houilleurs, dans ce coin perdu de l'Italie, n'étais-je pas seul en réalité ? Autour de moi, pas de parents, pas d'amis, pas même une connaissance. Eh bien ! quand, après dix ans, je me reporte vers ces temps écoulés, j'éprouve à cette souvenance je ne sais quel âpre plaisir. Je revois tout, comme si cela datait d'hier, et la vaste maison que j'habitais, et Sunta, ma bonne servante, qui allumait de si gros feux et préparait si bien le *poncino* : « Prenez cela, mon cher maître, *caro lei*, c'est bon contre la *malaria*, cela chasse la fièvre. » Je revois Tom, mon chien favori, chasseur infatigable, que j'ai depuis perdu, et Bianca, la vieille mule fidèle, qui retrouvait si bien son chemin à travers les mille sentiers des maquis. Je revois tout, et les montagnes bleues de Campiglia, qu'on laisse à droite en descendant au rivage, et cette belle mer tyrrhénienne, où l'île d'Elbe flotte sur les eaux, où les pics neigeux de la Corse tracent à l'horizon une silhouette indécise....

Ce n'est pas seulement dans les mines de Toscane que j'ai rencontré de braves travailleurs, dont je voudrais esquisser le portrait. Avant eux, je vous avais connu, vous, Mairand, *gouverneur* d'une des exploitations de Saint-Étienne, vous qui m'aidiez avec tant d'intelligence dans mes levées de plans de mine, alors qu'à mes débuts, chargé de cette rude besogne, j'allais la nuit dans les chantiers, pour ne pas interrompre les travaux le jour, porter la boussole et la chaîne. Souvent, pour dresser le plan d'une remontée, d'un couloir, nous entrions dans le charbon menu jusqu'à mi-jambe, puis nous sortions bien tard, par la fendue boueuse, basse, aux pentes roides, aux contours sinueux, à l'air embrasé. Modèle des chefs-ouvriers, vous aviez travaillé plusieurs heures au delà de votre journée, vous me quittiez sans un mot de plainte.

Et vous, Louiset et Vitalis, maîtres-mineurs du bassin d'Aix, en Provence, vous nommerai-je aussi? Vous, Louiset, le digne second de M. Grand, votre habile directeur, comme lui agissant beaucoup, mais parlant peu, sans doute pour donner raison au proverbe : « La parole est d'argent, mais le silence est d'or. » Vous, sachant si bien prévenir ou calmer une grève, et suppléant au besoin votre chef dans la conduite du travail souterrain. Et vous, Vitalis, obsédé du désir d'apprendre et d'inventer, vous qui croyiez avoir découvert une méthode d'aérage, une méthode d'exploitation, que sais-je encore?

J'en passe et des meilleurs, comme on dit. Je ne puis cependant oublier tout à fait Pierre Lhôte, le vaillant chef mineur d'Épinac (fig. 99). Il a été au siége de Constantine, et a pris la ville avec Lamoricière, beau début ! Sans doute il s'est fait houilleur pour continuer à brûler de la poudre. Pierre Lhôte apporte dans son service toute la rigidité du soldat. L'ingénieur vient-il visiter un chantier, il dit à ses hommes : « Allons, mes enfants, rangez-vous, voici monsieur l'ingénieur qui va passer. » Peu s'en faut qu'il ne les aligne au port d'arme, le pic debout dans la main droite, la gauche appuyée sur la pelle. Un jour les mineurs, au fond des travaux, menacent de se mettre en grève. On dispute sur le prix de l'ouvrage, on ne s'entend pas. « Mes enfants, attendez-moi là, dit Pierre Lhôte, je vais consulter monsieur l'ingénieur. » Il revient. « Écoutez, mes enfants, ce que monsieur l'ingénieur m'a répondu : Pierre Lhôte, va-t'en dire à tes hommes que le poste de jour commence le matin à six heures, s'arrête de midi à une heure pour le repas, et finit à quatre heures du soir. Voilà, mes enfants, ce que monsieur l'ingénieur m'a dit. Il est notre chef ; je lui obéis, vous m'obéissez ; allons, mes enfants, à l'ouvrage ! » Et de grève il ne fut plus question.

Côte à côte avec Pierre Lhôte, surveillant du dedans, marche le père Garnier, surveillant du jour (fig. 99). C'est lui qui dirige le triage, le lavage, l'expédition de la houille, la fabrication du coke ; c'est à lui qu'incombent tous les détails du service extérieur. Il a l'œil à tout, prêt à satisfaire tout le monde. « Oui, monsieur le directeur ! Oui, monsieur l'ingénieur ! »

Telle est la population des houillères, méritante entre toutes. Chacun y remplit modestement sa tâche, on pourrait dire son utile fonction, le dernier manœuvre comme le plus habile mineur, le contre-maître comme l'ingé-

nieur et le directeur de la mine. Soldats, caporaux, capitaines, dans le sentier du devoir tous vont du même
pas. Que d'énergie, de courage, de dévouement, dans cette

Fig. 99. — Pierre Lhôte et le père Garnier, maîtres-mineurs d'Épinac (Saône-et-Loire),
d'après une photographie.
Pierre Lhôte debout, porte la limousine, les sabots, le chapeau de cuir et la coiffe
des houilleurs du centre français.

légion nouvelle de travailleurs formée chez nous depuis
un demi-siècle à peine ! C'est un monde à part jusqu'ici
peu étudié. Le public est passé trop indifférent à côté du

houilleur ; le philosophe, le savant, l'artiste, le romancier, ne l'ont pas assez interrogé. Le soldat des abîmes
mérite mieux qu'une attention distraite, une curiosité
momentanée, alors qu'on visite en courant une mine, ou
qu'un lamentable accident vient épouvanter tout un pays
et jeter des centaines de familles dans le deuil. Les travaux du houilleur, patients, pénibles, où souvent sont
mises en jeu les conceptions les plus délicates, sont dignes
de la part de tous d'un sérieux examen. Si la foule pouvait
seulement les voir, elle accourrait pressée, curieuse ;
mais le sol cache la plupart de ces œuvres hardies ou
grandioses, et la foule ne le sait même pas. L'architecture souterraine n'a d'autres témoins que ceux qui la
pratiquent, et les créations n'en doivent jouir d'aucune
célébrité. Puissé-je, dans les chapitres qui précèdent,
avoir sinon comblé une lacune, du moins appelé plus
directement l'intérêt sur les merveilles des houillères et
sur le brave mineur charbonnier !

XII

AUJOURD'HUI ET DEMAIN.

Le diamant noir. — Production totale de la houille en 1865. — Rôle social du charbon fossile. — Les vassales de l'Angleterre. — Production et consommation de la houille en Europe. — L'armée du travail. — Superficie des bassins houillers, et rapport avec la surface géographique et la production. — Extraction croissante. — Durée probable des houillères. — Difficulté de remplacer la machine à vapeur et la houille. — Le combustible de l'avenir. — Mise en bouteilles du soleil.

Quand le houilleur a défriché le noir domaine souterrain, arraché le combustible aux entrailles de la terre, qu'il l'a extrait au jour, purifié, chargé enfin sur les voies de transport, l'utile minéral se répand en mille lieux divers, et va partout distribuer la lumière, la chaleur, la force, le mouvement. C'est un aliment aujourd'hui indispensable à la vie des nations civilisées, et chacun prévoit tous les troubles qui surviendraient dans le monde, si la houille manquait tout à coup. Plus de lumière dans les villes, plus de feu dans les usines et la plupart des maisons, tous les chemins de fer arrêtés. Les fabriques, les manufactures, presque tous les ateliers, presque toutes les machines, bon nombre de navires, privés de l'aliment essentiel, se verraient aussi condamnés au repos. La vie matérielle, une partie de la vie intellectuelle s'éteindraient, comme s'éteint, faute de nourriture, la vie du corps.

Les nations les plus policées ne sauraient désormais se passer de houille, et l'on pourrait presque juger du degré de civilisation d'un pays par la quantité de ce combustible qu'il consomme. Marquez sur une carte de France, en employant des teintes d'autant plus foncées que l'instruction est plus générale, le degré d'instruction que possèdent les habitants dans chaque département, indiquez de la même façon le chiffre de la consommation en houille, et vous serez étonné d'une certaine analogie que les deux cartes offriront entre elles. Quels sont les départements de France qui consomment le plus de charbon de terre? le Nord, la Seine, la Moselle, le Rhône, etc., c'est-à-dire les départements qui sont parmi les plus instruits. Et ceux qui en consomment le moins? le Gers, les Hautes-Pyrénées, le Morbihan, etc., pays où l'instruction est des moins répandues. Il n'y a pas là de paradoxe, et l'analogie que nous signalons existe. Sans doute ce manque d'instruction avait lieu avant l'exploitation des houillères, et la raison en est due à d'autres causes. Il n'en est pas moins vrai que l'existence de mines de houille, ou un abondant emploi du combustible provoqué par la facilité, la rapidité, l'économie des voies de transport, eussent changé la situation, et profondément modifié le triste aspect des pays cités en dernier lieu. En devenant matériellement plus prospères, ils seraient forcément devenus plus éclairés.

Voyons donc ce qu'il se produit chaque année de l'indispensable minéral, et remarquons d'abord que les chiffres de la production et la consommation totale marchent de pair, comme si une sorte d'harmonie naturelle réglait ici l'offre sur la demande, pour parler la langue des économistes.

Tous les pays brûlent de la houille, mais bien peu

en extraient, et rares sont les contrées que la nature a dotées avec abondance du *diamant noir*, comme l'appellent les Anglais[1]. On compte celles dont la production est de quelque importance. C'est d'abord la Grande-Bretagne, marchant à la tête de tous les pays houillers, qu'elle laisse bien loin derrière elle, car elle produit plus qu'eux tous réunis. Elle a extrait plus de 102 millions de tonnes en 1866.

La première après la Grande-Bretagne, est la Prusse, qui fournit 20 millions de tonnes sans compter 5 millions de tonnes de lignite. L'Amérique du Nord occupe le même rang que la Prusse ; puis viennent la France et la Belgique, dont les chiffres de production sont égaux chacun à 12 millions. Ceux de l'Autriche et de la Saxe sont respectivement de 4 millions et demi de kilog. et de 2 millions et demi. Tous les autres pays de l'Europe : l'Allemagne, moins les États déjà cités, la Russie, l'Espagne, l'Italie, etc., arrivent à peine à un total de 4 millions, et toutes les autres contrées du globe réunies, j'entends celles qui extraient du charbon : l'Inde, la Chine, le Japon, l'Australie, le Chili, etc., n'atteignent pas très-probablement 3 millions de tonnes par an.

En récapitulant tous ces chiffres, on arrive à un total de 180 millions de tonnes, dans lequel la part de la Grande-Bretagne est de beaucoup plus de la moitié, celle de l'Amérique du Nord et de la Prusse d'un neuvième respectivement, celle de la France et de la Belgique d'un quinzième pour chacune, celle enfin de tous les autres pays producteurs ensemble d'un douzième.

1. On sait quel effet produisit sur la foule, à l'Exposition de Londres de 1851, le diamant le Ko-hi-noor. Les houilleurs anglais, jouant sur le mot indou ko-hi-noor (montagne de lumière), et faisant allusion aux applications de la houille, avaient mis cette inscription sur un bloc de charbon de terre : « C'est ici le vrai Ko-hi-noor ! »

Cet état de la production houillère en 1866 est résumé dans le tableau suivant :

PRODUCTION HOUILLÈRE DU GLOBE EN 1866.

Nom des pays producteurs.			Millions de tonnes ou milliards de kilogrammes
Royaume-Uni (Angleterre, Écosse, Irlande). .			102
Autres pays de l'Europe.	Prusse	20	
	France	12	
	Belgique	12	55
	Autriche	4,5	
	Saxe	2,5	
	Hesse, Bavière, Hanovre, Russie, Espagne, Italie, etc. . .	4	78
Amérique du Nord.			20
Autres pays du globe: Inde, Chine, Japon, Australie, Chili, etc.			3
Total			180

Le prix moyen de la tonne de houille, sur le carreau même des mines, est de 8 à 10 francs, et de près du double, sur les lieux de consommation les plus rapprochés. Ce chiffre de 180 millions de tonnes représente donc, en évaluant seulement la tonne à quinze francs, une somme totale de DEUX MILLIARDS SEPT CENTS MILLIONS de francs. C'est plus de deux fois la valeur des métaux précieux produits chaque année sur le globe, l'or et l'argent. Les houillères ont donc le pas sur les mines métalliques, sur celles de la Californie et de l'Australie, comme sur celles du Mexique, du Chili et du Pérou. Décidément, le diamant noir a son prix, et il est doublement bien nommé.

Le combustible fossile joue d'ailleurs, dans la vie sociale des peuples à notre époque, un rôle autrement capital que la gemme dont il a presque la composition. L'industrie ne vit que par lui. Il a suppléé le bois devenu de plus en plus rare et plus cher ; et l'on calcule que l'Europe entière, couverte de forêts, fournirait à peine, chaque année, en bois taillis et en charbon de bois, une quantité de combustible équivalente à celle de houille consommée.

La houille a paré aussi à l'impuissance et au nombre limité des travailleurs. Le cheval-vapeur a remplacé l'esclave, la bête de trait. Et comme il ne se fatigue jamais, qu'il est en activité jour et nuit, ne prend aucun repos, tous les moteurs animés du globe auraient peine à suffire aujourd'hui au travail qu'accomplit la vapeur.

Voyez l'Angleterre! le charbon n'y forme pas seulement l'aliment indispensable des usines, il sert de plus à charger les navires. Que la houille vienne à manquer ailleurs, l'Angleterre seule en approvisionnera le monde. Elle exporte à cette heure neuf millions de tonnes, le onzième de ce qu'elle produit. C'est par leurs dépôts de charbon que les modernes Phéniciens signalent leurs étapes maritimes sur le globe, et c'est en partie pour chauffer leurs bateaux à vapeur qu'ils charrient ainsi la houille d'un hémisphère à l'autre (carte I). Dans la Méditerranée, ils sont partout, notamment à Gibraltar, Malte, Alexandrie. Dans la mer Rouge, à Suez. Dans la mer des Indes, à Aden, Maurice, Natal, Mozambique, Zanzibar; puis à Mascate, Bombay, Madras, Ceylan, Calcutta, Rangoon, Singapour, et les stations des mers de Chine et du Japon. Dans l'Atlantique, aux îles Malouines ou Falkland, à Buenos-Ayres, Montevideo, Rio-Janeiro, Bahia, Pernambouc, et aux Açores, à Madère, aux Canaries, au Cap-Vert, à l'Ascension, à Sainte-Hélène, au Cap, sur les côtes de Congo et de Guinée. Toutes ces stations, tous ces mouillages ont des parcs de charbon anglais. Tout l'archipel des Antilles en a également, surtout Cuba, la Jamaïque, Saint-Thomas et Colon-Aspinwall. Le long des côtes de l'Amérique du Nord, à Québec, Halifax, Boston, New-York, on lutte avec le

charbon des colonies britanniques et celui des énergiques
Yankees. Dans le Pacifique, c'est Panama, Guayaquil,
Callao, Arica, Valparaiso, que visitent les bateaux char-
bonniers, et aux parallèles opposés, dans l'hémisphère
nord, Hawaï ou les Sandwich, San-Francisco, la reine du
Grand-Océan; enfin, entre la mer des Indes et le Pacifique,
la Nouvelle-Zélande, et cette île qui est un monde à elle
seule, l'Australie. Aujourd'hui le globe appartient à celui
qui peut l'alimenter de houille, et toutes les nations privées
de combustible minéral sont vassales de l'Angleterre,
comme l'a dit un homme d'État, sir Robert Peel, en plein
parlement.

L'Europe, heureusement, peut en cela se suffire sans le
secours du Royaume-Uni. Si la nature, dans la formation
des bassins houillers, a favorisé l'Angleterre au détriment
des autres contrées du vieux monde, la plupart de celles-
ci n'en possèdent pas moins, nous le savons, des gîtes carbonifères qu'elles exploitent avec beaucoup d'ardeur. Toutefois ce qui manque pour équilibrer la production et la
consommation est emprunté à l'Angleterre. Ici encore nous
voyons apparaître le navire charbonnier britannique, non-
seulement dans la Méditerranée, où nous avons déjà suivi
son sillage, mais sur toutes les côtes de l'Atlantique, de la
Manche, de la mer du Nord et de la Baltique. La France est
elle-même, sous ce rapport, tributaire de la Grande-Bretagne. La quantité de douze millions de tonnes que nous
exploitons annuellement ne suffit pas à notre consommation, et nous empruntons chaque année à l'étranger environ
six millions de tonnes, c'est-à-dire la moitié de la quantité
produite ou le tiers de la quantité consommée. La Belgique,
la Grande-Bretagne et les provinces Rhénanes suppléent
à notre déficit, la première pour les trois cinquièmes, les
deux autres chacune pour un cinquième à peu près.

La consommation en houille de la France étant de dix-huit millions de tonnes, cela fait, en moyenne, près d'une demi-tonne ou cinq cents kilogrammes par habitant et par an. Le Royaume-Uni consomme, à son tour, quatre-vingt-treize millions de tonnes, ou trois tonnes par habitant, six fois plus que la France. Néanmoins, pour avoir des rapports exacts, il faudrait tenir compte aussi de la quantité de bois et d'autres combustibles végétaux ou même minéraux, brûlés par chaque pays, et tout transformer en un poids équivalent de carbone, ou rapporter à une qualité de combustible constante. On ne saurait comparer, d'une manière absolue, les quantités de houille consommées par divers pays comme on compare entre elles celles de tabac, de sucre, de café, de thé. Que si l'on veut cependant avoir une échelle de comparaison d'une approximation assez grossière et en nombres ronds, voici comment on peut grouper, pour 1866, les quatre grands pays producteurs et consommateurs de houille en Europe :

PRODUCTION DE LA HOUILLE EN EUROPE PAR HABITANT EN 1866.

Nom des pays.	Quantité totale produite.		Nombre d'habitants.		Rapport par habitant.
Royaume-Uni.	102 millions de tonnes de 1000 kil.		30 millions		3400 kilog.
Belgique....	12	— —	5	—	2400 —
Prusse[1]....	20	— —	20	—	1000 —
France.....	12	— —	38	—	320 —

N. B. Les chiffres des populations ont été légèrement forcés, tant pour tenir compte des augmentations qui ont eu lieu depuis les derniers recensements, que pour n'opérer que sur des nombres de millions entiers.

CONSOMMATION DE LA HOUILLE EN EUROPE PAR HABITANT EN 1866.

Nom des pays.	Quantité totale consommée.		Nombre d'habitants.		Rapport par habitant.
Royaume-Uni.	93 millions de tonnes de 1000 kil.		30 millions		3100 kilog.
Belgique ...	10	— —	5	—	2000 —
Prusse	17	— —	20	—	850 —
France	18	— —	38	—	480 —

1. Dans tout ce chapitre, il est toujours question de la Prusse avant les annexions.

Il est intéressant de calculer quel nombre d'ouvriers
est directement employé à produire la quantité de houille
extraite annuellement. Ce nombre atteint, dans la Grande-
Bretagne, le chiffre de 325 000. La France, la Belgique,
la Prusse arrivent ensemble au chiffre de 260 000, dont
160 000 pour la Belgique et la France, 100 000 pour la
Prusse. Ce dernier chiffre donne en moyenne un ouvrier pour une production annuelle de 200 tonnes. Si
l'on suppose que la même proportion se vérifie pour le
nombre de bras occupés par le reste des houillères, on arrive à un total de près de 800 000 hommes, qui représente
très-approximativement le chiffre de l'armée des houilleurs.
C'est juste le chiffre des combattants que mettent en campagne les plus grands pays dans les moments suprêmes ;
mais combien l'armée qui se sert du pic vaut mieux que
celle qui porte le mousquet. Celle-ci sème la ruine, le feu,
le sang sur son passage ; celle-là concourt activement au
progrès. La première tient ses hommes presque inoccupés ;
la seconde renferme les plus énergiques travailleurs.
L'une et l'autre emploient la poudre ; mais l'une détruit,
tandis que l'autre crée. Toutes deux sont vaillantes, sans
doute ; mais l'une ne vit que pour la guerre, l'autre est une
armée de paix.

Si la production de la houille est sensiblement propor-
tionnelle au nombre d'hommes qu'on emploie, elle n'est
pas en raison de la surface qu'occupe le terrain exploité.
On conçoit qu'une très-grande partie des bassins peut être
stérile, c'est-à-dire ne renfermer que des grès, des schistes,
des calcaires et pas de charbon, comme cela se voit en
Irlande, en Russie et dans quelques districts de l'Amérique
anglaise. Par contre, sous une très-petite surface peut être
concentrée une très-grande quantité de houille, quand les
couches carbonifères sont très-nombreuses, comme en

Belgique, très-épaisses et voisines du sol, comme en Angleterre. La qualité d'un combustible intervient aussi dans le chiffre de l'extraction. Il est des houilles de composition médiocre, et qu'on n'exploite guère. Enfin, certains gîtes peuvent ne pas être utilement attaquables, à cause de circonstances particulières, comme l'éloignement des centres de consommation, le prix élevé des transports, etc. Il n'y a donc jamais de proportion exacte à établir entre la production des divers bassins houillers et la superficie qu'ils recouvrent. Il serait, dans tous les cas, plus rationnel de comparer le chiffre de l'extraction au cube de houille existant, que l'on obtient en multipliant la surface houillère par l'épaisseur de toutes les couches réunies. Quoi qu'il en soit, voici quels étaient les nombres généralement admis, en 1866, pour la superficie reconnue des divers bassins houillers les plus producteurs. Nous avons réduit les superficies en lieues carrées de seize kilomètres (quatre kilomètres au côté) valant seize cents hectares.

SUPERFICIE RECONNUE DES PRINCIPAUX BASSINS HOUILLERS
PRODUCTEURS EN 1866.

Situation des bassins houillers.	Superficie en lieues carrées.	Proportion de la superficie houillère totale.
Amérique du Nord (États-Unis et Provinces anglaises)	20 000	80.» 0/0
Royaume-Uni.	1 000	4.»
France 200		
Prusse. 200		
Autres États de l'Allemagne 200	800	3.2
Belgique. 100		
Espagne. . . . . , , ... 100		
Autres pays (approximativement).	3 200	12.8
Total de la superficie reconnue de tous les bassins houillers du globe en 1866.	25 000	

Que nous dit ce tableau ? Que la superficie houillère de

l'Amérique du Nord est quatre fois plus grande à elle seule que celle de toutes les autres contrées du globe. Comme cette immense étendue recouvre dans la plupart des cas des bassins très-riches et presque encore vierges, c'est là, ainsi que nous l'avons dit, qu'est la grande réserve de l'avenir. Si l'extraction n'y atteint pas aujourd'hui un chiffre plus élevé, c'est que les Américains ont encore le combustible de leurs forêts. Il convient cependant de faire observer que, sur le chiffre de vingt mille lieues carrées, porté au tableau des superficies houillères des ces régions, le quart ou cinq mille lieues carrées, appartiennent aux bassins des Provinces anglaises, qui bordent entre autres la partie sud du golfe Saint-Laurent, et sont moins productifs que ceux des États-Unis.

La superficie houillère des Iles Britanniques n'est que le vingtième de celle de l'Amérique du Nord ; mais elle en serait le dixième, si nous avions pris le chiffre de deux mille lieues carrées que donnent quelques auteurs. Très-probablement ceux-ci comprennent dans leurs calculs toute la superficie des bassins houillers de l'Irlande, fort étendus, mais très-pauvres ou tout à fait improductifs ; et peut-être font-ils entrer aussi dans la surface en charbon de l'Angleterre non-seulement les bassins utilement exploitables, mais encore l'extension probable de tous les terrains houillers.

Pris à son minimum, le chiffre du Royaume-Uni est encore supérieur à celui de toutes les autres contrées de l'Europe ensemble. La France, la Prusse, tous les autres États d'Allemagne, ont séparément la même superficie houillère, mais celle-ci n'est à son tour que le cinquième de celle généralement admise pour l'Angleterre.

Enfin le chiffre représentant la surface en charbon de

la Belgique est moitié de celui de la France; il en est de même pour la surface des bassins espagnols. Ceux-ci, on l'a dit ailleurs, sont en ce moment peu exploités; ils fournissent à peine quatre cent mille tonnes par an. C'est le grenier où d'abord ira frapper l'Europe, quand la disette sera venue.

Pour compléter les tableaux donnés page 290, il convient de comparer l'extraction des quatre grands pays producteurs de l'Europe, en 1866, à la surface houillère correspondante :

PRODUCTION DE LA HOUILLE EN EUROPE PAR LIEUE CARRÉE DE TERRAIN HOUILLER EN 1866.

Nom des pays.	Quantité totale produite.	Superficie houillère.	Production par lieue carrée.
Royaume-Uni.	102 millions de tonnes.	1000 lieues carrées.	102 mille tonnes
Belgique . . .	12 —	100 —	120 —
Prusse	20 —	200 —	100 —
France	12 —	200 —	60 —

Dans ce tableau, le rang est interverti pour la Belgique, qui est montée de la seconde place à la première. Ce petit pays est donc celui qui produit le plus de houille par lieue carrée de terrain houiller, comme c'est après la Grande-Bretagne, qu'il suit en ceci de très-près, celui qui en fournit et consomme le plus par habitant. C'est en partie à ses canaux, à ses chemins de fer, à ses routes si bien entretenues, que la Belgique est redevable de cette heureuse situation. Après l'Angleterre et certains États de l'Union américaine, c'est la contrée du globe qui, par unité de surface géographique, a le plus long parcours de canaux ou de lignes ferrées.

Quand on compare la superficie houillère à la superficie totale des principaux pays à charbon, on reconnaît que, pour les États-Unis, le rapport est d'un vingtième ou d'un quart, suivant que l'on a égard, dans le premier cas, à toute l'extension de cet immense empire[1], dans le second cas, comme il est plus rationnel, à la seule étendue des États producteurs. Sur vingt ou sur quatre lieues carrées de pays, il y en a donc une en moyenne aux États-Unis qui appartient à la formation carbonifère. Pour la Grande-Bretagne le rapport est d'un dix-neuvième, pour la Belgique d'un dix-huitième, pour la Prusse d'un quatre-vingt-dixième, pour l'Espagne d'un cent cinquantième, et pour la France d'un cent soixante-dixième seulement. Il faut reconnaître que la nature, lors de la grande époque carbonifère, ne nous a guère favorisés ; mais si nous regardons au-dessous de nous, comme le conseille la vertu évangélique, nous verrons des pays encore plus deshérités. L'Italie manque presque absolument du véritable terrain houiller.

Résumons pour nos quatre grands pays producteurs les chiffres que nous venons de poser.

PROPORTION DE TERRAIN HOUILLER DANS CHACUN DES PRINCIPAUX PAYS
PRODUCTEURS EN EUROPE.

Nom des pays	Superficie totale.	Superficie houillère.	Proportion de terrain houiller.
Royaume-Uni.	19 000 lieues carrées.	1000 lieues carrées.	1/19e
Belgique....	1 840 —	100 —	1/18e
Prusse.....	18 000 —	200 —	1/90e
France.....	34 000 —	200 —	1/170e

Ces chiffres nous apprennent que si la Belgique est le pays qui produit le plus de houille par lieue carrée de terrain houiller, c'est encore celui qui, par unité de superficie géographique, possède en Europe la plus grande proportion de surface houillère. Cependant, il céderait le

1. La superficie totale des États-Unis est de 409 000 lieues carrées.

pas à l'Angleterre, si l'on élaguait pour celle-ci la superficie de l'Irlande.

En dressant les tableaux annuels de l'extraction de la houille dans tous les grands pays producteurs depuis un demi-siècle, c'est-à-dire depuis l'emploi du charbon fossile par la grande industrie, on constate une loi économique des plus curieuses. La production de la houille va partout en doublant à peu près tous les quinze ans, comme un capital placé à intérêts composés, et augmente par conséquent de cinq pour cent chaque année. Quelques pays, venus des derniers dans cette exploitation, comme la Prusse, ou les États-Unis qui, en 1822, commençaient à peine à extraire le combustible fossile, marchent même dans une progression plus rapide. La Prusse, depuis 1830, a vu doubler son extraction tous les dix ans ; aux États-Unis le même phénomène s'est reproduit un moment tous les cinq ou six ans. Voici d'ailleurs pour les dernières années, quelques chiffres tirés des documents officiels :

ACCROISSEMENT DU CHIFFRE DE L'EXTRACTION HOUILLÈRE DANS LES PRINCIPAUX PAYS PRODUCTEURS DE 1830 A 1865.

Années.	Nom des pays et chiffres de l'extraction en millions de tonnes.		
	Iles Britanniques.	Belgique.	France.
1835	26	3	2 1/2
1850	49	6	4 1/2
1865	100	12	12

Années.	Prusse.	États-Unis. (anthracite de Pensylvanie seulement.)
1831	1 1/2	»
1841	3	»
1851	6	4
1855	8 1/4	6 1/2
1865	18	10

Comme rien n'annonce que la progression partout constatée ne doive pas continuer à suivre son cours, on est

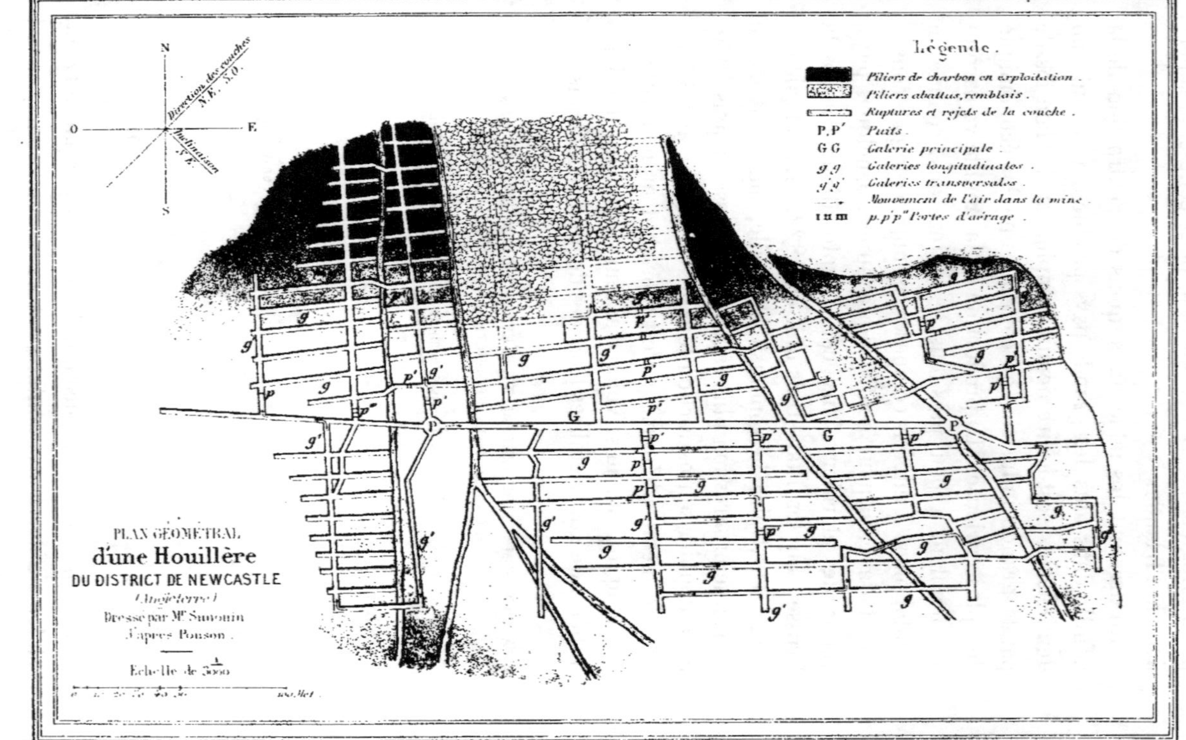
Légende.
Piliers de charbon en exploitation.
Piliers abattus, remblais.
Ruptures et rejets de la couche.
P.P' Puits.
G G Galerie principale.
g.g Galeries longitudinales.
g'.g' Galeries transversales.
Mouvement de l'air dans la mine.
ı п m p.p'p" Portes d'aérage.
N S O E
Direction des couches. N.E. S.O.
Inclinaison S.E.
PLAN GÉOMÉTRAL
d'une Houillère
DU DISTRICT DE NEWCASTLE
(Angleterre)
Dressé par Mr Simonin
d'après Ponson.
Échelle de 1/5000

rationnellement conduit à se demander à quelle époque
les houillères seront épuisées, et quel combustible remplacera la houille après sa disparition totale : double problème comme il ne s'en était jamais présenté jusqu'ici
d'analogue dans l'évolution des sociétés.

Examinons l'une après l'autre chacune de ces intéressantes questions.

La durée de l'exploitation des houillères que les géologues avaient d'abord fixée à des milliers d'années, pour
des productions qui n'étaient pas le quart de celles dont
il s'agit aujourd'hui, ne dépassera peut-être pas cinq ou
six cents ans. On peut même affirmer hautement que
dans les pays incessamment fouillés de l'Europe, l'extraction souterraine du combustible minéral n'ira pas
certainement jusqu'à la moitié de cette durée. Ainsi, en
septembre 1863, sir William Armstrong, président annuel
de l'*Association britannique*, démontrait que dans deux
siècles toutes les couches de houille du Royaume-Uni seraient entièrement épuisées. Nous savons que sir Roderick
Murchison, présidant à son tour l'Association, a rappelé en
1865 les calculs de son prédécesseur et en a confirmé les
résultats.

Tout au plus pourrait-on porter ce chiffre au double ou
au triple pour des pays comme l'Amérique du Nord, dont
les immenses gisements restent presque encore vierges.
Mais sur ce point comme dans toutes les autres contrées
houillères de l'Asie, de l'Afrique, etc., le charbon ne pourra
jamais s'appliquer, sauf des cas tout exceptionnels, qu'aux
consommations locales. D'ailleurs la houille, du moins
quand on veut l'employer aux grandes opérations industrielles, n'est pas matière de si grand prix qu'elle puisse
supporter de très-longs transports, même par mer. Aujourd'hui, dans l'Océan Indien, à l'île Maurice, à l'île de

la Réunion, où il y a des dépôts de charbon anglais, la marine à vapeur seule consomme le combustible minéral. Pour les sucreries et autres usines indigènes, le prix en est trop élevé. A Suez, dans la mer Rouge, nous avons vu ce prix monter à cent francs par tonne.

Faut-il admettre que le chiffre de la consommation, dans la plupart des États européens, finira par diminuer quelque jour, quand tous les réseaux de chemins de fer, partout achevés, exigeront la fermeture de quelques-unes de nos usines métallurgiques; quand on aura suppléé par une autre matière au charbon minéral pour la fabrication du gaz d'éclairage? Mais cet abaissement dans la consommation sera-t-il bien notable, et le surplus du combustible, exigé par le plus grand nombre de locomotives et de bateaux à vapeur, ne viendra-t-il pas détruire en partie d'un côté l'économie produite de l'autre?

Il y a donc, dans l'épuisement certain des houillères, épuisement qu'un calcul mathématique, dont nous avons maintenant tous les éléments, permettrait presque d'indiquer à jour fixe pour chaque localité, et auquel rien ne semble jusqu'ici pouvoir parer, une question à la fois des plus graves et des plus curieuses. Cette question, sans être précisément menaçante pour la génération actuelle, et quelques-unes de celles qui la suivront, ne mérite pas moins de fixer dès aujourd'hui l'attention, et appelle le plus sérieux examen. C'est l'avis de l'Angleterre et de la Belgique elle-même, qui dressent en ce moment le bilan de leurs richesses minérales, et cubent leurs forêts souterraines.

Dans toutes les houillères, la question est à l'ordre du jour : on s'inquiète des moyens d'extraire le charbon jusqu'à mille mètres et plus de profondeur; et de minces couches de combustible, des qualités de houille médiocres, dont on ne faisait nul cas, il y a vingt ou trente ans, sont aujourd'hui considérées comme parfaitement aptes à l'exploitation et à la vente. On tire parti de tout pour mourir le plus tard possible. On fait les plus grandes économies, on a recours aux mécanismes les plus parfaits, les plus ingénieux, pour rendre le prix de revient minimum.

En adoptant tous les perfectionnements, comme en explorant mieux, en étudiant mieux les houillères, on retardera, mais on n'empêchera pas la disparition du charbon minéral. Un jour ou l'autre, les bassins houillers fussent-ils dix fois plus étendus, dix fois plus nombreux qu'on ne le suppose aujourd'hui, cette disparition de la houille aura lieu. Ce jour à venir est une seconde dans la durée infinie des siècles, découvrît-on de nouveaux gîtes houillers en cent lieux divers, trouvât-on le moyen d'exploiter économiquement la houille au delà de mille mètres, et de résoudre pratiquement les difficultés sans nombre que l'aérage, l'extraction, l'épuisement, présenteront à ces énormes profondeurs.

La machine à vapeur, dont le combustible minéral est à vrai dire le pain quotidien, la machine à vapeur pour laquelle on exploite surtout le charbon, ne saurait elle-même être avantageusement remplacée. Cet admirable et merveilleux engin, tel qu'il est sorti tout entier de la tête de Watt, un des plus grands génies dont s'honore l'humanité, reste, sauf le perfectionnement des détails, auxquels on travaille tous les jours, le dernier mot de la mécanique moderne. Les recherches récentes entreprises par tant de savants sur l'*équivalent mécanique* de la chaleur, ne démontrent-elles pas, du reste, que la force que restitue le combustible à la machine à vapeur, n'est que le produit de la chaleur solaire condensée dans le carbone qui a formé la houille à l'époque des temps géologiques? Ces mêmes recherches ne prouvent-elles pas que ces trois agents, lumière, chaleur et force, ne sont que les trois manières d'être d'un seul et même agent, et que, par conséquent, vouloir substituer quelque chose à la houille dans le chauffage des chaudières à vapeur, ou compter sur la découverte d'un nouvel agent moteur économique, ce serait vouloir substituer le carbone au carbone, ce qui nous conduit à tourner dans un cercle vicieux, à moins de retomber sur des matières carbonées, comme le pétrole? « Ce n'est pas la puissance de la vapeur, disait le grand ingénieur Robert Stephenson [1], en voyant s'avancer un convoi, qui entraîne cette locomotive, c'est la chaleur solaire; c'est elle qui a fixé le carbone dans les plantes qui à leur tour ont formé la houille, il y a des millions d'années. » Ainsi rien ne se crée, rien ne se perd dans la nature, pas plus la force que la matière, et les locomotives, comme le disait encore Stephenson, ne sont que les *chevaux du soleil.*

Il est certainement rationnel de chercher une machine calorifère parfaite pour économiser le plus possible, dans la production de la vapeur, sur la consommation de la houille, dont la plus notable partie va se perdant en fumée. L'économie ainsi réalisée serait notable, car souvent on n'utilise pas plus du dixième de la puissance calorifique ou motrice du charbon. En ce sens, on peut donc dire que notre meilleure exploitation sera l'économie que nous ferons un jour dans les quantités de houille communément employées. Quant à l'adoption d'un nouveau moteur, l'expédient qu'on a indiqué quelquefois n'est guère consolant, puisqu'on a proposé les chutes du Niagara pour faire marcher toutes les manufactures du monde qu'on voudrait

---

1. Le fils de Georges Stephenson, créateur avec son père des premiers chemins de fer anglais.

concentrer dans leur voisinage. On se servirait alors de l'eau, soit directement, soit pour comprimer l'air, et obtenir de cette dernière façon le plus avantageux et le plus économique des moteurs. Tout cela est très-bien en théorie, mais peu applicable en pratique. D'ailleurs, imposer aux usines le voisinage d'un cours d'eau, ce n'est pas seulement remonter vers le passé, c'est encore rendre aujourd'hui bien peu d'établissements possibles. Ce n'est que dans des cas tout particuliers, comme celui, par exemple, du percement des Alpes, que l'emploi de l'air comprimé devient utilement et économiquement applicable.

On ne saurait non plus opposer aux machines à vapeur les machines électro-motrices auxquelles on avait pensé un moment il y a quelques années, et qui sont restées et resteront à l'état de joujets mécaniques [1]; non plus que les machines à gaz, à air dilaté, autour desquelles on a fait récemment tant de bruit. Ces dernières ne consomment-elles pas, pour une force donnée, beaucoup plus de combustible, souvent trois et quatre fois plus que la machine à vapeur ordinaire? Si elles l'emportent quelquefois sur celle-ci, notamment pour de petites forces, par exemple la machine Lenoir, n'est-ce pas simplement à cause de dispositions particulières, et non à cause de l'économie du combustible qu'elles ne réalisent jamais? Encore moins faut-il songer aux machines par explosion qui, de leur nature, ne sont guère susceptibles d'application, hormis pour le tir des projectiles. Les machines où l'on voudrait produire la vapeur par le frottement n'offrent qu'un intérêt de curiosité ; les machines à vapeurs combinées,

---

1. Un ingénieur français, M. Aristide Dumont, a calculé que le cheval électro-magnétique coûte 20 fr. par heure, tandis que le cheval-vapeur ne coûte que 10 centimes.

si ingénieuses, si bien agencées, surtout celle de M. du Tremblay, n'ont fourni que des preuves à peu près négatives, ainsi que les machines à air chaud, même celle d'Éricson [1].

Ainsi, en l'état de nos connaissances, on ne saurait remplacer la machine à vapeur par rien de plus simp.e et de plus complet. A quoi donc empruntera-t-on la force mécanique et le combustible lui-même quand la houille aura disparu, ou sera devenue trop coûteuse par suite d'une trop grande profondeur au-dessous du sol, ou de l'éloignement des derniers gîtes des centres de consommation? La question semble jusqu'ici insoluble, et la science est à peu près muette sur la façon de satisfaire au problème. Les uns parlent du reboisement des forêts et du combustible végétal pour remplacer un jour la houille, comme celle-ci avait remplacé le bois; mais le monde ne recule pas. Au reste, n'avons-nous pas dit qu'il avait été prouvé que la surface entière de l'Europe, couverte de forêts, ne suffirait plus aujourd'hui aux besoins de l'industrie, et ne donnerait pas annuellement, en bois et charbon de bois,

---

1. On appelle machines à vapeurs combinées ou mieux machines binaires celles où l'on emploie la chaleur perdue de la vapeur d'eau, après qu'elle a agi sur le piston du cylindre, à vaporiser un liquide plus volatil que l'eau, tel que l'éther, le chloroforme, etc., qui opère à son tour par sa détente sur un autre cylindre. On économise ainsi, pour une force donnée, jusqu'à cinquante pour cent de houille. M. du Tremblay, un de nos plus savants mécaniciens, s'est surtout fait remarquer dans l'invention de ces machines; mais il a lutté contre des difficultés presque insurmontables : la nature explosible des liquides employés, et la résistance qu'ils opposent à la condensation dans les températures estivales et torrides.

Dans les machines d'Ericson, l'air chauffé agit par sa force élastique sur le piston du cylindre à la façon de la vapeur d'eau. En sortant, il cède toute sa chaleur à un treillis métallique très-serré, par lequel arrive à son tour l'air froid qui s'échauffe en traversant le treillis, puis en passant sur un foyer. Ce système, aussi économique qu'ingénieux, n'a pu sauver la machine Ericson, que la fréquence des réparations provoquées par la nature même de l'invention, a fait rejeter dans la pratique.

une quantité équivalente à celle de houille consommée ? Il y a aussi le pétrole. Peut-être suppléera-t-on dans bien des cas à la houille par cette matière, dont on a découvert de si vastes, de si riches gisements aux États-Unis; mais elle ne sera jamais aussi abondante que le charbon, et l'extraction n'en sera pas non plus d'aussi longue durée.

Au lieu d'en appeler au bois et au pétrole, il faudrait chercher, de préférence, à décomposer *économiquement* l'eau et les calcaires, si abondamment répandus sur toute la surface du globe. L'eau renferme les deux éléments de la plus vive chaleur, l'oxygène et l'hydrogène; le calcaire, l'acide carbonique et partant le carbone. Il faudrait aussi tenter de découvrir un nouveau moteur dans l'application rendue usuelle, s'il était possible, de l'air comprimé. Pour atteindre ces différents buts, la chimie, la physique et la mécanique devraient entrer résolûment en campagne, les deux premières en sondant plus intimement le mystère de la combinaison des corps et celui de l'électricité; la mécanique, en arrivant au moyen de comprimer l'air autrement que par le feu ou le voisinage des cours d'eau. Qui sait si quelques moteurs naturels, mis si généreusement à notre disposition par la nature, le vent, les marées, ne trouveraient pas là quelque application cachée?

Enfin on ne peut nier, que l'on soit ou non partisan de l'hypothèse du feu central, qu'il y a pour ainsi dire sous nos pieds de nombreuses sources de calorique. Les eaux thermales, qui atteignent souvent la température de l'eau bouillante; les eaux chaudes, remontant par les puits artésiens; les gaz combustibles, que les Chinois vont chercher sous le sol avec la sonde, ou les vapeurs à cent degrés de température, que ramène également la tarière dans les *soffioni* de la Toscane, tout cela semble démontrer qu'il y a sous l'écorce terrestre un réservoir de calorique inépuisable qui n'attend qu'un moyen d'écoulement continu.

En présence de l'épuisement certain des houillères, et de la nécessité de suppléer au combustible fossile par des procédés moins délicats que ceux que l'on vient de passer en revue, il y aurait, selon nous, une véritable découverte à faire, ce serait celle qui consisterait à utiliser, à condenser l'immense chaleur perdue du soleil, en un mot à *mettre le soleil en bouteilles*. Cette solution, que nous indiquait naguère plaisamment un homme familier avec toutes les spéculations de la science, nous l'avons, à notre tour, adoptée avec une entière conviction [1]. Les Anglais n'ont-ils pas dit les premiers que le charbon « c'est du soleil en cave? » Que devient toute la chaleur que l'astre de feu verse inutilement dans les longs jours d'été sur notre sol, dans nos villes, sur nos places? On pourrait donc un jour

---

1. « — Ainsi, vous voulez mettre le soleil en bouteilles? me disait un jour un incrédule.

— Je le veux, et j'en indique les moyens.

— Comment cela?

— N'emmagasinez-vous pas le froid, qui n'est qu'une chaleur négative, si l'on peut ainsi parler? Eh bien! vous emmagasinerez aussi la chaleur solaire.

— Je vous écoute.

— Suivez bien mon raisonnement: exposez au soleil des boules d'argile réfractaire capables de s'échauffer jusqu'au rouge blanc sans se fondre. Dirigez sur elles les rayons solaires avec un miroir réflecteur, vous n'atteindrez pas la température du rouge, loin de là; mais l'argile concentrera, pour ainsi dire, une partie des rayons qui tomberont sur elle. Conservez ces boules ainsi chauffés dans un four *ad hoc*, comme vous mettez la neige dans les glacières. Dans celles-ci, vous empêchez l'accès de la chaleur extérieure par de doubles enveloppes comblées de paille, etc. Le même procédé vous servira, pour vos boules chauffées, à empêcher la diffusion, la déperdition de la chaleur intérieure. La physique ne vous enseigne-t-elle pas que la paille, la laine, la plume, en un mot tous les objets qui retiennent et gênent les mouvements de l'air, que l'air lui-même emprisonné, sont mauvais conducteurs du calorique?

— Où voulez vous en venir?

— Je termine et vous allez comprendre. Je vous livre mon secret sans

retourner aux miroirs d'Archimède et renouveler à ce sujet les étonnantes expériences de combustion qui ont été refaites par Buffon ou ses disciples sur la foi du géomètre grec; mais ici encore l'essai ne semble guère tout d'abord applicable en pratique. Se servir en industrie du soleil comme combustible avec des miroirs réflecteurs qui en concentrent et renvoient les rayons, n'est-ce pas supposer la présence quotidienne, sinon continue de cet astre, ce qui nous reporte à certaines régions du globe où jamais il ne pleut, mais où la vie civilisée n'a guère fait son apparition? Ne sont-ce pas lieux encore moins propices que les chutes du Niagara à la grande industrie moderne?

Quoi qu'il en soit, c'est dans le soleil sans doute que réside le combustible de l'avenir. Les plus récentes découvertes faites en physique sur la chaleur autorisent cette manière de voir, et elle dérive pour ainsi dire naturellement des curieuses expériences qui, en Allemagne, en Angleterre et en France, ont illustré les noms de tant de

demander aucun brevet. Voilà donc vos boules conservées chaudes en magasin. Je suppose que vous vouliez faire bouillir de l'eau. Vous jetez dans votre chaudière ou votre marmite, suivant qu'il s'agit d'une machine à vapeur ou d'un pot au feu, une, deux, dix, douze, quinze boules, et votre eau entre en ébullition. En Californie, j'ai vu ainsi les Indiens faire bouillir de l'eau dans des paniers en osier si bien tressés, soit dit en passant, qu'ils ne laissent rien filtrer au travers. Sans doute les Indiens ne font pas usage de la chaleur solaire, bien qu'en Californie, où la température, l'été, s'élève jusqu'à cinquante degrés centigrades, on se brûle quelquefois les mains en voulant toucher à des cailloux de couleur sombre, sur lesquels tombe le soleil; mais les Indiens emploient des pierres qu'ils ont exposées au feu. Ils les jettent dans l'eau une à une, et l'eau bout en peu d'instants. On m'a dit que les Russes élevaient de même à volonté la température de leurs bains, ce qui vaut mieux que les moyens primitifs dont nous faisons encore usage à Paris.

— Je vous comprends maintenant; vous en êtes avec vos boules au point où en était Archimède avec ses miroirs.

— Je ne l'ignore point, mais un proverbe dit: qui vivra, verra. »

physiciens. Dans tous les cas, on peut dire que l'extinction des houillères ne marquera pas la fin du monde, au moins du monde civilisé. Il y a là, comme pour le fer, comme pour les métaux, si indispensables aux progrès de la civilisation, une sorte d'*harmonie préétablie* qui a réglé toutes choses bien mieux que celle imaginée par le philosophe allemand. Il faut aussi en cela être un peu partisan des causes finales. Si le fer et le charbon, créés pour ainsi dire de tout temps, n'ont été réellement exploités d'une façon active et suivie qu'à notre époque, et si l'on peut presque en annoncer la disparition prochaine, surtout pour le charbon, qui ne se réemploie, qui ne se retrouve pas comme le fer, on peut assurer aussi qu'après la houille nous découvrirons quelque chose d'équivalent, fût-ce dans le soleil. C'est donc vers cet astre que devront se tourner les futurs chercheurs, et il en naîtra bientôt par centaines, quoique l'on ne puisse dire encore dans quel sens précis les recherches devront être poursuivies. Le germe de chaque grande invention, inerte pendant des siècles, éclôt à son heure, et de même que l'éolipyle de Héron d'Alexandrie a près de deux mille ans attendu que Savery, Newcomen et surtout Watt naquissent pour en tirer la machine à vapeur, de même les miroirs d'Archimède semblent destinés à montrer aux inventeurs futurs la voie dans laquelle ils devront chercher le nouveau combustible de l'industrie. A ceux qui émettraient des doutes à ce sujet, se fondant sur l'impossibilité d'une telle application du soleil, nous répondrons : « Qui eût jamais pensé, en voyant le couvercle d'une marmite se soulever sous la pression de la vapeur d'eau, qu'il y eût là le germe de la force la plus formidable? »

Le soleil est donc sans doute le combustible de l'avenir, et les régions torrides, aujourd'hui presque désertes, ver-

ront peut-être quelque jour les peuples civilisés émigrer
en masse vers elles, comme autrefois les Barbares en
Europe. Que ces prévisions paraissent ou non para-
doxales, il est certain, on le répète, que le monde ne périra
pas faute de charbon; et si jamais une preuve éclatante
aura été donnée de la vigueur du génie humain, ce sera
certainement le jour où la découverte d'un nouveau combustible, si ce n'est l'application du soleil aux usages
calorifiques industriels, aura illustré la science, fière déjà
de tant de grandes découvertes.

DEUXIÈME PARTIE

LES MINES DE MÉTAUX

DEUXIÈME PARTIE.

LES MINES DE MÉTAUX.

I

LES ÉTAPES DE L'HUMANITÉ.

L'homme primitif. — *L'âge de pierre.* — Découverte du feu. — Les temps antéhistoriques. — *L'âge de cuivre.* — L'étain. — Naissance de la métallurgie. — Tyr et Sidon. — *L'âge de bronze.* — Découverte du plomb, de l'argent, du mercure. — Le premier forgeron : Tubalcaïn ou Vulcain. — *L'âge de fer.* — Le rêve des alchimistes. — Découverte de la fonte, invention des canons. — Merveilleux progrès. — Phase actuelle de l'âge de fer. — L'acier. — Fonction des métaux précieux. — Les petits métaux et les petites planètes.

Qui n'a songé quelquefois au rôle que jouent les métaux dans la vie des nations? Des plus précieux aux plus vils, des plus rares aux plus communs, ils remplissent tous une fonction en quelque sorte déterminée, et le progrès matériel ne se fait que par eux. L'histoire des métaux forme la véritable histoire des inventions et du travail.

L'homme primitif, celui que les découvertes récentes de la géologie permettent désormais d'appeler l'homme fossile, était réduit à tout fabriquer, ses armes, ses ustensiles, ses outils, avec des os ou des cailloux. Le plus souvent il prenait des éclats de silex, qui d'abord restèrent bruts, puis furent simplement ébauchés, enfin polis. Le premier homme pétrissait aussi l'argile grossièrement, et ne la cuisait qu'au soleil.

L'ours et l'hyène des cavernes, l'éléphant chevelu, le cerf aux grandes cornes, lui disputaient sa place et sa nourriture, et il avait peine, avec ses armes grossières, à se défendre contre leurs attaques. Vainqueur, il se repaissait de leur chair crue, car il ne connaissait pas le feu. La peau de ces animaux, cousue avec les tendons, lui servait de vêtement ; sur leurs os il gravait quelquefois leur image, et dans ces tâtonnements naïfs apparaissait déjà comme l'origine de l'art.

Combien de temps dura cette enfance de l'humanité, cette époque qu'on a si bien caractérisée du nom d'âge de pierre, car l'homme ne connaissait alors aucun métal ? Des savants ont essayé de fixer des chiffres ; les résultats auxquels ils sont arrivés effrayent l'imagination. Est-il possible que ces temps de primitive sauvagerie aient duré un millier de siècles, cent mille ans ? La géologie le démontre, et la haute antiquité de l'homme est maintenant un fait reconnu. D'ailleurs l'histoire écrite ne date que d'hier pour tous les peuples civilisés, et quelques-uns des enfants de la grande famille humaine, les Polynésiens par exemple, en sont toujours restés à l'âge de pierre. Le temps de la barbarie peut donc éternellement durer.

La civilisation n'a partout commencé qu'avec la découverte du feu et des métaux. Le feu ! La mythologie grecque, toujours pleine de poétiques images, ne disait-elle pas

que Prométhée l'avait ravi au ciel? C'est sans doute la foudre
qui l'aura fait connaître aux hommes pour la première fois;
elle aura même incendié des forêts où couraient des filons
métalliques, si bien que le feu et le métal auront été à
la fois découverts, le métal purifié par le feu de la partie
pierreuse ou gangue qui le souillait. Les auteurs de l'antiquité prétendent que la chaîne métallifère des Pyrénées
(en grec, les *monts brûlés*) devait son nom à un phénomène météorologique de ce genre.

Il y a d'autres explications de la découverte du feu. Le
champ des conjectures est vaste; les premiers hommes ne
nous ont rien appris à ce sujet. Ainsi le feu peut même
avoir été connu de tout temps par les éruptions et les
coulées volcaniques. Les peuples éloignés des volcans l'auront peut-être découvert à la suite d'incendies allumés
sinon par la foudre, au moins par l'ignition spontanée des
bois, après des étés brûlants, sans pluie, sans humidité,
comme il arrive encore aujourd'hui en Algérie, en Californie. Il est possible aussi que la première étincelle
qui aura jailli d'un corps au choc du silex, dont l'homme
de l'âge de pierre faisait un si fréquent emploi, ait mis sur
la voie de l'invention du feu. Enfin, la découverte aura pu
être faite en frottant très-vivement l'un contre l'autre deux
morceaux de bois sec, moyen toujours employé par les
peuples sauvages.

Quel qu'ait été le chemin parcouru pour arriver à cette
merveilleuse invention, il est certain que de celle-ci à celle
des métaux il n'y a qu'un pas. Cependant, la découverte de
l'or doit être aussi ancienne que celle du silex. En ce sens,
la fable touche aux faits réels quand elle cite l'âge d'or
comme le premier âge de l'humanité. Le précieux métal est
presque partout répandu à la surface de la terre, dans les
sables des cours d'eau. L'éclat, la couleur de l'or attirent

immédiatement l'œil ; mais l'homme antédiluvien n'avait que faire de ces paillettes brillantes disséminées dans le sable (pl. I, fig. 2). Il ne pouvait encore les travailler, ni même les joindre ou les souder ensemble ; et quand la femme sa compagne, qui certainement se mettait déjà en frais de coquetterie, voulait ajouter aux charmes qu'elle avait reçus de la nature, c'était au moyen de coquillages réunis par un fil qu'elle se fabriquait des bracelets, des colliers ou des pendants d'oreilles.

Si la découverte de l'or resta, du moins au début, sans influence sur la civilisation de l'espèce humaine, il n'en fut pas de même de la découverte des métaux usuels. En possession de ces derniers, d'abord le cuivre et l'étain, puis le fer, l'humanité fit tout à coup les plus rapides progrès, et dès lors commença l'histoire. Jusque-là la légende, la tradition ne nous ont transmis que des fables, une mythologie ténébreuse que les érudits n'ont pas encore tout à fait débrouillée. Ce sont les temps qu'on a nommés antéhistoriques, l'âge d'or des anciens, l'âge de pierre de la science actuelle, qui se confondent avec les derniers temps géologiques.

L'invention du cuivre et celle de l'étain ont évidemment précédé celle du bronze, qui n'est qu'un alliage de cuivre et d'étain. Le cuivre aura été découvert, soit à l'état de métal naturel ou natif, comme disent les minéralogistes (pl. II, fig. 1), soit en combinaison avec des substances pour lesquelles il n'a qu'une faible affinité, et dont le feu et le charbon suffisent à le dégager, telles que l'oxygène ou l'acide carbonique. Les minerais [1] de cuivre oxydulé, oxydé, carbonaté (pl. II, fig. 2, 3 et 4) sont dans ce cas. Mis en présence du bois ou du charbon

---

1. On donne ce nom aux minéraux dont l'industrie peut tirer parti, et plus généralement aux minéraux métalliques.

L'OR, L'ARGENT, LE PLATINE ET LE MERCURE.

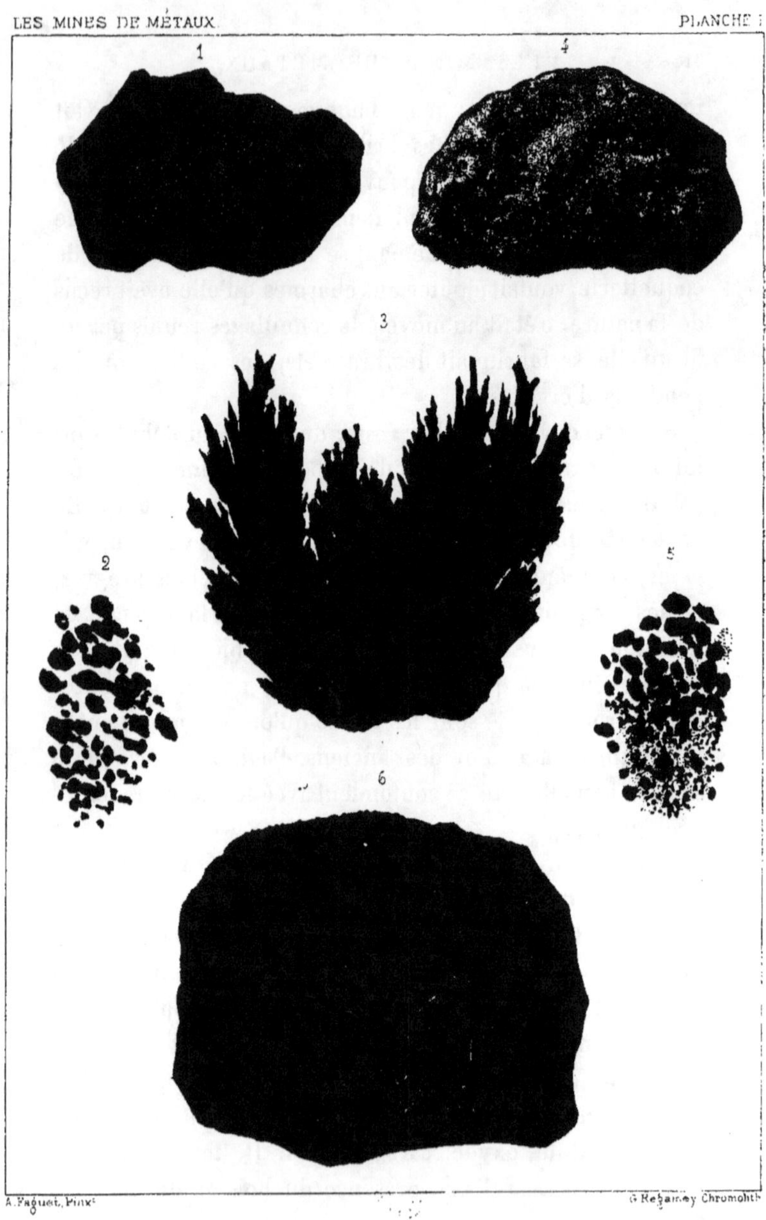

A. Faguet, Pinx.   G. Regamey Chromolith.

1. Or en pépite, de la Plume (Californie).
2. Or en paillettes, de Victoria (Australie).
3. Argent filiforme, de la source (Mexique).
4. Platine en pépite, de Choco (Nouvelle Grenade).
5. Platine en paillettes, de l'Oural (Sibérie).
6. Mercure ...

Librairie de L. HACHETTE & C.ie à Paris   Imp. ...

de bois à une haute température, ils se réduisent en cuivre métallique. Le métal se présenta aux premiers fondeurs dans un état d'assez grande pureté, caractérisé par sa belle couleur rouge. Il s'étendait facilement par le battage au marteau de pierre en lames ou en fils; mais il n'était pas assez dur pour recevoir des emplois immédiats bien nombreux.

Les minerais qui viennent d'être cités, forment la partie supérieure des filons, ce qu'on appelle la tête, le chapeau ou l'affleurement; c'est celle qui se montre au jour. Le ton rouge, irisé, chatoyant, particulier au cuivre natif ou oxydulé, dut frapper dès l'abord les yeux, non moins que l'aspect noirâtre du cuivre oxydé, et plus encore les teintes bleues et vertes des carbonates de cuivre. Ces derniers doivent même à la couleur qui les distingue d'être non-seulement des minerais aisément reconnaissables, mais aussi des pierres d'un certain prix, qui ont été de tout temps employées soit par la joaillerie, soit par la peinture.

Après avoir fouillé les affleurements, les mineurs furent naturellement conduits à interroger en profondeur les filons cuprifères. Alors, au lieu d'un minerai d'habitude décomposé, altéré par l'oxygène et l'acide carbonique de l'air, et d'un poids relativement faible, ils rencontrèren une substance intacte, d'une couleur jaune étincelante (pl. II, fig. 5), d'une grande densité, le cuivre dit pyriteux ou sulfuré, parce qu'il est une combinaison de cuivre et de soufre [1].

Un premier pas venait d'être fait dans l'exploitation des mines métalliques, un pas plus grand restait à faire dans

---

1. La véritable composition du cuivre pyriteux consiste en parties à peu près égales de cuivre, de soufre et de fer, trente à trente-trois pour cent de chacun de ces corps.

l'art de traiter les minerais, dans la métallurgie. Qui le premier apprit à l'homme à fondre le cuivre pyriteux, aujourd'hui encore si rebelle à nos fourneaux? Qui enseigna au fondeur qu'il fallait d'abord griller ce minerai avant de le fondre, c'est-à-dire le calciner, le torréfier à l'air, pour le débarrasser en partie du soufre qu'il contenait? Ou plutôt le minerai ne fut-il pas jeté tout simplement dans le foyer sans aucune préparation, puis purifié par des refontes successives? Immense série d'indécisions, de recherches, dans lesquelles se formèrent les premiers chimistes, et où le métal, allié à d'autres métaux, et par cela même plus dur bien que plus cassant, se présentait au fondeur avec presque toutes les qualités requises pour les emplois usuels.

Comme il est rare que les minerais de cuivre pyriteux ne soient pas mélangés à d'autres, c'était un cuivre impur qu'on obtenait, allié très-certainement à du plomb, du zinc, mais surtout du fer à cause de la composition même de la pyrite cuivreuse. L'étain, n'ayant pas été introduit directement dans l'alliage, ne devait s'y présenter que très-accidentellement. Dans tous les cas, ce fut là le premier bronze, le premier airain.

Qui pourrait dire maintenant le cycle immense qui sépare cette découverte de celle du véritable bronze, cet alliage de cuivre et d'étain à doses calculées, étudiées, dont l'antiquité fit un si grand et si remarquable emploi? Dans quel pays ont paru les premiers mineurs qui ont fouillé et fondu l'étain? Ce métal a-t-il été trouvé d'abord dans l'Inde, où Banca et Malacca fournissent encore aujourd'hui si abondamment tous les marchés du monde? Est-il venu du Cornouailles britannique ou de l'Armorique gauloise, voisine et sœur de celui-ci? Ces deux pays sont riches en minerais d'étain qui n'ont jamais cessé d'être exploités, et même les anciennes alluvions stannifères, remuées, bouleversées par les mineurs aborigènes existent toujours.

Que ce soit l'Inde, la Gaule ou la Bretagne qui aient été les premières pourvoyeuses du métal, il est hors de doute qu'elles contribuèrent toutes trois, les deux dernières exclusivement par la suite, à l'approvisionnement en étain du bassin méditerranéen. Le minerai, si facile à distinguer à sa couleur et à son poids (pl. IV, fig. 5), était séparé par un simple lavage des sables qui le contenaient, puis traité par le feu. Comme ce n'est qu'une combinaison d'étain et d'oxygène, ce qu'on appelle l'étain oxydé, la fusion au charbon de bois isolait immédiatement le métal. C'est encore aujourd'hui le même traitement qu'on emploie.

Dès ces temps reculés, antérieurs à la guerre de Troie, et qui marquent comme la limite entre la fable et l'histoire, les premiers navigateurs de la Méditerranée, les Phéniciens, franchissaient les colonnes d'Hercule et venaient aux Cassitérides [1] ou à l'île Vectis [2], échanger les produits de l'Orient contre l'étain des Celtes et des Bretons. Ces hardis marchands, ces rois de la mer, comme les appelle la Bible, allaient plus loin encore ; ils remontaient jusque dans la Baltique pour chercher l'ambre ; puis, à travers mille périls, reprenaient la route de leur pays. A Tyr, à Sidon, on alliait le cuivre fourni en quantité par les gîtes de l'Asie Mineure et de l'île de Chypre [3], avec l'étain rapporté de la Gaule et de la Bretagne, et l'on obtenait le bronze ou l'airain. Homère cite l'airain de Sidon. Qui le premier eut l'idée de faire l'alliage ? Fut-ce un marchand phénicien, qui avait acheté non-seulement l'étain des mi-

1. Les îles à l'embouchure de la Loire ou les Sorlingues ?
2. L'île Saint-Michel des Anglais ou l'île de Wight ?
3. C'est du nom de cette île qu'on a fait en latin celui de cuivre, *cuprum*

neurs bretons, mais encore le cuivre, que les mines du Cornouailles produisaient alors et produisent encore en quantités considérables ? Fut-ce un fondeur de l'Armorique ? L'antiquité, chose étrange, n'a pas cherché à débrouiller le fait, ne l'a même jamais mentionné. Pour tous les auteurs grecs ou latins, le bronze (*æs* ou *chalcos*) est un métal simple, directement obtenu du minerai. Cependant l'analyse chimique nous révèle que c'est un alliage de cuivre et d'étain, le plus souvent à doses calculées, et variables avec l'objet qu'on voulait obtenir, arme, médaille ou statue. Sans doute les corporations de fondeurs avaient intérêt à ne pas dévoiler leurs formules.

La découverte de cet alliage de cuivre et d'étain, quelle que soit la façon dont les anciens y sont parvenus, détermine dans l'histoire de l'humanité une période autrement mémorable que celle que nous avons déjà signalée, dans la première partie de ce livre, au sujet de l'emploi étendu de la houille. Pour bien comprendre le phénomène immense qui s'opère alors dans la marche du progrès, il faut résumer tout ce qui a été dit précédemment.

La taille et le polissage du silex, le pétrissage de l'argile, des essais de gravure sur des os, ont marqué, dans le développement de l'espèce humaine, une première période intellectuelle et artistique, celle que nous avons nommée avec tous les archéologues l'âge de pierre. C'est dans cette première période que le langage aura été inventé, si l'homme ne l'a pas reçu en naissant. Puis est venue l'invention du feu et avec elle la découverte du cuivre, ou plus généralement de l'exploitation des mines et de la métallurgie, deuxième étape, que l'on pourrait appeler l'âge de cuivre, pendant laquelle nous supposerons, si l'on veut, que l'écriture aussi a été trouvée pour *peindre* la parole. La troisième étape est maintenant marquée par la

découverte de l'étain et bientôt de son alliage avec le cuivre, le bronze. Les fondeurs durent apprendre de suite à tremper le nouveau métal, c'est-à-dire à le durcir en l'immergeant brûlant dans l'eau, puis à le forger ou à l'assouplir par le battage. Tous les outils, presque tous fabriqués ou entrevus par l'homme des âges précédents, le marteau, l'enclume, le ciseau, le levier, furent désormais confectionnés avec le bronze trempé et forgé, de même que la scie, le coin, le couteau, la hache, l'hameçon, l'aiguille, jusque-là faits en silex ou en os. Rapide et immense conquête ! un nouvel âge s'ouvre, l'âge de bronze. Désormais l'essor de la civilisation est assuré; les beaux-arts vont véritablement prendre naissance. Le bronze peut suffire à tous les usages: on en fait le pic du mineur, le soc de la charrue, le ciseau du sculpteur, le marteau et le compas de l'architecte, le burin du graveur. Matière éminemment fusible, il se prête à toutes les formes, les plus élevées comme les plus vulgaires. Avec lui commence l'art du moulage. Il sert, en concurrence avec l'or, à créer la monnaie, base des valeurs, et donne naissance au commerce, qui jusque-là n'avait reposé que sur l'échange. Mais on en fait aussi des armes défensives et offensives, des pointes de flèche, de lance, des javelots, des épées, des boucliers, des cuirasses, des casques, et l'art de la guerre, aussi vieux que le monde, fait un pas de plus avec l'invention nouvelle. A chacune des étapes que nous allons encore parcourir, il en sera de même : la science de s'entre-tuer, comme l'appelait Montaigne[1], progressera en même temps que toutes les autres.

Trois métaux, le plomb, l'argent, le mercure, ont sans

____

1. « La science de nous entre-défaire et entre-tuer, de ruiner et perdre notre propre espèce, » telles sont les expressions imagées par lesquelles le grand philosophe désigne la guerre.

doute été trouvés en même temps que le bronze, et peut-être avant lui, c'est-à-dire avec le cuivre. L'argent, compagnon fidèle des minerais de plomb, a dû être découvert avec ce dernier métal. Le minerai plombifère le plus commun est la galène ou plomb sulfuré (pl. III, fig. 1). Il est brillant, comme le nom grec (γαλήνη, *galénĕ*) l'indique, bleuâtre, cristallisé. Au simple contact de la flamme, le soufre se dégage de l'état d'acide sulfureux, le plomb coule. La découverte s'est produite d'elle-même, dès que les hommes ont été amenés à faire subir l'épreuve du feu à toutes ces substances naturelles, lourdes, brillantes, métalliques, qui ont ensemble un air de famille, et composent ce qu'on nomme les minerais. Restait à trouver l'argent. Le métal natif est rare (pl. I, fig. 3). Le minerai, presque toujours complexe, est le plus souvent contenu, à l'état d'argent sulfuré, dans la galène; mais le plomb jouit de la curieuse propriété, en fondant, d'entraîner avec lui l'argent, et l'on obtient ainsi non du plomb pur, mais un alliage. Comment en isoler le précieux métal? Le plomb, en brûlant à l'air s'oxyde et coule à l'état de litharge ; l'argent, inoxydable, reste en un bouton brillant ; il faudrait une plus grande chaleur pour le fondre. Ainsi fut trouvé le métal frère de l'or, et du même jet la coupellation[1], procédé ingénieux que l'on trouve déjà mentionné dans la Bible, et par lequel l'argent est si aisément séparé de son allié minéralogique, le plomb.

A son tour, par quel moyen a été découvert le mercure? Le minerai ordinaire en est aussi un sulfure, le cinabre ou vermillon natif (pl. I, fig. 6). Cette substance est d'un très-beau rouge, cristallisée, brillante, mais plus souvent terreuse. Elle dut, comme la galène,

---

1. L'aire du fourneau où se fait cette opération dans les usines affecte la forme d'une énorme coupe ou coupelle, de là le nom donné au procédé.

LA FAMILLE DU FER.

A. Faguet pinx.   Beaurepaire et C.ie lith.

1. Fer oxydé pisolithique *de Berry (France)*.   3. Fer oxyde subactiforme *de Saxe (Prusse)*.

2. Fer oxyde irisé *de Cornouailles (Angleterre)*.   4. Fer oligiste *de l'île d'Elbe*.

5. Fer oxydulé ou aimant naturel *de Sibérie*.

être connue de bonne heure. Elle a comme elle la propriété de perdre son soufre par la chaleur. Le métal se vaporise aussi, mais se condense au contact d'un corps froid en globules mobiles : c'est le vif argent ou mieux l'argent liquide, l'*hydrargyros* des Grecs et des Romains. L'antiquité l'employa pur pour dissoudre l'or, et comme couleur à l'état de vermillon.

Un long temps s'est écoulé depuis l'invention du bronze, et le fer n'est pas encore trouvé. C'est que le bronze suffit à tous les besoins, aux arts de la paix comme à ceux de la guerre, c'est que l'airain devait être connu avant le fer, car il est plus facile à traiter :

> Et prior æris erat quam ferri cognitus usus,
> Quo facilis magis est natura[1]....

Cependant les mineurs avaient été frappés de bonne heure par l'aspect d'une roche terreuse, rouge, jaune ou noirâtre, assez pesante, tachant les doigts, abondamment répandue en certains pays et qui forme les minerais de fer oxydé (pl. VI, fig. 1, 2 et 3). Le jour où le métal fut enfin extrait de son minerai, la découverte fut complète ; elle l'emportait sur toutes les autres. Tous les peuples, dans leurs légendes, ont à leur tour célébré le premier forgeron. C'est le plus grand des inventeurs : il a trouvé l'art de fondre le minerai de fer et de souder le dur métal. La Bible le nomme Tubalcaïn, le fondeur; l'Égypte Ptha, le dieu du feu, dont la Grèce fait Héphaïstos ; Rome, Vulcain, et donne son nom aux volcans. Alors commence une nouvelle ère, l'âge de fer, dernière étape de l'humanité puisque nous la poursuivons encore, et dans laquelle s'accomplissent sous nos yeux de si étonnantes merveilles.

Que le travail de réduction du fer, qui est depuis passé

---

1. Lucrèce, *De rerum natura*, lib. V.

par tant de phases, et qui est toujours resté si délicat, dut
être pénible au début! Dans la cuve de pierre, formant
le foyer où le minerai et le combustible étaient mis en
présence, il fallut souffler l'air à force pour dompter la
roche réfractaire qui composait le minerai de fer. Les
courants d'air naturels, pénétrant librement par les ouvertures du fourneau, et auxquels on avait eu certainement
recours dans les opérations précédentes, étaient ici insuffisants. Quel fut le premier soufflet? Sans doute une outre
tour à tour comprimée et gonflée, ou bien un tronc d'arbre
évidé, dans lequel se mouvait un piston comme dans un
corps de pompe. Ces deux moyens si peu puissants, restes
de la primitive industrie de l'homme, sont encore en
usage chez les Malais et chez les nègres de l'Afrique. Tandis que les Polynésiens en sont restés à l'âge de pierre,
les Malais et les nègres ont à peine atteint le premier cycle
de l'âge de fer, et en ont gardé les naïfs outils. On dirait
que cela s'est fait à dessein, comme pour guider l'homme
civilisé d'aujourd'hui dans l'étude si ténébreuse des commencements de l'histoire de l'homme.

Le fer, dans le fourneau, ne coula pas. Terrible per-
plexité! Que fit alors le fondeur? Il prit la boule métallique, la battit à coups redoublés sur l'enclume, en exprima
la scorie comme on fait sortir l'eau d'une éponge. Le
métal, remis au feu, fut ensuite soudé, forgé[1]. Désormais
susceptible de nombreuses applications comme le bronze,
il entra dans la famille des métaux usuels. Dans l'art de la
guerre, grâce à ses qualités aciéreuses, il détrôna en
partie son rival. Les épées, les dards, les lances, les

---

1. Et ceci est toujours le procédé qu'emploient non-seulement les Malais
et les nègres, mais aussi les fondeurs pyrénéens, catalans, corses, berga-
masques, etc., depuis le temps immémorial où ils ont commencé à travailler
le fer.

1. Plomb sulfure de Freiberg (Saxe).
2. Plomb carbonate de Leadhills.
3. Plomb phosphate de ... Poullaouen (Bretagne).
4. Plomb chromate de Beresof (Sibérie).
5. Antimoine sulfure, de Felsöbanya (Hongrie).

Librairie de L. HACHETTE & Cie a Paris.   Imp Lemercier & Cie Paris

poignards, toutes les armes offensives se firent désormais en fer. Les boucliers, les casques, les cuirasses furent également fabriqués avec le nouveau métal, ou continuèrent à l'être en bronze. On ne découvrit pas de longtemps la fonte ou fer liquide; l'airain, pendant des siècles, garda le pas sur le fer pour certains emplois particuliers.

Faut-il, dans cette histoire des métaux, et arrivant au moyen âge, raconter le long rêve des alchimistes, qui ne songeaient à rien moins qu'à transmuter les corps les uns dans les autres, à faire de l'or avec du plomb, à changer les métaux ignobles en métaux nobles, comme ils disaient? Ce sont eux qui ont donné les noms des sept planètes alors connues, ou des astres supposés tels, aux sept métaux déjà cités, et fait usage pour les figurer de ces signes cabalistiques qu'ont conservés l'astronomie et la géologie. L'or, l'argent, le mercure, l'étain, le cuivre, le plomb, le fer, eurent ainsi pour parrains le Soleil, la Lune, Mercure, Jupiter, Vénus, Saturne et Mars [1]. Ils étaient représentés par les signes correspondants : le cercle, le croissant, le caducée, le trait de foudre, le miroir, la faux, la lance avec le bouclier. Les deux premiers métaux étaient les métaux nobles, les aînés, les hauts personnages de la famille ; les quatre derniers, les métaux ignobles, vils roturiers. Le mercure était placé entre les deux séries comme le merveilleux dissolvant qui devait un jour changer tous les métaux vils en métaux précieux. C'était là le secret à trouver, la clef de la science hermétique. Mais l'histoire du grand œuvre nous entraînerait hors des bornes de ce livre. Laissons

1. Le nom du mercure, la pyrite que les minéralogistes nomment *martiale*, le chlorure appelé en pharmacie *sel de Saturne*, la précipitation connue en chimie sous le nom d'*arbre de Diane*, conservent encore les traces de la nomenclature des alchimistes.

les souffleurs et leurs cornues, sans oublier toutefois que c'est à eux qu'on doit véritablement la chimie et la découverte de quelques nouveaux métaux, par exemple l'antimoine [1].

Nous ne pouvons non plus passer sous silence, en parlant d'une époque qui ne fut pas aussi stérile qu'on le croit en grandes inventions, la découverte de la fonte ou fer carburé fusible. La fonte sert tout d'abord à couler des boulets et des canons, car la poudre aussi vient d'être trouvée. Les Anglais font les premiers usage des nouveaux projectiles, et essayent à nos dépens, vers le milieu du quatorzième siècle, sur le champ de bataille de Crécy, l'effet de ces terribles engins.

Franchissons les siècles. Le haut fourneau, géant de pierres et de briques, où l'on produit la fonte, est depuis longtemps en marche. Partout on le chauffe avec le bois ou le charbon de bois. Malgré des ordonnances sévères réglementant l'aménagement des forêts, on prévoit le moment, déjà prochain, où le combustible manquera. On a tenté, mais toujours vainement, des essais de fusion au combustible minéral. Vers 1735, un maître de forges anglais, Abraham Darby, aidé d'un ancien berger, John Thomas, que le génie des inventions tourmente, trouve enfin le moyen d'appliquer la houille à la fusion du minerai. Coup sur coup l'art de traiter le fer, la sidérurgie, fait en Angleterre les plus étonnants progrès. Les fours à coke, pour l'épuration et la carbonisation du combustible fossile ; les fours à réverbère, pour l'affinage de la fonte ; les laminoirs, pour l'étirage du métal en feuilles, sont successivement inventés. Les grandes usines prennent naissance, animées par les appareils à vapeur, que Watt

----

1. Les sels d'antimoine, surtout l'émétique, jouissent de propriétés qui font maigrir, de là le nom donné au métal.

vient de compléter et de rendre définitivement pratiques.
La méthode anglaise de fabrication du fer passe sur le
continent, le progrès se poursuit. Pour économiser le coke,
on chauffe l'air lancé dans le foyer, et les gaz qui sortent
du fourneau servent eux-mêmes de combustible. La
France tient un rang glorieux dans le changement profond qui s'opère dans toute la métallurgie. Notre pays
dispute victorieusement à l'Angleterre la découverte du
marteau-pilon qui forge mécaniquement le métal.

La génération actuelle, apportant sa part dans ces transformations, voit naître à la fois les inventions de Krupp,
de Bessemer, pour la fabrication en grand de l'acier. Ce
nouveau fer, obtenu en masses considérables, change tout
à coup l'art de la guerre, comme le railway et la machine
à vapeur ont modifié les relations internationales. On a
vu ailleurs que la houille avait la première préparé ces
grands phénomènes, que nous revoyons ici complétés par
le fer. Insistons sur le rôle que joue maintenant l'acier.
Les fortifications littorales, les vaisseaux, s'en revêtent
comme d'une cuirasse impénétrable; les navires de guerre
y trouvent de plus l'élément de leur formidable éperon;
enfin les nouveaux canons se font en acier, et la portée
en dépasse toute limite. Mais les arts bienfaisants de la
paix doivent aussi leurs plus magnifiques développements
à la fonte, au fer et à l'acier. Aujourd'hui ces trois métaux sont partout; ils ont créé les routes nouvelles; ils ont
remplacé le bois dans la construction des navires et dans
celle des planchers et des charpentes; ils ont remplacé la
pierre dans l'établissement des piles et des tabliers de
ponts, des traverses de chemins de fer, des barrages et
des écluses opposés à l'eau, des colonnes qui soutiennent
les édifices. Dans le moulage, ils ont détrôné le bronze.
Aucun outil, aucune arme n'existe plus que par eux.

L'art des mines, l'agriculture, leur empruntent tous leurs instruments. Ils forment les organes de toutes les machines, et composent même les mécanismes les plus délicats. Nous entrons dans une nouvelle phase de l'âge de fer, qu'on pourrait appeler l'âge de l'acier, phase qui sera glorieuse entre toutes, car elle verra certainement, sinon la disparition de la guerre, au moins celle du travail abrutissant du manœuvre ou de l'esclave que bientôt les machines feront seules.

Mais si les métaux usuels, surtout le fer, se trouvent tellement liés aux progrès de la civilisation, qu'on ne saurait désormais concevoir sans leur moyen l'existence d'une société policée, à leur tour les métaux précieux remplissent en ce monde une fonction qui ne saurait nous échapper. Non-seulement ils sont devenus, par suite de qualités exceptionnelles, la rareté, l'inaltérabilité, le poids, les représentants exclusifs des valeurs ; ce sont eux aussi qui, dans tous les temps, par cette fascination qu'ils exercent sur l'esprit des foules, ont permis la colonisation des pays lointains. Sans invoquer ici ce qui s'est passé dans l'antiquité, à l'aurore des temps modernes, les deux Amériques, de nos jours la Californie et l'Australie, auraient-elles été si brillamment colonisées sans l'existence des mines d'or et d'argent? On sait quelles transformations miraculeuses ces deux métaux ont opérées dans tous ces pays, et il suffit en ce moment de le rappeler.

Précieux ou communs, les sept métaux des anciens sont encore les nôtres. Le plus indispensable de tous, le fer, est seulement passé par les phases d'où il est sorti si profondément modifié, celles de la fonte et de l'acier. En retour, comme si une acquisition devait se compenser par une perte, on ne connaît plus l'art de tremper et de forger le bronze.

Les métaux découverts au moyen âge ou de nos jours :
l'antimoine, l'arsenic, le zinc[1], le manganèse, le nickel,
le cobalt, le bismuth, le platine, et tout récemment l'aluminium, ne semblent pas appelés au rôle glorieux de leurs
aînés. Comme tant d'autres métaux que je ne cite pas,
trouvés depuis Lavoisier dans le laboratoire, quelques-uns
reconnus hier dans le soleil et bientôt après dans des substances terrestres, ils ne concourent qu'à des opérations
pour la plupart chimiques, et à la fabrication de certains
alliages. Trois d'entre eux seulement, le zinc, le platine,
l'aluminium, s'emploient à l'état métallique dans quelques
cas spéciaux. La civilisation pourrait au besoin se passer
de tous ces métaux secondaires. Dans le monde de la minéralogie et de la métallurgie, ils sont comme les petites
planètes du monde astronomique : les savants seuls les
connaissent, la foule ne les voit pas, ignore presque absolument leur nom. Il n'en est pas de même des premiers,
si nécessaires aux besoins et aux progrès de l'humanité.
On sait quel rôle marquant ils jouent dans la vie des
peuples; on vient de voir que leur histoire compose en
quelque sorte l'histoire même de la civilisation.

1. Soupçonné par les alchimistes, qui avaient donné à son oxyde, blanc,
léger, ténu, le nom de *lana philosophica* ou *nil album*. Les souffleurs, on
le voit, faisaient peu de cas des philosophes, qui à leur tour le leur rendaient bien.

II

LE LABORATOIRE DE LA NATURE.

Les terrains de sédiment et d'éruption. — Origine des filons. — Théorie
de Werner; objections de Humboldt. — Erreur de Linné. — Retour
aux idées de Descartes, de Leibniz, de Buffon. — Travaux de M. Élie de
Beaumont. — La mer de feu. — Les émanations volcaniques, les eaux
minérales et les dépôts métallifères. — Les filons et l'hypothèse de Laplace. — Gîtes caractéristiques des diverses périodes terrestres. — Les
placers; métaux qu'ils contiennent. — Sources ferrugineuses. — Truffes
minérales. — La poésie et les filons.

L'eau et le feu, ces deux éléments des anciens, ont
joué le principal rôle dans la formation de notre globe.
Quand on examine les terrains dont est formée l'écorce
terrestre, on voit que les uns s'étendent en masses plates,
continues, divisées en bancs qui ont été de toute évidence
déposés au milieu des eaux, car ils renferment entre autres
fossiles des coquilles pétrifiées. Tels sont les calcaires, les
marnes, les argiles, les grès, le sel gemme, la houille.
(Carte I, fig. 3.)

D'autres terrains, à l'inverse des premiers, se présentent
en masses abruptes, déchiquetées, irrégulièrement fen-
dillées. La roche a un aspect vitreux, cristallin, ne renferme pas de fossiles. Émergée de bas en haut, elle s'est
fait jour à travers les dépôts précédents qu'elle a violemment soulevés. Elle a subi l'action du feu, ou tout au
moins d'une haute température. A cette nouvelle famille

LA FAMILLE DU ZINC, L'ÉTAIN.

À Pequet pinx¹   Regamey Chromolith

1 Zinc silicate de Cumberland (Angleterre)   3 Zinc carbonate, de la Vieille-Montagne (Belgique)

2 Zinc silicate de Stolberg (Prusse)   4 Zinc sulfuré de Kapnick (Hongrie)

5 Étain oxydé du Morbihan (France)

Librairie de L. HACHETTE & Cⁱᵉ à Paris   Imp. Lemercier & Cⁱᵉ Paris

appartiennent les granits, les porphyres, les roches volcaniques. (Carte I, fig. 3.)

Les premiers terrains portent en géologie le nom de
sédimentaires ; les seconds sont les terrains *éruptifs*. On
appelle aussi quelquefois ceux-là stratifiés, aqueux, neptuniens ; et ceux-ci, par opposition, massifs ou cristallins,
ignés, plutoniens.

La fonction des terrains éruptifs, en soulevant les dépôts
sédimentaires, a été de jalonner sur des méridiens de
hautes lignes de montagnes, et de donner à notre globe son
relief actuel. Le rôle de ces terrains ne s'est pas borné là.
Ils ont non-seulement redressé, mais encore disloqué les
formations stratifiées ; ils y ont ouvert, souvent sur de très-
longues étendues, des fissures, des crevasses, de larges
fentes, comme il s'en produit encore dans les tremblements
de terre ou par l'éruption des volcans actuels. Enfin, le
voisinage ou le contact des terrains ignés a changé jusqu'à
l'allure et la composition des terrains sédimentaires, qui
ont été profondément modifiés, transformés, et pour cette
raison nommés alors *métamorphiques*. Dans ce curieux
phénomène, certaines roches, comme les argiles, ont pris
un nouvel aspect. Elles ont été comme cuites, sont passées
à l'état lamelleux, schisteux. La couleur en est devenue
lustrée. De nouvelles substances, le talc, le mica, ont été
engendrées ou introduites dans la roche primitive. Ainsi
se sont formés les schistes micacés, talqueux, etc., qui
servent comme de passage entre les terrains éruptifs et les
terrains sédimentaires restés intacts, et composent, quand
ils appartiennent à la période ancienne ou primaire, ce
qu'on appelle encore en géologie les terrains de *transition*.

C'est à travers les feuillets des schistes, mais surtout
entre les fentes ouvertes par les roches éruptives, que
se sont principalement déposées les substances métalli-

ques qui constituent les filons. (Carte I, fig. 1 ; carte II, fig. 2). Comment s'est opéré le phénomène? Werner, ce mineur saxon qui, à la fin du siècle dernier et au commencement de celui-ci, porta si haut le renom de l'école des mines de Freyberg, imaginait que toutes les substances contenues dans les filons provenaient des eaux de la surface. Cette hypothèse pouvait être acceptable pour expliquer l'origine de la matière pierreuse, stérile, qui accompagne tous les dépôts métallifères, et que l'on nomme en français la gangue[1]. Elle donnait aussi les raisons de la structure rubannée et symétrique de certains filons (carte I, fig. 1 et 2; carte II, fig. 4 ; carte III, fig. 3), et tous ceux de la Saxe présentent cette particularité[2]. Elle expliquait enfin à sa façon les accidents, les cassures des veines, ce qu'on appelle les failles ou rejets (carte II, fig. 1 ; carte III, fig. 1 et 2; carte V, fig. 2). Mais on avait peine à comprendre, en admettant la théorie de Werner, le dépôt lui-même des substances métallifères, dont on ne retrouvait plus nulle trace à la surface. Cette objection, la plus grave que l'on pût faire aux principes du maître, n'avait pas échappé à ses plus illustres disciples : Humboldt et Léopold de Buch dont s'honore l'Allemagne, et l'ingénieur français d'Aubuisson. Humboldt surtout, dans ses mémorables voyages en Amérique, avait bien vite reconnu que tout en ce monde ne provenait pas de l'eau, que le feu avait joué un certain rôle dans la genèse de notre globe, et que, par un éclectisme raisonné, un naturaliste de bonne foi devait se résoudre à être en même temps et neptunien et plutoniste. N'oublions pas néanmoins que Werner a posé les lois principales de la formation des gîtes mé-

---

1. De l'allemand *gang*, veine ou filon, prenant ici la partie pour le tout.

2. Ce qui faisait dire aux opposants de Werner que le professeur prétendait que *Dieu avait créé le monde sur le modèle de la Saxe.*

tallifères; qu'il a démontré, par exemple, que ces gîtes ne consistent qu'en des fentes remplies après coup, ce qu'on n'avait pas deviné jusqu'à lui. Il ne faut pas perdre de vue que de son temps encore, non-seulement les mineurs, mais aussi quelques savants croyaient, comme les anciens, à une sorte de végétation, de reproduction souterraine des substances minérales. Le grand Linné lui-même n'avait-il pas lancé l'axiome : *Lapides crescunt*, les pierres croissent[1] ?

Il restait donc à modifier sur quelques points la théorie du célèbre Allemand, et surtout à expliquer d'une façon plus rationnelle le mode de remplissage des filons. Avant Werner, les grands philosophes naturalistes, Descartes, Leibniz, Buffon, admettaient que les substances métallières étaient venues à l'état de vapeurs du centre du globe, et montant de bas en haut, s'étaient condensées en chemin. C'est cette idée si naturelle qu'ont reprise presque tous les géologues modernes, ayant à leur tête M. Élie de Beaumont.

On sait qu'il est aujourd'hui démontré que la croûte terrestre s'appuie comme un radeau sur une sphère liquide, sur une mer de feu. En supposant le globe réduit au volume d'une orange, la peau du fruit représente l'écorce de la terre ; les rides, les montagnes et les vallées ; la chair, la mer de feu. Sous nos pieds est le grand laboratoire de la nature, dont les foyers sont toujours en activité. Pourquoi ne pas admettre que c'est de là que seront partis, lors des âges antédiluviens, les émanations métallifères? Celles-ci se seront déposées dans les fentes qui

---

1. Quelques personnes partagent encore aujourd'hui l'opinion de Linné. C'est par suite de cette croissance de pierres, disent-elles, que le forum romain, et les temples d'Égypte et d'Afrique sont maintenant enfouis de plusieurs mètres sous le sol.

constituent les filons, soit à l'état de vapeurs, par *voie sèche*, comme dans les soupiraux des volcans ou les cheminées des fourneaux métallurgiques ; soit à l'état de précipitations chimiques, par *voie humide*, comme dans les dissolutions de nos laboratoires.

Cette seconde hypothèse répond à presque toutes les objections, car elle explique en même temps la formation du minerai et celle de la gangue. L'eau portée à une haute température, et même à l'état de vapeur, aurait donc joué un grand rôle dans la formation des filons. Ce qui se passe sous nos yeux dans les dépôts des eaux minérales semble autoriser cette explication. Ces eaux renferment beaucoup de principes terreux ou pierreux, salins ou métallifères, que souvent elles abandonnent en chemin. Comme les filons, elles sont au voisinage des terrains éruptifs et remplissent des fentes antérieurement ouvertes ; si bien qu'un savant ingénieur des mines, M. François, a pu, en appliquant à la recherche et au captage des eaux minérales les principes de la géologie des filons, augmenter considérablement le nombre et le débit des sources thermales de la France. Enfin, comme les filons, ces sources se rencontrent en pays de montagnes, vers des lieux généralement élevés, abrupts, de telle sorte que la carte des eaux minérales et celle des gîtes métallifères d'une même contrée se confondent sensiblement. Les Alpes, les Pyrénées, les Vosges, les monts d'Auvergne, les Cévennes, où toutes nos mines de métaux se trouvent concentrées, sont également célèbres par leurs stations thermales. Les noms d'Allevard, la Motte, Luchon, pris au hasard dans les Alpes et les Pyrénées françaises, rappellent à la fois des noms de mines métalliques et des gisements d'eaux minérales (carte IX).

Les roches éruptives qui ont formé les fentes remplies

ensuite par les dépôts métalliques, sont souvent pénétrées elles-mêmes de ces dernières substances, comme si l'apparition des minerais et celle de la roche ignée eussent alors été contemporaines (carte V, fig. 3 et 4). Ces roches portent dans ce cas l'épithète de métallifères, que les géologues se sont au reste habitués à leur donner d'une manière générale, pour témoigner du rôle qu'elles ont joué dans la formation des filons.

Nous avons dit que le faible radeau qui nous porte repose sur une mer de feu. Suivant la grande hypothèse de Laplace, notre globe ne fut à sa naissance qu'une masse incandescente, un véritable soleil qui s'est peu à peu refroidi et encroûté. Aujourd'hui, perdant insensiblement et son atmosphère et son eau, ce soleil tend à passer à l'état de lune. L'écorce terrestre devait présenter, aux premières époques de sa formation, son minimum d'épaisseur. Il en résulte que l'apparition des roches éruptives et les fractures qu'elles occasionnaient, devaient être alors beaucoup plus fréquentes qu'elles ne le furent depuis, et c'est en effet ce qui a eu lieu. C'est dans les schistes dits anciens, correspondant à la première période des dépôts sédimentaires, celle nommée de transition et de préférence aujourd'hui primaire [1], que se rencontrent le plus grand nombre de filons métalliques. C'est là qu'on trouve immanquablement en place l'or, l'argent, le platine, le mercure et l'étain. L'antimoine, l'arsenic, le bismuth, le nickel, le cobalt, s'y rencontrent également, et souvent aussi le cuivre, le zinc, le plomb, le fer et même le manganèse. Aucun métal ne manque à l'appel. Le granit et le porphyre sont les roches métallifères par excellence de cette époque.

---

1. Par analogie avec le terrain igné le premier solidifié, qu'on a longtemps appelé primitif.

La période secondaire, comprise entre le terrain houiller et les derniers dépôts du terrain de craie ou crétacé, contient beaucoup moins de filons. Dans la liste des métaux elle n'offre guère que le cuivre, le plomb, le zinc, le fer, le manganèse, et accidentellement l'or et l'argent. Souvent les gîtes se sont étendus au milieu même des terrains stratifiés, en couches régulières ou en amas, en veines enchevêtrées (carte II, fig. 3). D'autres sont déposés au contact ou au voisinage immédiat des roches d'éruption (carte III, fig. 4; carte IV, fig. 1, 2 et 3) et forment dans quelques gîtes ce qu'on appelle des colonnes, des chapelets (carte IV, fig. 4). Parfois ils ont apparu violemment, tout d'une pièce jouant eux-mêmes le rôle de roches éruptives, ou bien ils ont été intimement mêlés à celles-ci (carte V, fig. 3 et 4). L'apparition de nouvelles masses ignées, les roches vertes, serpentineuses, caractérise cet âge de la terre.

Dans la période tertiaire les mêmes phénomènes se reproduisent, mais sur une échelle moins vaste. L'éruption des roches granitiques, porphyriques, serpentineuses, finit; celle des roches volcaniques proprement dites commence.

Enfin, dès la période quaternaire, dont l'époque actuelle voit se poursuivre le développement, les grandes émanations métallifères ont cessé tout à fait. Il ne se forme plus alors que des gîtes dits d'alluvion ou de transport, parmi lesquels sont les placers.

Les placers[1] sont des gîtes presque toujours superficiels ou déposés à une faible profondeur. Ils remplissent le lit d'anciens cours d'eau, d'anciennes vallées, se retrouvent dans des plaines et même sur des plateaux élevés; mais les

---

1. C'est le nom que les Espagnols ont donné aux alluvions aurifères de l'Amérique. *Placer*, en castillan, signifie plaisir, et par extension, sans doute, lieu de plaisir, ce qu'à l'origine sont souvent les placers. Les Anglais, à leur tour, appellent les placers des *diggings*, et ce mot vient du verbe *dig*, bêcher, fouiller.

cours d'eau, les vallées actuelles en renferment également.
Ils se rattachent quelquefois à d'immenses dépôts souterrains de sable, de cailloux roulés, d'argile, datant de
cette époque que l'on a nommée en géologie le *diluvium*,
et qui marque l'origine de la période quaternaire. Ces
argiles, ces sables, ces cailloux roulés, souvent agglutinés
ensemble, enterrés jusqu'à d'assez grandes profondeurs
(cent mètres et plus en Californie, en Australie), proviennent de la désagrégation de roches en place, le granit, le
quartz ou cristal de roche compacte, les schistes, etc., déjà
métallifères. C'est généralement des dépouilles de ces gîtes
que se sont enrichis les placers (carte XIII, fig. 1). Les
vallées où ils se rencontrent sont en effet presque toujours dépendantes des montagnes que sillonnent les filons.
Quelquefois cependant les placers semblent aussi avoir été
parcourus par des eaux thermales dans lesquelles les métaux se trouvaient dissous à la faveur de principes alcalins,
et se sont ensuite déposés.

Les minerais contenus dans les placers sont, suivant les
pays, l'or et le platine, à l'état natif, en poudre, en
paillettes, en pépites[1] ; le fer oxydulé magnétique, en une
poussière fine, attirable à l'aimant ; enfin l'étain oxydé, en
petits cristaux plus ou moins déformés. L'oxyde de fer
hydraté s'y rencontre également, mais n'est pas exploité.
En retour il occupe, dans certains terrains d'alluvion, des
places distinctes où il se montre en amas souvent très-
étendus, s'y présentant à l'état de grains ou de paillettes
(carte V, fig. 1). C'est ce qu'on nomme dans les forges le
minerai de fer d'alluvion ou mine en grains, par opposition aux mines en roche et de montagne contenues en
bancs réguliers dans tous les terrains de sédiment, et

1. De l'espagnol *pepita*, pepin, petit noyau, parce que l'or des placers
offre cet aspect. Les Anglais disent dans le même sens *nuggets*.

dans des filons qui traversent ces mêmes formations, surtout les plus anciennes (carte X).

L'intervention de sources ferrugineuses suffit à expliquer l'origine de presque tous les minerais de fer, quel
que soit le terrain où on les rencontre. Dans le terrain
jurassique, qui occupe le cœur de la formation secondaire,
et qu'on a ainsi nommé parce que le type en est surtout
développé dans le Jura, les bancs stratifiés de minerais
ferrugineux sont très-répandus. Là dominent les variétés
dites oolitiques et pisolitiques, qui ressemblent à des
amas d'œufs de poisson ou à des pois agglutinés. On
dirait que dans l'âge jurassique, les eaux des fleuves,
des lacs et des mers ont été, à de certains moments, toutes
saturées de fer. Dans la formation des minerais d'alluvion,
les sources ferrugineuses n'ont plus rempli que des
bassins très-limités, des lacs très-peu profonds, mais le
phénomène a été encore le même; et les variétés que,
d'après le mode de gisement, on nomme minerais des
marais, des lacs ou des prairies, n'ont pas aujourd'hui
une autre origine.

La formation du manganèse oxydé noir que l'on rencontre quelquefois au voisinage de la surface, en véritables
boules çà et là disséminées, ressemblant à des amas de
truffes, est due aux mêmes causes que celle des minerais
de fer. Ces tubercules minéraux ont évidemment été déposés par des sources chargées de principes manganési-
fères qui ont sillonné le terrain. C'est une des espèces les
plus curieuses des minerais d'alluvion.

Nous venons de passer en revue les différents moyens
que la nature a mis en jeu dans la formation des dépôts
métallifères. Depuis la naissance même du globe, jusqu'à
l'époque géologique que nous traversons actuellement, le
travail est allé se modifiant, mais il a été en quelque sorte

continu. On a pu voir combien les gîtes sont variés et multiples, et combien en même temps la loi de formation en est simple. L'origine de ces dépôts n'offre plus rien d'anomal dans le domaine des faits physiques ; elle obéit à un petit nombre de règles que la science semble avoir définitivement établies. En outre, les filons sont comme les grandes réserves métalliques où viennent s'approvisionner les sociétés depuis les premiers temps de l'histoire. Ces réserves, malgré tout ce qu'on en a tiré, sont loin d'être épuisées, et c'est ici surtout que se vérifient à la lettre ces vers du poëte :

> Le globe est un vaisseau frété pour l'avenir.
> Et richement chargé....

22

III

LES PRINCES DU RÈGNE MINÉRAL.

Les minerais. — Pépites d'or et de platine. — L'argent, le mercure, le
cuivre, l'étain. — La famille du plomb, du zinc, de l'antimoine. — Les
minerais d'arsenic, de cobalt, de nickel, de bismuth. — Le fer et le manganèse. — Association des minerais. — Le gangues. — Mystère à
expliquer.

Les minerais que renferment les filons sont des métaux
natifs, et des combinaisons de ces métaux avec quelques
corps simples ou composés, toujours en petit nombre, tels
que l'oxygène, l'acide carbonique, le soufre, etc. Tous ces
minerais ont ensemble un air de famille qui frappe dès la
première vue. Ils ont un éclat métallique prononcé, de
vives couleurs, un poids spécifique très-grand, cristallisent
en formes distinctes, toujours les mêmes pour chaque
espèce. Ce sont là autant de caractères qui contribuent à
en trahir la nature et quelquefois la composition. Eu égard
à l'importance qu'ils ont dans l'industrie, ils occupent le
premier rang parmi les matières minérales ; la beauté,
l'éclat, leur donnent aussi la première place dans les
collections, où ils vont de pair avec les pierres précieuses dont ils usurpent quelquefois le titre. Ce sont, on
peut le dire, les véritables princes du règne minéral. Le
fondateur de la minéralogie française, Haüy, les avait
réunis en une seule et brillante famille dans sa classifica-

A Faguet. pinx.   G. Regamey Chromolith

1. Fer carbonaté. *de l'Isère (France)*.   3. Fer sulfuré arborisé

2. Fer sulfuré. *de Rio · Ile d'Elbe)*   4. Manganèse oxydé en dendrites

5. Manganèse oxydé *du Harz (Hanovre)*.

tion des corps inorganiques. Les gangues dans lesquelles ils sont contenus, enchâssés, sont elles-mêmes
souvent cristallisées, et par des couleurs plus ternes,
plus modestes, rehaussent la richesse de tous de leurs
superbes alliés. Vouloir se livrer ici à une étude minutieuse de toutes ces substances métalliques, de ces joyaux
de la nature, serait hors de propos; disons quelques mots
seulement sur les plus utiles et les plus répandues.

Les métaux que l'on trouve à l'état natif sont ceux qui
sont le plus inaltérables, tels que l'or, l'argent, le platine,
le mercure, le cuivre. Les minerais d'or et de platine ne
se rencontrent guère qu'à cet état, en pépites, en paillettes
(pl. I, fig. 1, 2, 4 et 5). L'or est trop répandu et trop
apprécié de chacun pour qu'il soit nécessaire de s'y arrêter. Le platine est moins exactement connu. Découvert
pour la première fois sur les placers de l'Amérique, par
les Espagnols, qui d'abord le rejetaient comme inutile,
introduit en Europe il y a un siècle à peine, il tire son
nom de sa couleur[1]. C'est le plus inaltérable de tous les
métaux; c'est aussi le plus lourd, car il pèse deux fois
plus que l'argent. Nul acide ne peut l'attaquer, nulle
température le fondre, hors celle du blanc éblouissant qui
est de deux mille degrés.

Le platine se trouve associé, mais non allié à l'or dans
les placers, et ces deux métaux se rencontrent souvent en
pépites, allant du plus petit volume, celui d'une tête
d'épingle, à la grosseur du poing. Il est même des pépites
aurifères, conservées dans les muséums, dont le poids
atteint de quinze à trente kilogrammes, et qui par conséquent ont une valeur de quarante-cinq à quatre-vingt-dix
mille francs, en comptant l'or à trois francs le gramme.

---

1. *Platina*, en espagnol, petit argent. Les mineurs l'appelaient aussi *or
blanc* ou *or femelle*.

Quelle aubaine, quand on fait une pareille trouvaille !
Mais les cas en sont rares, et l'on cite les heureux chercheurs, les orpailleurs favorisés, auxquels leur bonne
étoile a fait découvrir de si lourds et si riches lingots.

L'argent se rencontre, comme l'or et le platine, à l'état
natif. Les variétés fibreuses et foliacées, dites filiformes et
filiciformes (en fils, en feuilles de fougères), sont très-ré-
pandues dans les collections (pl. I, fig. 3). Plus souvent
le minerai est une combinaison du métal avec le soufre,
le chlore, l'iode, le brome, etc. L'argent a une grande
affinité pour tous ces corps. Les minerais d'argent sulfuré,
chloruré, ioduré, bromuré, sont simples ou combinés entre
eux. L'argent à l'état de sulfure, porte le nom d'*argent
vitreux ;* quand il renferme de l'antimoine, sa couleur
offre le rouge de l'orseille : c'est l'*argent rouge.* Le sulfure d'argent est aussi mêlé au plomb sulfuré ou galène
(pl. III, fig. 1) dans des proportions assez grandes pour
constituer un véritable minerai de plomb et d'argent. On
en a toujours extrait, surtout en Europe, une très-grande
quantité du précieux métal. L'argent chloruré porte, à
cause de son aspect et de la façon avec laquelle il se laisse
couper au couteau, le nom d'*argent corné.*

En Amérique, les têtes des veines d'argent sont souvent formées de matières ferrugineuses pulvérulentes,
décomposées, noires ou rougeâtres, les *colorados,* les
pacos, les *negros* ou *negrillos,* comme on les nomme
au Pérou, au Mexique, au Chili. Ces terrres contiennent
généralement des accumulations d'argent énormes, à l'état
de chlorures, sulfures, etc.

Le mercure existe quelquefois à l'état natif, en petits
globules. Son véritable minerai est le sulfure ou cinabre,
vermillon naturel, d'une belle couleur rouge, souvent
cristallisé (pl. I, fig. 6). Allié à l'argent, le mercure consti-

tue un amalgame natif dit *mercure argental*, qu'on trouve dans quelques mines.

Le cuivre à l'état natif (pl. II, fig. 1) est répandu dans beaucoup de gîtes; surtout aux affleurements. Il occupe aussi dans les filons des poches, des cavités, ce qu'on appelle des géodes, où il est ramifié en cristaux et en fils délicats. Les oxydules de cuivre, roses, irisées (pl. II, fig. 2), et les oxydes noirs, les carbonates bleus et verts, l'azurite, la malachite (pl. II, fig. 3 et 4), sont des compagnons du cuivre natif. En profondeur, ils cèdent la place à la pyrite jaune ou panachée (sulfures doubles de cuivre et de fer) (pl. II, fig. 5 et 6). La première a la couleur du cuivre jaune ou laiton; la seconde présente les teintes éclatantes et bariolées d'une plume de paon, d'où le nom de *pavo-nazzo* que les Italiens donnent à ce minerai. La pyrite panachée est moins répandue que la jaune. Il en est de même du cuivre sulfuré pur, simple combinaison de cuivre et de soufre, qui contient jusqu'à quatre-vingts pour cent de métal. Ce sulfure, d'un gris terne, est assez tendre pour se laisser rayer au couteau.

Un minerai de cuivre qu'il faut encore citer, est le *cuivre gris*, que les Allemands nomment *fahlerz*[1]. Outre le fer et le cuivre, il contient aussi de l'antimoine, de l'arsenic et de l'argent. On le fond pour en retirer le cuivre et ce dernier métal. Il est très-difficile à traiter, à cause même de sa composition multiple, et fait le désespoir des fondeurs.

L'étain, ce fidèle allié du cuivre dans le bronze, ne marche jamais de pair avec lui en minéralogie. Il ne se rencontre jamais non plus à l'état natif, et n'existe guère qu'à l'état d'oxyde cristallisé, d'un brun-chocolat (pl. IV,

---

1. Mot à mot, *minerai pâle*.

fig. 5). Plus rarement, dans les sables stannifères, il est jaune, rose et même incolore, translucide comme le cristal. Les savants lui ont donné le nom de *cassitérite*, emprunté à ces îles de l'Atlantique, les Cassitérides des anciens, dont les géographes modernes n'ont pu encore fixer le gisement exact, et où, même avant Homère, les Phéniciens allaient faire le commerce de l'étain. Les Anglais appellent aussi ce minerai *black tin*, l'étain noir, à cause de sa couleur habituelle. Par opposition, ils donnent au métal le nom de *white tin* ou étain blanc.

Le plomb, comme l'étain, ne se rencontre pas à l'état natif, hormis dans des cas exceptionnels; mais on trouve souvent, à la partie supérieure des filons plombifères, des sulfates, des carbonates blancs ou jaunâtres, la céruse naturelle (pl. III, fig. 2), et dans les géodes qui tapissent les parois des filons, des phosphates verts, des aluminates jaunes, des chromates rouges (pl. III, fig. 3 et 4), dont les magnifiques échantillons sont pourchassés par les amateurs.

Le minerai le plus répandu du plomb est le sulfure ou galène (pl. III, fig. 1), contenant d'habitude de l'argent. Il est bleuâtre ou gris d'acier, généralement cristallisé. Il n'y a pas encore longtemps, les mineurs croyaient que la galène à larges facettes, était toujours pauvre, et la galène à petits cristaux ou grenue, toujours riche en argent; mais des faits nombreux sont venus démontrer que ces présomptions étaient souvent erronées.

La galène mêlée à des sulfures d'antimoine et de cuivre prend le nom de *bournonite* [1]. Ce minerai occupe, dans la famille du plomb, un rôle analogue à celui du cuivre gris parmi les minerais cuivreux. Les fondeurs en disent peu

1. En l'honneur du minéralogiste français Bournon, qui a le premier signalé cette substance.

de bien, quoiqu'il renferme assez souvent de l'argent et
même de l'or.

Le zinc ne s'est jamais rencontré dans les filons à l'état
de métal pur; mais on trouve, surtout aux affleurements,
en masses considérables, en gigantesques amas, des oxydes,
des carbonates et des silicates de zinc ou calamines[1], sortes
de blancs de zinc naturels, dont la fusion est des plus
aisées (pl. IV, fig. 1, 2 et 3). Le minerai le plus commun
du zinc est le sulfure ou blende[2]. Il est cristallisé, a la
couleur et l'aspect de la poix, ou bien est d'un jaune de
miel (pl. IV, fig. 4).

L'antimoine[3], comme la plupart des métaux, existe à
la partie supérieure des gîtes, à l'état d'oxyde, et en profondeur à l'état de sulfure. L'oxyde pur, cristallisé, est
incolore, transparent, limpide, ressemble à du diamant,
dont il se rapproche aussi par la forme géométrique; mais
il est beaucoup plus tendre, et ne renvoie pas la lumière
comme l'incomparable gemme. Compacte, cet oxyde
rappelle la pierre calcaire : il a un aspect jaune ou
grisâtre, terreux; sa forte densité trahit bien vite une
substance métallique. Le sulfure d'antimoine est gris
d'acier, en forme de baguettes cristallines (pl. III, fig. 5)
présentant parfois des bouquets, des assemblages très-
curieux.

L'arsenic[4], le cobalt, le nickel, le bismuth se rencontrent

1. Du nom de la province belge où on les a surtout exploités.
2. De l'allemand *blenden*, briller.
3. Le principal usage de l'antimoine, dans l'industrie, est de concourir
à la composition de certains alliages pour leur donner de la dureté. Ainsi
c'est dans ce but qu'on l'allie au plomb, pour la fonte des caractères d'imprimerie.
4. Nous le rattachons à dessein à la famille des métaux, dont il se rapproche par toutes ses propriétés physiques, et dont il est le compagnon assidu dans beaucoup de filons. La chimie ne reconnaît en lui qu'un métalloïde.

à l'état natif et plus généralement de sulfures, dans des filons particuliers. Le mispikel, mélange de sulfure et d'arséniure de fer, est gris métallique. Il dégage, par le choc du briquet, une odeur d'ail caractéristique. Le sulfure simple d'arsenic ou réalgar est d'un beau rouge (pl. V, fig. 2); l'orpiment ou sulfure triple est au contraire jaune citron (pl. V, fig. 3). Le cobalt et le nickel sont combinés souvent avec l'arsenic. Le cobalt arsenical est gris, l'arséniaté est rose fleur de pêcher (pl. V, fig. 4). Le nickel arsenical est rouge de cuivre, donnant sur le bronze florentin; le nickel arséniaté est vert pomme; le nickel carbonaté, vert-émeraude (pl. V, fig. 5). Le bismuth se trouve le plus ordinairement à l'état pur. Il est blanc d'argent (pl. V, fig. 1). Tous ces métaux forment une famille intéressante, et dont les usages sont variés[1].

Les minerais de fer et de manganèse, presque toujours terreux, hydratés, c'est-à-dire contenant de l'eau en combinaison chimique, se séparent nettement de tous les précédents. La famille du fer est nombreuse, intéressante, soit que l'on considère les oxydes hydratés (limonites), en grains ou compactes, à la poussière jaune, aux tons de rouille, quelquefois irisés (pl. VI, fig. 1 et 2); les peroxydes amorphes (hématites, sanguines)[2] de couleur rouge ou

---

1. L'arsenic est employé en médecine et dans la préparation des couleurs. On connaît ses qualités vénéneuses à l'état d'acide blanc ou d'acide arsénieux, ce qu'on nomme vulgairement l'*arsenic* ou *mort-aux-rats*. Le cobalt, le nickel, le bismuth, surtout les deux premiers, sont alliés au cuivre et à l'antimoine pour la confection du maillechort ou *métal anglais*. Le nickel s'emploie aussi, seul ou allié avec le cuivre, pour la fabrication des monnaies de billon. Chacun a vu ces jolies pièces de dix centimes, blanches, proprettes, si bien frappées, venues de Suisse ou de Belgique, comme pour faire affront à notre ignoble monnaie de cuivre rouge vert-degrisé.

2. L'hématite ou pierre de sang, dit Théophraste dans son *Traité des pierres*, est ainsi nommée parce qu'elle ressemble à du sang caillé. — Αἱματίτης, *aïmatitès*, vient en effet de αἷμα, *aïma*, sang.

noire, souvent mamelonnés, stalactiformes (pl. VI, fig. 3),
les peroxydes cristallisés (oligistes)[1], à la poussière rou-
geâtre comme les précédents, aux tons vifs et changeants
(pl. VI, fig. 4); enfin les oxydules magnétiques ou ai-
mants naturels, en petits cristaux de couleur aciéreuse ou
foncée (pl. VI, fig. 5), à la poussière noire. Hésitez-vous
sur le nom à donner à un échantillon de fer oxydé? pul-
vérisez un grain de minerai. La poussière sera couleur
de rouille avec la limonite, rouge avec l'hématite, noire
avec le fer oxydulé.

Le fer carbonaté ou sidérose[2] que nous avons déjà rencontré dans les houillères, compacte, pierreux, forme quand
il est pur, cristallisé (pl. VII, fig. 1), la *mine d'acier* ou
mine douce, chère aux maîtres de forge. Le fondeur est
loin de voir d'un œil aussi satisfait le fer pyriteux ou sulfuré[3], dont la moindre parcelle, introduite dans le fourneau, rend le métal cassant; mais la pyrite est recherchée
de ceux qui collectionnent, à cause de ses superbes groupes
de cristaux ou de ses arborisations (pl. VII, fig. 2 et 3);
elle plaît aussi aux orpailleurs, car elle contient souvent
de l'or; enfin elle est exploitée par les fabricants d'acide
sulfurique (huile de vitriol), qui en retirent le soufre qu'elle
contient. Autrefois elle était adoptée, à la place du silex,
pour le tir des armes à feu. Elle portait dans ce cas le
nom de *pierre d'arquebusade*.

Saluons en finissant les minerais de manganèse. Ce sont
surtout des oxydes dont les variétés arborisées (dendrites)
ou cristallisées sont accueillies avec faveur par les cabinets de minéralogie (pl. VII, fig. 4 et 5). Les variétés

---

1. Du grec ὀλίγος (*oligos*, rare). Haüy, en créant cette dénomination,
avait oublié le minerai oligiste de l'île d'Elbe, si abondant et si riche.

2. Du grec σίδηρος (*sideros*, fer).

3. Appelé encore pyrite martiale. Le nom de pyrite vient du grec πῦρ
(*pyr*, feu), parce que la pyrite fait feu au briquet.

terreuses sont employées dans les fabriques de produits chimiques, comme matières premières indispensables à certaines élaborations. Depuis quelque temps, les usines sidérurgiques en font aussi usage, mais alors directement, comme d'un minerai métallique. Le manganèse produit une magnifique fonte blanche, à grandes lamelles, et donne au fer des qualités aciéreuses[1].

Les divers minerais que nous venons de passer en revue, depuis l'or jusqu'au manganèse, se rencontrent associés entre eux dans les filons. Ils marchent volontiers de compagnie, et rarement vont seuls. De plus ils sont toujours intimement mêlés à ces matières pierreuses qu'on nomme les gangues, et qui se montrent souvent en beaux cristaux comme les minerais eux-mêmes.

Les gangues des filons sont principalement le cristal de roche ou silice pure, et le quartz compacte qui a la même composition : c'est le réceptacle habituel de l'or, de l'étain oxydé, et même de la plupart des minerais. Viennent ensuite le calcaire ou spath d'Islande, aux tables parfois transparentes; les barytes carbonatée et sulfatée qu'une pesanteur spécifique élevée trahit immédiatement; la fluorine ou spath fluor, aux cristaux cubiques, qui passent par tous les tons, violets, verts, bleus, jaunes ou incolores; l'argile dans ses différents états, depuis les schistes métamorphiques, calcinés, durcis, aux tons lustrés, jusqu'à la terre tendre et plastique, rouge, grise ou blanchâtre. Les roches granitiques, serpentineuses, servent aussi de gangues à certains minerais. Enfin les gangues peuvent former elles-mêmes des filons distincts, indépendants. La baryte sulfatée, le quartz sont surtout dans ce cas. On ex-

---

1. Un minerai que nous n'avons pas mentionné, le wolfram, combinaison d'oxygène et d'un métal très-rare, le tungstène, contenant de plus du fer et du manganèse, est aussi employé dans ce but.

COUPES DE GITES MÉTALLIFÈRES
Dressées par M. Simonin

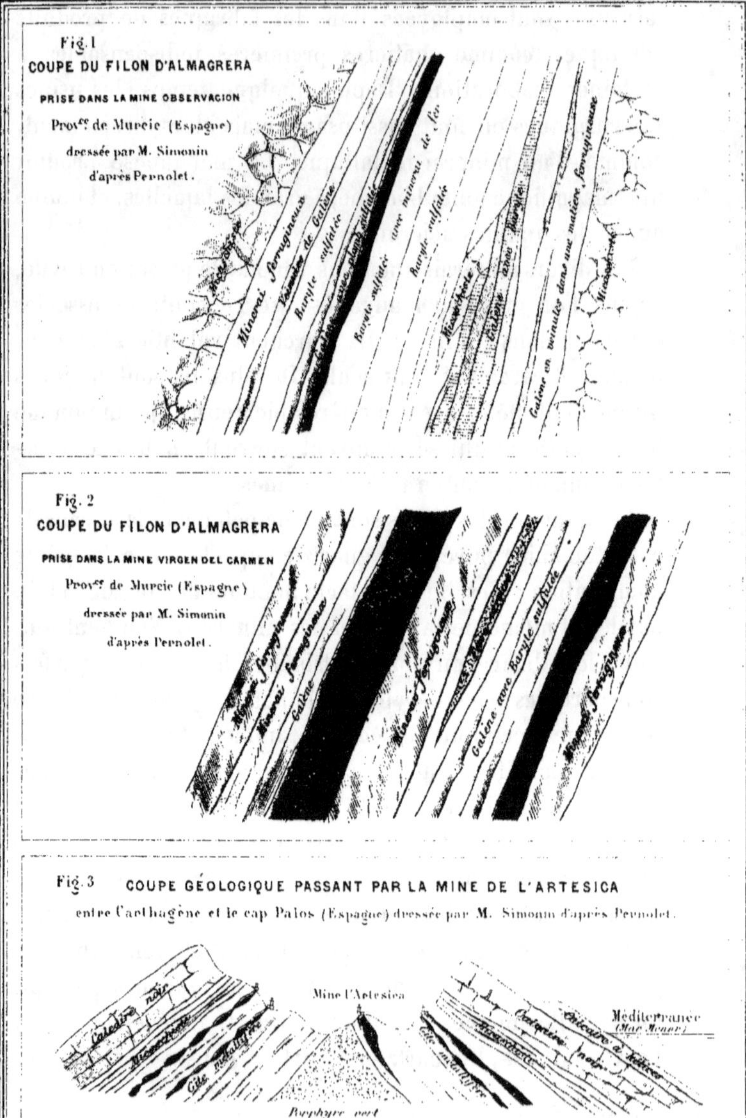

ploite ces filons comme ceux des minerais métalliques. Le quartz est employé dans les verreries, les cristalleries, et la baryte (il est triste de le dire), sert à falsifier quantité de substances, comme les blancs de plomb et de zinc, le sucre, l'amidon. Le grand poids, la couleur blanche et la faible valeur de cette pierre, la rendent malheureusement très-propre à toutes ces sophistications.

Mais les gangues sont souvent recueillies dans un but beaucoup plus louable, pour intervenir comme fondants dans le traitement métallurgique, c'est-à-dire faciliter la fusion. La fluorine est le fondant par excellence des minerais qui ont déjà une gangue quartzeuse ; la silice, celui des minerais à gangue calcaire. Il n'est pas jusqu'aux schistes eux-mêmes que traversent les filons, et qui sont des roches réfractaires, résistant parfaitement au feu, que l'on ne puisse utiliser, par exemple pour le revêtement intérieur, ce qu'on appelle la chemise, des foyers métallurgiques. Curieux assemblage que celui de toutes ces substances diverses qui semblent accumulées sur un même point pour s'entr'aider un jour l'une l'autre. Est-ce une prévision de la nature, est-ce un pur effet du hasard? Et quant à l'existence même de ces filons, de ces minerais, qui présentent une composition si complexe, des allures si variées, et peuvent renfermer à la fois plusieurs produits utiles, qui donc soulèvera le voile? Qui nous dira si ces fentes profondes dont l'exploitation importe tant au bonheur des sociétés, mais fait aussi tout leur malheur, ont été remplies à dessein au temps des grands cataclysmes géologiques, ou s'il n'y a là qu'un de ces phénomènes naturels si nombreux dont le but suprême nous est à jamais caché?

IV

LE MONDE MÉTALLIFÈRE.

L'EUROPE ET L'ASIE.

La Grande-Bretagne. — Mines exploitées dès le temps des Phéniciens. — La Suède et la Norvége. — La Belgique. — Les provinces Rhénanes. — La Prusse, le Harz, le Mansfeld, la Saxe. — Les Germains, les Huns, mineurs et fondeurs. — La Gaule. — L'industrie du fer en France ; parallèle avec l'Angleterre. — L'Espagne. — Exploitation des Tyriens, des Carthaginois. — Le puits d'Annibal. — Les Romains, les Mores, les Espagnols. — Le Portugal. — L'Italie : Piémont, Modenais, Toscane, États de l'Église, Calabre, Sicile, Ile d'Elbe, Corse, Sardaigne — Balzac et les Marseillais, fondeurs de scories. — Les Étrusques, les Romains, les Pisans, les Génois, les Anglais et les Allemands. — La Grèce et la Macédoine. — Chypre, l'Asie Mineure, la Judée, l'Arabie, la Perse, l'Inde, la Cochinchine, la Chine, le Japon. — Le pays des Scythes, la Sibérie, la Daourie, les gîtes de l'Oural. — Les Demidoff.

Maintenant que nous connaissons l'origine et l'aspect des gîtes presque aussi bien que les vieux mineurs, partons pour les pays de filons. Le voyage ne sera peut-être pas dénué d'intérêt. Dans la vieille Europe, par laquelle il convient de commencer, nous visiterons d'abord la Grande-Bretagne, non moins favorisée en gîtes métalliques qu'en mines de charbon. Partout les filons y sillonnent le sol. Voyez plutôt. On rencontre des mines de plomb argentifère en Irlande, en Écosse, dans l'île de Man, le Cornouailles, le pays de Galles, et la plupart des comtés du centre et du nord, ceux d'York, de Derby, de Cumberland, de Durham et de Northumberland. Le minerai s'y montre dans le calcaire carbonifère lui-même. On trouve des mines d'étain, de cuivre, de zinc dans le Cornouailles et le Devonshire (carte V, fig. 2 et carte VII), les deux comtés métallifères par excellence, dont les exploitations n'ont jamais été suspendues et se poursuivent même sous la mer (fig. 100). Aussi les poëtes ont-ils appelé le Cornouailles, auquel sa forme a valu son nom (*Cornu Galliæ*), une corne d'abondance. Le Derbyshire, le Cumberland, le pays de Galles, l'île de Man, l'Irlande, renferment aussi du zinc. Le fer, à l'état d'oxyde, se trouve dans presque tous les comtés, notamment celui de Lancastre, et à l'état de carbonate dans toutes les houillères, au milieu même du charbon et du calcaire, qui sert de fondant au minerai. Je passe sur l'arsenic ou le manganèse et d'autres produits, comme le graphite, qui se rapprochent des minerais. L'or même ne manque pas à l'appel. Il a été récemment découvert dans le pays de Galles au milieu de filons de quartz, comme en Australie et en Californie.

L'ancienneté de quelques-unes de ces mines se perd dans la nuit des siècles. Les gîtes du Cornouailles ont été fouillés dès les premiers temps de l'histoire, et c'est là, on le sait, que les marins de Tyr et de Sidon, et plus tard ceux de Carthage, venaient chercher le cuivre et l'étain. Le fer de la Bretagne était également renommé. César nous dit que les Anglais de son temps en faisaient même des monnaies; plus habiles, les Romains surent en forger des épées trempées avec art, et qui jouirent longtemps d'une sorte de célébrité.

L'industrie métallurgique de la Grande-Bretagne est loin d'avoir diminué depuis le temps des Phéniciens ou de

César; elle n'a fait que progresser. Aujourd'hui, grâce à la houille, l'Angleterre est devenue la plus grande productrice de métaux du monde entier. Les minerais dont elle n'a pas suffisamment, elle les achète, principalement ceux de cuivre. Pour elle la distance n'est rien ; elle fera, s'il le faut, le tour du globe. Les minerais cuprifères du Maroc. du Gabon, du Congo, du Cap, de l'Australie, de la Bolivie, du Chili, de la Californie, du lac Supérieur, de l'île de Cuba, de tout le bassin méditerranéen, sont exportés et l'on pourrait même dire exploités par l'Angleterre. A peine arrachés aux entrailles du sol, ils prennent la voie de Swansea, la cité des grandes usines. S'ils ne sont pas assez riches, on les sépare par le triage et le lavage, on les purifie par une première fusion. A Coquimbo, sur la côte chilienne, j'ai vu ainsi les Anglais importer les procédés de leur pays. En traitant de la houille, on a montré que tous ces grands résultats étaient dus presque entièrement au charbon ; il faut le répéter ici.

Aux mêmes latitudes que la Grande-Bretagne, la Suède et la Norvége méritent d'attirer nos regards, bien qu'à des titres différents. Là, au milieu de roches granitiques et schisteuses qui forment tous les reliefs du pays, sont les mines de cuivre de Fahlun, d'argent de Sala et de Kongsberg, de fer de Dannemora, puis des mines de nickel et de zinc. Fahlun, Kongsberg, Dannemora, sont toutes trois également renommées et visitées par de nombreux touristes. Sur quelques points, la profondeur, l'immensité des vides donnent le vertige ; autour des mines, le paysage présente un caractère de rudesse et d'originalité saisissant. Les gîtes de fer de la Suède sont surtout célèbres. Ici encore c'est pour l'Angleterre que travaillent les mineurs, et l'acier renommé de Sheffield ne doit toutes ses qualités qu'au minerai de fer magnétique scandinave. Les Iles britanni-

Fig. 100. Mine de cuivre et d'étain de la Providence, dans le Cornouailles, exploité sous la mer.

ques, si abondamment pourvues de minerais de fer, n'ont pas cette variété précieuse.

Sur un point opposé de la mer du Nord se présente l'industrieuse Belgique, pays également métallifère. On y rencontre des mines de plomb à Vedrin, entre Namur et Charleroi, à Huy, à Engis sur la Meuse, à Bleyberg sur la limite avec la Prusse rhénane ; des mines de zinc à Huy, à Engis, à Moresnet, à Corphalie, dans toute la province de Liége ; c'est là qu'est la Vieille-Montagne. Enfin les minerais de fer se montrent en quantités considérables. La Belgique est avant l'Angleterre le pays qui proportionellement produit le plus de fer. Elle exporte une grande partie de son minerai, et surtout celui du Luxembourg et d'Entre-Sambre et Meuse. La France, pour sa part, lui en emprunte plus de deux cent cinquante mille tonnes par an.

Le passage est naturel de la Belgique aux provinces Rhénanes (carte VIII). Tout le long de la fracture du Rhin, et aux flancs des montagnes qui limitent ses eaux ou celles de ses affluents, le prolongement des Vosges, le Taunus, le Hundrusk, l'Eifel, les monts de Westphalie, on rencontre différents gîtes métallifères. Les plus renommés sont ceux de mercure des Deux-Ponts, ceux de cuivre, de plomb et d'argent de Holzappel et Obernhof dans le Nassau [1] (carte II, fig. 1 et 2 ; carte III, fig. 2), de l'Eifel, d'Eschweiller et Stolberg, près Aix-la-Chapelle, enfin ceux de cuivre, fer, plomb et zinc de Ramsbeck, en Westphalie, dans la Ruhr supérieure. Les sables du Rhin sont eux-mêmes aurifères et donnaient lieu jadis à de fructueuses exploitations, surtout dans les plaines de l'Alsace.

Avant de quitter la Prusse, disons qu'on y trouve aussi du zinc en abondance en Silésie, et du fer sur différents

---

1. Exploités par les Romains, et repris sans interruption depuis le seizième siècle.

points du royaume, entre autres dans le pays de Siegen
(province Rhénane). C'est en partie avec ce fer que Krupp,
le grand fournisseur de canons de toutes les têtes couronnées, fabrique ses aciers réputés. Il a établi sa fonderie
mystérieuse, sévèrement fermée aux profanes, à Essen, sur
le bord du bassin houiller de la Ruhr. C'est encore avec le
fer de Siegen que se font les fameuses lames de Solingen,
dont les maîtres d'escrime et les officiers de cavalerie ap-
précient toutes les qualités.

La Prusse et l'Allemagne se donnent la main, au moins
sur la carte, l'Allemagne aux provinces métallifères, la
Saxe, le Mansfeld, le Brunswick, le Hanovre (carte VIII).
C'est dans ce dernier royaume que s'étend principalement
le Harz, l'ancienne forêt hercynienne (*Hercynia silva*),
d'où ce district tire son nom[1], le Harz, aux monts élancés
dont l'un des sommets, le Brocken, rappelle aussi le pays
des sorcières. Là se rencontrent Klausthal, Zellerfeld,
Goslar, centres des mines et des fonderies. Les autres cimes
du Harz, le Rammelsberg, l'Andreasberg, désignent de
nouveaux districts métallurgiques, dont quelques-uns,
comme celui du Rammelsberg, ont été ouverts dès le dixième siècle. Le fer, le cuivre, le zinc, le plomb, l'or, l'argent, l'arsenic sont exploités dans le Harz.

Dans le Mansfeld, au milieu de la Thuringe ou si l'on
veut de la Saxe prusienne, sont des schistes cuivreux,
argentifères, à empreintes de poissons, appartenant au
terrain ancien. Ces curieuses mines sont travaillées depuis
l'an 1200.

En Saxe, la chaîne de l'Erzgebirge, *la montagne des
mines*, présente sur son flanc septentrional les gîtes renommés de Freyberg (carte III, fig. 1), de Chemnitz, d'Al-

1. D'autres disent que le nom de Harz vient du vieil allemand *Hart*, hauteur boisée.

COUPES DE GITES MÉTALLIFÈRES

Dressées par M. Simonin.

Fig. 1

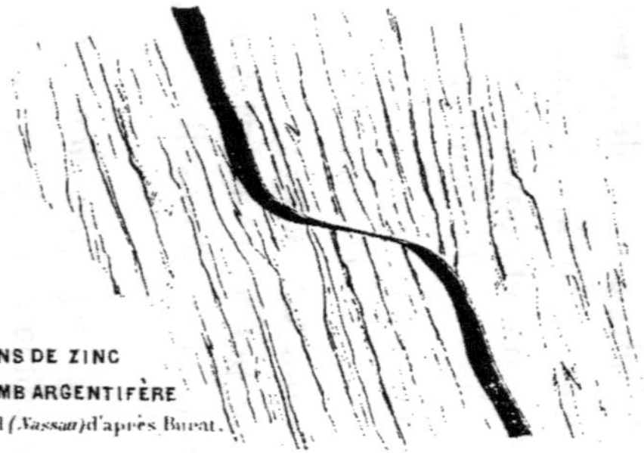

FILONS DE ZINC
ET DE PLOMB ARGENTIFÈRE
à Holzappel (*Nassau*) d'après Burat.

FILONS DE CUIVRE ET DE PLOMB ARGENTIFÈRE à Obernhof (*Nassau*)
d'après Burat

Fig. 2

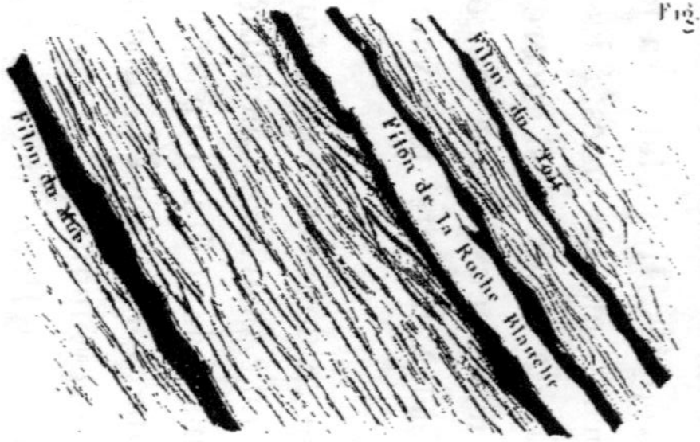

FILONS DE FER ET DE CUIVRE à Ténez (*Algérie*)
d'après Burat.

Fig. 3

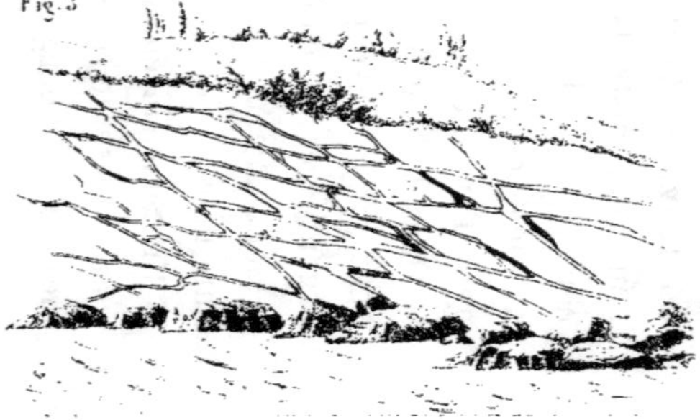

FILONS DE CUIVRE
ET DE FER
de Mouzaïa (*Algérie*)
d'après Pothier et Burat.

Fig. 4

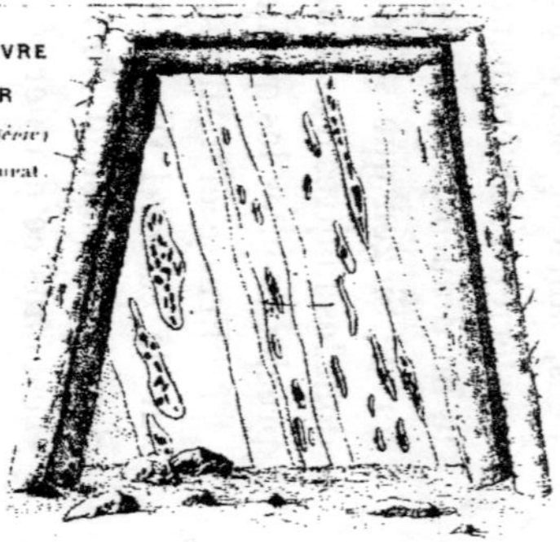

Librairie de L. HACHETTE et Cie à Paris.

tenberg. C'est là, comme dans le Harz et le Mansfeld, que l'art difficile des exploitations souterraines reprit naissance en Europe, dès le onzième siècle. Quelque temps avant la chute de l'Empire les traditions du métier s'étaient perdues. Les Germains, à qui était échue la mission de régénérer le vieux monde romain en l'envahissant d'abord, remplirent leur rôle jusqu'au bout. Ils enseignèrent aux fils des Latins ce que ceux-ci avaient oublié, la pratique des excavations souterraines et la fusion des minerais. Comme au temps de Tacite, les Germains étaient restés mineurs. Une première fois les Romains avaient appris des Étrusques l'art d'interroger le sol et d'extraire par le feu le métal de la gangue. Les fils de Tyrrhénus, en émigrant en Italie, avaient emporté la connaissance de cet art de l'Orient, qui l'avait aussi transmis aux Égyptiens, aux Grecs, aux Phéniciens, aux Carthaginois. L'Orient, à son tour, l'avait tiré de l'Inde, ce berceau de tout savoir humain. C'est de ce point lumineux qu'ont rayonné toutes les sciences et tous les arts, soit que le premier homme les ait découverts de lui-même, soit qu'il en ait reçu le don en naissant. Le secret, une fois trouvé, ne se perd pas. On dirait que le vaincu le transmet au vainqueur, la nation qui tombe à celle qui la remplace ; ou bien, c'est le conquérant qui l'apporte du peuple conquis. Ainsi est-il des belles-lettres et des beaux-arts, des sciences pures et appliquées. Le progrès jamais ne s'arrête et l'essor de l'esprit humain est éternel.

Ce fut donc des Germains que l'Europe méridionale réapprit l'art de fouiller les mines ; mais cet art s'étendit d'abord dans toute la Germanie, comme on vient de le voir, surtout dans le Mansfeld, le Harz et l'Erzgebirge. Les vieilles provinces de l'Autriche, la Bohême, la Hongrie, le Tyrol, l'Istrie, la Styrie, la Carinthie, étaient alors fameuses par leurs richesses minérales, et c'est même de là que l'impulsion a commencé dès le huitième siècle. La Styrie et la Carinthie, qu'on appelait la Norique, produisaient l'acier dès les premiers temps du monde romain. L'Istrie avait des gîtes de mercure qui sont encore excavés à Idria. La Bohême et la Hongrie, avec leurs filons d'étain, de cuivre, d'or, tentèrent les Huns, qui ouvrirent dans ces pays de vastes exploitations toujours béantes, toujours activées par les descendants des fils d'Attila. Enfin le Tyrol devint de bonne heure célèbre par ses mines et ses mineurs, et de nos jours, les Tyroliens forment encore bien des élèves en Espagne, en France, en Italie.

La Gaule, voisine de la Germanie, sut tirer parti comme elle de ses richesses minérales. En Germanie, c'était surtout le fer, au dire de Tacite; en Gaule, c'était non-seulement ce métal, mais aussi le cuivre, l'or, l'étain, le plomb et l'argent qu'exploitaient les tribus indigènes. César, dans plusieurs passages de ses Commentaires, mentionne l'adresse des Gaulois à creuser des galeries souterraines pour attaquer ou se défendre, et cette adresse il l'attribue à l'habitude qu'ils ont du travail des mines. César cite les gîtes de cuivre et de fer de la Gaule. Il aurait pu nommer aussi les gîtes d'or et d'étain, dont les anciennes excavations n'ont pas cessé d'être visibles, au pied des Cévennes et des Pyrénées pour l'or; sur les plateaux du Morbihan et du Limousin, pour ce métal et pour l'étain.

Tout autour de ce massif de basalte et de granit qui forme comme le cœur de la France, d'où descendent tous nos grands fleuves et qu'on nomme le plateau central (carte IX), les Gaulois exploitaient aussi des mines de plomb et d'argent dont les ruines existent encore. Les métaux, surtout l'étain, étaient portés aux embouchures de la Loire, où les Phéniciens, dans leur voyage vers la Bretagne et les rivages de la Baltique, les chargeaient en passant. Qui sait même si les fameuses Cassitérides ne sont pas aussi bien les îles à l'embouchure de la Loire, l'Ile-Dieu, Noirmoutiers, Belle-Ile, que les Scilly, appelées par nous les Sorlingues, perdues en plein Océan, vis-à-vis le Cornouailles anglais fertile en naufrages? Plus tard, quand le commerce de Tyr et de Carthage passa aux mains des Grecs, surtout des Phocéens de Massilie, l'étain traversa la Gaule pour gagner Marseille, qui était devenue le grand marché des métaux de la Méditerranée.

Au moyen âge, au commencement des temps modernes, l'exploitation de nos mines fut continuée avec non moins d'ardeur que dans l'antiquité. Les seigneurs suzerains, les ordres religieux de l'époque féodale, entreprirent à leurs frais de grands travaux dont ils retirèrent d'énormes bénéfices. Au pied des Pyrénées, sur le versant français des Alpes, dans les Vosges, la Bretagne, tout autour du plateau central, notamment dans les montagnes du Lyonnais, du Forez, du Vivarais, dans les Cévennes, les monts Lozère, des exploitations s'ouvrirent qui récompensèrent amplement les chercheurs. L'argentier du roi Charles VII, Jacques Cœur, trouva dans cette industrie l'origine de l'immense fortune qui devait lui susciter tant de jaloux, et le perdre dans l'esprit de son maître.

Les noms de quelques-uns de ces anciens travaux sont restés significatifs: c'est Sainte-Marie-aux-Mines, Plancher-aux-Mines, la Croix-aux-Mines, dans les Vosges, fouillées dès le temps de Dagobert et de l'orfévre saint Éloi; ce sont les Coffres (du patois *cobre*, cuivre) dans l'Aveyron. Les lieux baptisés l'Argentière, Aurière, Ferrière, existent dans plusieurs départements. Enfin, les Pyrénées ont mérité des écrivains de la Renaissance, par l'abondance et la richesse de leurs gîtes, le surnom d'Indes françaises. L'exploitation des mines de l'Amérique, qui fit baisser le prix des métaux et entraîna les mineurs au loin ; la mauvaise administration de nos derniers rois, qui abandonnèrent la propriété des mines à des favoris incapables ; une foule d'autres raisons, les guerres, la révocation de l'édit de Nantes, amenèrent peu à peu l'entier abandon de nos mines. Depuis une quarantaine d'années elles se relèvent de leurs ruines, et retournent insensiblement, une à une, vers cette période de prospérité qui caractérisait le passé. Les mines de cuivre de Chessy (carte III, fig. 4) et Sainbel, près de Lyon ; celles de plomb et d'argent de Poullaouen et d'Huelgoët, dans le Finistère ; de Pontgibaud, dans le Puy-de-Dôme ; de Vialas, dans la Lozère ; de l'Argentière, dans les Hautes-Alpes, sont entrées les premières dans ce mouvement, dont les résultats seront si glorieux pour notre industrie nationale.

Le plomb et l'argent ne sont pas les seuls métaux que nous extrayions aujourd'hui de notre sol. Il y a encore, bien que sur une petite échelle, le zinc, l'étain, le cuivre, l'antimoine, l'or. Quant au plus commun, mais au plus nécessaire de tous, le fer, la France le fournit heureusement en quantités si considérables, que l'Angleterre seule la devance dans cette production. On peut voir sur la carte sidérurgique de France (X) combien notre pays est heureusement doté des mines de fer. Aucune variété ne manque, mines d'alluvion dans le Périgord, le Berry (dont les gîtes étaient déjà célèbres du temps de César), les Landes, la Champagne ; mines stratifiées dans la Comté, les Ardennes, la Bretagne ; mines en filons dans l'Isère, les Pyrénées. Certains de nos gîtes ont joui longtemps d'une grande réputation, ainsi les minerais de l'Ariége, de l'Isère, du Périgord, pour leurs aciers naturels ou leurs fers à fabriquer l'acier. Aujourd'hui que l'on produit à outrance l'indispensable métal, on ne s'en tient plus aux qualités

COUPES DE GITES MÉTALLIFÈRES
Dressées par M. Simonin.

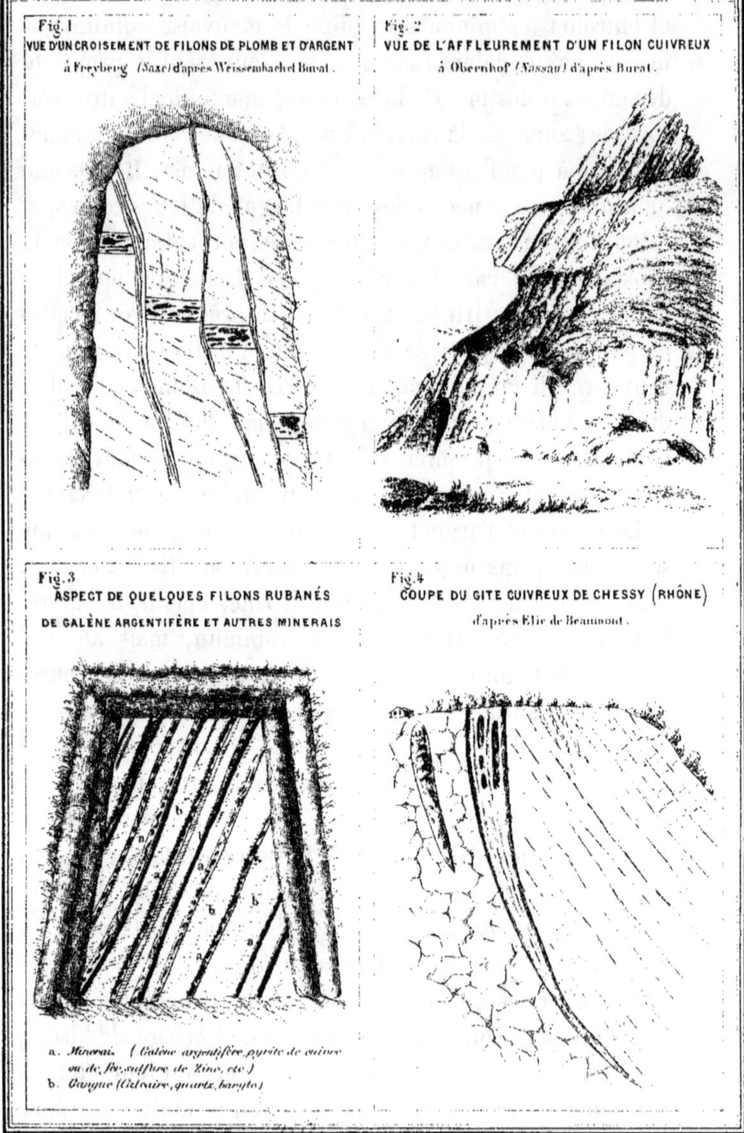

exceptionnelles de minerai, et toute pierre est bonne à traiter, dès qu'elle donne vingt-cinq pour cent de fer; mais nous n'avons pas, comme l'Angleterre, le combustible, le minerai, le fondant, réunis dans le même gîte et au pied même des fourneaux. Nos usines doivent aller chercher au loin toutes les matières premières, et c'est là la seule cause d'une infériorité qui n'est qu'apparente. Dans nos fonderies, dans nos forges, comme dans nos houillères, nous sommes mieux outillés que nos voisins, nous ne sommes entachés d'aucun vice originel, et si nous ne soutenons pas mieux la lutte, ou plutôt si nous n'avons pas la première place, c'est qu'il est impossible qu'il en soit autrement. L'Angleterre a tout reçu de la nature, qui s'est montrée fort peu prodigue pour nous.

De la France à l'Espagne, les Pyrénées, quand il s'agit de mines, ménagent la transition. C'est surtout pour les relations réciproques des gîtes métallifères, plus encore que pour celles des Français et des Espagnols, que le grand roi aurait pu dire qu'il n'y avait pas de Pyrénées. Les filons de fer qui se montrent sur le flanc septentrional de la chaîne, réapparaissent sur le flanc méridional et se continuent dans la sierra cantabrique, prolongement des Pyrénées dans les Asturies, le long du golfe de Gascogne. La Catalogne, la Biscaye, sont surtout célèbres par le travail de fer qui s'y exerce de temps immémorial. C'est là que se pratique encore la méthode dite catalane, aussi vieille que le monde, car elle doit dater du temps de Tubalcaïn, le grand forgeron de la Bible. Le soufflet qu'on emploie n'est pas ici une pompe ou une outre, c'est une trompe ou tronc d'arbre évidé, dans lequel descend un courant d'eau entraînant l'air dans son passage, et l'injectant dans la fournaise en travail.

Les monts des Asturies, non moins riches en fer que leurs

frères pyrénéens, présentent aussi des amas considérables de zinc, à l'état de calamine et de blende, qui traversent la chaîne comme les gîtes de fer les Pyrénées. J'ai vu ces mines, sur le versant méridional des monts Cantabres, dans la Vieille-Castille, fouillées à des hauteurs de plus de mille mètres. Là, au milieu d'un pays à moitié sauvage, semé de prairies naturelles comme les flancs des Alpes, et comme eux visité de bonne heure par les neiges, des pointes ardues, déchiquetées, portent des noms sonores, orgueilleux, entre autres le *pico d'Europa*, qui marque sinon le point culminant de l'Europe, au moins celui de ces districts. La difficulté de l'accès, l'éloignement des centres populeux, ont retardé l'exploitation des gîtes sur ce versant des Asturies; mais de l'autre côté, celui qui regarde la mer, le travail s'est un moment poursuivi avec une véritable fureur et se continue encore avec beaucoup d'entrain. Il y a dix ans, chacun avait sa mine de zinc dans les Asturies. En Espagne, en Angleterre, en Belgique, en France, on ne parlait dans le monde industriel que des calamines espagnoles. Les minerais, chargés surtout à Santander, sont dirigés sur la Vieille et la Nouvelle-Montagne, qui ont trouvé là un appoint que les gîtes de la Belgique et de la Prusse rhénane étaient insuffisants à leur donner.

Sur une autre partie de l'Espagne, dans les monts de la Sierra-Nevada qui recoupent les provinces de Grenade et de Murcie, et descendent à la mer vers Adra, Almeria, Carthagène, sont des mines de plomb et d'argent (carte I). Déjà célèbres au temps des Phéniciens et des Carthaginois, elles furent exploitées par Annibal lui-même qui en tira d'énormes richesses. Pline cite, et l'on montre encore le puits d'Annibal. Les Romains, après les Carthaginois, les Arabes après les Romains, exploitèrent ces mines avec ardeur. Le sol, à la surface, est criblé de vieux puits et parsemé de monticules de scories et de restes de fourneaux, témoins de ces antiques exploitations, dont quelques-unes sont plus de trente fois séculaires. L'Espagne, définitivement victorieuse des Mores, et découvrant presque aussitôt après l'Amérique, arrêta ces travaux. Le roi Ferdinand et ses successeurs, pour favoriser l'émigration vers les lointains pays que Colomb, Cortez et Pizarre venaient de découvrir, et pour donner tout leur essor aux mines des deux Amériques, firent fermer les exploitations ibériennes. L'économie politique obéissait alors à de singulières aberrations. Il n'y a qu'une quarantaine d'années que les mines de la Sierra-Nevada ont été reprises par de courageux chercheurs, et dès le premier jour elles ont donné, comme dans le passé, des résultats inattendus. Elles fournissent aujourd'hui encore le tiers du plomb consommé dans le monde, et une notable partie d'argent. Si ces deux métaux n'attiraient pas sur ces points presque uniquement l'attention, on pourrait citer aussi les mines de zinc, de fer, de manganèse, notamment celles du *Cabezo de la mena* ou camp de la mine, dont les riches minerais alimentent les fonderies de Marseille.

Parallèlement à la Sierra-Nevada court la Sierra-Morena qui traverse le nord de l'Andalousie et la province de la Manche, célèbre pour avoir donné le jour à don Quichotte. Sur le versant septentrional gît la plus fameuse mine de mercure connue, Almaden ou la mine, comme l'appelaient les Arabes, Almaden-del-azogue, comme disent les Espagnols[1]. Depuis trois mille ans cette mine n'a jamais cessé d'être en activité. Sous l'ancienne Rome un édit spé-

---

1. En castillan, *azogue* signifie vif-argent.

cial en réglementait l'exploitation. Sur l'autre versant de la
Sierra-Morena, sont les célèbres mines de cuivre d'Huelva,
près du Rio-Tinto, ainsi nommé parce que les sels vitrioliques produits dans les vieux travaux par l'oxydation
des pyrites de cuivre et de fer, teignent ses eaux. Les anciens vides béants, les montagnes de déblais ou de scories qu'on rencontre en ces lieux, datent de l'époque phénicienne. Le mont Tharsis rappelle le Tharsis ou Thartesis
de la Bible, et le mont Salomon, le roi auquel Hiram, prince
de Tyr, vendit le cuivre nécessaire à la construction du
temple. Le métal sortit peut-être de ces gîtes. Près de là
est encore Cadix, le Gadir ou Gadès des Tyriens, le plus
grand comptoir des métaux dans l'antiquité. Les Phéniciens y entreposaient le mercure, le cuivre, le fer,
l'argent, le plomb, retirés des mines voisines, et l'étain
rapporté des Cassitérides et de la pointe septentrionale de
l'Ibérie. Ils faisaient escale à Gadir en revenant de l'Atlantique, avant de franchir les colonnes d'Hercule pour
entrer dans la Méditerranée. L'or était aussi à cette époque fourni en abondance par la Bétique, depuis l'Andalousie. D'autres gîtes de l'Espagne en produisaient également. C'étaient ceux surtout de la Galice, où l'on voit
encore, non loin du littoral, les anciens placers d'or et
d'étain exploités dès l'époque phénicienne.

L'Espagne fut alors, et elle a été aussi pour les Carthaginois et même pour les Romains la grande pourvoyeuse
en métaux précieux, ce que l'Amérique fut pour les
peuples modernes à l'époque de la Renaissance, ce que
sont aujourd'hui pour nous la Californie et l'Australie. La
Lusitanie, le Portugal actuel, contribua comme l'Espagne
à approvisionner la Méditerranée de métaux. On y rencontre d'anciennes mines dont quelques-unes ont été reprises avec bénéfice. De nouveaux gîtes, entre autres des

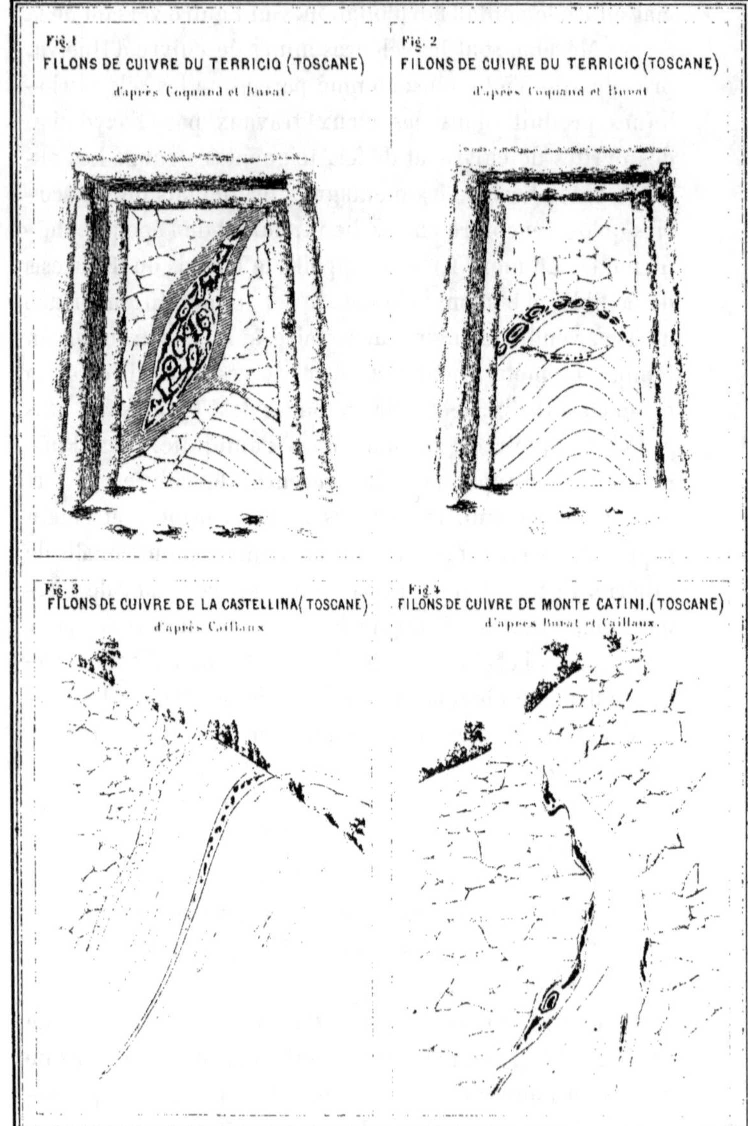
Fig. 1
FILONS DE CUIVRE DU TERRICIO (TOSCANE)
d'après Coquand et Burat.
Fig. 2
FILONS DE CUIVRE DU TERRICIO (TOSCANE)
d'après Coquand et Burat.
Fig. 3
FILONS DE CUIVRE DE LA CASTELLINA (TOSCANE)
d'après Caillaux
Fig. 4
FILONS DE CUIVRE DE MONTE CATINI (TOSCANE)
d'après Burat et Caillaux.

mines de cuivre, de plomb, d'étain, de fer, d'antimoine, pourraient y être non moins heureusement ouverts.

En regard de l'Espagne se profile l'Italie. Les gîtes du versant français des Alpes traversent l'énorme massif de schiste et de granit qui nous sépare de la péninsule, comme nous avons vu nos gîtes des Pyrénées réapparaître dans les mines ibériques. Ainsi les filons de plomb et d'argent du col de Tende sont sans doute en relation avec ceux de l'Argentière dans les Hautes-Alpes, ou ceux de Pezey en Savoie. Le Piémont (cette dénomination, bannie par la politique, peut se conserver quand il s'agit de mines), le Piémont, couché au pied des Alpes, comme l'indique son nom, est un pays fertile en gîtes de métaux. Le Val-Anzasca est renommé pour ses pyrites aurifères; la vallée d'Aoste pour ses pyrites de cuivre. Quelques-unes des mines des versants piémontais se retrouvent en Suisse, par exemple dans le Valais, où l'on exploite le plomb argentifère. Les montagnes serpentineuses qui bordent le golfe de Gênes sont riches en minerais de cuivre, en ce moment trop négligés. Les montagnes du Modénois, contenant déjà les marbres de Carrare, présentent jusque sur le sommet de leurs pics les plus inaccessibles, des mines de fer, de plomb, de cuivre, d'argent.

Les Alpes apuanes, voisines du Modénois, et formant la frontière nord de la Toscane, sont à leur tour parcourues par des veines de mercure, de fer magnétique, de plomb et de cuivre argentifères. L'argent surtout a été exploité par les anciens. La cité étrusque de Luna, dont les ruines existent dans le voisinage, au bord de la mer, avait pour emblème un croissant, symbole de l'argent dédié à Diane. Le poëte latin Stace l'appelle Luna la métallifère. Au moyen âge, les mines de ce district furent le sujet de violentes disputes entre les seigneurs de la localité et la république voisine de Lucques. Celle-ci finit par s'emparer des gîtes, et battit monnaie avec l'argent qu'elle en tirait. On voit, sur les crêtes qui couronnent les hauteurs, les restes de vieilles tours, refuges des combattants. Sous les Médicis, la plupart de ces mines furent de nouveau ouvertes. Quelques-unes, celle entre autres du Bottino, au nom caractéristique (*bottino*, puits de mine), sont encore aujourd'hui en pleine exploitation.

Dans le centre et le sud de la Toscane, comme dans le nord, on ne rencontre que districts métallifères. Il faut surtout signaler, dans le centre, les mines de cuivre du Terricio, de la Castellina, et celle de Monte-Catini, près Volterre (carte IV). Cette dernière a été connue dès l'époque étrusque; les propriétaires actuels en ont retiré des millions. Plus loin sont les mines de Campiglia (carte V, fig. 3 et 4), sondées aussi par les Tyrrhéniens, et qui fournirent la plus grande partie du bronze employé par l'antique Étrurie; puis les mines si variées de la république de Massa-Maritima (carte XI), où le fer, le plomb, le cuivre, l'argent, l'alun, le soufre, furent exploités avec tant de suite au moyen âge, que ce petit État, dès le douzième siècle, eut la gloire d'être le premier pays de l'Europe pourvu d'un code de mines régulier. On l'appelait *Massa metallorum* ou Massa-les-mines pour le distinguer de son homonyme du nord, Massa-Carrara. En parcourant le pays, couvert aujourd'hui de maquis et ravagé par les fièvres, j'y ai compté les anciens puits par centaines et signalé partout les restes de vieilles fonderies [1]. Dans le Siennois, le Grossetan, réapparaissaient les mines d'argent et de cuivre; enfin, avec les métaux déjà signalés, se montrent,

---

1. C'est dans ces mêmes districts, entre Massa et Monte-Catini, que sont les fameux *soffioni* ou soufflards d'acide borique, dont un Français, M. Larderel, a le premier entrepris l'exploitation si avantageuse.

dans le sud de la Toscane, le mercure à Selvena, Pian-Castagnajo, Castellazzara, et l'antimoine à Montauto et Pereta. Tous ces gîtes sont attachés au flanc occidental de l'Apennin, ou plutôt dépendent d'une chaîne littorale qui n'est que la continuation de celle du golfe de Gênes, et que les géologues de Pise, MM. Savi et Meneghini, ont nommée avec raison la chaîne métallifère.

Les pays se suivent et ne se ressemblent guère. Alors que la Toscane est si riche, les États-Romains sont pauvres en mines métalliques. Ils ont au moins des solfatares et des mines d'alun renommées. Les Calabres sont plus favorisées et renferment des filons de fer et d'anciennes mines d'argent. Peut-être qu'une partie du métal qui a servi à frapper les médailles syracusaines, les plus belles monnaies grecques que l'on connaisse avec celles de Marseille, venaient des gîtes calabrais. En Sicile, il y avait aussi autrefois d'anciennes mines de métaux. Le pays ne vit plus aujourd'hui que de ses soufrières. Au reste, là où sont les brigands, là où manquent les routes, l'industrie ne saurait prospérer.

En face de l'Italie s'étendent trois autres îles que l'on ne saurait oublier : la Corse, française par la politique, et l'on peut dire par le cœur, mais italienne par la langue et la géologie ; la Sardaigne, continuation de la Corse sur la mer, et l'île d'Elbe, la plus petite des trois (carte XI). Elle n'est qu'un point à côté des deux autres, mais c'est la plus célèbre, au moins par ses puissantes mines de fer, exploitées sans interruption depuis trois mille ans. C'est toujours comme au temps de Virgile, et c'était déjà bien avant lui, le gisement inépuisable du métal :

Insula inexhaustis Chalybum generosa metallis[1].

En Corse, en Sardaigne, le long de la chaîne qui des-

1. *Æneid.*, lib. X.

sinc l'axe de ces deux îles et en arrête jusqu'aux contours, apparaissent des mines métalliques nombreuses. Au cap Corse, à Ersa, c'est l'antimoine; vers Bastia, le plomb et le fer; vers Corte, le fer, le cuivre; près Calvi, l'argent. En Sardaigne, du nord au sud, et principalement dans la province d'Iglesias, voisine de celle de Cagliari, existent aussi de nombreux filons. C'est le fer, le cuivre, le manganèse, l'antimoine, mais surtout le plomb argentifère qu'on rencontre. A Correboy, Ingurtusu, Gennamare, Monteponi, Montevecchio, — où passe un énorme filon courant sur une étendue de trois lieues, entre le granit et les schistes anciens, — les fonderies de Marseille ont trouvé un aliment inépuisable. Des industriels massaliotes ou génois, reprenant les vieilles scories qu'on trouvait çà et là dans l'île en tas gigantesques, en ont aussi retiré l'argent par millions. Aujourd'hui cette industrie dure encore. Moins heureux que ces fondeurs improvisés, Balzac, notre fécond romancier, qui avait eu la même idée il y a trente ans, gagna inutilement la Sardaigne. A bord, il fit la confidence au capitaine de l'objet de son voyage. Le marin, un rusé génois, s'empara de l'affaire, mais ne réussit pas. Balzac était rentré avant lui les mains vides, désillusionné une fois de plus dans ces rêves de fortune qu'il devait poursuivre vainement toute sa vie. Des marchands, des industriels, reprenant, il y a dix ans, l'idée qu'un poëte et un marin n'avaient pas su rendre pratique, devaient seuls la mener à bien.

Ces scories de plomb argentifère qu'on retrouve en tant de points de la Sardaigne, notamment dans le sud, à Villacidro et Domus-Novas, près des antiques fonderies, proviennent, dit-on, des Pisans et des Génois qui ont possédé l'île au moyen âge. Avant eux, les Phéniciens, les Carthaginois, les Romains y ont dominé et ont également

Les Mines de Métaux

COUPES DE GITES MÉTALLIFÈRES

Dressées par M. Simonin.

Carte V.

Fig. 1

GÎTES DE FER EN ALLUVIONS

d'après Burat

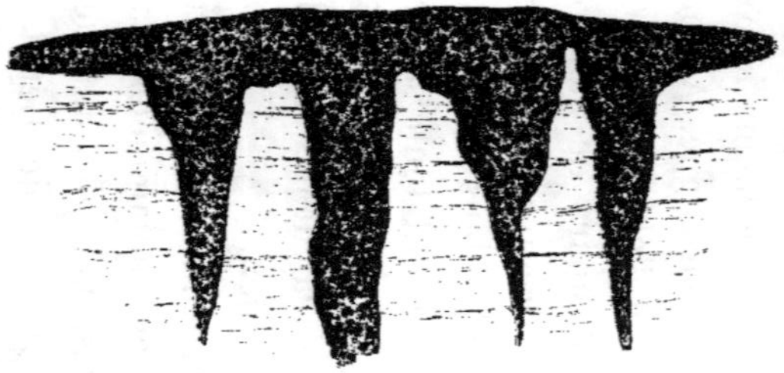

Fig. 2

FILONS DE CUIVRE ET D'ÉTAIN DU CORNOUAILLES

d'après Lyell.

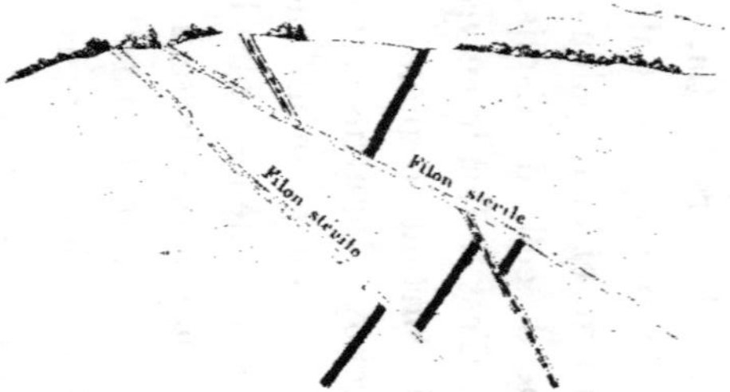

Fig. 3

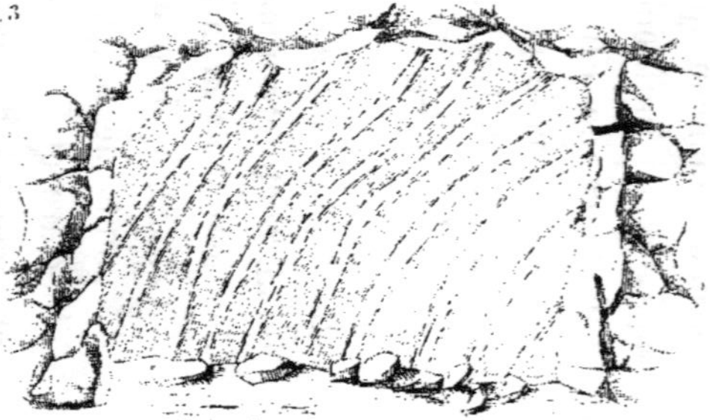

FILON DE CUIVRE DU TEMPERINO (TOSCANE) d'après Burat.

Fig. 4

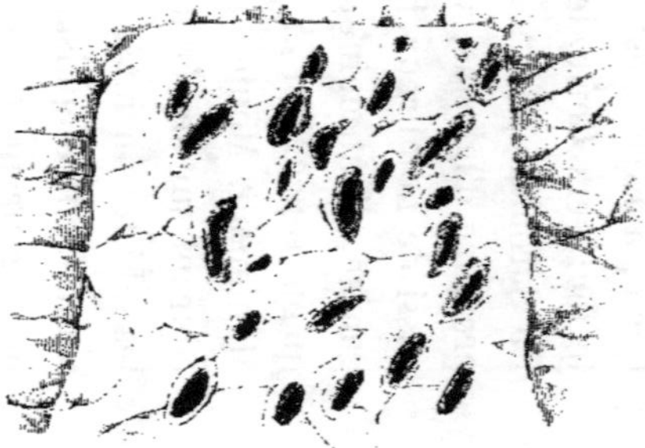

FILON DE PLOMB, D'ARGENT ET DE ZINC DE SAN SILVESTRO (TOSCANE) d'après Burat.

Librairie de L. HACHETTE et Cie à Paris.

Gravé par Erhard

exploité les mines [1] ; mais plus habiles dans la fonte des minerais que leurs modernes successeurs, qui n'ont été que marins, ils ont mieux conduit le travail. En Espagne, on n'a jamais tiré qu'un assez faible parti des anciens résidus de la fusion métallurgique, phénicienne ou punique. En Toscane, j'ai de même reconnu, sur nombre d'anciens tas de scories que j'ai analysés, qu'il ne restait que très-peu de métal utile : cuivre, plomb ou argent. C'est un fait digne de remarque que les anciens, bien qu'ignorant absolument la chimie, ont quelquefois traité les minerais avec autant d'art que les modernes. On ne peut même oublier qu'il y a eu des peuples essentiellement mineurs et fondeurs, comme les Phéniciens ou les Étrusques, qui étaient également marins, commerçants et colonisateurs. De nos jours, on voit de même les Allemands et les Anglais, à la fois voyageurs et colons, marcher aussi en tête de l'art des mines et de la métallurgie. La culture souterraine du sol est non moins indispensable que la culture de la surface à l'établissement des colonies. Des exemples contemporains, la Californie, l'Australie, le prouvent. On dirait que les races les plus colonisatrices sont en même temps les mieux douées sous le rapport des aptitudes agricoles et minérales. Les Anglais ont de plus l'avantage d'être un peuple de marins et de marchands. Joignez à cela le goût des longs et aventureux voyages, et la pratique de la liberté, de l'initiative individuelle, de ce que l'on est convenu de nommer le *self government*, et vous aurez le secret de leur brillante réussite dans les plus lointains établissements.

Dans l'antiquité, les Romains avaient si bien compris tout le prestige que les mines devaient exercer sur l'esprit

---

1. La ville sarde Metalla, de l'itinéraire d'Antonin, porte un nom significatif. En grec et en latin, *metalla* signifie mine de métaux.

des émigrants, et tout l'avantage qu'elles offraient à un développement à la fois rapide et durable des colonies, qu'une loi du sénat avait prohibé les exploitations métal-liques dans la péninsule italienne. Pline, dans son *Histoire naturelle*, rappelle souvent cette loi en nous parlant de la fécondité minérale de l'Italie [1]. Il ne nous dit pas les raisons qui avaient inspiré le sénat, mais il est permis de les supposer. Il est probable que le sénat avait en vue de provoquer, par la création d'entreprises lointaines, une vaste émigration en Espagne, en Sardaigne, en Grèce, en Asie Mineure, toutes provinces récemment conquises à l'époque où la loi fut promulguée. Mû par cet esprit conservateur qui caractérise la politique de l'ancienne Rome, le sénat voulait sans doute aussi réserver intactes pour l'avenir les richesses souterraines de la péninsule, et enfin favoriser l'agriculture italienne que le travail des mines aurait pu gêner sur certains points. Nous avons vu que l'Espagne, poussée par quelques-uns de ces mobiles, j'entends la colonisation de contrées éloignées et récemment conquises, avait, en découvrant l'Amérique, également prohibé l'exploitation des mines sur le sol national. Mais ce qui était bon au temps de Rome était déjà d'une application fâcheuse à l'époque de la Renaissance. L'exemple de l'Espagne, ruinée intérieurement par ses colonies, doublement ruinée en les perdant, le prouve d'une façon indubitable.

La Grèce, non moins que l'Italie et l'Ibérie, fut jadis le théâtre d'exploitations minérales prospères. Aux portes d'Athènes, on vient de découvrir des scories d'argent datant du temps de Périclès, et sur lesquelles se sont abattus quelques-uns des mêmes industriels qu'en Sar-

---

1. *Hist. nat.*, lib. III, XXIII, XXVII.

daigne. Les disciples de Platon et d'Aristote étaient, il
faut le croire, plus habiles dans la philosophie et la rhétorique que dans la métallurgie. Ces tas de scories de la
Grèce, comme ceux de la Sardaigne, renferment l'argent
par millions. Ces minerais provenaient de mines indigènes, et c'est avec cet argent, comme avec le bronze de
Chalcis[1], de Corinthe ou de Chypre, qu'ont été faits la
plupart des objets d'art, médailles, monnaies, coupes, vases,
statues, de l'ancienne Hellénie.

A l'égal de la Grèce, la Macédoine fut longtemps
célèbre par ses mines. L'aimant naturel, en grec *magnès*,
tirait son nom de la province de Magnésie. Cette variété
de minerai de fer mit la première sur la voie du magnétisme minéral, dont les propriétés mystérieuses devaient
étonner si fort Thalès et ses disciples, et ne se révéler entièrement qu'aux physiciens de notre époque. Le moyen
âge, il est vrai, trouva la boussole dans l'aimant naturel,
mais borna là ses découvertes.

Les mines d'argent de la Macédoine étaient non moins
réputées que les mines de fer. Quand Paul Émile conquit
le pays, les Romains acclamèrent deux fois le triomphateur,
pour l'annexion d'une nouvelle province à l'empire et
pour la richesse des mines qu'elle renfermait. Peut-être
que les gîtes d'argent sur lesquels mit la main Paul Émile,
étaient ceux mêmes qui furent plus tard exploités au
moyen âge, à Siderocapso.

Aujourd'hui la Grèce et la Macédoine, mal gouvernées,
ne produisent plus de métaux ; il en est de même des îles
à l'extrémité de la Méditerranée, comme Chypre, l'île du
cuivre, qui ne sait peut-être plus où se cachent ses anciens filons. On peut encore en dire autant de toutes les

----

1. D'où l'on a fait en grec le nom du cuivre, χαλκός, *chalcos*.

mines autrefois fameuses de l'Asie Mineure. Le Pactole, qui arrosait ces contrées et traversait les États du roi Midas, est maintenant tari ou du moins ne roule plus de l'or. Les Turcs, qui exploitent quelques-unes des mines de l'Anatolie de même façon que leurs houillères (page 113), en tirent surtout du cuivre, notamment à Tokat, dans le Taurus. Le métal prend la voie de Trébizonde, d'où on l'exporte à Marseille. Trop impur pour être employé directement, on l'y purifie, on l'y raffine, dans des usines de seconde fusion. La Judée, l'Arabie, furent de même autrefois le théâtre de vastes exploitations. Au pied du mont Sinaï on retrouve d'énormes tas d'anciennes scories cuivreuses. Aujourd'hui, devant les incursions des Bédouins, le désert s'est partout étendu, tous ces pays sont retournés à l'état presque sauvage ; les habitants ignorent l'art d'en exploiter les mines, d'en fondre les minerais, et ne connaissent même plus les lieux qui furent témoins de la plupart des entreprises jadis si florissantes. On peut dire qu'ils ont perdu jusqu'à la trace des filons. Sur quelques points de la Syrie, on continue cependant à travailler le fer ainsi que le cuivre. On connaît l'acier de Damas. Dans l'antiquité, les Assyriens, les Babyloniens, surent eux-mêmes forger le métal. On a déterré, dans les ruines de Ninive, un certain nombre d'objets en fer à moitié détruits par la rouille.

La Perse, l'Inde, la Cochinchine, la Chine, le Japon, ont aussi de tout temps fondu le fer, cuivre et d'autres métaux. L'acier de l'Inde est renommé. Les éclatantes et solides couleurs qui ornent les vieilles porcelaines des pays de l'extrême Orient, sont presque toutes métalliques. Comme alliages, on connaît les bronzes chinois et japonais, les gongs et les tam-tam sonores. Ces contrées emploient aussi le mercure et le zinc, qui sert de monnaie en Co-

Fig. 101. — Intérieur de la mine de graphite de Batougol, dans les monts Sayan (Sibérie orientale).

chinchine. Enfin l'or y est exploité, mais les mines d'argent y sont très-rares.

Terminons par le pays des Scythes cette rapide revue des mines de l'ancien monde. On dit qu'il y a au pied de l'Altaï les gîtes les plus anciennement connus. C'est aujourd'hui sur ces points que sont les mines de la Sibérie et de la Daourie, vers le fleuve Amour. Elles fournissent à la fois le cuivre, le fer, le plomb, l'argent et l'or. Les Kirghiz, les Kalmouks, les Tatars, ces descendants des anciens Scythes, continuent les exploitations ouvertes par leurs aïeux. C'est chez eux que le czar, par un reste d'habitudes barbares, envoie les malheureux condamnés politiques. C'est là aussi, à l'ouest du lac Baïkal et de la ville d'Irkoutsk, vers les frontières de la Chine, au pied des monts Sayan, que sont les célèbres mines de graphite de Batougol (fig. 101). Elles ont été découvertes et exploitées dès 1847, par un Français, M. Alibert, dont tout le monde a vu les élégants trophées aux diverses expositions industrielles, et dont les crayons, adoptés par tous les artistes, ont rétabli la réputation oubliée du graphite naturel.

A l'ouest de la Sibérie se dresse l'Oural, la chaîne aux flancs métallifères. Que l'on regarde l'orient ou le couchant, l'Asie ou l'Europe, l'Oural montre les mines par centaines ; c'est le Pérou de la Russie. Fertile en or, en fer, en cuivre, en platine, il est riche aussi en pierres gemmes. Autour d'Ekatherinebourg, vers le milieu de la chaîne, se trouvent concentrées quelques-unes des exploitations. C'est de l'Oural que la Russie tire un fer si renommé, qu'il n'y a pas encore soixante ans, c'était le seul estimé en Europe avec les fers de Suède ; c'est de là qu'elle extrait le platine, caché dans des sables d'alluvion avec l'or. C'est dans l'Oural que la Russie trouve également ces fameuses malachites employées par la métallurgie pour en extraire le cuivre, quand elles sont brutes, et dont les plus beaux échantillons ont été si heureurement adoptés par tous les arts décoratifs, la bijouterie, la joaillerie, l'architecture. Il y a un siècle, de simples forgerons, les Demidoff, découvrirent ces gîtes. Le czar, en récompense, les leur abandonna. On sait ce qu'ils sont devenus, des princes cent fois millionnaires. Si l'exploitation des mines métalliques est souvent une loterie, il faut reconnaître qu'elle réserve parfois de bien gros lots aux heureux gagnants.

V

LE MONDE MÉTALLIFÈRE.

L'AMÉRIQUE, L'OCÉANIE, L'AFRIQUE.

Les filons et les montagnes. — Mines des Andes. — Le Chili. — La Bolivie.
— Le Pérou et le Cerro de Pasco. — Voyages du cuivre et de l'argent.
— Les États de Colombie — L'Amérique centrale. — Le Mexique. —
Les Apaches et les Comanches. — La Sonora et Raousset-Boulbon. —
La région des placers. — Richesses de la Californie. — L'argent de la
Nevada. — Le cuivre du lac Supérieur. — Les États de l'Atlantique. —
La Cité impériale. — Le Canada. — Le Groënland. — L'île de Cuba. —
La Guyane. — Le Brésil. — Le Paraguay, l'Uruguay, la Plata. — Les
mines au temps des Incas. — Du détroit de Magellan en Australie. —
Les champs d'or. — Les métaux et la colonisation. — La Nouve'le-Zé-
lande et la Nouvelle-Guinée. — Banca et Malacca ; l'étain des Détroits.
— Bornéo, les Philippines. — Le continent africain. — Mines littorales.
— Le Cap, Angola, Benguela, le Gabon, le Sénégal, le Maroc, l'Algérie,
la Tunisie, l'Égypte, l'Abyssinie, le Mozambique. — Où est Ophir ? —
Madagascar. — Le code des mines malgache. — L'équateur métallifère.

Dans notre course à travers le vieux monde, il nous a été
facile de reconnaître que les filons aiment les lieux élevés,
et que c'est toujours aux flancs des hautes montagnes que
s'attachent les veines métalliques. En France, c'est dans
les Pyrénées, les Cévennes, les Alpes, que nous avons surtout rencontré les gîtes ; en Espagne, dans les sierras ardues ; en Italie, sur les revers des Apennins et de la chaîne
littorale ; en Angleterre, à travers les rocs dénudés du Cornouailles ; en Allemagne, dans les monts du Harz, de la

Saxe, de la Hongrie, du Tyrol; en Russie, dans la chaîne
ouralienne et ses contre-forts. Là se cachent, là gisent les
richesses minérales naturelles, et ce, conformément à la
théorie aujourd'hni presque partout admise, qui rend
solidaires les unes des autres l'apparition des roches éruptives, les soulèvements des chaînes de montagnes et les
émanations métallifères. La nature semble avoir voulu
faire payer à l'homme le prix de ses faveurs, en rejetant
presque toujours les filons vers les lieux abrupts et déserts.

En Amérique ces principes se confirment avec éclat, et
ressortent de toute évidence sur une échelle grandiose.
C'est autour de la ligne des Andes (carte VI), de la Terre-
de-Feu au détroit de Behring, et jusqu'à cinq mille mètres
de hauteur, que courent les mines de métaux. Toute la
chaîne est métallifère. La composition seule des filons
varie suivant les lieux qu'on examine, les émanations
ayant elles-mêmes varié avec le point du foyer central d'où
elles sont parties, et l'époque où elles ont eu lieu. Mais
partout la présence des métaux a donné lieu à de vastes
exploitations, et presque toujours à une colonisation des
plus rapides.

Au Chili, l'or, le cuivre, l'argent ont amené les populations vers des districts jusque-là abandonnés et sauvages.
Sur le Pacifique, Copiapo, Huasco, Coquimbo (carte XII),
doivent leur naissance aux mines, qui ont contribué aussi
à leur développement commercial. L'argent a créé les
deux premières de ces villes, le cuivre la dernière. Au cœur
même du désert d'Atacama, — une plaine de sables brûlants, le Sahara de ces contrées, qui sépare le Chili de la
Bolivie,— se sont avancés les chercheurs. Ces hardis *cateadores*[1] regrettent aujourd'hui le temps légendaire où les

---

1. De l'espagnol *catear*, chercher.

placers produisaient des pépites si grosses, qu'on pesait l'or
à la romaine. Sur les plateaux où s'égarent les mineurs, et
où bien des gîtes restent encore en partie inconnus, la
plupart des exploitations fournissent depuis longues années les plus riches produits. On en a tiré aussi et l'on en
tire encore, à la grande joie des savants, toute une série
d'espèces nouvelles dans la famille des minerais.

En Bolivie, sur les plus hauts sommets des Andes, sont
des mines fameuses. Près de Chuquisaqua ou la Plata est
Potosi, dont le nom est resté proverbial, et qui, depuis
l'époque de la conquête jusqu'à celle de l'émancipation,
c'est-à-dire pendant deux siècles, a fourni en argent massif
six milliards de francs à l'Espagne. En Bolivie, les entrailles des Andes recèlent partout le blanc métal, de là
le nom de la Plata ou l'Argent que les Espagnols avaient
donné à cette province et à sa capitale, et qu'elles conser-
vaient encore, quand elles empruntèrent l'une au grand
Bolivar, le héros libérateur, l'autre au général Sucre, les
noms qu'elles portent maintenant. La république voisine
dont la capitale est Buenos-Ayres, détachée comme la Bolivie de la vice-royauté du Pérou, ne voulut pas laisser
perdre un baptême de bon augure et le garda pour elle.
Elle a aussi des mines d'argent et nous les retrouverons
dans notre grand périple autour des deux Amériques.

La plupart des mines de la Bolivie, travaillées jadis si
ardemment, sont aujourd'hui abandonnées. Nous aurons à
déplorer le même fait au Pérou, dans l'Amérique centrale,
au Mexique. L'approfondissement des travaux, l'affluence
des eaux souterraines, et il faut bien le dire aussi, la fréquence des luttes intestines, ont fait déserter une partie
des mines de l'Amérique espagnole. Le mal s'est fait
sentir dès les premières années de ce siècle, c'est-à-dire
dès l'époque où ont commencé les guerres de l'Indépen-

dance. L'appauvrissement des gîtes en profondeur a été quelquefois invoqué comme cause de ces abandons successifs ; il l'a été presque toujours sans raison.

La Bolivie ne renferme pas seulement l'argent, l'or y existe sur de nombreux placers ou *veneros*, par exemple dans la vallée de Tipuani, l'un des affluents de l'Amazone (fig. 102). L'étain se rencontre aussi en abondance dans des sables d'alluvion, enfin le cuivre, en grains, en rognons, en plaques métalliques, dans des grès rouges, à Corocoro, près la Paz. Le minerai provenant de çe gîte, la *barilla*, comme on le nomme, est bien connu des fondeurs, et le métal bolivien apprécié sur tous les marchés. On l'a trouvé quelquefois mêlé d'argent natif.

Avançons. Voici le Pérou, la terre chérie des Incas, qui nous offre ses trésors. Dans le sud est Huantajayo avec ses vieilles mines d'argent. Non loin, Iquique, dont les exploitations des nitrières naturelles ont fait vivre ce pays, quand les mines de métaux ont été abandonnées. Au centre est Huancavelica, où de riches mines de mercure ont été longtemps fouillées. Le vif-argent est indispensable au traitement des métaux précieux, et la nature semble avoir comme à dessein réparti sur plus d'un point les mines de mercure à côté de celles d'or et d'argent[1].

A la latitude de Lima, la ville des rois, l'ancienne capitale des fils du soleil, se dresse Cerro de Pasco, le pays des mines d'argent, sur un plateau élevé des Andes, à près de quatre mille cinq cents mètres d'élévation. Ces gîtes ont été non moins activement exploités que ceux du Mexique

---

1. Le traitement métallurgique que l'on fait subir aux minerais d'or et d'argent se résume presque toujours dans la formation d'un amalgame, combinaison solide de mercure et des métaux précieux. Le départ du mercure s'obtient par distillation dans une cornue ; les métaux précieux restent en un gâteau au fond de l'appareil.

Fig. 102. — Placers aurifères de la vallée de Tipuani (Bolivie), d'après une aquarelle de Deherrypon.

et de la Bolivie ; ils le sont encore aujourd'hui. Mais les guerres civiles ont été aussi funestes au Pérou qu'à toutes les républiques espagnoles. Cerro de Pasco est loin de présenter l'animation du passé. Une partie de ses mines est inondée ; on n'en exploite plus que les déblais (*los desmontes*). Ces déblais, à peine tachés de particules métalliques que les anciens n'avaient pas daigné recueillir, qu'ils avaient rejetées autour de la mine avec la matière tout à fait stérile, sont aujourd'hui soigneusement triés. Les Anglais, qui sont partout où il y a un shilling à gagner, sont venus vers ces mines avec leurs procédés, leurs machines, et ils ont réussi à redonner à quelques-unes des exploitations la vie et la splendeur d'autrefois.

Le voyage de Lima à Pasco est long et pénible. Il faut franchir les Andes, à pied ou à dos de mules, ou bien porté par les Indiens, s'élever à des hauteurs telles qu'on y perd le souffle par la raréfaction de l'air[1]. Les tempêtes y sont redoutables. Le trajet dure plusieurs jours. On traverse les *punas*, plateaux glacés ; on couche dans les *tambos*, sorte d'abris communs ou caravansérails, qui remontent au temps des Incas. A Cerro de Pasco, voisin de l'Équateur (environ 11° de latitude sud), les vêtements de laine sont indispensables. La moyenne de la température annuelle est de six à huit degrés centigrades ; le thermomètre monte jusqu'à douze. Comme sur nos plus hautes cimes des Alpes, la végétation est rabougrie. Les orangers, les dattiers, les caféiers, les bananiers, tous les

---

1. Le malaise particulier qu'on éprouve alors porte, dans toute l'Amérique espagnole, le nom de *soroche*. Les Indiens l'attribuent à des émanations de filons antimonifères (*antimonios*) à travers les roches des Andes. Il n'est pas besoin d'aller chercher des raisons si loin ; c'est le même phénomène physiologique que celui auquel on est sujet dans une ascension en ballon au delà de quatre à cinq mille mètres.

arbres luxuriants des tropiques, couverts de feuilles, de fleurs et de fruits, et qui embellissent les jardins autour de Pisco et de Lima, ont disparu bien avant le Cerro. Quelques pauvres graminées sont les seules plantes naturelles de ces sites élevés[1]. A l'horizon se dressent les dernières cimes des Andes, couvertes de leur éternel manteau de neige et de glaciers (fig. 103).

Descendons sur les rivages du Pacifique, où l'on jouit d'un climat plus heureux. Là se dressent les îles Chincha, au guano fertilisant, mais non inépuisable. Les oiseaux marins, les cormorans, les pélicans, les pingouins, qui se gorgent de poissons dans ces parages, comme leurs frères antédiluviens, fabriquent encore quelques bancs de ce précieux fumier. Le Pérou néanmoins, qui tire de l'exploitation de ces étranges gîtes la plupart de ses ressources en argent, fera bien de songer pour l'avenir à d'autres moyens de revenus. En attendant, c'est toujours le guano, et à Iquique le sel-nitre, que les navires à voile du commerce vont chercher dans ces eaux. Les steamers anglais, qui font régulièrement le trajet entre les derniers ports du Chili et Panama, chargent en passant, à Pisco, quelques sacs de sucre, et à Callao, le port de Lima, récemment bombardé par l'Espagne, les lingots d'argent, *la plata piña*, comme on les appelle de leur nom castillan. On les descend religieusement, un à un, à fond de cale, devant les passagers curieux. Quelques lingots portent inscrits le lieu de la provenance, un nom d'usine ou de simples lettres initiales. La couleur est d'un blanc grisâtre,

---

1. La ville renferme quinze mille habitants, presque tous mineurs et fondeurs. On se chauffe avec de la fiente de lama (le chameau de l'Amérique australe), des mottes de gazon tourbeux, ou du charbon de terre extrait des mines avoisinantes. Les fonderies d'argent emploient presque exclusivement le combustible fossile.

Les Mines de Métaux

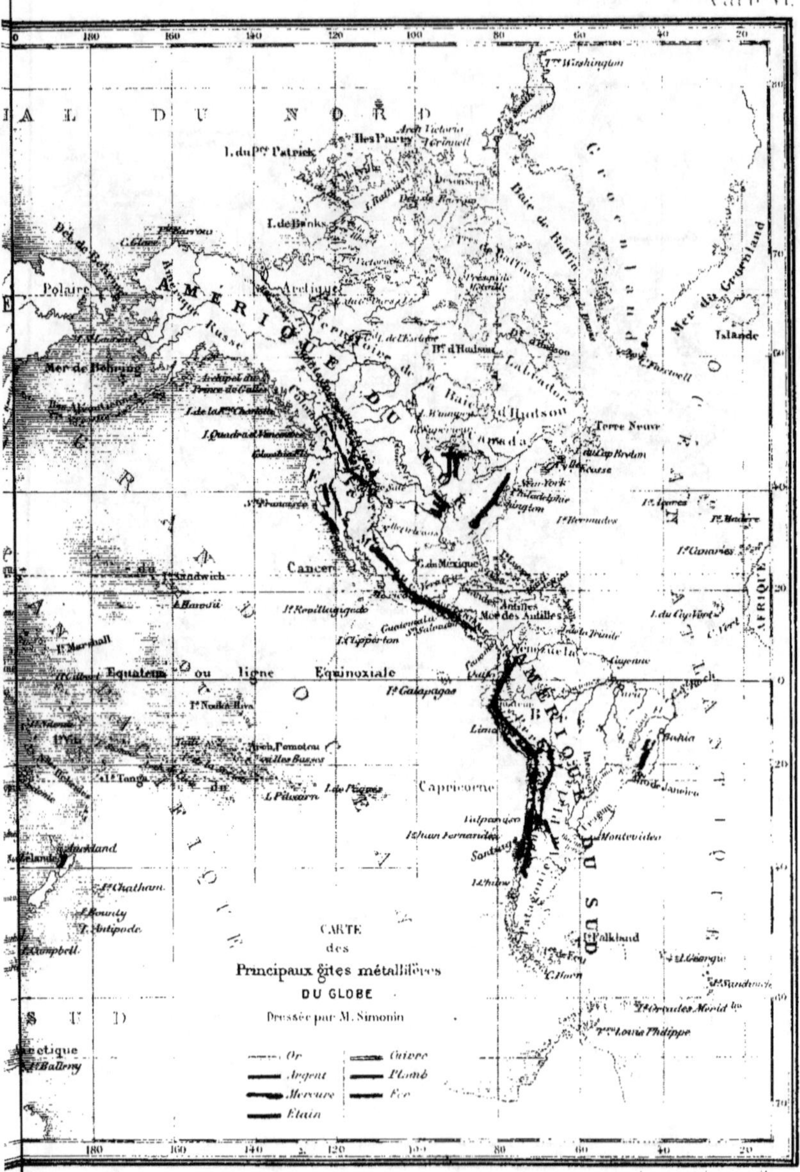
CARTE
des
Principaux gîtes métallifères
DU GLOBE
Dressée par M. Simonin
Or
Argent
Mercure
Étain
Cuivre
Plomb
Fer
AMÉRIQUE DU NORD
AMÉRIQUE DU SUD
OCÉAN PACIFIQUE
OCÉAN ATLANTIQUE
AFRIQUE
Groenland
Labrador
Terre Neuve
Islande
Mer de Bëhring
Mer de Béhring
Polaire
Équateur ou ligne Équinoxiale
Cancer
Capricorne
Baie de Baffin
B.ie d'Hudson
G. du Mexique
Mer des Antilles
Canada
New-York
Philadelphie
Washington
Santiago
Valparaiso
Lima
Montevideo
Rio de Janeiro
Bahia
C. Horn
I. Falkland
I.du P.ce Patrick
I. de Banks
Îles Parry
Archipel du Prince de Galles
Mer du Groenland
I. Chatham
I. Campbell
I. Antipode
I. Auckland
Îles Galapagos
I. Juan Fernandez
I. Chiloe
Islande
Mer de Bëhring

Fig. 103. — Le Cerro de Pasco (Pérou), où sont les mines d'argent.

terne, sale; l'aspect, grenu, poreux; mais nul ne s'y mé-
prend, et les soins dont on entoure les lingots, la ponctualité avec laquelle le *purser* ou comptable du bord les
inscrit sur son registre, suffiraient au besoin pour témoigner de leur valeur. Le chargement terminé, métal et
voyageurs, continuant leur route vers l'Isthme, prennent
la voie de l'Angleterre, ce grand centre vers lequel con-
verge tout le monde colonial.

Comme le Pérou, la Bolivie et le Chili expédient leurs
métaux précieux à Southampton, Liverpool et Londres,
par la route rapide de Panama. Le cuivre prend celle du
cap Horn. Moins noble, de moindre prix que l'argent, il ne
voyage pas à la vapeur, mais à la voile; les traversées
trop coûteuses lui sont interdites. Et puis les fondeurs
seuls l'attendent, et non les financiers, les banquiers, les
États; s'il est en retard ou en avance, c'est un peu de
hausse ou de baisse sur le cuivre seulement; il n'y a que
les chaudronniers qui s'en émeuvent. Si l'argent manque
au contraire, c'est souvent une crise qui en résulte; et
s'il arrive à temps, c'est comme une rosée bienfaisante
qui vient ranimer les affaires.

De Callao à Panama, nous saluons l'Équateur et sa belle
rivière de Guayaquil, puis la Nouvelle-Grenade, naguère
réunie à la République équatoriale avec celle de Vénézuela. Le nom de Colombie que portait la Confédération
des trois États, outre celui de les réunir fraternellement,
avait l'avantage de rappeler le nom du grand découvreur
de l'Amérique. Dans les États-Unis de Colombie nous
ne trouvons aucun gîte remarquable, hors celui de platine de Choco, sur le Pacifique, près du port de Buena-
ventura (Nouvelle-Grenade). Il fut un temps où les placers
(*lavaderos*) de ce pays donnaient aussi de l'or en abondance. Dans la province de Panama, se rencontrent partout

des mines aurifères, jadis fouillées par les Indiens. Ceux-ci travaillaient même le métal comme orfévres et bijoutiers. Aujourd'hui ces mines ont été reprises par quelques hardis exploitants. Les gîtes sont surtout disséminés autour de Chiriqui, à la limite de la province de Panama et de l'État de Costa-Rica (Amérique centrale). Dans cette dernière région, les États de Nicaragua, de Honduras, nous offrent des mines d'or et d'argent intéressantes, qui tentèrent les Espagnols lors de la conquête, et qui ont récemment fixé l'attention de puissantes compagnies européennes.

Nous voici maintenant au Mexique dont les sierras, courant du sud-est au nord-ouest, recèlent les métaux. Les États de Guanajuato, Guadalajara, Zacatecas, sont les plus riches en argent de tout l'empire, dont ce métal a créé les grandes capitales. Les célèbres mines de Valenciana, Real-del-monte, Pachuca, Real-del-oro, et tant d'autres, ont fourni des milliards. A Guanajuato, passe la *Veta-madre* ou veine-mère, à Zacatecas, la *Veta-grande* ou grande-veine, deux des plus puissants filons du monde, que l'on peut suivre chacun sur une longueur de quatre lieues. Ce sont comme d'immenses murailles de quartz, de six à quinze mètres d'épaisseur à la surface, de trente à soixante en profondeur, enfoncés dans les calcaires, les porphyres et les schistes, et qui servent de gangue à de nombreux minerais. Le Mexique, malgré ses troubles continuels, a toujours été celle de toutes les républiques espagnoles qui a produit la plus grande quantité de métaux précieux. Le mercure, l'étain, le fer, le plomb, le cuivre, le graphite, le charbon, se trouvent non moins abondamment répandus dans ce vaste pays, que sa position heureuse et les richesses de son sol avaient fait nommer par Cortez la Nouvelle-Espagne.

A la limite nord de l'empire mexicain est la province de

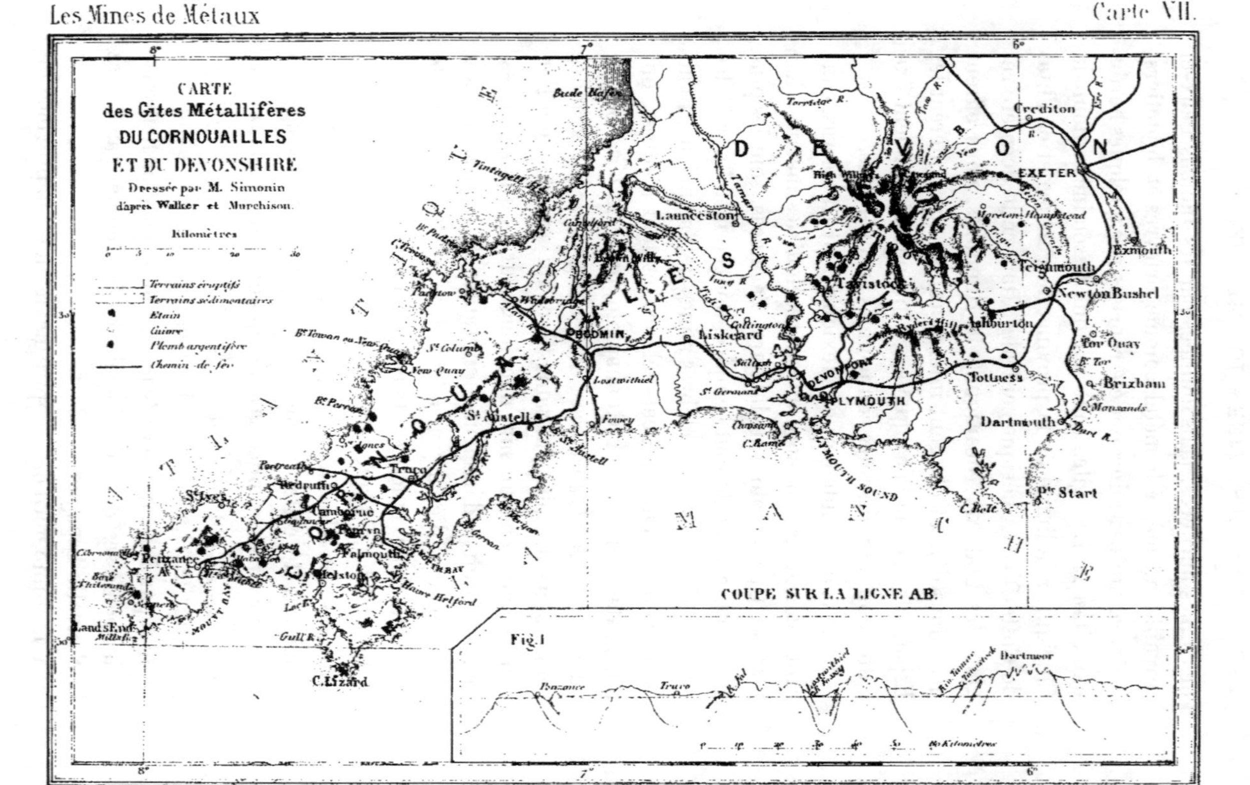
CARTE
des Gîtes Métallifères
DU CORNOUAILLES
ET DU DEVONSHIRE
Dressée par M. Simonin
d'après Walker et Murchison.
Kilomètres
Terrains éruptifs
Terrains sédimentaires
Étain
Cuivre
Plomb argentifère
Chemin de fer
COUPE SUR LA LIGNE AB.
Fig.1
DEVON
CORNWALL
EXETER
Crediton
Exmouth
Teignmouth
Newton Bushel
Tor Quay
Brizham
Tottness
Dartmouth
Pte Start
PLYMOUTH
DEVONPORT
PLYMOUTH SOUND
Tavistock
Launceston
Bodmin
Liskeard
Lostwithiel
Fowey
St Austell
Truro
Redruth
Camborne
St Ives
Penzance
Helston
Falmouth
Lands End
C. Lizard
LA MANCHE
Panzance
Truro
Tavistock
Dartmoor

Chihuahua, où abonde aussi l'argent, mais où le désordre domine. Les Apaches, les Comanches, tribus sauvages, ennemies entre elles, mêlent leurs dévastations à celles des bandits et des guerrillas. L'industrie ne prospère guère au milieu de tous ces troubles sans cesse renaissants, et cependant on revient toujours à l'exploitation des mines, tant elles sont riches et payent avec usure les mineurs. Les placers eux-mêmes abondent, et les Indiens, à défaut de plomb, usent les pépites sur une pierre pour les arrondir, et en faire des chevrotines ou des grenailles qu'ils chargent dans leurs carabines. Indiens et Mexicains se font continuellement la guerre. Les Mexicains, presque toujours vainqueurs, condamment les prisonniers aux mines, du moins au cassage du minerai (fig. 104).

Entre le Chihuahua et la mer Vermeille (golfe de Californie), est la Sonora, où l'on trouve l'or, l'argent, le mercure, mais où dominent presque partout dans l'intérieur les Apaches cruels qui scalpent sans pitié les mineurs. La Sonora! c'est ce pays qui avait fixé les regards du brave Raousset-Boulbon, dans ses expéditions aventureuses, quand il voulait opposer une barrière française, latine, à l'envahissement anglo-saxon des Yankees. Il ignorait, le noble cœur, que l'on ne saurait aller contre les lois de ce monde. La Sonora l'attirait. On lui disait qu'il y avait là des mines d'argent massif, et qu'elles étaient si abondantes, que les Indiens faisaient des balles de ce métal, non moins qu'avec les pépites aurifères; que le mercure s'étendait partout en lacs; que les ruisseaux roulaient des pierres d'or. Quels appâts pour les futurs colons! Lui, qui ne rêvait que la conquête et la civilisation du pays, s'était avancé hardi, confiant. Après des succès militaires et des aventures qui tiennent du roman, il fut pris les armes à la main. Son idée, que depuis une haute

personnalité a voulu sans plus de succès remettre à exé-
cution, n'était point approuvée du Mexique. Il fut lui aussi
condamné à être fusillé ; sa fin fut celle d'un héros.

Au nord de la Sonora s'étendent la Californie, l'Orégon, le territoire de Washington, enfin la Colombie britannique. Tous ces pays forment le vaste domaine des placers,
les régions préférées des chercheurs d'or. Depuis Cortez
qui découvrit la Basse-Californie, et dont les navires mouil-
lèrent leurs flancs aux eaux de la mer Vermeille, l'Espagne
avait appelé l'*Eldorado* ou le pays doré ces lointains rivages du Pacifique. Le nom venait des Aztèques eux-
mêmes, comme s'ils avaient deviné ce que ces contrées
devaient être un jour. L'heure venue, en 1848, quand
les États-Unis, par un trait de plume, eurent obtenu de
la république du Mexique, désormais incapable de les
coloniser, ses provinces les plus éloignées, la Haute-
Californie, le Nouveau–Mexique, le Texas, l'or fut tout
à coup trouvé. C'était en Californie, sur un affluent du
Sacramento. On sait ce qui advint, et comment le monde
entier, appelé libéralement à profiter de cette grande découverte, envoya vers le pays de l'or tout un peuple de
hardis émigrants.

Les commencements de la colonisation furent des plus
tumultueux, des plus difficiles. Ce n'étaient pas toujours
d'honnêtes travailleurs qui étaient accourus. Les *convicts*
échappés d'Australie, les farouches *squatters* venus des
derniers États américains du *Far-West*, les *rowdies*
vomis par New-York, l'écume des populations rejetée par
le monde entier, semèrent partout l'alarme. Le revolver et
le couteau décidèrent souvent toutes les querelles. Les
comités de vigilance et la loi de Lynch durent s'établir
en permanence contre les assassins, les voleurs et les in-
cendiaires. Alors seulement le calme se fit. Les bandits,

Fig. 104. — Prisonniers apaches condamnés aux mines dans le Chihuahua (Mexique).

frappés de terreur, s'enfuirent, et le travail, le dur travail des mines, devint comme une salutaire épreuve pour tous. C'est ainsi que le pays de l'or s'est bien vite transformé en un pays modèle, et que la culture des champs et des forêts s'y est développée de la façon la plus heureuse et la plus inattendue, en même temps que l'exploitation du sous-sol.

Parcourons cette belle Californie. Le long de l'océan Pacifique s'étend une côte semée de havres que visitent les navires de commerce de toutes les parties du monde et jusqu'aux baleiniers (carte XIII). La ligne du rivage se déroule sur les eaux, presque droite, en coupant les méridiens sous un angle nord-ouest. Vers le milieu de cette ligne s'ouvre la baie de San-Francisco, si vaste que toutes les flottes du monde y tiendraient à l'aise. Elle ne communique avec la mer que par un étroit goulet, poétiquement nommé le *Golden-Gate* ou la porte d'or. Les comtés du littoral, outre la pêche et le commerce, se livrent aussi à l'agriculture. Dans le sud, on produit des vins renommés, frères de ceux de Champagne et de Bordeaux, mais dont la rivalité n'est point à craindre pour nous, à cause de la distance. Dans le nord, on cultive le blé, le maïs. La terre a partout récompensé avec usure les efforts des colons, et ces pays vierges ont rendu la semence au centuple. Le jardinage a fourni aussi les produits les plus variés et les plus abondants. Enfin les forêts renferment des essences appréciées, surtout ce beau sapin rouge de Californie, si recherché dans tout le Pacifique.

Une chaîne, le *Coast-Range*, de même direction que la côte, parcourt les comtés agricoles. Les comtés miniers sont traversés par le Sacramento et le San-Joaquin, deux fleuves qui offrent le singulier phénomène d'être de cours opposé, symétrique, et de jouir de la même embouchure.

L'un, le Sacramento, vient du nord, l'autre, le San-Joaquin, du sud. Ces fleuves et tous leurs affluents, échappés
aux flancs de la Sierra Nevada, qui limite à l'est l'État
de Californie, sont de véritables Pactoles; ici le mot peut
se dire sans figure de rhétorique. C'est sur l'un des affluents
du Sacramento, la rivière Américaine (*American River*),
que l'or a été la première fois découvert, dans le mois de
janvier 1848 (carte XIII). La pépite fut trouvée à Coloma, sur
la scierie d'un colon helvétien, M. Sutter, ancien capitaine
d'un régiment suisse de Charles X. En 1830, il avait émigré de France aux États-Unis, puis s'était définitivement
fixé en Californie, sur les bords du Sacramento, aux lieux
mêmes où est aujourd'hui la ville qui porte ce nom.

On sait ce qu'a été pour le pays de l'Eldorado l'exploitation de l'or, la cause d'une colonisation brillante, complète, si bien que plus d'un grand État de l'Europe trouverait maintenant de quoi envier à ce pays. Les placers
s'étalent partout dans le bassin du Sacramento et du San-
Joaquin. Les filons sillonnent tous les contre-forts de
la Sierra. L'or qu'on a retiré de ces gîtes, répandu dans la
contrée, a permis d'entreprendre sur la plus large échelle
la culture des champs, de préluder à l'ouverture de routes,
de voies ferrées et navigables, de lignes télégraphiques.
La canalisation pour l'arrosage des campagnes et l'alimen-
tation des placers, a partout été réalisée avec une audace
inouïe. Les villes sont sorties du sol comme par enchantement, d'abord simples camps de mineurs, aujourd'hui cités
opulentes; et la Californie s'est faite, loin des regards dis-
traits de l'Europe, qui ne voit encore dans ce lointain État
que le pays si terriblement agité de la primitive immigration.

Favorisée outre mesure au point de vue de la variété
des richesses souterraines, comme à celui des produits

agricoles, la Californie ne renferme pas seulement de l'or. Quand les mineurs, éloignés des placers qui s'épuisaient, ont voulu discipliner leurs recherches, ils n'ont pas tardé à découvrir le charbon, le mercure, le cuivre. Ce dernier métal existe en quantités si abondantes du sud au nord de l'État, que les mines, découvertes en 1862, donnent déjà d'importants produits. Dans le voisinage des gîtes les plus riches, dans l'État de Calaveras, a été fondée une ville qu'on a heureusement baptisée du nom de Copperopolis ou la ville du cuivre. Le charbon, qu'on soupçonnait à peine en 1861, a fourni son contingent comme le cuivre. Enfin, le mercure, à New-Idria, New-Almaden, surtout dans cette dernière mine, a étonné également les colons. Tandis qu'en général les minerais de vif-argent sont pauvres, et renferment au plus dix à douze pour cent de mercure, ici les teneurs moyennes ont dépassé cinquante pour cent. Le prix du métal a baissé de douze francs à six francs le kilogramme, et plusieurs mines d'Europe, surtout celles de Toscane, ont dû suspendre à tout jamais leurs travaux. Le mercure de New-Almaden a chassé de tous les marchés américains le mercure d'Almaden d'Espagne. Aussi avec quelle avidité les Américains ont disputé cette mine à leurs premiers possesseurs. En 1860, quand je quittai le pays, un procès était depuis longues années pendant, qui a fini par être jugé en dernier ressort par la cour suprême de Washington. A cette époque, les chantiers, mis sous le séquestre, chômaient. L'exploitation en a été bientôt reprise ; puis des mines rivales, celles de New-Idria, d'Enriquetta, etc., ont fait concurrence à New-Almaden, sans qu'aucune de ces entreprises ait gêné l'autre. C'est là aujourd'hui la première, la plus importante source de mercure du globe. Les temps sont loin où les Indiens, ouvrant d'étroites galeries dans les montagnes schisteuses de San-Jose, pénétraient en rampant dans les filons, pour en extraire un peu de terre rouge dont ils se peignaient le visage. C'étaient eux qui, avant même la découverte de l'or, avaient conduit sur ce précieux gisement les premiers colons mexicains.

Est-ce tout? et le mercure, le cuivre, l'or, le charbon composent-ils toutes les richesses minérales du pays? Loin de là. Le fer, le plomb et l'argent y ont été aussi découverts; plus tard viendra leur tour d'être régulièrement exploités. En attendant, le platine, semé au milieu des sables des placers et, avec lui, les pierres précieuses, les rubis, les diamants, qui n'avaient pas d'abord attiré·l'attention (il n'y a rien de si peu tentant que les gemmes et les métaux natifs), sont aujourd'hui partout recherchés avec soin. Le bois agatisé, l'opale, le pétrole, le borax, le soufre, ont été aussi rencontrés en gîtes étendus. Le pétrole de Californie fait désormais concurrence à l'huile de pierre des États de l'Atlantique; le soufre et le borax rivalisent avec les produits analogues de Sicile et de Toscane, dont ces contrées avaient le monopole. Aucune substance minérale ne devait d'ailleurs manquer au pays de l'or : on y a trouvé un marbre onyx qui égale celui d'Algérie.

Séparé de la Californie par la chaîne neigeuse de la Sierra, l'État de Nevada se distingue depuis 1860 par l'exploitation de l'argent. Je me trouvais à San-Francisco, quand la nouvelle se confirma de la découverte de mines argentifères près du lac de Washoe. C'était en novembre 1859, et déjà les neiges précoces empêchaient de faire ce voyage. Au printemps suivant, j'avais rendez-vous au Chili; je dis adieu au pays de l'or, le cœur serré. Quand je rentrai à Paris au mois de juin 1860, les mines de Washoe avaient déjà envoyé en France de si riches produits, que deux de nos ministres, celui des finances et celui

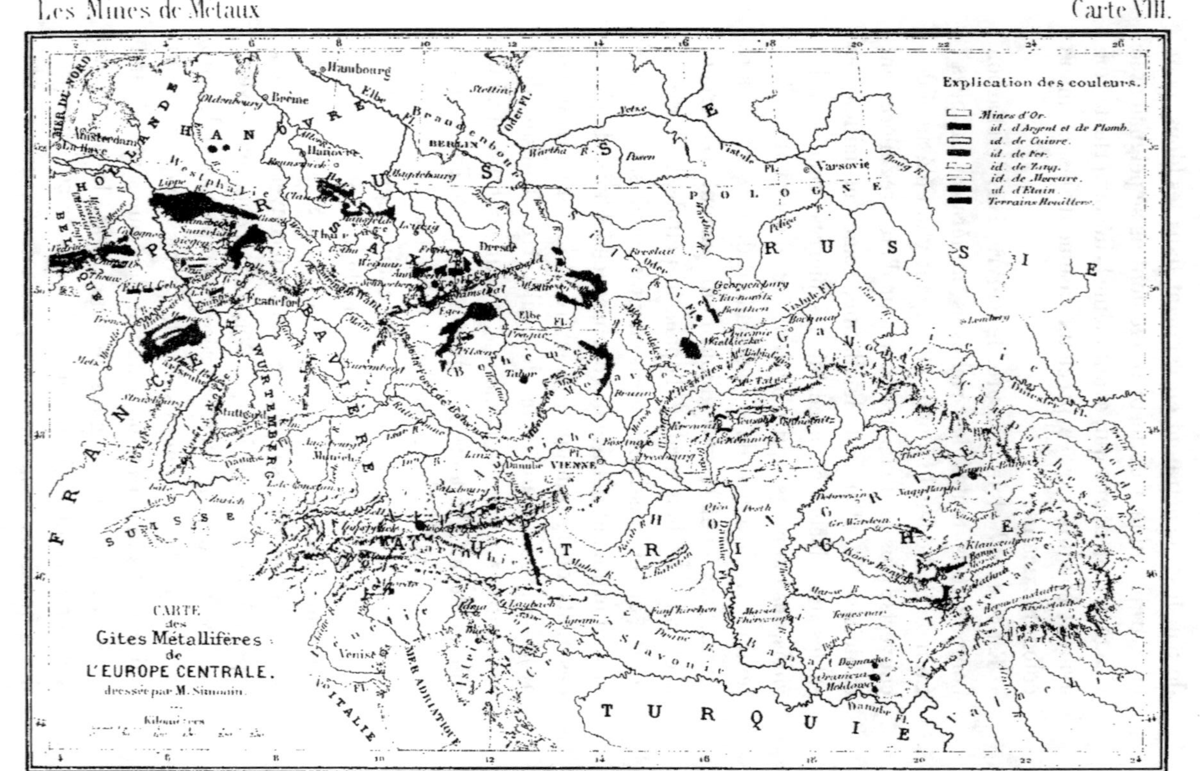
Explication des couleurs.
Mines d'Or.
id. d'Argent et de Plomb.
id. de Cuivre.
id. de Fer.
id. de Zinc.
id. de Mercure.
id. d'Etain.
Terrains Houillers.
CARTE
des
Gites Métallifères
de
L'EUROPE CENTRALE.
dressée par M. Simonin.
Kilomètres
MER DU NORD
HOLLANDE
BELGIQUE
FRANCE
SUISSE
HANOVRE
PRUSSE
SAXE
BAVIERE
WURTEMBERG
POLOGNE
RUSSIE
BOHEME
AUTRICHE
HONGRIE
TURQUIE
ITALIE
VALACHIE
Hambourg
Brême
Oldenbourg
Amsterdam
La Haye
Cologne
Francfort
Strasbourg
Stuttgard
Munich
Zurich
Berlin
Hanovre
Magdebourg
Leipzig
Dresde
Prague
Vienne
Salzbourg
Linz
Pesth
Stettin
Varsovie
Posen
Breslau
Lemberg
Cracovie
Temesvar
Klausenbourg
Hermanstadt
Venise
MER ADRIATIQUE
Elbe Fl.
Oder Fl.
Vistule Fl.
Danube Fl.
Rhin Fl.

du commerce, députaient un ingénieur des mines vers la
Nevada pour étudier de près ces gîtes merveilleux. Le
monde allait-il être inondé par l'argent, comme il l'était
par l'or depuis dix ans, et qu'allaient penser cette fois les
économistes, qui demandaient hier encore qu'on abaissât
le titre des monnaies pour rétablir l'équilibre entre les
métaux-étalons? Pendant que l'ingénieur des mines envoyé par le gouvernement français visitait la Nevada et
dressait son rapport, les mineurs de Washoe continuaient
d'interroger leurs veines. Aujourd'hui les mines autour de
Victoria et de Carson-City et celles de la Nevada orientale
produisent une valeur de trois cents millions d'argent par
an, autant que la Californie produit d'or, et beaucoup plus
que tous les États de l'Amérique espagnole ensemble ne
produisent d'or et d'argent.

Après avoir constaté de si étonnants résultats dont l'industrie minérale n'avait plus été témoin depuis les premiers temps de l'histoire, franchirons-nous les montagnes
Rocheuses, pour dresser l'inventaire des richesses souterraines des États-Unis, entre le bassin du Mississipi et
l'Atlantique? Nous rencontrons tout d'abord le territoire
du Colorado, ignoré hier, aujourd'hui partout cité pour
ses mines d'or, de cuivre et d'argent; mais c'est surtout au
delà du Mississipi que sont les gîtes les plus connus. Sur
ces points, le minerai de fer, voisin du charbon, a contribué au développement de la plupart des États, surtout
ceux de Pensylvanie, Ohio, Kentucky, Tennessee, Virginie
et Michigan. Dans l'État de Pensylvanie est Pittsburg, la
grande ville du charbon et du fer, la cité des fonderies de
cuivre. Dans l'État du Michigan, sur les bords du lac Supérieur, est Marquette (carte XIV) qui, depuis dix ans,
exploite un minerai de fer magnétique analogue à celui de
Suède et de l'île d'Elbe, et qui en fournit déjà trois cent

mille tonnes par an, le triple de l'île d'Elbe. Il y a là des montagnes tout entières de fer.

L'État de New-York doit également au fer une partie de sa fortune. Sa capitale a été orgueilleusement baptisée du nom de Cité impériale, *Imperial City*. C'est la ville la plus peuplée des États-Unis; elle renferme près d'un million et demi d'habitants, avec son annexe Brooklyn; elle est le premier port des Américains sur l'Atlantique; mais c'est aussi le grand entrepôt de fer de tous les États-Unis, le fer sans lequel il n'y a pas de machines et partant pas de grand pays industriel[1].

Dans d'autres États de l'Union, autour du haut Missis-sipi, dans le Missouri, l'Illinois, le Iowa, le Wisconsin, on rencontre le plomb. Galena, centre d'importantes mines et d'immenses fonderies, doit son nom au minerai qu'elle exploite, la galène ou sulfure de plomb. Ces gîtes étaient compris dans les concessions de la fameuse banque de Law. Aussi riches qu'inépuisables, ils ont fait trembler un moment en Europe, il y a vingt ans, les exploitations espagnoles elles-mêmes.

Le cuivre découvert sur différents points de l'immense république, mais surtout autour du rivage sud du lac Supérieur (carte XIV), doit être aussi mentionné. Ces gîtes avaient déjà été fouillés de temps immémorial par les Indiens, et révélés, dès le dix-septième siècle, par les missionnaires jésuites. Il y a quinze ans, quand les Américains les reprirent avec activité, les qualités mêmes du métal natif, malléable, élastique, furent la cause de difficultés sérieuses dans l'exploitation[2]. Mais, comme l'a dit Tocqueville, « nulle

---

1. Les États-Unis viennent immédiatement après l'Angleterre dans la production de l'indispensable métal; parallèlement à eux marche la France; au-dessous se classent la Belgique, la Prusse, etc.

2. Le cuivre du lac Supérieur se rencontre presque toujours en masses

part l'Américain n'aperçoit la borne que la nature peut
avoir mise aux efforts de l'homme; » et le cuivre fut tout
à coup produit en quantité si grande, que le monde métallurgique s'émut. La valeur du cuivre a baissé depuis lors
d'un quart, et n'a plus atteint les prix du passé[1]. Pittsburg
a concentré dans de vastes usines la fusion de la plupart
de ces minerais du lac Supérieur; Boston a imité Pittsburg.
Dans le voisinage de la capitale de Massachusetts se sont
érigées des fonderies, qu'on a aussi alimentées avec les
minerais du Chili, du Canada, et sur l'Atlantique s'est
dressée une nouvelle Swansea à mille lieues en regard de
la première.

Parlerai-je maintenant d'autres minerais également
travaillés aux États-Unis? Ceux de zinc, de nickel et d'or.
Avant la découverte des placers de Californie, une partie
des États de l'Union était renommée pour l'exploitation du
précieux métal. Les deux Carolines marchaient à la tête de
cette industrie; mais depuis elles sont passées au dernier
rang; qui même s'occupe d'elles dans le monde des orpailleurs, quand la Californie et l'Australie n'ont pas encore vu
se tarir leurs placers? Les mines de zinc et de nickel sont
plus florissantes et pourraient même alimenter l'Europe.

Le Canada, frère des États-Unis, au moins par la constitution politique et la mitoyenneté, comme dirait un pro-
cureur, a été également doté par la nature d'une partie
des richesses minérales de ses puissants voisins. Le cuivre
et l'or y sont surtout exploités. L'élévation en latitude n'est
pas une cause de stérilité minérale complète. Si les froids

parfois énormes, entremêlées de veines blanches d'argent pur. Il faut scier
ces amas métalliques ou les tailler au ciseau, et l'outil résonne sur le cuivre comme sur une masse de bronze, sans produire souvent beaucoup d'effet
utile.

1. Le prix est maintenant, au maximum, de deux francs et demi le kilogramme, alors qu'il était naguère de trois francs et demi.

des pôles ne nous effrayaient pas, nous trouverions des métaux jusque dans le Groëland, où le cuivre, le plomb, et récemment le minerai d'aluminium ont été fouillés par de courageux travailleurs.

Descendons maintenant l'Atlantique, cette mer qui sépare, comme un large fleuve, le vieux monde du nouveau ; mais tenons-nous vers le bord américain : nous arrivons ainsi dans les Antilles, à Cuba. Cette île n'est pas seulement célèbre par son tabac de la Havane (*de la Vuelta abajo*), le premier en grade dans la famille des nicotianées, et par ses belles plantations de cannes, de cafés, par ses fabriques de rhum ; elle est encore renommée par ses mines de cuivre. Des roches vertes se profilent non loin de Santiago, la capitale de l'île, dont la Havane n'est que le premier port commercial ; c'est dans ces roches qu'est répandu le minerai cuivreux. Les gîtes, découverts depuis plusieurs années, ont immédiatement attiré l'attention de l'Angleterre. Ils sont très-riches, donnent d'abondants produits et rappellent, par les conditions géologiques de la formation, les mines de Toscane et de Californie.

Poursuivons notre grand périple, plus sûr que celui d'Hannon ; aussi bien le navire sur lequel nous sommes montés ne fera pas naufrage, et nous n'avons pas à craindre le mal de mer en chemin. Nous voici dans la Guyane française, le pays des placers. Que l'Approuague, aux sables métalliques, relève notre pauvre colonie, ruinée depuis 1848 par l'émancipation des esclaves, ou moralise au moins nos forçats, comme les gîtes de Californie ont retrempé quelques-uns des convicts australiens.

De la Guyanne, une simple frontière, bien difficile il est vrai à déterminer, puisque le tracé en est en litige depuis des siècles, nous sépare du Brésil. Ici les provinces, les localités portent des noms harmonieux, chers aux mineurs, c'est *Minas-Geraes*, les mines universelles, l'endroit où se cachent les gemmes; *Ouro-preto*, la ville de l'or noir; puis ce sont les serras de Diamantina et d'Esmeraldas. Mais si le Brésil est le pays des diamants, des topazes et de l'or, c'est aussi le pays du charbon et du fer. Les premiers de ces minéraux n'ont pu donner à ce vaste empire tous les développements dont il est digne; les seconds, dont nous avons bien des fois signalé toute l'importance à notre époque, rempliront peut-être mieux ce rôle. Ce jour-là les amis des races latines, dans l'Amérique du Sud, auront lieu d'être satisfaits. Jusqu'ici ils n'ont eu à applaudir, dans tout cet immense continent, qu'aux efforts marqués d'intermittence de deux généreux États, le Brésil et le Chili. On sait où en sont les autres!

Dans les provinces qu'il nous reste à parcourir, le Paraguay, l'Uruguay, la république Argentine, c'est le même spectacle que dans le Pérou, la Bolivie, la Colombie, l'Amérique centrale, le Mexique, c'est-à-dire des pays de promission. bénis du ciel, mais ruinés par les hommes, et où règnent d'éternels désordres, de perpétuelles dissensions! Au Paraguay, la domination absorbante des jésuites, puis les étranges dictatures des docteurs Francia et Lopez ne pouvaient rien produire de fécond. A son tour, l'Uruguay se déchire dans sa rivalité hargneuse avec la Plata. Il n'y a là plus d'industrie; seule la république Argentine offre encore quelques traces de travaux souterrains. Le nom qu'elle porte aujourd'hui et celui de la Plata que lui avaient donné les Espagnols, rappellent l'exploitation de l'argent. Au pied des Andes, vers Mandoza, séparée du Chili par les Alpes américaines, on trouve en effet d'anciennes mines, dont quelques-unes ont été reprises il y a peu d'années. Celles d'Uspallata sont surtout célèbres. Sur divers points, les scories remontent au temps des Incas, et l'on dit que certains des gîtes n'ont plus été retrouvés, même par les Espagnols. Le plomb, le cuivre, le fer se rencontrent avec l'argent dans plusieurs provinces de la Plata.

Les fils du Soleil avaient étendu jusque vers ces lieux reculés, l'autorité de leur sceptre, les limites de leur magnifique empire. Quand Pizarre conquit le Pérou, il trouva le pays civilisé, comme Cortez avait déjà rencontré le Mexique. Les Péruviens, les Aztèques étaient des races policées, pratiquant de nombreuses industries; celle des métaux précieux leur était familière. Ils savaient fondre les minerais d'argent en les alliant au plomb, et purifier le précieux métal. Pour souffler les fourneaux, on employait les courants d'air naturels. On allumait les feux sur le sommet des Andes, et le spectacle magique qu'offraient la nuit tous ces foyers en travail, frappa d'étonnement les conquérants la première fois qu'ils en furent témoins. On raffinait l'argent à demeure, dans un grand creuset, et alors une troupe d'individus groupés en rond, munis chacun d'une sarbacane, insufflait l'air dans le fourneau.

Au Pérou, les indigènes n'étaient pas seulement mineurs et fondeurs, ils cultivaient aussi le sol. Des campagnes bien arrosées, des routes partout ouvertes, s'étendaient sur l'un et l'autre côté des Andes. Dans ces régions heureuses, qui ont pour elles la lumière, la chaleur et l'eau, tout ce que la terre demande pour produire, le sol récompensait le travailleur avec largesse; mais aussi le travailleur intelligent ne négligeait aucun soin. La propriété fertilisante du guano, à peine retrouvée à notre époque, n'avait pas échappé aux Incas, et des lois sévères réglementaient à la fois la production [1] et l'exploitation de ce singulier engrais.

____

1. Il était défendu, sous peine de mort, de tuer les oiseaux marins qui

Mais le voyage est long, il ne faut pas nous oublier en route. Franchissons le détroit de Magellan et mettons le cap sur l'Australie. Nous voici au pied des montagnes Bleues et des Alpes australiennes, qui courent de Melbourne à Sidney. C'est là encore le pays de l'or, la Nouvelle-Galles du sud, la province de Victoria (carte XV). Ici Bathurst et la rivière Maquarie, là Ballarat et Bendigo, au pied du mont Alexandre, dans ce pays aimé du mineur et si bien nommé l'*Australie heureuse!* Depuis 1851, époque de la découverte de l'or, les placers australiens de Victoria se montrent non moins inépuisables que leurs aînés de Californie, et produisent toujours comme eux trois cents millions de francs chaque année. L'analogie est complète. Comme la Californie, l'Australie a été non-seulement favorisée pour la production de l'or, mais encore pour celle d'autres substances minérales, par exemple le cuivre. Avant même qu'on eût aussi retrouvé ce métal dans le jeune État du Pacifique, l'Australie exploitait ses riches malachites. Cette industrie a précédé chez elle celle de l'or, et tout le monde a vu à Londres et à Paris, aux expositions universelles que, depuis 1851, ont inaugurées ces deux grandes capitales, les splendides échantillons des minerais de cuivre australiens. Le gîte de Borabora (Australie du sud), non loin . d'Adélaïde et de la rivière Murray, le dispute aux plus célèbres, et ses produits sont en grande faveur près des fondeurs de Swansea.

Le plomb, l'argent, l'étain, l'antimoine, le fer, le charbon, ne manquent pas non plus sur la terre australienne, .qui, par un dernier point de ressemblance avec la Californie, a vu également se développer, et toujours grâce au travail de l'or, ses exploitations agricoles et son industrie

travaillent religieusement tous les jours, après s'être rassasiés de poissons, à la confection du moderne guano.

pastorale. Les pépites peuvent maintenant manquer, la colonisation est faite. Les laines, les bois, mille autres produits du sol, ont assuré la vie des provinces littorales de ce grand continent; l'intérieur seul reste à défricher. Des villes comme Melbourne, Sidney, Victoria, Adélaïde, sœurs des cités californiennes de San-Francisco, Stockton, Sacramento, Marysville, et quelques-unes leurs aînées, le disputent désormais pour la plupart aux plus grandes métropoles commerciales du monde. Les reines du Pacifique vont maintenant de pair avec celles de l'Atlantique. Il faut bénir l'or, il faut glorifier le travail des mines, puisqu'ils produisent de ces merveilles.

Quittons l'Australie, pour aller saluer des placers frères des siens dans la terre de Van-Diemen, dans la Nouvelle-Zélande, la Nouvelle-Guinée, puis dans les îles de la Sonde. Les mines ou plutôt les placers d'étain de cette dernière région sont les plus renommés, les plus féconds du monde entier. Là gisent Banca et Malacca, qui produisent l'étain des Détroits, comme l'appelle le commerce. Ces colonies ont fait la fortune de l'industrieuse et sage Hollande [1], et le doux métal y a contribué pour une large part. Au delà du détroit de la Sonde se dressent Bornéo, puis les Philippines espagnoles, dont les gîtes aurifères devaient tenter de patients travailleurs, les coolies chinois, avant que la Californie et l'Australie n'eussent attiré tous les chercheurs. A Bornéo on trouve aussi les gîtes antimonifères les plus riches que l'on connaisse.

Dans notre course à travers le globe, nous n'avons pas encore salué l'Afrique. Si c'est la patrie des races déshéritées, des fils de Cham, il faut reconnaître que la nature lui a cependant départi, avec autant de faveur qu'aux autres

1. La cote d'Amsterdam règle aujourd'hui le prix de l'étain sur tous les marchés du globe.

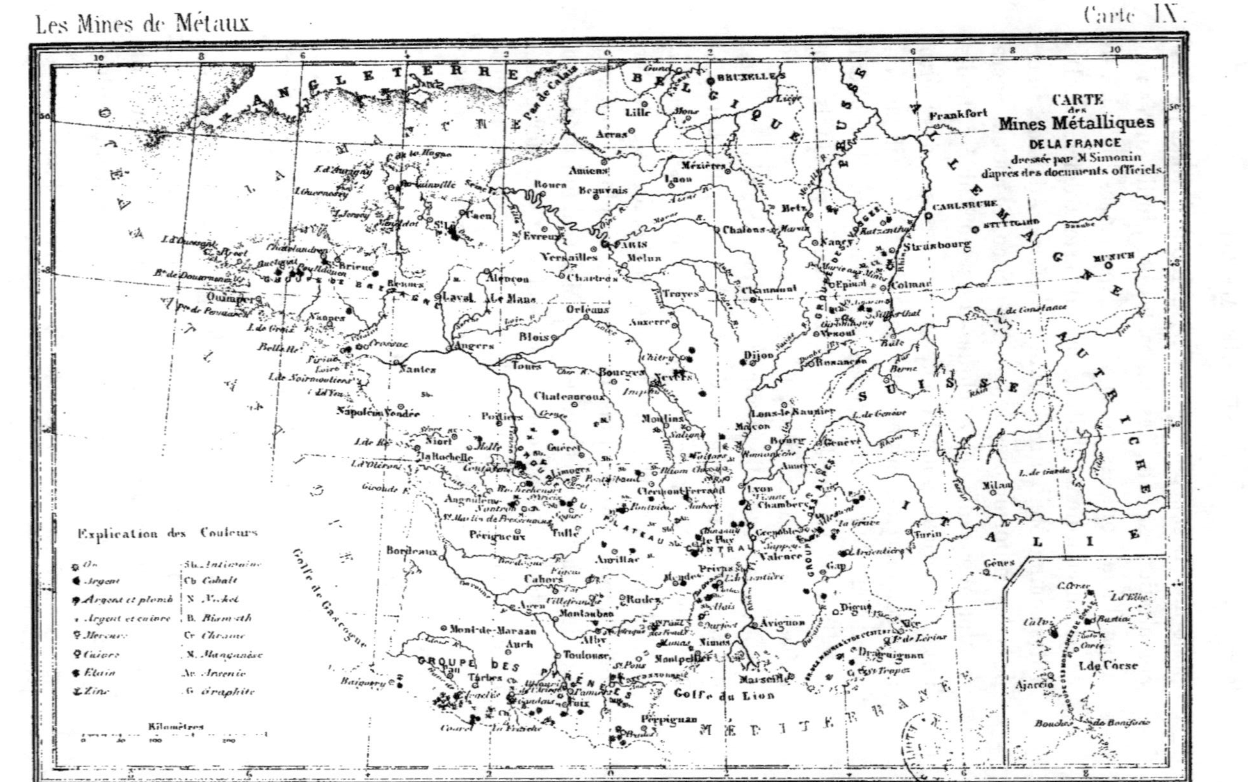
CARTE
des
Mines Métalliques
DE LA FRANCE
dressée par M. Simonin
d'après des documents officiels.
Explication des Couleurs
Or
Argent
Argent et plomb
Argent et cuivre
Mercure
Cuivre
Étain
Zinc
Sb. Antimoine
Cb. Cobalt
N. Nickel
B. Bismuth
Cr. Chrôme
M. Manganèse
Av. Arsenic
G. Graphite
Kilomètres
ANGLETERRE
BELGIQUE
PRUSSE
ALLEMAGNE
SUISSE
ITALIE
AUTRICHE
OCÉAN
MANCHE
Pas de Calais
MÉDITERRANÉE
Golfe du Lion
Golfe de Gascogne
GROUPE DE BRETAGNE
GROUPE DES PYRÉNÉES
PLATEAU CENTRAL
ALPES
I. de Corse
BRUXELLES
Lille
Arras
Amiens
Mézières
Laon
Rouen
Beauvais
Metz
Chalons-s-Marne
Nancy
Strasbourg
Colmar
Épinal
CARLSRUHE
STUTTGARD
Frankfort
MUNICH
Paris
Versailles
Melun
Chartres
Évreux
Caen
Alençon
Rennes
Laval
Le Mans
Troyes
Chaumont
Orléans
Auxerre
Dijon
Besançon
Berne
Bâle
L. de Constance
L. de Genève
Milan
Gênes
Turin
Chambéry
Grenoble
Lyon
Lons-le-Saunier
Mâcon
Bourg
Genève
Moulins
Nevers
Bourges
Tours
Blois
Angers
Nantes
Napoléon Vendée
Poitiers
Châteauroux
Guéret
Niort
La Rochelle
Confolens
Limoges
Angoulême
Nontron
St. Martin de Prescuraux
Rochechouart
Clermont-Ferrand
Ambert
Le Puy
Tulle
Périgueux
Bordeaux
Aurillac
Cahors
Agen
Villefranche
Montauban
Rodez
Alais
Mende
Privas
Valence
Gap
Digne
Draguignan
G. de St Tropez
Avignon
Nîmes
Montpellier
Toulouse
Albi
Auch
Mont-de-Marsan
Tarbes
Foix
Perpignan
Marseille
Quimper
Bastia
Ajaccio
Bouches de Bonifacio
Librairie de L. HACHETTE et Cie a Paris.

contrées, les veines de riches minerais. Le géographe Malte-Brun a dit avec raison que si la mer montait autour de l'Afrique, ou si ce continent s'enfonçait un peu sous la mer, les eaux y dessineraient les mêmes contours qu'aujourd'hui. On aurait l'Afrique de nos cartes, seulement la figure en serait réduite, pour ainsi dire géométriquement. Qu'indique cette remarque de notre judicieux auteur? Qu'une chaîne continue de montagnes fait le tour de l'Afrique (carte VI). Nous avons donc des chances, conformément aux théories aujourd'hui admises dans la géologie, de rencontrer des minerais partout, non loin du littoral africain. Et si le centre de ce grand continent n'est pas encore très-connu, malgré tant de courageux voyageurs qui ont sacrifié jusqu'à leur vie pour traverser, pour découvrir ces pays sauvages, les mineurs pourront au moins, en se tenant près des côtes, être certains de voir leurs peines amplement rémunérées.

Le Cap, le Gabon, le Maroc, sont connus par leurs mines de cuivre (carte VI). Au sud du Congo, les provinces d'Angola et de Benguela, ces fleurons de la couronne portugaise, renferment des montagnes de malachite. Les gîtes semblent en relation avec ceux du Cap et du Maroc, et seraient ainsi jalonnés sur une ligne métallifère immense allant du sud au nord de l'Afrique, le long de la côte occidentale.

Au Sénégal, les mines de fer et d'or ont attiré de préférence les indigènes, puis les colons. Ici encore il faut faire des vœux pour que le plus précieux des métaux devienne un jour, pour cette colonie somnolente, un agent fécond d'immigration et de progrès.

En Algérie, malgré la présence du plomb, de l'argent, du cuivre, du mercure, de l'antimoine et du fer, sinon de l'or, la colonisation ne se développe guère mieux qu'au

Sénégal. Qu'est-ce à dire? Cela viendrait-il des lenteurs que met l'administration à autoriser l'exploitation des gîtes? Mais la plupart sont déjà concédés. Serait-ce insuffisance de notre part, incapacité de notre nation pour de tels travaux? Mais les Français, sur ce point comme sur tant d'autres, sont les dignes fils des Gaulois. Ils montrent sur le sol indigène, ils ont montré et montrent encore, au nombre de plus de quinze mille, en Californie, qu'ils sont aptes au travail souterrain. Serait-ce alors l'effet du sabre et d'un régime plus militaire que civil? Toujours est-il que nos mines d'Afrique prospèrent peu. On exploite toutefois le plomb argentifère à Gar-Rouban[1], près de la frontière du Maroc, et à la Calle, à l'autre bout de l'Algérie, près de la limite avec la Tunisie. Sur l'un et l'autre endroit des block-haus, des fortins défendent les mineurs contre les incursions des Arabes et des Kabyles. Cette crainte incessante de l'ennemi est peu favorable au développement des travaux.

Le cuivre algérien s'extrait à Tenez, et sur la trop fameuse Mouzaïa (carte II, fig. 3 et 4). L'Angleterre reçoit aujourd'hui de ce dernier gîte des minerais de cuivre argentifères, complexes, mêlés d'arsenic, dont nulle autre usine que celles de Swansea ne sait tirer parti. Près de Bone, il y a des mines de fer magnétique, celles de Mokta et Haddid[2], qui menacent de faire la plus sérieuse concurrence à celles de l'île d'Elbe. Le gîte est un immense filon dont les travaux peuvent être conduits à ciel ouvert, ce qui explique le nom que les Arabes ont donné à ces mines. Enfin, dans la province de Constantine, on rencontre des filons de mercure et d'antimoine, naguère

1. *Gar*, en arabe, signifie caverne, *Rouban* est le nom d'une tribu; Gar-Rouban est donc, à proprement parler, la caverne des Roubans. On voit en effet, sur ce gîte, les traces d'anciennes excavations remontant au temps des Mores, et creusées dans le sol comme autant de cavernes.

2. Littéralement la *tranchée*, la *carrière de fer*.

heureusement fouillés. Une substance particulière, l'oxyde d'antimoine, y a été trouvée en masses considérables, formant la tête des gîtes. Elle était compacte ou cristallisée. Il y a quinze ans, j'ai vu jeter le minerai, à ces deux états, dans les fours d'une usine métallurgique située près de Marseille. L'industriel qui exploitait à la fois les mines d'Afrique et la fonderie provençale gagna une rapide fortune. Les gîtes algériens firent baisser le prix de l'antimoine de moitié, comme ceux de Californie faisaient alors tomber le prix du mercure, et ceux du lac Supérieur le prix du cuivre. Un certain nombre de petites exploitations, notamment en France, au pied des Cévennes, où les paysans, de temps immémorial, fondaient l'antimoine dans des pots, s'arrêtèrent à tout jamais. Le métal n'est plus remonté au cours du passé. Avant 1848, il valait trois cents francs les cent kilogrammes, il ne vaut plus depuis que cent vingt-cinq à cent cinquante francs.

Terminons par la Tunisie, l'Égypte, l'Abyssinie et la côte occidentale d'Afrique notre grande exploration minérale.

En Tunisie, le bey, il y a quelques années, garda longtemps près de lui un ingénieur des mines français. Le pays est riche en fer, cuivre, plomb, argent, soufre, etc.; mais les habitudes orientales n'ont rien à démêler avec l'industrie moderne.

En Égypte, le long des chaînes qui bordent le haut Nil, on rencontre des gîtes cuivreux exploités au temps des Pharaons et depuis arrêtés. Que de dieux, que d'amulettes ont dû être fabriqués avec le bronze tiré de ces mines; que d'Isis et d'Osiris, que de petits Horus! Les Égyptiens fouillaient également leurs placers aurifères, et le père de l'histoire, Hérodote, n'oublie pas de mentionner ce fait[1].

____

1. Hérodote, dans un fameux passage qui a mis à la torture tous les com-

C'est avec cet or qu'ont été fabriqués tous ces élégants bijoux que portent encore les momies, et dont on les dépouille pour enrichir les musées de l'Europe.

En Abyssinie, il y a également des filons de cuivre et des mines d'or, de fer, d'argent. Mais nous avons dit, à propos du charbon, comment le négus Théodore entendait l'exploitation des mines.

Dans le Mozambique, il existe, comme au Cap et sur toute la côte occidentale d'Afrique, des mines de cuivre. Il y a aussi des mines d'étain et de fer travaillées par les indigènes [1], enfin des placers aurifères, par exemple, à Sofala. Certains archéologues voient dans cette ville l'Ophir de la Bible, où la reine de Saba, l'amie de Salomon, envoyait ses navires charger l'or et les gemmes. Mais où n'a-t-on pas logé Ophir, et les antiquaires parviendront-ils jamais à s'entendre ?

En regard de la côte de Mozambique est Madagascar. On y rencontre des mines de fer exploitées depuis des siècles. Les Hovas, maîtres aujourd'hui de l'île, tirent de ce minerai un acier excellent, en font des couteaux, des outils et des armes, et avant tout, les pointes de leurs lances ou sagayes [2]. Le minerai est généralement magnétique, ce qui explique ses qualités aciéreuses. A Tamatave, le long du rivage,

mentateurs, parle aussi des placers de l'Inde, qui d'après lui étaient exploités par les *fourmis*.

1. Les indigènes de l'Afrique traitent le minerai par des méthodes qui rappellent les procédés primitifs encore usités en Italie et en Espagne. Dans un foyer de forge très-bas, souvent à fleur de sol et découvert, ils jettent le minerai et le combustible. Le soufflet est une outre, un cylindre à dôme de cuir, ou un tronc d'arbre évidé en forme de pompe. Dans chaque système, le soufflet est double et le mouvement alternatif. L'outre caractérise les races africaines pures, et se trouve aussi dans l'Inde.

2. Les Hovas, d'origine malaise, emploient la pompe, particulière aussi aux races jaunes, pour souffler leurs fours. Les Malais ont émigré vers la grande île africaine à une époque dont la tradition n'a pas conservé le souvenir.

sur une plage de sable incessamment lavée par le flux et le reflux, l'oxyde ferrugineux brille en grains noirâtres, mêlé à des paillettes de mica et à du quartz. Il y a là un véritable placer ferrifère. Les filons ou gîtes en place traversent les montagnes granitiques de l'intérieur.

On voit aussi, à Madagascar, des mines de plomb et d'argent, de cuivre, d'or, de graphite, de pétrole, etc. En 1863, faisant partie de la mission scientifique que la mort violente de Radama II devait sitôt disperser, je reçus de quelques traitants des lingots de plomb et de cuivre fondus par les indigènes. Rasoaherina manjaka[1], portée sur le trône par le parti conservateur, au lieu et place de son mari assassiné, remettait alors en vigueur les vieilles lois de l'empire, abrogées par Radama II. L'article premier du code malgache est formel : « Il y a peine de mort contre quiconque découvre, fouille ou dénonce des mines d'or ou d'argent. » Les Hovas auraient-ils deviné, en transformant ainsi leur code politique en un code des mines des plus étranges, que c'est surtout à l'existence de ces deux métaux, l'or et l'argent, que l'Amérique, et plus récemment la Californie, l'Australie, la Nevada, ont dû leur brillante et rapide colonisation? Quoi qu'il en soit, quand le moment propice sera venu, quand l'heure marquée dans l'horloge des siècles aura sonné, la première pépite apparaîtra dans la grande île africaine. La nouvelle s'en répandra dans le monde instantanément, et là encore de hardis pionniers accourront des quatre coins du globe à la colonisation des champs d'or. Fasse le destin que ce jour-là les blancs de la grande terre (c'est le nom que les Malgaches donnent aux Français) soient les premiers à se présenter, que d'imprescriptibles droits soient remis en vigueur, et que l'île

1. En malgache, *Ra* est la particule de noblesse, *soa* veut dire belle, *herina* forte, *manjaka* roi, reine, régnant.

madécasse reçoive enfin le nom que lui avait donné Colbert, celui de France orientale.

Notre course est finie, et nous pouvons envoyer à la terre partout féconde en métaux, le salut que le poëte adressait à l'Italie :

Salve, magna parens frugum....

La nature a partout répandu les filons d'un pôle à l'autre, et nul pays n'a été déshérité. On peut même dire que la moitié à peine des richesses minérales du globe est connue. Mais y a-t-il dans la distribution de ces trésors cachés une loi apparente? Pour le charbon, il nous a paru reconnaître qu'il avait été rassemblé comme à dessein dans les climats tempérés, sous lesquels devait s'abriter la civilisation à l'époque de l'exploitation des houillères. Pour les métaux, au moins les métaux précieux, une loi contraire semble exister. On dirait que l'accumulation s'en est faite surtout vers les contrées tropicales. Ce n'est pas, comme le prétendent certains géologues, que le mouvement de rotation de la terre ait rejeté au début, du centre à la surface, les matières les plus lourdes vers les points animés de la plus grande vitesse. Non certes, et nous savons que d'autres lois que celle de la force centrifuge ont présidé à la naissance des filons. Mais ne semble-t-il pas que l'or et l'argent ont été comme à dessein répartis sous les tropiques, autour d'une sorte d'équateur métallifère, comme pour attirer irrésistiblement l'homme civilisé à une colonisation qu'il ne tenterait point sans cela? Nous livrons cette hypothèse à la méditation des philosophes, et de tous ceux que préoccupe l'examen des grands secrets de la nature.

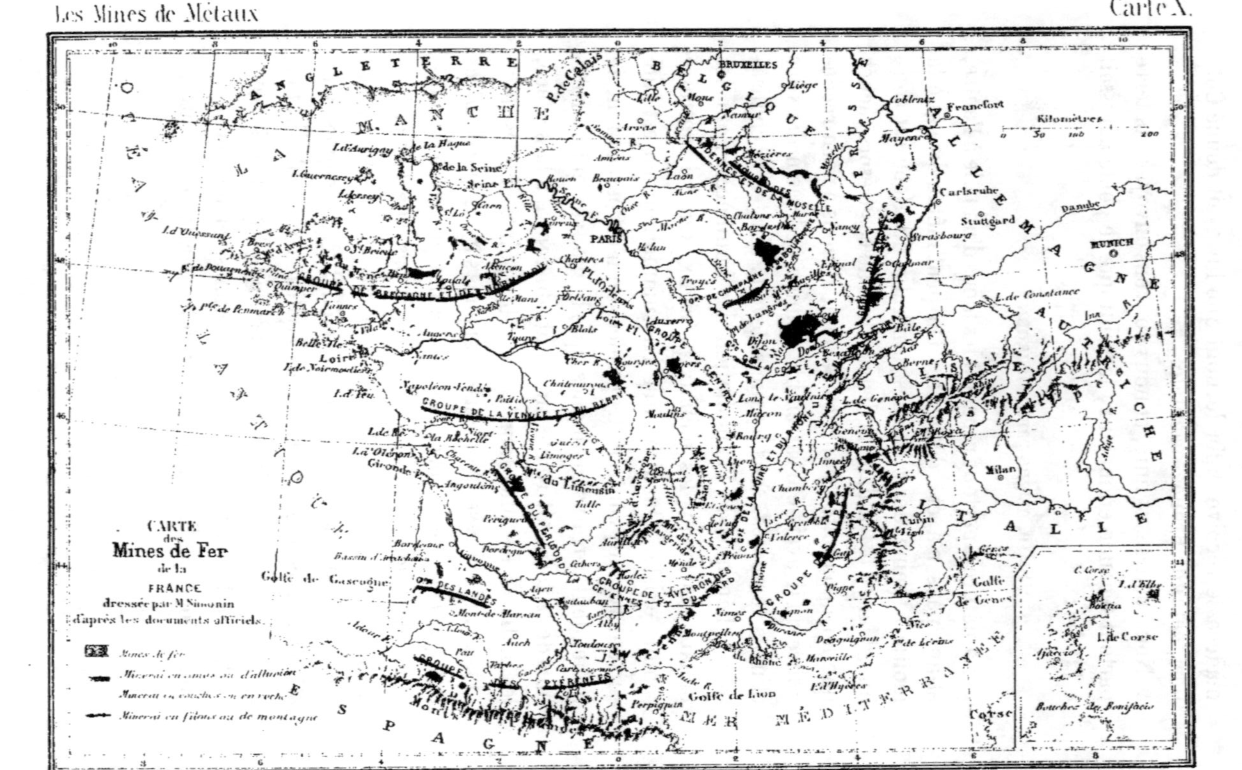

Librairie de L. HACHETTE et Cie a Paris.

VI

EURÈKA.

La sonde. — Le hasard et les savants. — Le berger péruvien. — Découverte
de l'or en Californie, dans la Caroline du Nord, en Australie. — Les
Chiliens Godoy et Balados. — Les Irlandais d'Allison-Ranch. — Les
mineurs de Nevada. — M. Porte et la mine de Monte-Catini.

Le moment est venu de faire connaître la manière dont
on découvre les mines métalliques. La sonde, qui rend tant
de services dans la recherche de la houille, n'est plus ici
d'aucune utilité, à cause même de la disposition des gîtes.
On a vu comment ont été formés les filons. Le sondeur qui
voudrait aller les rencontrer sous le sol, perdrait le plus
souvent sa peine. Plus de nappes continues, plus de bancs
épais comme dans la houille, mais d'irrégulières dissé-
minations. L'outil passerait donc le plus souvent à côté
des veines de métal, sans en ramener la plus petite parcelle, et à moins de tomber sur un amas puissant, ou un
filon tout à fait normal, ce qui est l'exception, c'est en
vain qu'on aurait fait descendre la sonde sous le sol.

Les terrains au milieu desquels sont distribuées les formations métalliques, éloignent aussi toute idée de recherche par des sondages. N'avons-nous pas dit qu'une
roche éruptive avait presque toujours présidé à la naissance des gîtes, qui se trouvaient souvent déposés à son con-

tact et même la traversaient? Or, les dépôts éruptifs sont composés de substances non-seulement cristallines, mais encore très-dures, et la sonde fatiguerait inutilement, sans les rompre, les granits, les porphyres, les schistes compactes. Ainsi, à moins qu'il ne soit question de gîtes en couches, comme sont la plupart des minerais de fer, le merveilleux outil qui va trouver sous le sol les eaux artésiennes, le charbon, le sel, le pétrole, et jusqu'à ces vapeurs qui renferment l'acide borique, doit être sévèrement proscrit dans la recherche des mines de métaux.

A quoi donc est due la découverte de ces mines, quand des affleurements puissants, significatifs, courant à la surface du sol, n'ont pas éveillé dès le premier jour l'attention? Au hasard seul et à la science. La science, née d'hier, a fait encore fort peu de découvertes; le hasard est resté le grand inventeur des filons. Ici, contrairement au principe de l'Évangile, ceux qui trouvent sont ceux qui ne cherchent pas. Un berger, un pauvre ouvrier, souvent même des enfants, comme nous allons en donner des exemples, sont les élus que la nature désigne pour révéler au monde les trésors métalliques qu'elle a cachés sous le sol. Elle prend les plus humbles pour ce rôle si élevé. Qui a découvert la plupart des mines de l'Amérique? Ce n'est pas Colomb, Cortez ou Pizarre, ni aucun Espagnol. Quand les mines n'étaient pas déjà connues de tout temps, quand les indigènes n'en avaient pas appris l'existence aux conquérants, c'est un pâtre, un chasseur, un Indien qui a trouvé les gîtes. Les plus fameuses mines d'argent du Pérou ont été ainsi découvertes. Un berger, qui menait paître ses troupeaux aux flancs des Andes, allume un jour quelques broussailles pour préparer son maigre repas. Un caillou, léché par la flamme, se fond un peu sur les bords, en affectant un éclat argentin. La pierre est massive, pesante. Le berger l'apporte à la Monnaie de Lima.

On l'essaye ; c'est de l'argent. Comme les lois espagnoles, en Amérique, pour favoriser la découverte des mines, en accordent la propriété à l'inventeur, le berger exploite son gîte, et devient bientôt millionnaire. L'histoire n'est pas inventée à plaisir. Il s'agit de la découverte des mines de Cerro de Pasco, qui eut lieu en 1630, et de la façon qui vient d'être racontée.

Sur presque toutes les mines on peut glaner des récits

Fig. 105. — La scierie de Coloma (Californie) telle qu'elle était à l'époque où fut découverte la première pépite.

analogues. Veut-on par exemple savoir, pour rappeler un fait voisin de nous, comme ont été trouvées les mines d'or de la Californie? On va lire la narration de l'inventeur lui-même, un ouvrier mormon, Marshall. Il était alors employé à la scierie de bois que le capitaine Sutter avait établie sur la rivière Américaine, à Coloma (fig. 105). La

scierie était distante de quinze lieues du fortin de Nou-
velle-Helvétie bâti sur le Sacramento.

Je traduis textuellement [1] :

« Comme nous avions l'habitude de détourner tous les
soirs l'eau de la scierie dans le canal de fuite, je descendais
d'ordinaire le matin pour voir si quelques dégâts s'étaient
produits pendant la nuit. Vers sept heures et demie, et, je
crois, le 19 de janvier 1848, — car je ne suis pas bien
certain du jour, mais c'était du 18 au 20, — je descendis
comme de coutume. Après avoir fermé la vanne, j'entrai
dans le canal de fuite, vers l'extrémité inférieure. Là, sur
la roche, à environ six pouces au-dessous de la surface que
l'eau venait d'occuper, je découvris l'or. J'étais tout à
fait seul en ce moment. Je détachai un ou deux échantillons, et je les examinai attentivement. Ayant quelque
connaissance générale des minéraux, je ne m'en rappe-
lais que deux ressemblant de quelque façon à celui que
je tenais : la pyrite de fer, très-brillante et cassante, et l'or,
brillant mais malléable. J'essayai donc mon échantillon
entre deux pierres. Je m'aperçus qu'il pouvait recevoir
par le battage différentes formes sans se briser. Quatre
jours après, j'allais au fort pour des provisions [2]. J'emportai
environ trois onces d'or [3], que le capitaine Sutter et moi
essayâmes avec de l'acide nitrique [4]. Je fis ensuite un autre
essai en présence de Sutter ; je pris trois dollars d'argent,

1. Les lignes qui suivent forment comme l'entrée en matière du *Mi-
ner's own book* ou *Livre des mineurs*, une brochure imprimée à San-Francisco en 1858.

2. Marshall ne dit pas qu'il partit à pied par une pluie épouvantable,
comme il en tombe à cette époque en Californie, et n'arriva que le troisième
jour au fort. Effaré, inquiet, il demanda à parler à Sutter en particulier.
Tout cela commença à donner l'éveil et à faire transpirer un secret qui ne
put être gardé longtemps.

3. L'once d'or vaut 84 francs.

4. L'eau-forte, qui ne dissout pas l'or.

et les équilibrai sur une balance avec de la poudre d'or. J'immergeai ensuite les deux plateaux dans l'eau, et le poids supérieur de l'or nous édifia à la fois et sur sa nature et sur sa valeur [1]. »

Nous avons dit que la nature s'était servie quelquefois des enfants pour révéler les plus riches mines. Voici comment M. Marcou, qui a fait sur l'Amérique du Nord des études géologiques du plus haut intérêt, nous a raconté la découverte des placers de la Caroline du Nord. Il tenait ces détails du fils même de l'inventeur :

C'était vers la fin du siècle dernier, pendant la guerre de l'Indépendance. Des troupes allemandes étaient entrées au service de la Grande-Bretagne, à titre de légion étrangère. Ce régiment fut cantonné à Charleston (Caroline du Sud). Il y eut dans ses rangs un certain nombre de désertions. L'un des soldats, du nom de Reid, avait gagné l'État voisin, la Caroline du Nord. Là, dans le comté de Cabarrus, aux confins de la civilisation, il s'était emparé d'un lot de terrain, en qualité de premier occupant ou *squatter*. Improvisé colon comme les vétérans d'Auguste, l'ancien soldat défrichait le sol. Il avait

---

1. Pour bien comprendre cette dernière expérience de Marshall, il faut se rappeler l'énoncé du principe de physique qui porte le nom d'Archimède. En vertu de ce principe, un corps perd dans l'eau une partie de son poids égale au poids du volume d'eau qu'il déplace. L'or étant resté de plus grand poids dans l'expérience de Marshall, avait donc un plus petit volume que l'argent et pesait plus, par conséquent, sous le même volume. Il n'y a que l'or et le platine qui jouissent, parmi les métaux usuels, de cette dernière propriété, et le platine est blanc.

Archimède fit à peu près la même expérience pour déterminer la quantité d'argent qu'un orfèvre infidèle avait alliée à la couronne d'or d'Hiéron. En pensant à la solution de ce problème, il trouva au bain le principe de physique qui porte son nom, et jeta, en parcourant tout nu les rues de Syracuse, le fameux cri si souvent répété depuis: *Eurèka*, j'ai trouvé ! Ce mot est devenu la devise de la Californie, le nom de baptême d'une des villes du jeune État, le cri de bien des mineurs. Nous l'avons placé nous-même en tête de ce chapitre.

bâti une cabane avec des troncs d'arbres; mais il avait peine à vivre, car le pays était presque désert.

Les choses en étaient restées là, lorsque bien des années après, en 1799, trois des enfants de ce pauvre homme (il était marié, et avait eu nombreuse lignée, comme beaucoup de colons), en jouant le long d'un ruisseau, aperçurent une pierre jaune. Leur père, auquel ils firent part de cette trouvaille, ne s'en inquiéta nullement. Pour lui toutes les pierres étaient des cailloux. Il conclut que ce minéral devait être sans valeur. Mais comme le caillou pesait quinze livres ou sept kilogrammes, on le plaça sur le plancher, près de la porte de la cabane, et l'on s'en servit pour fermer l'huis ou le tenir ouvert. Ces bonnes gens étaient si misérables que la porte n'avait pas de loquet. Cependant Reid montra un jour sa pierre à un habitant de Concord, village voisin, devenu depuis une ville. L'habitant, à qui l'on présentait un caillou roulé, jaune il est vrai, pesant, mais sans le moindre éclat, déclara que c'était un métal à lui inconnu. Le caillou reprit donc le chemin de la cabane. On s'en servit de nouveau pour arrêter la porte, et on le faisait voir aux amis à titre de roche curieuse.

Trois ans après, Reid allant au marché de Fayetteville (ainsi nommée par les Américains délivrés et reconnaissants, en l'honneur de la Fayette), emporta de nouveau avec lui le morceau de métal mystérieux, pour le montrer à un orfévre. « Il faut s'enquérir de ce que c'est, lui avaient dit les voisins, vous avez peut-être là quelque trésor. » L'orfévre déclara immédiatement que c'était de l'or, et demanda d'en faire l'essai. Reid lui laissa la pépite, revint peu de temps après, et trouva, au lieu de son caillou, un beau lingot dont on lui demanda combien il voulait. Le naïf colon, qui n'avait jamais vu d'or massif, n'en croyait pas ses yeux. Il pensa fixer une grande somme en

proposant trois dollars et demi, dix-huit francs ! que l'orfévre lui compta sans se faire prier. Au poids de sept kilogrammes, la pépite valait vingt et un mille francs !

Ainsi, il n'avait pas fallu moins de quatre ans pour reconnaître que les pierres jaunes des ruisseaux de la Caroline
étaient de l'or. La montagne au pied de laquelle fut trouvée
la première pépite était si riche, qu'elle fut plus tard appelée par les Américains *Bull of gold mines* ou le taureau
des mines d'or. Nous dirions en français la perle des mines
d'or, mais le Gaulois ne parle pas comme John Bull ou
frère Jonathan.

En Australie, c'est encore au hasard que fut due la
découverte du précieux métal ; toutefois la géologie y eut
une certaine part.

En 1839, un savant polonais, le comte Strzelecki, visitant
la Nouvelle-Hollande, pensa qu'elle devait renfermer des
gîtes aurifères. Il adressa un rapport à ce sujet au gouverneur de la Nouvelle-Galles, qui fit parvenir ce document
au ministre des colonies à Londres. Celui-ci communiqua
cette pièce à sir Roderick Murchison, que tous les géologues
anglais reconnaissent comme leur maître. Sir Roderick demeura frappé de la ressemblance de certaines roches décrites par le comte Strzelecki, et dont il avait d'ailleurs reçu
des échantillons, avec celles qu'il venait lui-même d'étudier dans les districts aurifères de l'Oural (1844), en compagnie de deux savants, MM. de Verneuil et Keyserling, représentant l'un la géologie française, l'autre celle de la
Russie.

L'identité de direction, qui semblait exister entre les
Alpes russes et les montagnes littorales australiennes, in-
quiétait également sir Roderick. Il n'oubliait jamais, quand
un de ces rudes mineurs que nous retrouverons dans le
Cornouailles émigrait vers la lointaine colonie (dont les

gîtes de cuivre étaient depuis longtemps en exploitation), de lui recommander d'en bien étudier les pierres, de laver avec soin les sables des cours d'eau, et de voir s'il n'y rencontrerait pas des paillettes d'or. Les mineurs partaient, promettant de se conformer aux prescriptions du vénérable savant; mais il faut croire qu'ils oubliaient leur promesse en route, car ils ne découvraient rien. Et cependant la prescience du géologue n'avait pas trompé M. Murchison, dont le raisonnement par induction était dicté par la plus sévère logique, comme l'expérience le fit voir.

Il est juste de dire qu'un géologue australien, le révérend Clarke de Sidney, avait été poussé, dès 1841, dans les mêmes voies par cette observation de Humboldt, que l'or se trouve presque toujours dans les montagnes alignées sur des méridiens. En 1847, le révérend avait même publié à ce sujet un article dans un journal de Sidney, prédisant qu'on trouverait de l'or près de Bathurst.

M. Murchison et le docteur Clarke avaient ainsi, depuis quelque temps, annoncé à leur pays et au monde savant la découverte qui devait se faire en Australie, quand un berger d'origine écossaise, Mac-Gregor, noble comme tous les descendants des Pictes, vint des montagnes Bleues vendre à des orfévres de Sidney des paillettes et des pépites d'or. Il refusa d'en indiquer la provenance, et continua de loin en loin son innocent et fructueux commerce. Plus tard, un Australien, Hargraves, qui était allé aux placers de Californie et était retourné dans la Nouvelle-Galles, frappé de la similitude des roches de son pays et de celles de l'Eldorado, trouva aussi des filons aurifères dans les montagnes au couchant de Sidney. Il vint un jour voir le gouverneur de la colonie une pépite à la main. « Voilà ce que j'ai découvert dans le pays, dit-il; donnez-moi cinq mille livres (cent vingt-cinq mille francs), et je vous montrerai l'endroit. Le gouverneur marchanda ; le mineur californien tint bon, et l'on se sépara sans rien conclure. Déjà en 1848 on avait refusé pareil marché avec un nommé Smith, qui avait trouvé une pépite enchâssée dans sa gangue. A quelque temps de là, nouvelle apparition de l'ex-mineur californien ; nouveau marchandage. Cependant des officiers anglais, excités par l'appât du gain et le désir d'attacher leur nom à une si grande découverte, étaient partis pour l'intérieur. Ce que voyant, Hargraves se décida à s'en rapporter à la générosité du gouverneur, et désigna la place où il avait trouvé l'or. C'était dans les montagnes près de Bathurst, à soixante-dix lieues à l'ouest de Sidney (carte XV). Les chercheurs accoururent, et l'endroit prit le nom poétique d'Ophir. Notons la date, c'était le 9 mai 1851. Peu de jours après, il y avait plus de mille mineurs sur les lieux. Au bout de quelques mois, ce fut bien autre chose. De nouveaux placers, de nouveaux gîtes de quartz aurifère furent bientôt reconnus de proche en proche dans la Nouvelle-Galles, puis dans la province de Victoria ; et comme en Californie, le monde entier, convié à prendre sa part de ces trésors, arriva à la curée. Les noms de quelques-uns des camps de Victoria, qui devint par excellence la province aurifère de l'Australie, Ballarat, Bendigo, traversèrent immédiatement les mers ; et les journaux de l'Europe émurent tous leurs lecteurs par la supputation des énormes richesses retirées des *gold fields*, ces champs d'or dont la fertilité semble inépuisable.

Quels que soient les inventeurs d'une mine, il est rare qu'ils profitent de leur découverte. Par une loi fatale de la nature, l'homme qui trouve un filon n'est pas ordinairement celui qui s'y enrichit ; il fait la fortune des autres, non la sienne. A l'époque où je visitais la Californie, en 1859, on avait oublié Marshall ; il était redevenu plus pauvre qu'avant. Peut-être *ce saint du dernier jour* (tel est le nom dont se parent ses coreligionnaires) est-il retourné depuis en pèlerin vers le lac Salé, où le pape Brigham Young dirige d'une main si ferme l'étonnante colonie mormone.

M. Domeyko, directeur de l'Institut national du Chili, me racontait un jour à Santiago l'histoire de quelques *découvreurs* de mines. Les plus riches veines d'argent de ce pays favorisé sont celles de Chañarcillo, reconnues en 1831. Un montagnard, Godoy (qui n'avait aucun lien de parenté avec le trop fameux prince de la Paix), chassait dans les Andes les guanacos. Ces ruminants, de la famille des lamas, des alpagas et des vigognes, remplacent dans l'Amérique du Sud les chameaux et les dromadaires. Aux mines d'argent du Pérou, on les emploie à porter le minerai. La toison des chameaux américains fournit de plus ces excellents tissus fabriqués en Angleterre, et qu'on nomme de leur nom les alpagas.

Godoy chassait donc les guanacos. Un jour que, fatigué, notre homme s'était assis à l'ombre d'un énorme bloc de rocher, il fut frappé de la couleur et de l'éclat que présentait une partie saillante. Il gratta la pierre avec un couteau, et voyant qu'elle se laissait couper comme du fromage (ce sont ses propres expressions, et elles frapperont tous les minéralogistes), il en emporta un échantillon à Copiapo. Les praticiens du pays, experts dans l'art de définir les minerais, reconnurent bien vite que c'était de l'argent chloruré. Nous connaissons cette substance que l'on nomme argent corné, parce qu'elle a l'aspect de la corne, mais que les mineurs chiliens, dans leur vocabulaire imagé, désignent sous le nom de *plata-plomo* ou argent-plomb.

On a dit qu'en vertu des lois espagnoles, l'inventeur était propriétaire du gîte qu'il découvrait. Godoy offrit la moi-

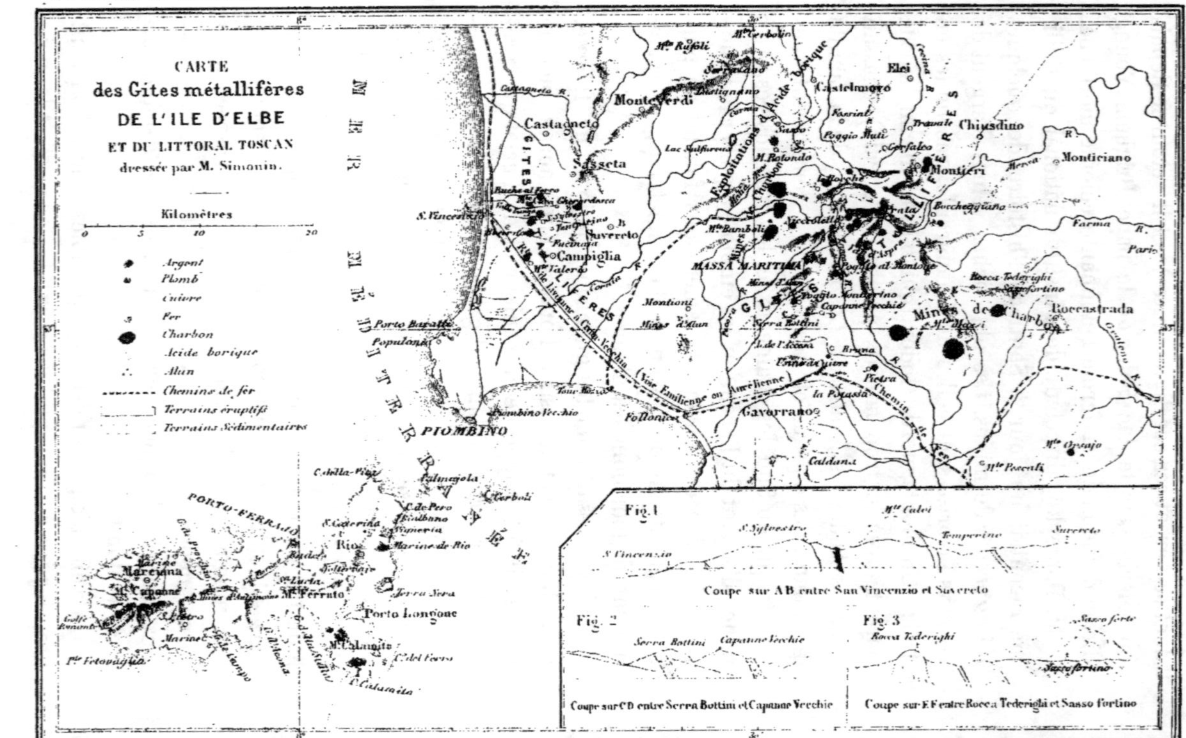
CARTE
des Gites métallifères
DE L'ILE D'ELBE
ET DU LITTORAL TOSCAN
dressée par M. Simonin.
Kilomètres
0   5   10   20
Argent
Plomb
Cuivre
Fer
Charbon
Acide borique
Alun
Chemins de fer
Terrains éruptifs
Terrains Sédimentaires
MER MÉDITERRANÉE
PORTO-FERRAIO
PIOMBINO
MASSA MARITIMA
Campiglia
Suvereto
Sasseta
Castagneto
Monteverdi
Castelnovo
Elci
Chiusdino
Monticiano
Montieri
Gavorrano
Roccastrada
Mines de Charbon
Rocca Tederighi
Fig. 1
Coupe sur A B entre San Vincenzio et Suvereto
Fig. 2
Coupe sur C D entre Serra Bottini et Capanne Vecchie
Fig. 3
Coupe sur E F entre Rocca Tederighi et Sasso fortino

tié de sa mine à don Miguel Gallo, un des plus vieux mineurs de la province de Copiapo, et dont les fils, que j'ai
rencontrés dans mes voyages en Amérique, suivent dignement les traditions. L'arrangement qui eut lieu fut celui
dont on convient presque toujours en pareil cas. Gallo
devait fournir tout l'argent nécessaire à l'exploitation, et
les deux associés être de moitié dans le profit. La veine
fut solennellement baptisée du nom *Descubridora* ou
celle qui s'est découverte. Par une heureuse chance, qui
se vérifie sur la plupart des têtes de filons, on tomba sur des
amas d'argent, et dès les premiers jours on fit d'énormes
bénéfices. Godoy, comme presque tous ceux qui découvrent
des mines, ne voulut pas attendre la fin des travaux.
Entraîné par l'espérance de rencontrer de plus riches
veines, il vendit sa part pour le prix de quatorze mille
piastres [1], erra quelques années dans les Andes, dissipa
son argent, ne trouva plus de mines, et mourut sans un sou.

Cependant la nouvelle de cette brillante découverte avait
attiré à Chañarcillo quantité de mineurs, venus de tous
les points de Chili. Cela se passe toujours ainsi d'un pôle
à l'autre. Une mine un peu plus riche que les autres
est-elle reconnue? Vite, tous les mineurs abandonnent
leurs chantiers pour courir vers le nouveau point. Il se
produit un entraînement, une fièvre, auxquels personne
ne résiste. Les Américains et les Anglais appellent cela un
excitement, et les Espagnols, d'un mot encore plus significatif, *el furor minero*, la fureur minière [2].

Parmi les nombreux mineurs chiliens attirés vers Cha-

---

1. 70 000 francs; la piastre espagnole vaut environ 5 francs.
2. En 1858, la Californie a failli être ainsi abandonnée pour les placers
de Fraser-river, dans la Colombie britannique, et en 1860, pour les mines
d'argent de l'Utah. J'ai vu revenir bien penauds les premiers déserteurs des
diggings californiens; les seconds ont fait un peu mieux leurs affaires.

ñarcillo, ceux sur qui l'aveugle fortune versa d'abord ses dons furent deux frères nommés Bolados. Ils possédaient un maigre *rancho* (petite ferme) dans la vallée de Copiapo, et un troupeau d'ânes, à défaut de lamas, qui leur servait à porter du bois aux usines où l'on traitait le minerai d'argent. Ils gagnaient ainsi de quoi vivre assez misérablement. A peine arrivés sur les mines, ils découvrirent dans une crevasse, ouverte à la suite de quelque tremblement de terre, peut-être pendant la formation même du filon, un énorme bloc de minerai d'argent. C'était près de la veine la Descubridora, et l'endroit porte encore le nom de *manto de los Bolados* ou filon des frères Bolados. On a extrait seulement de la croûte de cette masse, nous a dit M. Domeyko, qui a recueilli ces détails sur les lieux mêmes, plus de soixante quintaux d'argent. Le noyau qui restait, et qu'on fut obligé de couper au ciseau, pesait plus de trente-trois quintaux, et se composait d'un mélange d'argent natif et chloruré.

L'abatage, le transport et la fusion de cette masse de minerai étaient tellement aisés, que les Bolados, quoique entièrement dépourvus de connaissances pratiques et de capitaux, parvinrent, en moins de deux ans, à extraire pour plus de sept cent mille piastres d'argent ou trois millions cinq cent mille francs. Éblouis de tant de prospérité, ils ne pensèrent qu'à en jouir, et pendant qu'ils jetaient l'argent à pleines mains à Copiapo, qui à cette époque n'était qu'un petit village ; pendant qu'ils s'oubliaient dans le jeu, la dissipation, l'orgie, leur mine s'épuisa tout à coup [1]. Ils n'avaient pas songé à ce retour du sort ; redevenus plus pauvres que jamais, ils n'avaient même plus leurs ânes !

1. Il n'est pas rare, au Chili, de voir les affleurements seuls des filons être riches, ou, comme on dit, en bénéfice.

Ne croirait-on pas lire un conte de *Mille et une Nuits?*
Et c'est l'histoire de tous les jours! D'un bout de l'Amérique à l'autre, dans la Colombie britannique, la Californie,
le Mexique, le Nicaragua, le Pérou, la Bolivie, et dans bien
des pays d'Europe, je pourrais recueillir de semblables
récits de faits arrivés hier, qu'on répète encore sur les
mines.

Si la plupart des chercheurs de filons savent d'autant
moins profiter de leur bonne fortune, qu'elle est plus inespérée, on peut cependant citer des cas où leur trouvaille
les a largement enrichis. Tout le monde parle, en Californie,
de la fameuse veine d'*Allison-Ranch*, près de Grass-Valley,
dans le comté de Nevada (carte XIII). Elle fut reconnue,
en 1852, par de pauvres Irlandais qui travaillaient sur un
placer voisin. Bien que les échantillons recueillis permis-
sent de voir à l'œil nu le métal, les inventeurs ne s'arrêtèrent pas à cette découverte. A cette époque, l'exploitation des mines de quartz était regardée comme très-peu
productive. Les prudents disciples de saint Patrice se bor-
nèrent à cacher soigneusement avec de la terre la tête du
filon pour écarter tout concurrent. En pareille circonstance, on ne saurait prendre trop de précautions.

A la fin de 1855, nos mineurs travaillaient encore sur
le même placer, quand leur attention fut de nouveau re-
portée sur leur veine de quartz. De nombreuses et riches
mines venaient d'être trouvées dans les environs. Ils se
décidèrent à explorer la leur. A peine eurent-ils avancé de
quelques pieds dans la roche, que la richesse du quartz
devint manifeste. Dépassant bientôt toutes proportions,
elle atteignit jusqu'à trois cent cinquante dollars par tonne.

En octobre 1856, les Irlandais érigèrent un moulin pour
broyer leur minerai. La fortune se plaît quelquefois à de
singuliers jeux. Ce quartz était non-seulement le plus riche,

mais encore le plus facile à pulvériser de toutes les innombrables mines environnantes. Le moulin des Irlandais, que j'ai vu à la fin de 1859, avec seulement huit misérables pilons, traitait jusqu'à vingt tonnes de minerai par jour, alors que d'autres moulins n'en passaient que huit à dix. Le rendement du minerai était de deux cent cinq dollars ou plus de mille francs par tonne de mille kilogrammes [1]! Chaque kilogramme de pierre renfermait donc un franc d'argent. Les Irlandais, au nombre de trois, possédaient douze cents pieds de filon avec cette incroyable richesse [2]. On estimait que cette mine avait déjà produit plus de trois millions de dollars ou seize millions de francs, dont les neuf dixièmes au moins formaient un bénéfice net.

Les heureux Irlandais, si simples qu'ils n'étaient pas même capables de signer leur nom, ne savaient que faire de tant d'or. Ils avaient bâti une chapelle pour remercier Dieu de ses faveurs; fait élever, auprès de leur ancien placer, de gracieuses villas; créaient à leurs ouvriers des positions exceptionnelles; enfin, pour se distraire, allaient eux-mêmes, à tour de rôle, porter chaque semaine leurs gâteaux d'or à San-Francisco. Restés modestes avec une liste civile aussi ronde que celle de bien des princes de l'Europe, ils avaient délégué le soin de leurs travaux à un contre-maître, et ils coulaient en paix l'existence, plus favorisés que dans leur verte Érin, qu'ils ne devaient pas regretter. Récemment j'ai eu de leurs nouvelles; la mine a continué de prospérer, et ils en emploient maintenant les bénéfices à soutenir, dit-on, les fénians.

Dans les mines d'argent de l'État de Nevada, limitrophe

---

1. La richesse moyenne des minerais quartzeux exploités en Californie, en 1859, n'était que de dix à vingt dollars ou de cinquante à cent francs la tonne.

2. En Californie, les règlements attribuent six cents pieds de filon à tout inventeur ou premier occupant, et trois cents pieds à chacun de ses associés.

de celui de Californie (carte XIII), deux Irlandais dont
on m'a conté l'histoire, ont été non moins favorisés que
leurs compatriotes d'Allison-Ranch. Accourus avec tant
d'autres, je ne sais de quel placer dont ils étaient sans
doute mécontents, ces deux mineurs étaient venus chercher à Carson-City une fortune moins contraire. Ils s'appelaient Gould et Curry, et ont donné leur nom à leur
mine et à leur société. En 1860, ils étaient péniblement
occupés à fouiller le filon, et le sort ne semblait pas les
regarder d'un œil plus favorable que naguère. Passe
M. Laur, l'ingénieur des mines envoyé par le gouvernement français en Amérique, et dont on peut dire, en ris-
quant un jeu de mots par à peu près, qu'il porte un nom
promis à la recherche du précieux métal. Il conseille aux
deux mineurs d'abandonner leur travail. Les apparences
sont mauvaises, ils se sont égarés sur une veine de quartz
qui sera tout au plus aurifère. Les Irlandais persistent;
mais l'argent monnayé manque aussi. Cependant il faut
vivre; il faut de plus de la poudre, des outils. De temps
en temps, ils vont à San-Francisco faire leurs provisions.
Un épicier leur vend tout ce dont ils ont besoin. En ce
pays les trafiquants cumulent, et font encore plus vite
fortune que leurs confrères de Paris; il est vrai qu'ils sont
dans le pays de l'or. Toutefois Gould et Curry, avons-nous
dit, n'ont pas un denier vaillant. Qu'importe? le fournisseur a confiance. Il livre tout à crédit, jusqu'à du vin de
Champagne; car il faut boire en travaillant, et le mineur
de Nevada, comme celui de Californie, fait volontiers
sauter le bouchon. C'est pour rien, cinq dollars ou vingt-
cinq francs la bouteille, et des meilleures marques. Au
lieu d'argent comptant, on abandonne à l'épicier un pied,
puis un pied de filon. Il devient ainsi, peu à peu, propriétaire des deux tiers de la mine.

« Eh bien, les enfants, quelles nouvelles! Comment vont les travaux?

— Pas trop mal, cela promet. »

Un beau jour, Gould et Curry mettent la main sur un amas de minerai comme les frères Bolados au Chili. Ils n'ont plus qu'une faible fraction de la mine; l'heureux marchand possède presque toutes les actions, et cependant nos deux mineurs encaissent encore des millions pour leur part[1]. Plus heureux que les Chiliens dont j'ai raconté l'histoire, ils n'ont pas vu les mauvais jours succéder aux temps prospères; mais ils sont eux aussi engagés dans le fénianisme et soutiennent leurs compatriotes révoltés. Quand ils se rappellent les conseils de l'ingénieur qui voulait les éloigner de leur mine, ils doivent avoir une bien médiocre idée des géologues. Qu'y faire? On n'est pas sous terre, et les géologues comme les augures se sont trompés plus d'une fois.

Je voudrais clore ces histoires sur les découvertes de mines par un récit qui est devenu légendaire en Toscane, et qui confirmera, en les résumant, tous les faits qui viennent d'être racontés.

La Toscane, à deux époques de son histoire, sous les Étrusques et pendant le moyen âge, a été, nous l'avons vu, le théâtre des exploitations minérales les plus prospères. Vers l'aurore des temps modernes, diverses raisons provoquèrent l'entier abandon de ces entreprises. Ce furent surtout les luttes acharnées des républiques entre elles, les courses et les dévastations des *condottieri*, les épidé-

---

1. En 1863, le filon exploité par la compagnie Gould et Curry sur deux mille pieds, filon célèbre dans le pays sous le nom de *Comstock ledge*, a donné à cette seule compagnie un produit brut de vingt millions de francs. Le bénéfice net, de plus de moitié de ce chiffre, a été distribué, à titre de dividende, entre les deux mille quatre cents actions dont se compose la mine.

mies, les pestes noires, enfin l'abaissement du prix de l'argent, dont la découverte de l'Amérique fut la cause.

Les Médicis, ayant soumis toute la Toscane à leur maison, et après eux les princes de Lorraine, avaient essayé vainement, et en bien des occasions, de reprendre une partie des travaux si fâcheusement suspendus. Les choses en étaient là, quand, en 1830, un Français, M. Porte, qui avait accompagné en Italie la princesse Élisa, alors qu'elle fut nommée grande-duchesse d'Étrurie sous le premier Empire, et qui depuis était resté dans le pays, résolut à son tour de ranimer toutes ces anciennes mines. Ce qu'il dépensa de temps, d'intelligence, d'habileté pour arriver à ses fins, ceux qui l'ont connu peuvent le dire ; car il a laissé en Toscanne les meilleurs souvenirs. Une mine avait surtout attiré son attention : celle de Monte–Catini. De 1830 à 1837, le résultat des recherches fut peu sastisfaisant. Notre compatriote, dont les ressources s'épuisaient, sentit sa confiance s'ébranler, et bien qu'il eût retrouvé le filon, il vendit cette mine, pour reporter toute son attention sur d'autres, dans lesquelles il avait plus d'espoir. C'étaient notamment celle de l'Accesa, près de Massa, où le moyen âge avait accumulé d'immenses travaux, et celle de Rocca-Tederighi, dans le Siennois, également fouillée par les anciens (carte XI).

A peine M. Porte eut–il vendu Monte-Catini, qu'on tomba sur un bloc de minerai massif qui paya en un an tous les frais, et laissa plus de cent mille francs de bénéfice net. Les années se succédèrent et les bénéfices allèrent en croissant. Ils ne tardèrent pas à décupler. Pendant quinze ans, on a tiré annuellement plus d'un million de cette mine, et l'heureuse chance continue. M. Porte, qui avait assisté à ce spectacle navrant de voir les autres réussir en un jour, là où il avait attendu vainement des années, ne vit pas cette affaire à son apogée. Il mourut bientôt de chagrin et pauvre.

Les trois heureux propriétaires de Monte-Catini composent un triumvirat devenu célèbre en Toscane. L'un, un Anglais, ancien majordome d'une grande dame et chambellan de l'ex-grand-duc, est resté fidèle au vieux Léopold quand les mauvais jours sont venus. Il n'a du reste aucun besoin d'autrui. Il a acquis entre autres biens la belle villa de Careggi, voisine de Florence, et dont les échos ont retenu le nom de Laurent le Magnifique. L'autre est intéressé dans une grande maison de banque florentine, dont le chef, digne successeur des sages financiers italiens du moyen âge, jeta les hauts cris quand il sut que son associé allait tenter la chance des mines. Le fortuné exploitant est resté ce qu'il a toujours été, simple, bon, modeste, accueillant le sourire sur les lèvres tous les étrangers recommandés à sa puissante maison. Le troisième enfin, qui servit simplement d'intermédiaire dans la cession de cette mine, est depuis devenu administrateur des premiers chemins de fer d'Italie. Heureux trio! Il n'y a eu à plaindre en tout cela que le pauvre inventeur. Son buste en marbre décore l'entrée de la principale galerie de Monte-Catini, mais ses héritiers, qui vivent encore à Florence, ne sont pas devenus millionnaires!

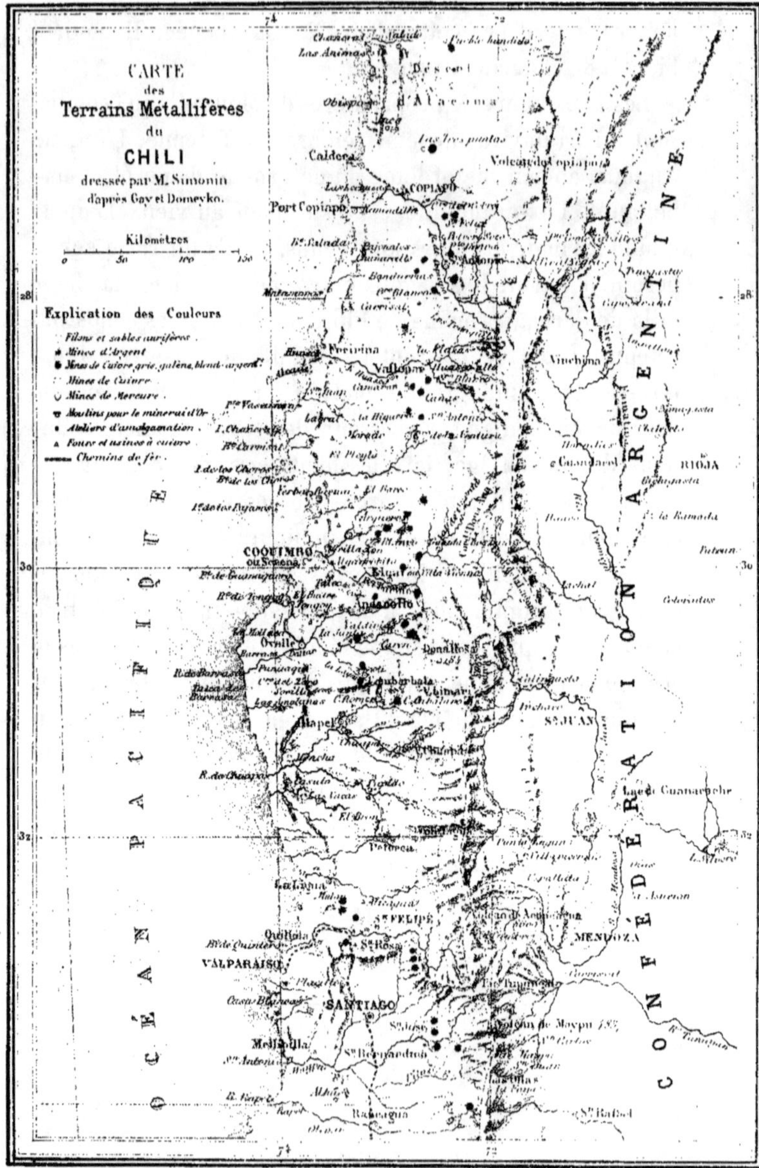
CARTE
des
Terrains Métallifères
du
CHILI
dressée par M. Simonin
d'après Gay et Domeyko.

Kilomètres
0   50   100   150

Explication des Couleurs

Filons et sables aurifères.
Mines d'Argent
Mines de Cuivre gris, galène, blend-argent.
Mines de Cuivre.
Mines de Mercure.
Moulins pour le minerai d'Or.
Ateliers d'amalgamation.
Fours et usines à cuivre.
Chemins de fer.

OCÉAN PACIFIQUE
CONFÉDÉRATION ARGENTINE

COPIAPO
Port Copiapo
Caldera
Freirina
Vallenar
Vinchina
RIOJA
COQUIMBO ou Serena
Andacollo
Illapel
S. JUAN
MENDOZA
S. FELIPE
VALPARAISO
SANTIAGO
S. Bernardino
Rancagua
S. Rafael
Dessiné par E.d. Dumas Vint s.d.   Libraire de L. HACHETTE et Cie à Paris

VII

LES TRÉSORS CACHÉS.

Les paysans et les bergers. — Les sorciers. — La baguette tournante. — Les petits-cousins des alchimistes. — Les devins étrusques. — Avocat, ah! passons au déluge! — Le pendule cabalistique. — Cosme I et Benvenuto Cellini. — Les mines d'or de Chrysonèse.

Bien que le hasard ou les inspirations de la géologie conduisent seuls à la découverte des filons, la recherche des veines métalliques n'en a pas moins de tout temps préoccupé bon nombre de personnes, et fait tourner bien des têtes. Cette recherche est sœur de celle des trésors cachés; elle se relie à la poursuite du grand œuvre, qui donna naissance dans l'antiquité à l'école hermétique, au moyen âge, aux alchimistes; elle se retrouve, de nos jours, dans ce besoin de s'enrichir à tout prix qui caractérise notre époque, et qui permet l'organisation des affaires les plus inconcevables; elle est en un mot dans l'ordre naturel des choses.

Dans nos campagnes, il existe des paysans qui cherchent des mines à leur façon. Une paillette jaune de mica, un cristal étincelant de pyrite de fer ou de cuivre, sont pour eux de l'or. Ils vont consulter en secret le curé, l'agent-voyer, le maire; ils ont découvert une mine, ils ne veulent pas dire où; tout d'abord ils essayent de savoir si c'est bien le précieux métal sur lequel ils ont mis la main.

Les bergers sont comme les paysans. Ce que ceux-ci déterrent dans les champs, sur les talus des ruisseaux, ceux-là le trouvent aux flancs des montagnes, dans le lit des torrents, sur les plus hautes crêtes. Le hasard les favorise quelquefois ; nous en avons même cité des exemples fameux. Il n'en est pas moins vrai qu'eux aussi, en dépit du dicton, cherchent la plupart du temps sans trouver. Ces bergers feraient mieux, comme leurs ancêtres de Chaldée, de lire dans le ciel au lieu de regarder à leurs pieds. Mais ils peuvent nous répondre que l'astronomie est faite, et que la géologie ne l'est pas ; que du reste les bergers ont trouvé bien des filons. Et puis la fable est là, de l'astrologue qui se laisse tomber au fond d'un puits. Les chercheurs de mines évitent au moins ce désagrément.

Les paysans et les bergers composent ce qu'on pourrait appeler les enfants perdus du bataillon des chercheurs de mines, dont les braconniers, les chasseurs font aussi partie. Ceux-ci, qui s'élèvent souvent jusqu'aux plus hautes cimes et foulent les roches éruptives sous leurs pieds, ne sont pas tellement occupés du gibier qu'ils ne s'inquiètent un peu des filons. Enfin dans quelques pays, des mineurs eux-mêmes se rattachent à ces espèces de corps-francs : tels sont les *rebuscadores* et *cateadores*, chercheurs des mines espagnoles, énergiques aventuriers qui ont plus d'une fois mis la main sur les plus riches veines.

Il nous faut maintenant signaler tout un corps régulier, un vrai régiment, qui a sa discipline, ses lois, ses manœuvres : c'est celui des tourneurs de baguette. Ils se donnent pour mission de révéler les endroits où se cachent les mines, comme d'autres vous diront la bonne aventure ou l'avenir. Ces devins, qui dénichent aussi les cours d'eau souterrains, les sources (d'où est venu, dit-on, le nom de sorcier ou *sourcier*) et jusqu'aux trésors enfouis, opèrent par

le moyen de la baguette divinatoire. En ayant fait manœuvrer quelques-uns, je puis dire comment ils s'y prennent.

En 1853, je résidais près de Grenoble, à Laffrey, chargé
de la direction de mines métalliques. Des filons de plomb
et de zinc couraient en différents points des environs. Tous
ces gîtes se reliaient entre eux et formaient ce qu'on nomme
un faisceau. Par des inductions que la géologie autorise,
on connaît en ce cas, avec une approximation assez grande,
les lignes qui suivent souterrainement les filons aux endroits où l'on n'a pas encore travaillé. Passe un de ces
adeptes de la baguette divinatoire. Il venait d'un village
voisin de l'Oisans, où tout le monde, depuis Adam, naît
sorcier. On m'amène le sujet. Je n'avais point encore vu
de tourneur de baguette, et ne connaissais leur façon de
procéder que par les livres. Je propose à celui-ci d'opérer,
le prévenant qu'il ne sera payé que s'il devine. Mon
homme accepte. Il est indispensable d'employer une baguette de coudrier fraîchement coupée. Il va en détacher
une au bord du torrent voisin qui, s'échappant des lacs de
Laffrey, descend en bouillonnant jusqu'à Vizille. Il taille
le bois dans les règles voulues, le saisit des deux mains
par les extrémités, puis s'avance çà et là. Le terrain est
un plateau couvert de verdure ; à gauche, en regardant
vers les lacs, est une forêt de sapin ; à droite, un rempart
à pic de roches calcaires couronnées de hêtres ou fayards ;
devant soi, le village, puis les lacs ; derrière, le coteau en
pente roide, au pied duquel est Vizille. C'est, on le voit,
un vrai paysage d'opéra-comique, fait à souhait, comme
disait Delille, pour le plaisir des yeux, mais non pour l'édi-
fication d'un géologue ou d'un mineur, encore moins d'un
chercheur de filons. Le quidam va, vient, inquiet, hésitant.

« Allons, bonhomme, il faut parler, n'allez pas dire qu'il
n'y a rien, une mine passe sous vos pieds. Vous brûlez !

— Ici ?

— Non, plus loin.

— Là, peut-être ?

— Vous n'y êtes pas.

— J'ai trouvé !

— Pas encore. »

Et la baguette tournoyait dans ses mains prises d'u
mouvement convulsif. Il se passait en lui un phénomène physiologique qu'on ne peut nier, et qui semble se rattacher à
ceux du magnétisme animal. Mais bien que la science soit
loin d'avoir débrouillé ces mystères, on ne saurait prétendre
qu'ils impliquent la connaissance certaine de l'avenir, de
l'inconnu, ce qu'on nomme en un mot la double vue. Mon
chercheur de filons prouva donc une fois de plus que lui
et tous ses pareils n'étaient que des sujets impressionnables
et nerveux, et peut-être seulement de fins et adroits com-
pères.

La baguette divinatoire, encore employée aujourd'hui
dans toutes les campagnes, tant pour la recherche des
mines que pour celle des eaux et des trésors cachés, a
eu jadis de très-nombreux adeptes. Avant que la géologie eût été érigée à l'état de science, avant que les
lois de la formation et de l'allure des gîtes eussent été
découvertes, la baguette régnait partout en maîtresse.
Au seizième siècle, au temps où Biringuccio en Italie,
Agricola en Allemagne, Bernard Palissy en France, éta-
blissaient sur des bases expérimentales précises l'étude
des formations souterraines, et introduisaient l'observation dans la géologie, des ouvrages spéciaux raisonnaient
encore de la divine baguette, et des moyens d'en faire
usage. Agricola, dans son livre resté classique : *De re
metallica*, combattit vivement ce procédé ; mais on croira
toujours au merveilleux, au surnaturel. En 1678, un ma-

nuel d'exploitation des mines imprimé à Bologne, la *Pratica minerale*, traitait minutieusement de la recherche des filons par cette voie, et décrivait les deux méthodes d'opérer[1]. Par la première, on attache à l'une des extrémités de la baguette un morceau de métal semblable à celui que l'on cherche, on prend la baguette de l'autre bout, et l'extrémité libre s'incline vers le filon. Par la seconde méthode, on tient les extrémités de la baguette entre les mains, les doigts tournés en arrière, les bras près du corps. La baguette est droite ou bifurquée. Quand elle est droite, elle se courbe vers le filon ; quand elle est bifurquée, c'est la pointe restée libre qui indique le lieu où il faut marcher. Toute personne antipathique à l'opérateur doit être sévèrement éloignée, car elle fausserait les résultats de l'expérience !

Il ne faudrait pas s'étonner que l'usage de la baguette fût ainsi rangé, même au dix-septième siècle, au nombre des connaissances indispensables à l'ingénieur des mines. On a vu jusqu'à notre époque des hommes d'expérience attacher à ce moyen de trouver les gîtes une certaine valeur. Quelques-uns de nos meilleurs esprits ne croient-ils pas eux-mêmes aujourd'hui au spiritisme et aux tables tournantes ? Il n'est donc pas surprenant que les tourneurs de baguette vivent encore. Il n'y a guère plus de vingt ans (1844) qu'en Saxe, dans ce pays où l'on a cru longtemps que les filons de l'orient ou du matin, étaient plus nobles et plus féconds que ceux du couchant ou du soir, on a fait opérer officiellement les sorciers. Les ingénieurs saxons n'ont renoncé à l'intervention de la baguette dans la recherche des mines, que

----

1. L'auteur parle bien de trois méthodes ; mais ne veut pas indiquer la dernière, condamnée, dit-il, par l'Église. Sans doute on y invoquait Belzébuth.

devant la démonstration péremptoire de son impuissance absolue.

En France, l'abbé Paramelle, ramenant à ses vrais principes l'art de découvrir les sources, a fait également de nos jours pleine justice des sourciers.

C'est des anciens que nous vient cette pratique d'interroger magnétiquement le sol. Les Égyptiens, dont descendent en droite ligne les alchimistes et tous les disciples d'Hermès, dieu de la science occulte, avaient transmis cette science aux Étrusques, de qui la tinrent les Romains. Les Étrusques étaient passés maîtres dans ces tours, et joignaient à l'art de lire dans le ciel et de faire parler la foudre, celui de lire sous terre. C'est même à l'intervention des devins tyrrhéniens que l'on attribue la découverte des célèbres mines de fer de l'île d'Elbe.

Les historiens disent que, sous le règne d'Ancus Martius, des devins étrusques abordèrent dans l'île, au lieu où est aujourd'hui Rio. Ces prêtres de l'inconnu n'avaient pas oublié leur baguette. A peine débarqués, sans même prendre le temps de se reposer de leurs fatigues, et peut-être du mal de mer, ils se livrèrent à leurs jeux favoris. Bien leur en prit ; ils découvrirent les mines de fer. Ils n'y eurent pas grand mérite ; car ces gîtes affleurent, et l'on peut dire que sur ce point l'île d'Elbe n'est qu'une montagne de fer ; mais peut-être n'en était-il pas ainsi en ce temps-là. Les mines découvertes, on dut songer à les exploiter. Ancus Martius, qui était lui-même un Étrusque, donna la concession des gîtes à perpétuité à ses compatriotes, les sorciers tyrrhéniens. Ceux-ci avaient bien quelques droits à cette récompense comme inventeurs. Ils s'établirent à Rio, y fouillèrent les filons et fondèrent la colonie des mineurs qu'on voit encore aujourd'hui à l'île d'Elbe.

Telle est la tradition, ou, si l'on préfère, la légende.

Veut-on maintenant lire de l'histoire, de l'histoire contemporaine s'entend, car celle de Tite Live, surtout depuis Mommsen et Ampère, est en partie reléguée dans le domaine des fables. Voici donc ce qui se plaidait, il y a cinq ou six ans, devant le conseil d'État italien.

Les mines de fer de l'île d'Elbe ont de tout temps été un bien domanial. Les Elbains ont toujours supporté avec peine la prohibition d'exploiter librement ces mines, et à l'époque de l'annexion, en 1860, ont réclamé plus fort que jamais. Leur cause a été portée devant le conseil d'État italien. Sait-on sur quoi s'est fondé l'avocat de la commune de Rio pour défendre le droit de ses clients? Sur un prétendu passage de Tite Live, tout au moins apocryphe, et relatif aux devins étrusques. « Nous sommes, disait le moderne Cicéron, légalement propriétaires des mines depuis le temps d'Ancus Martius, de qui nos pères les ont reçues en bonne et due forme. Injustement dépossédés, nous réclamons nos droits, Tite Live à la main. » L'humanité sera donc toujours la même, et n'aurait-on pas pu répondre au plaideur, comme Dandin à l'Intimé : « Avocat, ah! passons au déluge? »

La baguette divinatoire qui a fourni un si long chemin depuis les Égyptiens et les Étrusques, n'est pas le seul moyen de découverte employé par d'infatigables chercheurs. Dans les mines des Alpes françaises, j'ai vu mettre en usage un procédé non moins curieux. Il était de l'invention d'une dame (Mme Rey), et c'est près de la Motte et du Bourg-d'Oisans, pays chers aux minéralogistes, qu'elle avait établi ses recherches. Elle allait seule par la montagne, tenant attachés au bout d'une ficelle une pièce de cinq francs, un plomb ou un gros sou de cuivre, et prétendait que son pendule déviait au voisinage d'un filon. L'argent attirait l'argent, le cuivre ou le plomb les métaux de même nature. C'était le contraire de l'électricité et du magnétisme en physique, où les fluides de même nom se repoussent. Mme Rey marquait par des tas de pierres les endroits où déviait le pendule, puis elle joignait tous ces points par une ligne idéale et disait : « Voilà la direction de mon filon. »

Au début de ma carrière de mineur, j'ai vu dans mes excursions sur les pittoresques montagnes dauphinoises, ces jalons d'un nouveau genre jetés au milieu d'abrupts rochers par l'intelligente chercheuse. Le pays est coupé de veines et d'affleurements métalliques. En certains points les gîtes cuivreux abondent, et le sol est marqué comme au pinceau de traces vertes et bleues, caractérisant le métal de Vénus. Mme Rey n'avait donc pas de peine à trouver des filons ; mais la vérité me force à dire qu'elle en a découvert d'inconnus. Elle a fait beaucoup pour le développement de l'industrie minière dans ces pays sauvages, où elle s'est si courageusement établie. C'est elle qui a retrouvé les gîtes de mercure de Saint-Arey. Elle a réveillé quelques-unes des mines de nos Alpes d'un sommeil plus que séculaire, dans lequel elles devaient malheureusement bien vite retomber. Plusieurs fois, dans mon séjour à Laffrey, je la vis passer conduisant elle-même à Vizille où sont des fonderies de plomb, de cuivre et d'argent, sa charrette de minerais. Vigoureuse, de haute taille, son regard respirait la force ; c'était plus qu'une femme, c'était un vaillant mineur.

A toutes les époques, la recherche des mines a donc préoccupé l'humanité. Les princes, les rois eux-mêmes n'ont pas échappé à cette poursuite du merveilleux, de l'inconnu, dont on les croirait exempts, puisqu'ils semblent trouver dans le rang même où ils sont placés la satisfaction de tous leurs désirs. Le grand-duc de Toscane, Cosme Ier,

CARTE
des
Gîtes Miniers
des États de la
CALIFORNIE ET NEVADA
dressée par M. Simonin.

OREGON
Explication des Couleurs
Région actuelle des placers et des mines d'or
Mines d'argent
id. de mercure
id. de cuivre
id. de charbon
id. de pétrole
Sulfatures et borax
Gîtes d'opales
Chemins de fer en exploitation
id. en projet
Limites des États

Fig.1
Vallée et placers du
Maxwell Creek aff
de la Merced
Schistes Métamorphiques
COUPE DES FILONS ET PLACERS PRÈS DE COULTERVILLE

Indiens Pah-Utah

SⁿFRANCISCO
MONTEREY
SAN DIEGO

qui fonda la maison princière de Médicis et qui était
aussi rusé politique qu'habile administrateur, fut encore
un grand chercheur de mines. Pour reprendre une partie
de ces anciennes exploitations de l'Étrurie, dont il a été
plusieurs fois parlé, il fit venir d'Allemagne des ingénieurs qu'il demanda à de grands propriétaires de mines,
aux riches banquiers d'Augsbourg, les Fugger, ces Rothschild de leur temps. C'étaient à cette époque, comme
d'autres le sont devenus depuis, les rois des banquiers et
les banquiers des rois. Ils avaient prêté de fortes sommes
à Charles-Quint, et un jour que le puissant monarque, en
voyage vers les Pays-Bas, s'était arrêté dans un de leurs
châteaux, la légende dit que la cheminée où se chauffait
l'empereur fut alimentée avec du bois de santal, et que
le papier qui servit à allumer le feu, était la traite même
souscrite par Charles-Quint aux Fugger[1].

L'ingénieur allemand demandé par Cosme Ier à ses banquiers d'Augsbourg ne tarda pas à se mettre en relation
avec le grand-duc. J'ai vu à Florence, dans les archives
des *Offices*, où le surintendant de ce département, M. Bo-
naini, avec une obligeance que tous les archéologues ont
successivement appréciée, les a mises à ma disposition, j'ai
vu les lettres autographes du grand-duc et les réponses des
Fugger et de l'ingénieur. Cosme annote en marge, fixe le
sujet de ses lettres, quand il ne les écrit pas tout entières.

Après un assez long débat, où toutes les conditions les
plus minutieuses du voyage, du séjour, des honoraires,
sont fixées par le praticien germanique avec un calme,

1. Ces mêmes banquiers, qu'en Espagne on appelait les Fuccares, ont
longtemps exploité les mines de mercure d'Almaden, qu'ils ont eues à ferme
de la couronne, comme aujourd'hui les ont à leur tour MM. de Rothschild.
Le nom des Fugger est resté populaire parmi les Espagnols, et dans les
provinces de Grenade et d'Andalousie, en parlant d'un homme qui a une
très-grande fortune, on dit : Il est riche comme un Fuccares.

une minutie particulière aux gens de son pays, l'homme arrive et se met à l'œuvre. On l'envoie dans les anciennes mines de la Maremme toscane, et Cosme, qui a dépêché sur les lieux un contre-maître affidé, est tenu jour par jour au courant des opérations. Ici sa correspondance est des plus curieuses, et mériterait, non moins que la précédente, d'être entièrement publiée.

La recherche des mines métalliques préoccupait à tel point le grand-duc, qu'il avait établi dans son palais un laboratoire, où il travaillait avec Benvenuto, avant de s'être brouillé avec lui. Si le grand-duc n'était pas d'humeur commode, Cellini à son tour, et ses curieux mémoires en font foi, était d'une société peu agréable. Dans ce laboratoire, on fondait les métaux, on soufflait la forge, on mettait en jeu la cornue, l'alambic; c'était encore le beau temps de l'alchimie. Volontiers on eût comparé Cosme Ier au roi Dagobert et Benvenuto à saint Éloi, si l'on n'eût craint que l'un ou l'autre ne prît la comparaison en mauvaise part.

Cependant on ne trouvait pas d'or au fond des mines et des creusets, et un jour qu'un galion portugais revenait d'Amérique porteur de lingots d'argent, Cosme fit acheter tout le chargement à Lisbonne. A la même époque, il accaparait aussi, au moyen de ses correspondants d'Angleterre, l'étain du Cournouailles, métal qui était alors indispensable. Toutes les banques, tous les hôtels des monnaies, tous les fondeurs d'Italie, furent obligés de s'adresser à Cosme, devenu détenteur de l'argent et de l'étain, et il revendit à tous sa marchandise au détail et bien cher. Ce furent là les plus clairs de ses bénéfices, et ses meilleures affaires dans l'exploitation des métaux. Malgré toutes ses recherches, il ne parvint pas à redonner aux mines de la Toscane l'activité florissante du passé. Ses deux fils, Fran—

çois [1] et Ferdinand, qui lui succédèrent tour à tour sur le trône, ne furent pas plus heureux que lui dans ces essais. Cosme n'en a pas moins sa place marquée dans l'originale famille des chercheurs de filons et des disciples du grand Hermès.

L'étude serait longue si l'on voulait comprendre ici tous les types de chercheurs de mines, et passer surtout, par une pente insensible, aux fabricateurs de filons. Il y a quelques années, en France, quand le public apportait dans les affaires industrielles une naïveté qu'il a depuis dépouillée en partie, toute mine, réelle ou imaginaire, était bonne à mettre en actions. Le spirituel auteur de *Jérôme Paturot*, en nous racontant l'affaire des bitumes du Maroc, n'a rien inventé; il a esquissé un trait de mœurs contemporain. J'ai moi-même été appelé à donner mon avis sinon dans la création, au moins dans la poursuite de quelques-unes de ces entreprises souterraines (le mot peut se prendre ici dans les deux sens), et j'ai été frappé de l'aisance avec laquelle les gens de la plus haute raison se laissaient prendre à de telles amorces. En voici un exemple curieux :

Dans une île de la mer des Indes que je ne nommerai pas, piton volcanique rejeté un jour au-dessus de l'Océan par les feux sous-marins, s'étendent le long du rivage des sables et des galets. Les vagues, battant contre le roc, le désagrégent; les vents aident à l'effet des eaux, et des dunes ou des plaines mouvantes se sont formées au bord de la mer. La substance dont sont composés les sables ou les galets, est noire, poreuse, lourde; c'est la roche volcanique qu'on nomme le basalte. Au milieu des grains ou des blocs

---

1. Le père de Marie de Médicis et l'amant de Bianca Capello, *un prince saingneus de l'archemie, prenant plesir à besoingner lui mesme.* (Montaigne.)

de basalte, on distingue des aiguilles de fer oxydulé, attirables à l'aimant, puis des cristaux d'un jaune d'or ou quelquefois un peu verdâtre, translucides, taillant le verre; c'est la chrysolithe, variété de péridot olivine, employée comme pierre précieuse de bas aloi dans la joaillerie. L'horlogerie s'en sert aussi quelquefois pour les trous en rubis des montres, ainsi nommés sans doute parce qu'ils sont le plus souvent faits en grenats ou en autres gemmes que le rubis.

La chrysolithe ou pierre d'or, si bien baptisée par les anciens minéralogistes[1], produit un heureux effet au milieu des sables volcaniques. Elle étincelle au soleil, elle marie le ton doré de ses cristaux au noir sombre du basalte. C'est ainsi que, pour les partisans des causes finales, tout est pour le mieux en ce monde; mais la chrysolithe remplit ici un bien autre rôle.

Quelques années avant la révolution de 1789, le chevalier de P...., parent d'un de nos poëtes né dans cette île, était devenu fou. Frappé de l'éclat de ces petits cailloux, il les prenait pour de l'or, allait les ramasser sur la plage, les faisait chauffer dans un vase et prétendait en tirer des lingots. Sa famille le laissait faire, et comme sa folie n'était pas dangereuse, on lui avait même donné un laboratoire. Au fond d'un jardin, ombragé par les manguiers, ces pêchers des tropiques, était un joli kiosque, ce qu'on appelle là-bas un pavillon. C'était là qu'opérait ce dernier représentant de l'alchimie, au moment même où Lavoisier, par ses mémorables découvertes, donnait le coup de grâce à l'art impuissant des souffleurs.

Tout cela était bien oublié, lorsqu'il y a dix ans, des personnes qui avaient habité cette île lointaine, mais

---

1. Le nom vient de χρυσός, *chrysos*, or, et λίθος, *lithos*, pierre.

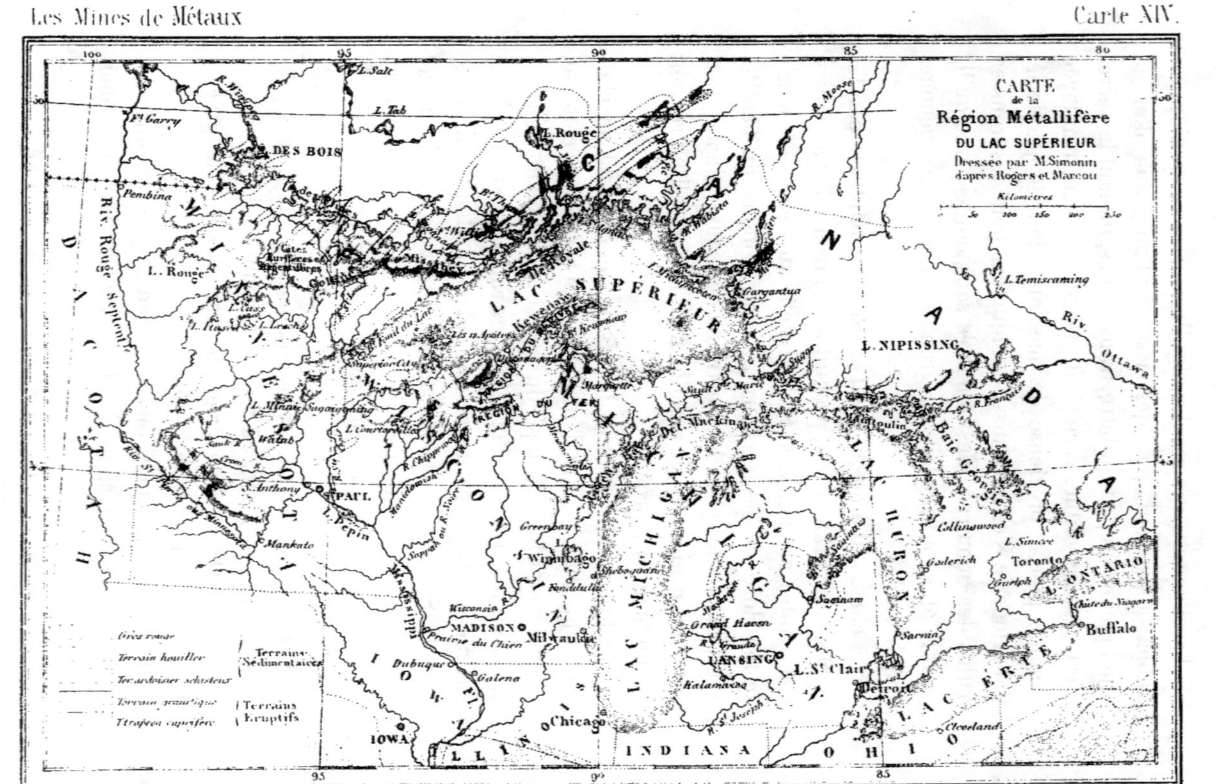

Librairie de L. HACHETTE et Cie à Paris.

non mythologique, ravivèrent de la façon la plus inattendue les essais du chevalier de P...., et adressèrent même
au gouvernement français une demande en règle pour la
concession des mines d'or de *Chrysonèse*. Les actionnaires
affluèrent; de grands personnages s'intéressèrent dans
l'opération. On avait fait venir des sables par tonneaux, et
toujours on y trouvait de l'or. Avec le produit des analyses,
on proposait de frapper des boutons de manchettes pour
les membres du conseil de surveillance. Les gîtes d'ailleurs se complétaient, se multipliaient. On trouvait, associés
à l'or, l'argent et le platine, et l'on découvrait dans l'intérieur de l'île, non plus de simples placers, mais de vrais
filons aurifères. Un témoin occulaire, qui avait contribué à
la trouvaille, s'écriait dans son naïf enthousiasme : « que
cent mille hommes, travaillant pendant cent mille ans,
effleureraient à peine le gîte, et que désormais Chrysonèse
allait produire l'or, non plus le sucre et le café; » et cet
homme était de bonne foi ! J'ai vu ces mines. Les placers
sont les galets et les sables du littoral ; les filons sont
des argiles volcaniques bleuâtres, semées de pyrites de fer
jaunes, brillantes, cristallisées, qu'on prendrait volontiers
pour de l'or, mais qui n'en renferment pas un atome. Elles
gisent d'ailleurs au milieu de montagnes presque inaccessibles, à quinze cents mètres au-dessus du niveau de la mer.

A travers des péripéties sans nombre, l'affaire des mines
de Chrysonèse s'est poursuivie et n'est pas encore morte.
Les actionnaires n'ont pas perdu confiance. Bien que
n'ayant jamais reçu d'autres dividendes que ceux prélevés
sur le capital, ainsi que cela se pratique souvent, la plupart ont conservé bon courage, et si la société aurifère ne
voit pas encore ses actions cotées à la Bourse, toujours
est-il qu'elle est loin d'être entrée en liquidation. Il y a
quelques mois, on disait que les métaux précieux étant

inexploitables pour n'exister qu'à l'état microscopique, on allait transformer l'opération, et recueillir le fer magnétique des sables. Malheureusement la mine d'acier n'a pas assez de valeur pour être transportée de la mer des Indes en Europe. Il faudra donc traiter directement le minerai sur les lieux. Où prendra-t-on le charbon et les fondeurs? En attendant, les gens de Chrysonèse se moquent des Parisiens crédules. Depuis le dernier des noirs jusqu'aux premiers habitants de l'île, personne n'a pris d'actions de la société aurifère. Le pays, sage, économe, laborieux, continue à produire du sucre, du café, des épices; récemment le coton y a été essayé avec succès, et tout le monde rit là-bas des fabricateurs de filons qui viennent planter si loin le théâtre de leurs exploits.

VIII

L'ATTAQUE DU TERRAIN.

Difficultés du travail. — Exploitations sous-marines. — Grandes galeries d'écoulement. — Six lieues de tunnel. — Canaux navigables dans les mines. — Méthodes d'abatage des filons. — Transports intérieurs. — Échelles mouvantes. — Un mauvais pas. — Outils du mineur. — Emploi du feu. — Les accidents. — L'arsenic et le mercure. — Huit modèles de lampes. — Les mines de l'Amérique espagnole.

On a dit, en traitant des mines de houille, quelles difficultés avait à surmonter le mineur dans le creusement des puits et des galeries. Dans les mines métalliques, ces difficultés ne sont pas moins grandes. Si par la nature même du sol qu'on traverse, les terrains ébouleux, coulants, submergés, se présentent moins souvent au mineur, en retour, des roches d'une dureté exceptionnelle, le quartz, les schistes cristallins, les granits, les porphyres, doivent être patiemment attaquées. L'acier le mieux trempé n'y résiste guère, et le travail, sur certaines de ces roches, avance à peine de quelques mètres par mois.

Dans le Cornouailles, on a foncé des puits dans de pareils terrains jusqu'au delà de quatre et six cents mètres, avant de rencontrer le filon. A cette limite, on a approfondi encore les chantiers par le percement de puits intérieurs (fig. 106). Dans ce pays, on attaque les gîtes métallifères même sur le rivage de la mer. Il faut défendre les ouvrages contre

les irruptions des vagues, contre la marée montante elle-
même, et ces obstacles n'ont pas arrêté les travailleurs.
Dans la mine, les ouvriers ont poursuivi leurs galeries à un
mille et plus sous les eaux; c'est à peine si l'épaisseur des
roches qui protégent les mineurs atteint quelques centaines
de pieds en certains endroits. Dans les jours d'orage, on
entend mugir l'Océan au-dessus de sa tête; les galets, au
fond de la mer, roulés les uns sur les autres, imitent le
bruit du tonnerre. De galerie en galerie se répercute un
effroyable grondement, et les ouvriers épouvantés quittent
alors ces sombres abîmes que l'Océan menace d'en-
gloutir.

En 1862, j'explorais moi-même ces mines à la pointe
extrême du Cornouailles, vers le cap Land's-End. J'étais
descendu dans les tailles les plus profondes. J'avais parcouru diverses galeries, visité jusqu'aux puits intérieurs.
Je remontais au jour par les fatigantes échelles. Le trajet
était des plus rudes. Protégé par ces vêtements de laine
en usage dans les mines anglaises, les lourdes bottes de
mineur aux jambes, la chandelle collée au chapeau, j'a-
vais peine à me mouvoir au milieu d'un air échauffé.
Sur un point de parcours débouchait dans le puits une
galerie. Le capitaine ou ingénieur de la mine qui m'accompagnait me dit de goûter à l'eau suintant de la roche;
cette eau était salée. Nous gravîmes encore quelques rangs
d'échelles, puis nous entrâmes dans une nouvelle galerie. Elle débouchait au niveau de la mer (fig. 100). Il
n'y avait donc aucun doute à conserver, les travaux que
je venais de visiter étaient en partie ouverts sous les eaux
mêmes de l'Océan.

En Allemagne, surtout dans le Harz et en Saxe, les
mineurs se sont toujours distingués, comme dans le Cornouailles, par le caractère aussi patient que grandiose de

certains de leurs travaux. Les mines du Harz supérieur ou Ober-Harz (ex-royaume du Hanovre), exploitées depuis la fin du douzième siècle, et sans discontinuité depuis le com-

Fig. 106. — Un puits intérieur des mines du Cornouailles.

mencement du seizième[1], sont citées pour l'énorme développement des galeries et le bon aménagement des tailles

1. Ces mines, au nombre de vingt-quatre, concentrées autour de Zellerfeld et Clausthal, occupent cinq mille ouvriers, mineurs, fondeurs, bûcherons, etc. Elles produisent annuellement cent mille tonnes de mine-

intérieures (fig. 107 et 108). Dans ces mines, on a eu toujours à lutter contre l'affluence des eaux, que l'on a combattue soit par d'ingénieuses machines hydrauliques installées

Fig. 107. — Le puits aux échelles dans les mines du Harz.

sur les puits, soit par des canaux souterrains destinés à un gigantesque drainage. A mesure que les travaux ont

rais de diverses nature, contenant principalement du plomb et de l'argent pour une valeur de près de cinq millions de francs. Tout le pays vit de cette industrie.

gagné en profondeur, et que le niveau des galeries d'écoulement a été dépassé, il en a été creusé de nouvelles, et l'on devine au prix de quelles dépenses, de quels efforts

Fig. 108. — Les mineurs du Harz sur le filon.

et de combien de temps. Quatre de ces tunnels, qui fonctionnent encore, ont été ouverts dans le courant du seizième siècle; le cinquième date de 1777. On l'appelle *Georg-Stollen* (galerie de Georges), du nom du roi

Georges III, qui occupait alors les deux trônes de Hanovre
et d'Angleterre. Jusqu'en 1851, pendant trois quarts de
siècle, cette galerie a été suffisante pour le service qu'on
exigeait d'elle. A cette époque, la profondeur et le développement des travaux ont nécessité le creusement d'un
nouveau canal souterrain, et la galerie dite Ernest-Auguste
(en l'honneur du roi de Hanovre, père du ci-devant roi)
a été presque aussitôt ouverte que projetée.

La galerie Ernest-Auguste est peut-être l'œuvre la plus
remarquable qui ait jamais été exécutée dans l'exploitation des mines métalliques. L'orifice de ce long tunnel se
trouve à Gittelde, dans le duché de Brunswick. La galerie
a près de trois mètres de haut, deux mètres de large, et une
pente de dix-sept millièmes par mètre de longueur. Comme
un tunnel de chemin de fer, elle a été entreprise à la fois
sur plusieurs points différents. On a ouvert jusqu'à dix
attaques simultanées. Le travail, conduit avec la plus
grande vigueur, a duré treize ans : il a été achevé et
solennellement inauguré en 1864[1]. La galerie a onze kilomètres de développement, le double des plus longs tunnels
de voies ferrées jusqu'ici construits[2]; mais, si l'on y comprend les traverses latérales qui y débouchent, et une
galerie souterraine navigable, portant bateaux, à laquelle
elle se relie à l'extrémité opposée à son embouchure, la
galerie Ernest-Auguste n'a pas moins de vingt-quatre kilomètres, six lieues !

Rien n'a été négligé pour que ce magnifique travail restât
à la hauteur où les Allemands ont porté l'art des mines.

---

1. Nous avons emprunté la plupart de ces données aux renseignements
recueillis par un de nos confrères, M. l'ingénieur Graff, qui lui-même s'est
inspiré d'une brochure publiée à Clausthal sous ce titre : *Der Ernst-August-
Stollen am Harze.*

2. Sur ce parcours, plus du quart de la galerie, c'est-à-dire trois kilomètres, ont dû être revêtus d'une solide voûte en maçonnerie.

Grâce à une levée de plans sévère et continuellement con-
trôlée, toutes les jonctions partielles se sont faites sans écart
latéral, sans erreur de pente. Un aimant de cent kilogrammes, agissant sur la boussole à travers une épaisseur
de roche de vingt mètres, et apporté dans un des chantiers
pendant qu'on installait l'aiguille aimantée dans l'autre, a
concouru à l'admirable précision des résultats obtenus.
Toutes les difficultés d'aérage ont été victorieusement sur-
montées au moyen de tuyaux en tôle de zinc, qui ont
permis de conduire l'air dans ces labyrinthes sur un
parcours de plusieurs kilomètres. En un mot, dans une
œuvre souterraine pleine de tant de difficultés, l'ingénieur
n'a jamais failli à sa mission, jamais n'a été pris au dépourvu.

Le coût de la galerie Ernest-Auguste et de ses annexes,
en y comprenant la galerie navigable, atteint presque trois
millions et demi de francs. C'est la dernière grande galerie
d'écoulement que le relief du sol de l'Ober-Harz permette
d'établir. La plus grande profondeur qu'elle assèche est environ de quatre cents mètres ; mais on projette déjà une
nouvelle galerie tout intérieure, c'est-à-dire sans embouchure, à deux cent quarante mètres au-dessous de celle-ci.
On en élèvera les eaux au niveau de l'Ernest-Auguste au
moyen d'une machine hydraulique spéciale. La machine
sera placée dans un puits vertical construit exprès, et qui
servira en même temps de puits d'extraction pour le minerai. Le devis de ces nouveaux travaux, auxquels on vient
de mettre la main, s'élève à près d'un million et demi de
francs. Les mineurs du Harz, on le voit, ont confiance
dans la continuité et la richesse de leurs filons, et assurent définitivement, par ces installations grandioses, l'exploitation à venir pour une durée de plusieurs siècles.

Les travaux du Harz supérieur ne sont pas les seuls qu'il

faille mentionner. Dans ces mêmes régions de l'Allemagne, à Andreasberg (Unter–Harz), il est des puits de mines qui descendent à plus de huit cents mètres sous le sol : on n'en connaît nulle part d'aussi profonds. Ces puits sont rectangulaires, de huit mètres de long sur trois de large, ce qui donne vingt-quatre mètres carrés de section. On les revêt sur toute la hauteur d'un solide boisage de sapins écorcés, et ils concentrent tous les services : extraction des minerais, épuisement des eaux, conduites d'air, échelles pour la descente et la sortie des ouvriers, etc.

Dans la Saxe, la Hongrie, la Prusse rhénane, on pourrait citer aussi de magnifiques ouvrages de mines, qui n'ont pas des développements moindres que ceux du Harz et ont coûté également des millions. Sous ce rapport toutes les mines métalliques se ressemblent, et vont de pair avec les houillères. Mais là ne se borne pas la comparaison entre ces deux classes de mines.

L'abatage des matières métalliques se fait par des méthodes qui rappellent celles que nous connaissons déjà. Quand c'est une couche qu'on exploite, et ce cas se présente dans la plupart des mines de fer, l'attaque a lieu comme pour la houille, en divisant d'abord le gîte en piliers. Sur les filons proprement dits, d'une inclinaison toujours assez forte, s'emploient les méthodes en gradins droits ou renversés (fig. 109 et 110), dont la première a dû être proscrite des houillères, car le mineur y travaillerait sur le charbon qu'il désagrégerait en le piétinant. Cette méthode est au contraire d'un emploi fréquent pour les minerais métalliques, qu'il faut presque toujours pulvériser pour les enrichir et les rendre propres à la fusion ou à la vente. Enfin sur les gradins droits, l'ouvrier fait aisément un premier tirage du minerai et de la roche, et recueille les poussières métalliques; tandis que les gradins

Fig. 109. — Travail en gradins droits à Stahlberg (Prusse rhénane).

renversés ne lui offrent pas le même avantage : il perd même
par ce procédé une partie du minerai dans les remblais.

Dans les filons puissants, dans les amas épais, on a
recours aux méthodes par grandes tailles (fig. 111) ou par
attaques transversales. Enfin dans les dépôts superficiels,

Fig. 110. — Travail en gradins renversés.

comme ceux des minerais d'alluvion, ou dans de vastes
concentrations métallifères qui s'épanouissent à la surface
en gigantesques affleurements, comme les gîtes de fer de
l'île d'Elbe ou les gîtes cuivreux du Rammelsberg, le travail
est conduit par des méthodes spéciales (fig. 112). Ces méthodes sont dites à ciel ouvert, parce qu'on ne marche
plus en souterrain ; elles rappellent les procédés d'attaque
en usage dans les carrières ou dans les grands travaux de
terrassement.

En adoptant l'une des méthodes d'abatage que l'on vient de décrire, l'ouvrier ne laisse plus dans la mine que des remblais à la place du minerai. Cependant la théorie et la pratique diffèrent ici comme en toutes choses, et la méthode classique doit être souvent modifiée. Les occasions les plus fréquentes qui forcent le mineur d'enfreindre la règle, sont les accidents qui dérangent le filon, les cassures, les rejets, dont on connaît généralement la loi, les renflements, les rétrécissements, et quelquefois des disparitions subites échappant à tous les principes de la géologie appliquée. Mais le mineur ne se rebute ni ne s'émeut, et la patience, la réflexion, le flair aidant, il arrive presque toujours à retrouver la veine métallique.

Les procédés et les appareils que nous avons vus usités pour le transport souterrain et l'extraction de la houille, s'appliquent également aux minerais. Les chemins de fer, les wagons, les chevaux se retrouvent ici dans les tailles, dans les galeries. L'exploitation est conduite d'après les mêmes principes; les appareils d'aérage ne sont pas différents, et l'art délicat de la levée des plans (fig. 113) est également en honneur. Les dispositions des puits sont aussi les mêmes. Il n'y a pas jusqu'aux édifices de la surface qui n'aient un certain air de ressemblance. Les houillères cependant offrent aux abords des puits une plus grande animation, car il est rare que les mines métalliques, à moins de cas particuliers, arrivent, même mensuellement, à un chiffre d'extraction que certains charbonnages obtiennent dans une seule journée, soit de cinq cents à mille tonnes. Sur beaucoup de mines, c'est une machine à vapeur qui extrait le minerai et manœuvre les échelles mobiles. C'est aussi une machine à vapeur qui fait mouvoir les pompes, dont quelques-unes, comme dans le Cornouailles, présentent de formidables modèles. En pays de montagne,

Fig. 111. — Travail en grandes tailles à Campiglia (Toscane).

c'est plutôt une machine hydraulique qui anime les engins
d'extraction. Dans les entreprises modestes, à leurs débuts.
l'eau intérieure et le minerai sont amenés au jour au
moyen d'un manége conduit par des chevaux, ou bien encore par un treuil que mettent en jeu les ouvriers. Dans ce
cas, les mineurs entrent dans la mine par les galeries

Fig. 112. — Travail à ciel ouvert au Rammelsberg (Harz).

débouchant au jour, ou par des échelles fixées dans les
puits, et quelquefois par le moyen du câble, en enjambant
la tonne.

Dans les mines très-profondes, les échelles mobiles sont
presque partout employées. Nous connaissons, par les
houillères, ces *fahrkunst* ou *men-engines*, qui ont pris
naissance dans les mines métalliques du Harz, et sont
passées de là dans celles du Cornouailles. Comme on l'a

déjà fait observer, il faut une certaine habitude et une grande vigilance pour y circuler sans danger. Tout d'abord, on ne se fait pas à ce mouvement alternatif des échelles, réglé, calculé comme celui d'une horloge; si l'on a peur, si l'on hésite, si l'on ne passe pas à temps d'un échelon à l'autre, un effroyable accident peut avoir lieu. Un jour que, dans le Cornouailles, nous descendions ainsi avec un ami par le puits, il manqua l'échelon et faillit être broyé par le retour de l'énorme poutrelle. Heureusement que le capitaine qui nous accompagnait, et qui veillait sur ce novice, prévint le danger, saisit l'imprudent par ses habits et le sauva. On arrêta le mouvement, et nous dûmes continuer notre route par les échelles fixes. Elles descendaient jusqu'à six cents mètres de profondeur!

Les ouvriers des mines métalliques emploient, pour l'attaque du terrain, quelques-uns des outils déjà décrits. Le pic, qui est de divers modèles (fig. 114), sert à désagréger les roches tendres ou fissurées, contre lesquelles on fait aussi usage des coins et de la pince (fig. 115 et 116). On charge le minerai et la roche abattue dans des paniers ou des sacs, des tonnes, des wagons. Quelques pelles, en Allemagne, ont conservé des formes bizarres (fig. 117).

A cause de la dureté particulière des roches, presque tout le travail se fait à la poudre. Ici réapparaissent la masse, le fleuret et les outils accessoires (fig. 118). On cherche à obtenir des trous de fortes dimensions, et à faire éclater à la fois de très-gros blocs. Un mineur et deux frappeurs travaillent presque toujours ensemble, ou au moins un mineur et un frappeur; rarement un homme seul. Le travail à trois hommes mérite d'être vu. Les deux frappeurs, debout, laissent tomber en cadence leurs lourds marteaux sur la tête du fleuret, qui rend un son métallique, tandis que le mineur accroupi, tenant la barre entre

Fig. 113. — La levée du plan à la boussole dans les mines de la Vieille-Montagne.

les mains, lui fait faire à chaque fois une fraction de tour
(fig. 119). Dans des ouvrages délicats, auxquels il faut réserver des contours réguliers, on emploie des pics de forme
spéciale, ou la pointerolle qui était en usage dans toutes
les mines avant l'adoption de la poudre. C'est une sorte
de ciseau d'acier monté sur un petit manche (fig. 114, A),

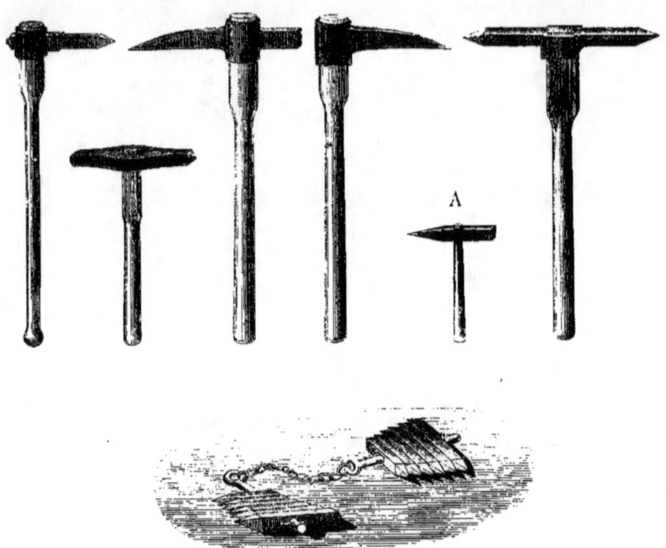

Fig. 114. — Pics et pointerolles.
N. B. Tous les outils sont à l'échelle de 1/10.

et sur la tête duquel frappe l'ouvrier avec la massette de
fer. Il en emporte une douzaine, une trousse, pour sa journée, enfilées six par six à une chaîne. Quand une pointe
est émoussée, on la renvoie à la forge[1].

Il existait autrefois, avant l'application de la poudre au

1. La pointerolle n'est pas seulement en usage dans les mines de métaux,
on l'emploie également dans les carrières de marbre, de granit, pour dégager
les masses que l'on doit abattre, et que le tirage à la poudre pourrait endom-
mager.

travail souterrain, une méthode d'attaque fort curieuse,
employée de tout temps dans les mines, dont on retrouve
partout les traces, et dont l'usage s'est
conservé dans quelques pays, en Saxe, en
Hongrie, au Harz : c'est l'attaque des roches siliceuses par le feu. Dans une caisse
en tôle de fer, de forme particulière, on
empile des rondins de bois qu'on allume
(fig. 120). La flamme lèche la paroi de
la roche, *étonne*, comme on dit, le quartz,
qui se fendille, et refroidi, se laisse enta-

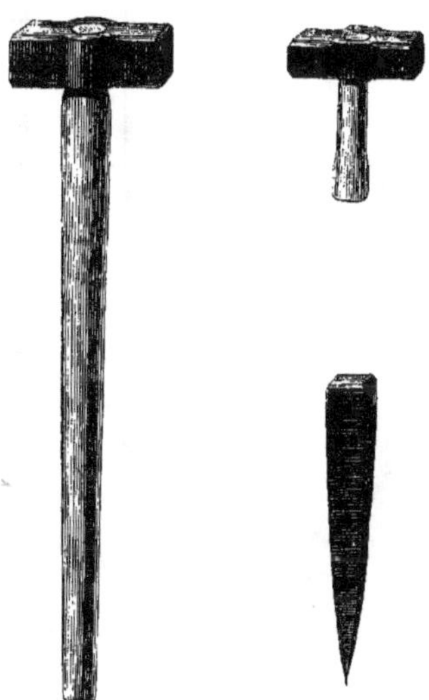

Fig. 115. — Masse, massette et coin.

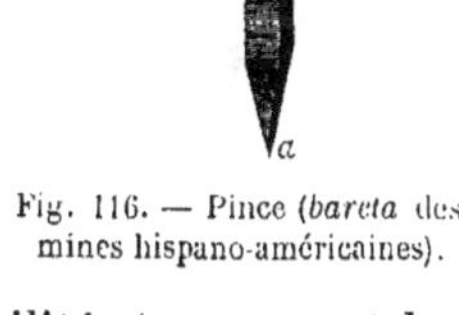

Fig. 116. — Pince (*bareta* des
mines hispano-américaines).

mer par le pic avec la plus grande facilité. Auparavant les
outils de l'acier le plus dur, de très-fortes charges de
poudre, pouvaient seuls en venir à bout[1].

1. En projetant de l'eau sur la roche encore chaude, on en augmente le
fendillement, et l'industrie a su tirer parti de ce phénomène pour la pulvé-

Au Rammelsberg, dans le Harz, cette vieille méthode
d'attaque s'est, dit-on, religieusement maintenue. On
allume les bûchers le samedi soir et on les laisse brûler
jusqu'au lundi matin. Les ouvriers rentrent alors dans la
mine, et y poursuivent leurs travaux ordinaires. Tant que

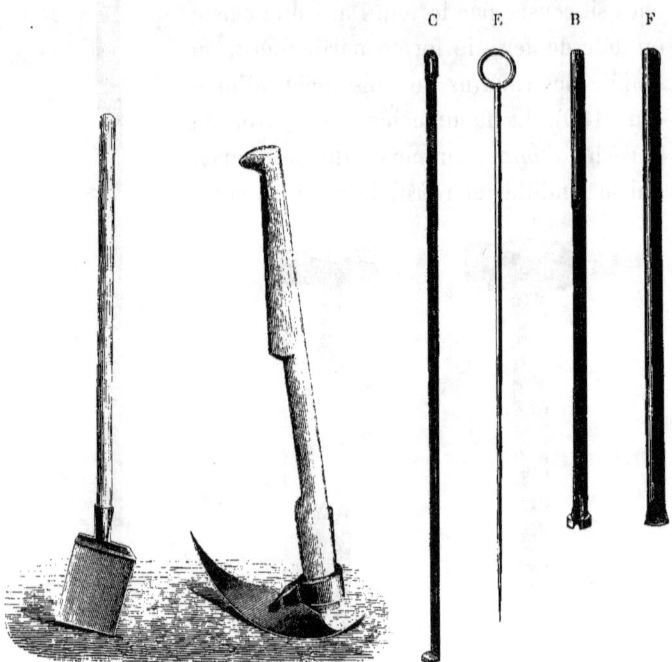

Fig. 117. — Pelles allemandes.

Fig. 118. — Outils pour le tirage
à la poudre.

F, fleuret; C, curette; B, bourroir; E, épinglette.

les bûchers sont en feu, le séjour dans les galeries est im-
praticable : une fumée épaisse remplit tous les chantiers,
c'est un véritable incendie souterrain.

risation du quartz. N'y aurait-il pas là une explication plausible de la fameuse attaque que fit Annibal des roches des Alpes par le vinaigre, sujet
qui a tant agité les commentateurs?

Les ouvriers des mines métalliques ont moins de dangers à courir que ceux des houillères. Les accidents causés par le tirage des mines, les éboulements et les inon-

Fig. 119. — Forage d'un trou de mine à trois hommes.

dations, la circulation dans les puits, sont les seuls qu'ils
aient à redouter. Ils échappent, sauf des cas tout exceptionnels, aux explosions du grisou et de l'oxyde de carbone, enfin aux incendies qui ne se développent guère que

Fig. 120. — Attaque des roches par le feu.

dans les couches de charbon[1]. Et quant au mauvais air, aux asphyxies par l'acide carbonique, ils ont moins à les redouter aussi, tant par suite de la nature différente des roches qu'ils exploitent, que de l'étendue presque toujours moins considérable des vides qu'offrent les mines de métal, d'où il résulte, dans les deux cas, un meilleur aérage des galeries. Ils sont de même à peu près exempts d'une cause de dangers fréquente dans les houillères, celle d'anciennes exploitations très-vastes, la plupart du temps inconnues, pleines d'eau et de gaz méphitiques ou explosifs. Enfin la compacité des roches les met à couvert des chutes subites de ces *cloches* ou *fonds de chaudron*, qui se détachent soudainement des schistes carbonifères, au plafond des galeries, et écrasent tant de houilleurs.

Le mineur des filons est aussi plus favorisé, au point de vue hygiénique du travail souterrain, que celui des houillères. Nous ne devons pas oublier néanmoins que certaines mines métalliques, par exemple celles qui renferment des pyrites arsenicales ou des minerais de mercure, font courir de réels dangers aux ouvriers. Dans les mines de mercure, les mineurs sont pris, au bout de peu de temps, de salivations, de tremblements convulsifs. C'est pis encore dans les usines où l'on fond le minerai. Une pâleur, une maigreur affreuse trahit tout de suite les pauvres travailleurs du mercure : ce ne sont plus des hommes, ce sont des cadavres.

---

1. On cite cependant quelques cas d'incendies de mines métalliques. La mine d'Almaden, en Espagne, a brûlé pendant deux ans et demi, vers le milieu du siècle dernier (1755). Au Mexique, des mines d'argent ont été détruites par l'incendie. A Encino, près Pachuca, le feu consuma la charpente qui étayait le faîte des galeries, et le plus grand nombre des mineurs périt suffoqué, avant de pouvoir atteindre le puits. Un incendie semblable fit abandonner, en 1787, l'exploitation des mines de Bolaños, que les eaux envahirent après le feu, et qui ne furent reprises que cinq ans après.

N'ayant pas à redouter le grisou, ni aucun gaz explosif, les mineurs des filons métalliques s'éclairent avec des lampes ouvertes, de forme particulière. C'est d'abord la lampe ovoïde en fer, mobile autour d'un étrier, et terminée par un crochet (fig. 121). Nous avons déjà fait connaissance avec elle dans les houillères. C'est, en France, la plus commune des lampes de mineur. Un modèle que l'on pourrait recommander est celui de la figure 122, qui a la faculté de pouvoir se planter facilement contre les boisages, au moyen d'une pointe en fer qui termine l'étrier.

La lampe saxonne (fig. 123), renfermée dans une cage en bois de châtaignier munie d'un verre sur le devant, est d'un excellent usage. Sur le

Fig. 121.—Lampe française.   Fig. 122.—Lampe française modifiée.

N. B. Toutes les lampes sont à l'échelle de 1/5.

derrière est un crochet au moyen duquel le mineur passe la lampe à sa ceinture.

Les mineurs du Cornouailles s'éclairent, nous l'avons dit, en fichant une chandelle à leur chapeau dans un tampon d'argile (fig. 106). Ils rappellent ainsi les Cyclopes, ces anciens mineurs et forgerons de la Sicile, ces lieutenants de Vulcain, que le bon Homère nous dépeint comme n'ayant qu'un œil au milieu du front.

Dans la Prusse rhénane, dans le Mansfeld, le Harz, le

Tyrol les lampes obéissent chacune à un modèle spécial, presque toujours élégant, et rappelant quelquefois les lampes grecques et romaines (fig. 124 et 126).

La lampe de mineur caractérise souvent toute une contrée; bien plus, quand des mineurs émigrent sur des exploitations étrangères, ils emportent presque toujours leur lampe avec eux. C'est ainsi qu'en Italie, on retrouve les lampes de la Saxe ou du Tyrol, sur des mines où des capo-

Fig. 123. — Lampe saxonne.

raux saxons et tyroliens sont venus avec des ouvriers leurs compatriotes, installer les premiers travaux.

Dans la plupart des mines de l'Amérique espagnole, les lampes sont fort originales. Une mince baguette est fendue à l'une des extrémités pour recevoir la chandelle, que l'on fixe verticalement, tenant cette lampe par le bout resté libre (fig. 127). Mais ce ne sont pas seulement les lampes, ce sont les travaux eux-mêmes qui partout, dans ces mines, ont conservé comme un cachet étrange, primitif. Il faut remonter aux Indiens ou au moins à l'époque d'Isabelle

Fig. 124. — Lampe prussienne.

Fig. 125. — Lampe du Mansfeld.

la Grande, pour se rendre compte de tout ce qu'on y voit.

Fig. 126. — Lampe du Harz.

Le long des puits sont des échelons informes, taillés dans un tronc d'arbre, comme d'énormes encoches. Il est dangereux et d'ailleurs impossible de gravir ces curieuses échelles, si l'on n'y est pas habitué ; le mineur indigène y circule comme par enchantement (fig. 127).

Quand les puits sont profonds, ce système n'est plus possible. Alors les ouvriers se suspendent au câble, par un moyen à peu près analogue à celui dont il a été fait mention au sujet des salines de la Gallicie ou de certaines houil-

Fig. 127. — Mineurs de Chihuahua (Mexique).

lères anglaises. Retenus par une courroie de cuir sur laquelle ils sont assis, munis d'un bâton, qui leur permet de rester à égale distance des parois du puits, les mineurs s'abandonnent au mouvement d'ascension ou de descente, pendant que l'éclaireur qui précède cette grappe humaine, armé d'une torche, ouvre la voie. La bouche du puits se montre comme dans un lointain brumeux. Quelquefois, quand le cheval fatigué s'arrête un instant, le câble lui-même s'arrête et s'allonge comme s'il allait se casser, ou bien il tourne sur son axe. Enfin on arrive au jour ou au fond, le plus souvent sans aucun accident.

Des systèmes aussi primitifs se retrouvent dans les diverses branches de l'exploitation, sur presque toutes les mines de l'Amérique latine. Ainsi dans quelques localités on n'emploie pas la poudre pour l'abatage des roches, on se contente de la longue pince d'acier, la *bareta* (fig. 116 et 127). Le mineur du Nicaragua fait merveille avec cet outil. C'est comme le mineur mexicain un *baretero* accompli.

Pour extraire les eaux, on fait usage d'un manége tourné par trois ou quatre paires de chevaux. Des sacs, d'une contenance de plus de mille litres, tirent le liquide de la mine. On fait remonter aussi le minerai par le même moyen, mais plus souvent c'est l'*apire* ou porteur qui, dans une atmosphère étouffante, extrait la lourde charge sur son dos, dans un sac de cuir, le long de galeries interminables, à pente roide, munies d'escaliers malaisés. Au Pérou, au Chili, l'apire est le second, le manœuvre du mineur. Au Mexique, il s'appelle le *tenatero*, et a excité, au commencement du siècle, l'admiration de Humboldt. L'entrain et la vigueur avec laquelle le tenatero accomplit son service exténuant, montant huit ou dix fois de suite dans sa journée, et sans se reposer, des escaliers de dix-huit cents gradins, nu jusqu'à la ceinture, appuyé sur un petit

bâton et chargé d'un poids qui peut aller à plus de cent
kilogrammes, ce spectacle d'un travail à la fois si barbare
et d'un résultat si étonnant, avait frappé de stupéfaction
l'illustre voyageur. Il y avait là des hommes de soixante
ans, et des enfants de douze ans à peine[1].

Si dans la plupart des cas, les mines de l'Amérique
espagnole sont exploitées d'une façon toute primitive,
il faut reconnaître que les travaux grandioses, gigantesques ne manquent pas dans quelques localités, surtout
au Mexique, témoin le *Socobon del Rey* ou galerie du roi,
dans les mines de Guanajuato, que l'on peut parcourir à
cheval sur une longueur de cent mètres, et qui a plus de
six cents mètres de développement; et ce puits octogone de
la mine de Valenciana, qu'a vu commencer Humboldt en
1803, qui a onze mètres de large, et descend à quatre
cents mètres sous le sol. On pourrait citer aussi la galerie
d'écoulement de la *Biscaina*, à Real-del-monte, qui a
deux kilomètres et demi de long. Mais ce sont là, il faut
bien le dire, de brillantes exceptions, qui viennent seulement prouver que l'Amérique latine, si elle le voulait
fermement, pourrait rivaliser, dans les chefs-d'œuvre de
l'exploitation des mines, avec la classique Allemagne,
tandis que dans la plupart des cas tout y marche un peu
à l'antique et même à l'avenant.

1. En Provence, sur les charbonnages du bassin d'Aix, nous avons constaté la même coutume en usage chez les *mendits* (page 116).

IX

LES SŒURS DES CATACOMBES.

Les mines dans l'antiquité. — Les condamnés, ouvriers mineurs. —Opinion
de Tacite sur l'exploitation souterraine. — Travaux du moyen âge. —
Naissance de la géologie pratique. — Première application de la boussole.
— Visites d'anciennes mines des Étrusques et de la république de Massa.
— Crâne vitriolisé, marteaux de pierre, en Espagne, au lac Supérieur.
— Haches de pierre et de bronze, en France. — Le mineur momifié de
Fahlun. — Savon fossile. — Les lampes de Gar-Rouban. — L'orfévre
de Chiriqui. — L'archéologie minérale.

Avant que la géologie fût devenue une science, quand
l'exploitation des mines métalliques se transmettait encore
comme une sorte de tradition mystérieuse, les travaux
étaient conduits par des méthodes douteuses, hésitantes,
particulières à chaque localité. On ne savait pas si le filon
s'étendait en profondeur; on le prenait pour ainsi dire aux
cheveux, à l'affleurement, au lieu d'aller l'attaquer au
cœur. On ignorait également s'il se prolongeait en direction,
et l'on ouvrait des puits partout où il se montrait, jamais
ailleurs. Les ouvrages étaient voisins les uns des autres,
et de plus très-étroits, peu profonds. A peine un homme
pouvait-il se glisser en rampant dans les galeries basses
et sinueuses. Les chantiers étaient non moins restreints.
C'était le temps des condamnés aux mines, et l'on comprend que de pareils labeurs n'aient pu être réservés qu'à
des esclaves ou à des prisonniers de guerre. Aussi les an-

ciens réputaient-ils le travail des mines infamant, et Tacite n'a-t-il pas assez de dédain pour les Goths qui s'y adonnaient librement[1].

Dans le moyen âge, quand un peu de calme succède au tumulte de l'invasion, et permet de rouvrir les mines, le travail souterrain commence à se perfectionner. Chez les anciens, il n'y avait pas, à proprement parler, d'engins ni de machines, tout se faisait par la main de l'homme ; le minerai était extrait à dos. De plus on battait en retraite au moindre éboulement, à la moindre apparition de l'eau, et les mouvements de terrain, les inondations étaient fréquents dans des travaux tous voisins de la surface. Dans les temps moyens, les machines naissent. La roue hydraulique, la pompe, extraient le minerai et l'eau ; les étais de bois sont opposés avec un certain ordre, un certain calcul, à la pression des roches. De plus la géologie pratique fait sa première apparition, et c'est même dans l'exploitation des mines, qui va sonder le sol en profondeur, qu'elle prend naissance. On commence à se rendre compte de la direction, de l'inclinaison des veines, on comprend que les gîtes n'ont pas été disséminés au hasard, qu'ils obéissent à certaines lois. Dès le douzième siècle, en Italie, l'emploi de la boussole se répand dans l'exploitation des mines en même temps que dans la navigation. Le vieux code de Massa-Marittima, qui mentionne spécialement la *calamita* ou pierre d'aimant dans la levée des plans souterrains, ne laisse à ce sujet aucun doute. Enfin les ouvriers sont généralement libres, travaillent presque tous de leur plein gré. Dans beaucoup de pays, en Toscane, en Bohême, des lois spéciales, dictées par un es-

---

1. Les Goths, dit-il, poussent la honte jusqu'à fouiller les mines de fer : *Gothini, quō magis pudeat, et ferrum effodiunt.*
(TACITE, De Mor. Germ., lib. XLIII.)

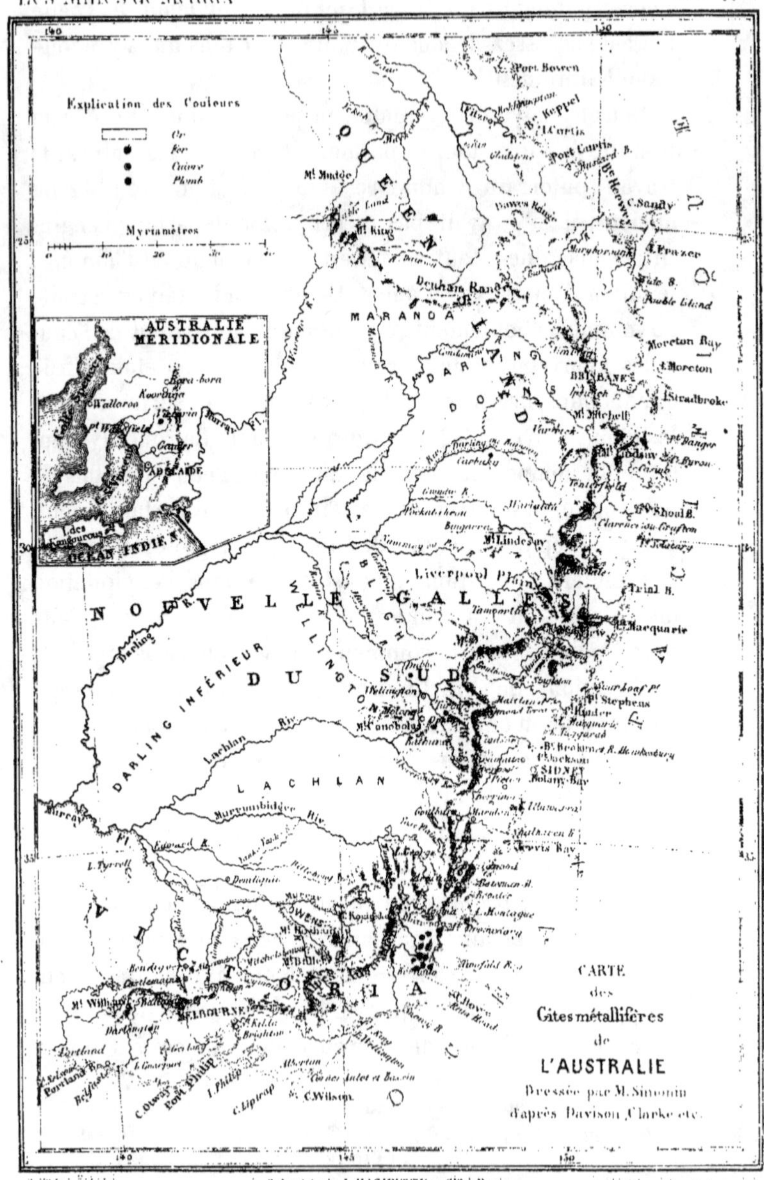
Explication des Couleurs
Or
Fer
Cuivre
Plomb
Myriamètres
AUSTRALIE
MÉRIDIONALE
QUEENSLAND
MARANOA
DARLING DOWNS
NOUVELLE GALLES DU SUD
BLIGH
WELLINGTON
DARLING INFÉRIEUR
LACHLAN
VICTORIA
OCÉAN INDIEN
MELBOURNE
SIDNEY
BRISBANE
Moreton Bay
Port Curtis
Port Bowen
CARTE
des
Gîtes métallifères
de
L'AUSTRALIE
Dressée par M. Simonin
d'après Davison Clarke etc.

prit éclairé, libéral, réglementent les travaux. Une certaine
superstition règne encore. La baguette divinatoire prononce
en maîtresse et continuera à rendre longtemps ses arrêts,
puisqu'on y croit toujours dans quelques contrées. Une
sorte de désordre préside aussi aux travaux souterrains.
La propriété des filons, lorsqu'elle n'est pas dépendante de
celle de la surface, se divise à l'infini. Chaque découvreur
s'attribue, en vertu des ordonnances en vigueur, la partie
qu'il a le premier reconnue, et descend bravement sous le
sol. A la rencontre avec un concurrent, ce sont des ba-
tailles terribles qu'on se livre dans les galeries.

Il est peut-être intéressant de visiter quelques-uns de
ces anciens travaux, exécutés sur les mines métalliques à
des époques dont souvent l'histoire n'a pas conservé la date
précise. Ce sont là les sœurs des catacombes, moins connues, mais certainement plus curieuses que les anciennes
carrières tant vantées de Rome ou de Paris. Quand la roche
est assez consistante, les vides sont parfois énormes, comme
on le voit aux anciennes mines de cuivre de Campiglia,
en Toscane, ouvertes dès l'époque étrusque. Il y a là
des excavations assez grandes pour qu'une maison à six
étages pût y tenir à l'aise. Ces vastes chambres com-
muniquent entre elles par d'étroites galeries, ou plutôt
par de véritables boyaux où l'on a peine à se glisser.
Les roches stériles, laissées comme remblais dans les
excavations, ont fait prise, cimentées par la pression des
assises supérieures et par les débris terreux de la mine.
La poudre seule peut maintenant diviser ces masses artificielles, qui rappellent ces blocs de béton qu'on précipite
à la mer dans la construction des jetées. Les étançons de
bois sont encore en place, pourris, ou plutôt carbonisés
par une sorte de décomposition lente du tissu végétal. On
peut reconnaître les essences dont ils proviennent : c'est

le chêne vert et le châtaignier, toujours cultivés dans le
pays. Des débris de vases, de lampes, d'amphores, trouvés
dans les déblais, se rattachent à l'art étrusque. On a également rencontré dans la mine des coins et des pics en
bronze; cette exploitation date donc d'une époque où le
fer n'était pas encore entré dans les usages quotidiens. A
l'extérieur, on a trouvé des monnaies tyrrhéniennes, la
plupart frappées au type de Vulcain, et présentant sur le
revers les emblèmes du dieu des mineurs, des forgerons
et des fondeurs, le marteau et les tenailles (fig. 128). Des

Fig. 128. — Triens ou tiers d'as, monnaie étrusque de Pupluna (Populonia), frappée
à l'effigie de Vulcain avec le cuivre des mines de Campiglia. — Grand. nat.

agates, des cornalines gravées en creux, taillées en scarabées et désignant par là clairement l'origine égyptienne
ou asiatique des Tyrrhènes, ont été aussi çà et là déter-
rées. Des masses énormes de déblais couvrent les flancs
des montagnes où ont été ouverts les anciens puits. Sur
plusieurs kilomètres on suit deux traînées parallèles, jalon-
nant les affleurements des filons. Dans la vallée sont encore
d'énormes tas de scories, aux lieux mêmes où s'étaient
établis les fondeurs. Là aussi on a trouvé divers objets
qui permettent de rattacher ces travaux aux Étrusques.

Il y a trois mille ans que ces mines furent pour la première fois fouillées. C'était alors, dans la péninsule, l'aurore de la métallurgie et avec elle de la civilisation. Et
cependant, tant est resté complet le calme de ces sombres

abîmes, que la trace de l'outil est encore visible sur la roche comme si le travail datait d'hier. La pointerolle a signalé son passage par une série de sillons obliques, parallèles, de peu d'étendue ; au-dessous s'étend une nouvelle série de sillons, puis une autre, et ainsi de suite. Quand on avait entaillé la roche sur trois faces, celle de devant et d'en haut étant naturellement dégagées, on la soulevait sur sa base avec des coins, des pinces, des leviers; puis on recommençait ce dur et patient labeur. Le filon était pauvre ; mais le cuivre valait alors beaucoup plus qu'aujourd'hui, et sans doute l'ouvrier coûtait moins. En retour, les machines perfectionnées n'existaient pas, non plus que la vapeur, la poudre, l'acier. Enfin la physique et la chimie n'étaient point encore venues en aide aux mineurs.

Dans les vieilles galeries de Campiglia, des minerais nouveaux se sont formés. La nature s'est emparée de cette mine comme d'un de ses laboratoires. Elle y a trouvé le calme profond qu'exige la cristallisation pour se produire, et les eaux et l'air aidant, elle a peu à peu métamorphosé les pyrites jaunes de cuivre, les blendes poisseuses, et la roche siliceuse elle-même, en stalactites bleues ou vertes. L'espèce minérale contenue dans ces échantillons, déterminée pour la première fois il y a vingt ans, a reçu des minéralogistes le nom de *buratite*, en l'honneur de l'ingénieur qui a le premier présidé à la reprise des anciens travaux de Campiglia. Chimiquement, ces minerais accidentels sont des silicates d'alumine, de cuivre et de zinc, dont on a constaté depuis la présence dans d'autres mines.

Dans ce même district de Campiglia, aux mines de fer de Monte-Valerio, situées en face de l'île d'Elbe, et exploitées aussi par les Étrusques en même temps que l'île d'Elbe elle-même, on a trouvé parmi les déblais divers objets intéressants. Nous reproduisons (fig. 129) une lampe en terre, dont on peut comparer la forme à celle de quelques-unes des lampes de mine modernes (fig. 124 et 126). Ce type se retrouve aussi en Toscane dans les lampes à bec employées par les paysans dans toute la Maremme.

Près de la même mine de Monte-Valerio, on rencontre une série d'anciennes cavernes où les Tyrrhéniens ont aussi exploité le fer. Elles sont désignées sous des noms poétiques, tels que *le Cento Camerelle* ou les cent petites chambres [1]. Les chauves-souris seules habitent aujour-

Fig. 129. — Lampe en terre trouvée dans les exploitations des Étrusques, à Monte-Valerio (Toscane). Éch. 3/4.

d'hui les *Cento Camerelle* de Campiglia et y déposent des lits de guano, que les gens de la localité feraient bien d'exploiter à défaut du minerai de fer.

Sur un autre point de la Toscane, à Volterre, on a trouvé des as étrusques à l'effigie de Janus bifrons ou plutôt d'Hermès, le patron des mineurs pélasges (fig. 130). Hermès, au double visage, connaissait les secrets de l'avenir et ceux de la géologie. Le cuivre qui a servi à fondre ces as provenait très-certainement des exploitations voisines, qui sont actuellement celles de Monte-Catini.

1. Ce nom rappelle celui que les Napolitains ont donné aux celliers de la villa de César sur le bord du golfe de Baïes.

Dans la plupart des anciennes mines de Toscane, on retrouve des formations chimiques analogues à celles qui se sont produites à Campiglia. De véritables stalactites calcaires barrent quelquefois complétement le parcours de certaines galeries. Ces colonnes de marbre cristallin se sont dressées là de la même façon que dans les cavernes naturelles. L'eau qui suinte par le toit des galeries sillonne un terrain calcaire, elle emporte avec elle quelques molécules de carbonate de chaux. Le liquide s'évapore; le sel solide reste en place, ou plutôt la goutte, en tombant, en

Fig. 130. — Semissis ou demi-as, monnaie étrusque de Felathri (Volterra), fondue à l'effigie de Janus ou d'Hermès, avec le cuivre des mines de Monte-Catini. — Grand. nat.

entraîne une partie qui, à son tour, se fixe au sol; et la colonne va se formant, par la base et par le sommet, jusqu'à ce que les deux points se rejoignent. Alors le travail se continue sur le pourtour. Combien de temps pour tout cela? Des siècles et puis des siècles. Mais la nature regarde-t-elle aux années dans ses œuvres? Nous seuls, pauvres passagers ici-bas, sommes obligés de tenir compte du temps.

C'est dans les vieilles mines de Massa-Marittima, voisines de celles de Campiglia, et remontant pour la plupart au moyen âge, que l'on trouve surtout ces merveilleuses sta lactites. Aux parois des galeries, on peut suivre aussi la trace de l'outil, et de loin en loin des marques différentes, laissées sans doute par les contre-maîtres pour indiquer l'avancement successif. Ici l'on voit encore la niche où l'ouvrier mettait sa lampe fumeuse; plus loin la place où l'on avait allumé les bûchers pour désagréger et fissurer la roche. Les outils rencontrés dans les déblais sont en fer (fig. 131); depuis longtemps l'âge de bronze a disparu. Des restes de sacs en cuir où l'on mettait le minerai, des débris provenant des cordes qui servaient à l'extraire,

Fig. 131.—Pics provenant des anciennes mines de Massa-Marittima (Toscane). Éch. 1/5.

ont aussi été retrouvés. Sur quelques points, le passage répété des câbles a laissé de profonds sillons sur la pierre. En beaucoup d'endroits, les déblais, les bois n'ont subi aucune déformation. Enfin, au lieu d'un dédale confus, on reconnaît une disposition des galeries en différents étages. Une direction, une pente mathématiques sont observées dans tout travail de quelque importance. Les parois des puits sont alignées sur le fil à plomb. Le gîte a été découpé en massifs réguliers pour l'attaque, et les vides ont été très-soigneusement étançonnés, muraillés ou remblayés. Encore un peu de temps, et l'art des mines et la géologie vont naître [1].

1. Il est juste de dire que dans les exploitations romaines du midi de l'Espagne, on rencontre aussi quelques ouvrages remarquables par leur régularité. Les Romains étaient de si grands maîtres dans l'art de construire!

A défaut d'histoire écrite ou de traditions orales sûres, il est difficile, dans la plupart des cas, de remonter à la date précise de certaines excavations souterraines. En Espagne, nous savons que les Phéniciens, les Carthaginois, les Romains, les Arabes, se sont succédé sur les mines, par exemple dans celles de plomb et d'argent de la Sierra de Gador. Les puits sont rapprochés, étroits, peu profonds; les galeries, basses, tortueuses. Ces travaux ont un caractère très-ancien; mais quelle part y ont eue les différents peuples dont on vient de citer les noms? C'est en ce cas qu'une monnaie, une lampe, viennent sûrement éclairer l'archéologue mineur. Dans certaines mines d'Espagne on a trouvé, au milieu des déblais, des pics en fer et des monnaies carthaginoises. Les travaux y remontent donc au temps de la domination punique, et dès cette époque le fer était employé dans les exploitations ibériennes. Le type, le caractère d'une médaille valent presque toujours une date tout à fait précise, à quelques années près. Quelques lingots de plomb portant des inscriptions latines[1], des amphores non vernissées, à fond pointu, les mêmes que celles qu'on emploie encore dans tout le midi de l'Espagne, des lampes, le squelette entier d'un esclave enchaîné, une noria ou chaîne à godets pour élever l'eau, enfin des boisages polygonaux assemblés à tenons, ont été également retrouvés dans les vieilles mines de Carthagène, et datent cette fois des Romains.

Dans une autre mine d'Espagne, au pied des Asturies, sur un gîte de cuivre, on a trouvé récemment des outils

---

1. A Londres, au *Geological-Museum*, nous avons vu de même un lingot ou saumon de p'omb, de la forme de ceux qu'on fond encore aujourd'hui, portant inscrit le nom de l'empereur Hadrien. Il provenait des anciennes fonderies romaines de la Bretagne.

de pierre et un bois de cerf transformé en ciseau. La primitive exploitation de cette mine appartient donc aux plus anciens âges de l'humanité, à l'époque où l'outil de bronze va remplacer celui de bois et de silex ; mais avant de fondre le métal, il faut exploiter le filon. De là l'existence de ces marteaux de pierre, de ces ciseaux de bois de cerf qu'on employait à la place du cuivre, trop cher aussi au début pour en faire des outils, et non allié encore à l'étain. Les parties supérieures des gîtes cuivreux, terreuses, pulvérulentes, décomposées, cédaient à la pierre et au bois. Les objets que nous venons de rappeler sont restés comme d'irrécusables témoins dans cette mine, qui est peut-être le premier en date des gîtes de cuivre exploités en Europe. Et l'on y a trouvé non-seulement des outils, mais encore trois crânes humains verdis par le carbonate de cuivre qui, avec le temps, s'est formé par l'altération du minerai. Les anthropologistes, qui voient l'homme tout entier dans sa boîte osseuse parce qu'elle contient le cerveau, ont étudié ces crânes avec soin, et prononcé que ces hommes étaient Basques et de plus brachycéphales, c'est-à-dire au crâne rond. C'est là le vrai type de l'homme primitif européen. Saluons donc, dans ces restes authentiques, les débris de nos plus vieux mineurs.

Dans les anciennes mines de cuivre de la province de Cordoue, on a également trouvé un marteau de pierre (fig. 132). La façon dont il devait s'emmancher se devine, quand on le rapproche des marteaux analogues provenant des antiques exploitations de cuivre du lac Supérieur (fig. 133), et de ceux dont font encore usage aujourd'hui les Indiens du Texas. Ces indigènes emploient comme manche un nerf de bison, enveloppé lui-même d'une large bande de la peau de l'animal cousue fraîche. Cette bande fait le tour du marteau par une rainure ménagée sur la partie centrale. La peau, en se desséchant, se contracte, et la pierre, dont les extrémités seules demeurent libres, est serrée dans le manche comme dans une gaîne trop étroite, d'où elle ne peut plus s'échapper (fig. 134).

Nos anciens gîtes de la Gaule ont eux-mêmes présenté quelques restes intéressants de la primitive industrie

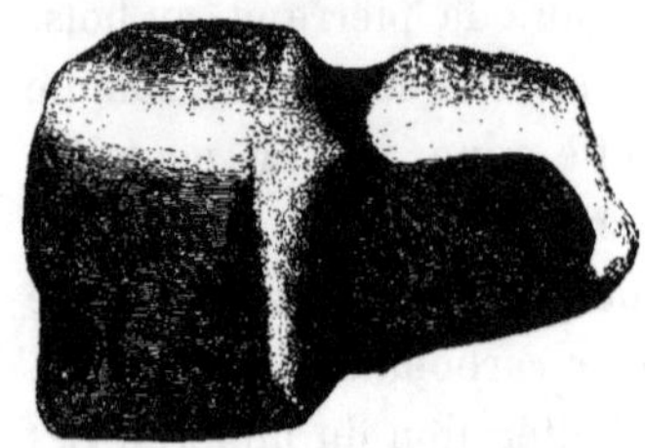

Fig. 132. — Marteau de pierre des anciennes mines de cuivre de la province de Cordoue. Éch. 1/2.

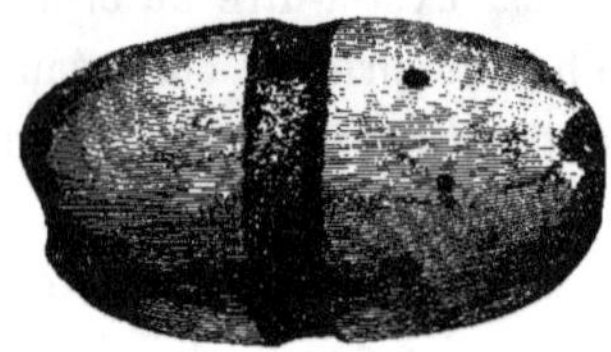

Fig. 133. — Marteau de pierre des anciennes exploitations de cuivre du lac Supérieur. Éch. 1/4.

Fig. 134. — Marteau de pierre emmanché des Indiens Kayoways, tribu des Comanches (Amérique du Nord). Éch. 1/4.

de nos pères. A la Villeder, près Ploërmel (Morbihan), sur les anciens placers d'étain exploités par les Celtes, on a trouvé une hache de pierre et une hache de bronze (fig. 135 et 136), comme si les deux âges que caractérisent ces deux outils avaient dû continuer à se donner la main sur la mine même dont l'exploitation allait hâter la disparition du premier.

Aux mines de cuivre de Fahlun, en Suède, ce n'est plus un crâne de mineur, comme dans les Asturies, c'est un mineur tout entier qui fut retrouvé un jour, en 1719, dans un chantier depuis fort longtemps abandonné. Le corps avait été conservé intact par le vitriol bleu ou sulfate de cuivre engendré dans la mine en présence de l'air et de l'eau[1]. Or les ouvriers des mines sont par leur nature superstitieux. On sortit solennellement le corps, on l'exposa, on fit même une procession. Grand fut l'émoi dans le pays. On vint de plusieurs lieues à la ronde; tout le monde voulut voir de ses yeux, toucher de ses mains le mineur vitriolisé. Une bonne femme, plus qu'octogénaire, était accourue comme les autres pour être témoin

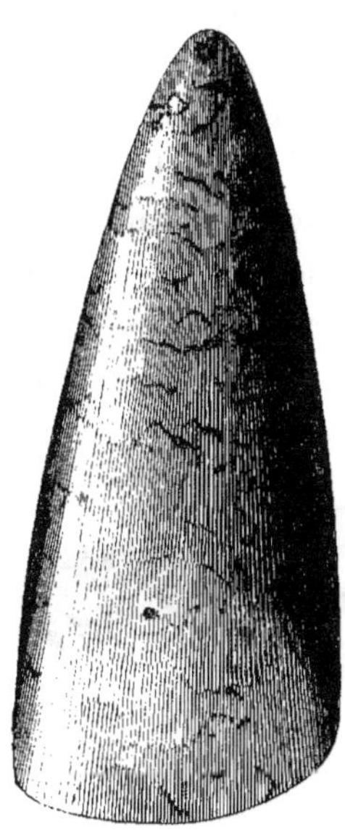

Fig. 135. — Hache de pierre trouvée dans les anciens placers stannifères de la Villeder (Morbihan). Éch. 3/4.

du miracle. Tout à coup elle jette un cri et tombe sans connaissance. On l'entoure, on lui fait respirer des sels.

— Qu'y a-t-il, bonne vieille?

— C'est lui! lui! dit-elle, en montrant le corps.

— Qui, lui?

---

1. Ce sel jouit de propriétés conservatrices très-curieuses. M. le docteur Boucherie a su les mettre en usage dans la préparation des bois employés en industrie, et surtout des traverses de chemins de fer, qui ont été ainsi rendues incorruptibles.

— Lui, Gustave ! que j'ai tant pleuré. Et moi qui l'avais accusé d'oubli, d'ingratitude !

On presse cette femme de questions, et l'on apprend que le mineur dont on venait de retrouver le corps était précisément son fiancé d'autrefois, son amoureux du beau temps, celui qu'elle appelait encore Gustave. Un jour, il y avait de cela soixante ans, il avait disparu. Où donc ? Nul ne le savait. Il n'était pas employé aux mines, on n'avait pas eu l'idée de faire une battue dans les gouffres de Fahlun. A la surface, ces mines s'ouvrent par d'immenses crevasses, et les chantiers s'étendent sous le sol en vides

Fig. 136.—Hache celtique en bronze provenant des anciens placers stannifères de la Villeder (Morbihan). Éch. 3/4.

gigantesques. Poussé par la curiosité, Gustave (donnons à ce Suédois son nom de fiancé) se pencha-t-il trop en avant dans l'abîme et fut-il entraîné par le vertige, ou bien fut-ce un rival jaloux qui le précipita au fond de ce nouveau Ténare ? Nul ne put éclaircir ce mystère. Seule la science constata que la momie, bien différente en cela de celles de l'Égypte, avait conservé sa jeunesse et sa beauté, et pour la première fois, deux anciens amants se retrouvèrent en présence, après plus d'un demi-siècle, celui-ci avec ses vingt ans, cette autre avec près de vingt lustres. N'y a-t-il pas là le sujet d'un roman fantastique, qui rappellerait celui de l'*Homme à l'oreille cassée* ?

Le crâne bleu des Asturies, le squelette encore enchaîné

des mines de Carthagène et le mineur vitriolisé de Fahlun, sont les plus curieux des restes humains rencontrés dans les vieilles mines; mais on a fait d'autres trouvailles intéressantes, et du genre de celles que nous avons d'abord mentionnées. M. Fournet nous a dit avoir retiré des mines de plomb et d'argent de Pontgibaud (Puy-de-Dôme), fouillées peut-être dès l'époque gauloise et romaine, non-seulement des pics et des marteaux en fer, mais une lampe contenant encore un morceau de suif. Cette substance, dont les mineurs se servaient jadis pour s'éclairer, et qu'on emploie encore dans beaucoup de mines, avait pris avec le

Fig. 137.—Lampe moresque trouvée dans les mines de Gar-Rouban (Algérie). Éch. 1/2.

temps un aspect étrange, et s'était en quelque sorte saponifiée. Le suif était devenu un véritable savon fossile.

Nous avons dit que la forme des outils, des appareils, édifiait quelquefois le mineur sur la date d'une exploitation. En Algérie, dans les mines de Gar-Rouban, des restes de lampes en argile, de vases à renfermer l'eau ou l'huile, à fond pointu comme certains alcarazas, trouvés dans les anciens vides, permettent d'assigner l'origine de ces travaux aux Mores. Les lampes (fig. 137 et 138) ont une forme inconnue ailleurs; elles rappellent le type du soulier dit à la poulaine. Une d'elles est vernissée en noir et présente des traces d'arabesques. On a rencontré aussi dans cette mine des têtes de marteaux en fer, enfin des étais de bois. Les Arabes soutenaient leurs galeries avec

un soin minutieux, et le bois qu'ils employaient pour cela
était le thuya résineux, retrouvé de nos jours dans les forêts
d'Algérie, et non plus destiné à de grossiers usages, mais
aux ornements les plus délicats de l'ébénisterie.

Les outils de l'âge de pierre que nous avons signalés,
ne sont pas les seuls qui soient venus à notre connaissance. A Chiriqui, dans la province de Panama, sont des
placers aurifères de tous temps fouillés par les Indiens.
Notre confrère, M. J. Thévenet (de qui nous tenons également communication des détails donnés sur Gar-Rouban),
était de passage en ces curieux pays, en 1859. Il eut l'idée,

Fig. 138. — Débris de lampe moresque trouvé dans les mines de Gar-Rouban
(Algérie). Éch. 1/2.

comme c'était alors la coutume, d'exploiter, à défaut des
placers appauvris, les tombes des anciens orpailleurs.
Qu'a-t-il trouvé dans l'une d'elles, à côté des bijoux et
des pépites du passé ? Un ciseau pour tailler le métal,
un poinçon pour le travailler, des brunissoirs pour le
polir, tous outils en silex (fig. 139 à 141). Le poinçon
porte latéralement, en quelques endroits, des traces laissées par l'or, comme s'il avait dû servir aussi de pierre de
touche. Cet orfévre indigène, dont on venait, après tant
de siècles, troubler le dernier sommeil, était très-certainement aussi orpailleur, laveur d'or. Il se rattache par
conséquent aux types d'ouvriers que nous étudions. Le
temps où il opérait se rapporte à l'âge de pierre dans
l'Amérique centrale, et si l'époque n'en est pas anté-

diluvienne, elle est certainement de beaucoup antérieure à l'arrivée des Espagnols en Amérique. Les soldats de Cortez dotèrent ces pays du fer, et l'on y connaissait depuis bien des siècles le bronze, que l'on savait même tremper et forger, de manière à suppléer à l'absence du métal de Mars. Les outils de pierre que nous venons de citer peuvent donc se rattacher aux plus an-

Fig. 139. — Ciseau. Fig. 140 — Poinçon. Fig. 141. — Polissoirs.

Outils en silex retirés du tombeau d'un orfévre indien de Chiriqui (province de Panama).
Grand. nat.

ciennes époques de l'exploitation des mines dans l'Amérique du Nord.

On pourrait pousser plus loin ces études, et dresser le catalogue de tous les objets curieux retirés de vieilles galeries. Mais nous n'avons aucune prétention au titre d'antiquaire, et ce n'est peut-être pas non plus ici le cas d'étaler complaisamment tous les restes provenant des civilisations éteintes que recèlent les anciennes excavations. Qu'il nous suffise d'avoir montré la voie, et indiqué à de plus habiles le chemin de quelques-uns des plus vieux travaux de mineurs qui soient encore accessibles. Il y a plus d'une inspiration à puiser dans ces visites souterraines, et une branche nouvelle et féconde à ouvrir dans l'étude de l'antiquité. Les vieilles mines sont de véritables Herculanum, des Pompeï en miniature. On peut donc, en les étudiant à ce point de vue, augmenter considérablement le domaine de l'archéologie, et l'enrichir de ce que l'on pourrait appeler l'archéologie minérale.

X

LE MOULIN ET LE LAVOIR.

Triage et cassage des minerais. — La *Traviata* et les *ladies*. — Les trois parts. — Les meules, les cribles et les tables. — Traitement des sables aurifères : la corne, la batée, le berceau, le *long-tom*, le *sluice* et le *flume*. — Démolition des collines par l'eau. — Traitement des quartz aurifères. — La toison des Argonautes. — L'amalgame. — Titres de l'or des mines. — Traitement des minerais d'argent. — La méthode américaine. — Les usines métallurgiques.— Limites de rendement des minerais.

Les minerais extraits contiennent toujours une partie de la roche stérile ou gangue dans laquelle ils sont enchâssés. A part de très-rares exceptions, comme celle de certains minerais de fer homogènes et compactes, les substances métalliques sont irrégulièrement répandues dans la gangue, et quelquefois en particules à peine visibles. Bien souvent le titre ou rendement des minerais n'atteint pas un millième, et même un dix-millième, pour les métaux précieux ; un centième, pour les métaux communs. Le premier traitement à faire subir aux matières sorties de la mine, est donc de les enrichir. C'est le but de ce qu'on appelle la préparation mécanique. Alors commence toute une série d'opérations délicates, où des meules d'une part, et l'eau de l'autre, jouent le rôle capital : de là les noms de moulin et de lavoir donnés aux ateliers où se fait cette concentration des minerais.

En premier lieu s'opère le triage et cassage à la main,

exécuté au marteau par des enfants ou des jeunes filles.
Dans la mine, on n'y voit guère pour effectuer cette séparation, et ce n'est pas là du reste l'ouvrage du mineur. Au
jour, sous un abri ou en plein air, les enfants font cette
besogne en chantant, et j'ai vu, dans bien des mines d'Italie,
ces gais travailleurs accompagner par des airs en cadence,
tels que le *brindisi* de la *Traviata*, le mouvement de leurs
marteaux. Que de fois je me suis arrêté au son de ces voix
fraîches, juvéniles, de cette symphonie du travail, qui semble retentir encore à mes oreilles au moment même où
j'écris ces lignes! Chacun a sa partie dans ces chœurs, la
voix des garçons s'y mêle agréablement à celle des jeunes
filles; les solistes ne manquent point, et tout ce monde ob-
serve instinctivement un accord merveilleux. On voit bien
qu'on est en Italie, chez un peuple né pour la musique. En
Angleterre, sur les mêmes ateliers, les femmes, les filles ne
chantent pas ou chantent faux. En revanche, elles sont
mises coquettement comme de véritables *ladies*, portent
sur la tête ou dans les cheveux la cornette ou la résille,
aux pieds les élégants brodequins (fig. 142).

Le minerai, cassé et trié à la main, est séparé en trois
lots : le minerai pauvre ou stérile qu'on rejette, le riche
qu'on met de côté pour la vente ou pour la fusion, l'ordinaire ou moyen qu'on destine à de nouvelles prépara-
tions. C'est alors que commencent le broyage et la classification mécaniques. Sous des meules droites, couchées,
entre des cylindres, tournant l'un vers l'autre, ou enfin
par le choc de lourds pilons de fonte, le minerai est pulvérisé, puis séparé, au moyen de tamis fort ingénieux, en
morceaux d'égale grosseur. On procède ensuite au lavage.
Sur des cribles ou sur des tables inclinées, fixes ou mobiles,
un courant d'eau agite ou entraîne les graviers, les sables,
les poussières métalliques. Le principe de l'opération est

bien simple. Les morceaux, sur chaque appareil spécial,
étant tous d'égale grosseur, les matières lourdes, dans le
mouvement qui s'opère, animées d'une moins grande vitesse

Fig. 142. — Laveuses de minerai du Cornouailles.

que les matières légères, s'en séparent peu à peu, et là
encore on retrouve trois catégories : le minerai stérile, le
riche et le moyen. Sur celui-ci on peut recommencer les
mêmes opérations de broyage, classification et enrichisse-
ment.

Les mines métalliques sont d'habitude en pays de montagnes ; c'est le ruisseau, le torrent de la localité qui alimente le lavoir ; c'est une roue hydraulique qui anime tous les mécanismes. Celle-ci est souvent remplacée par une machine à vapeur. Quand l'eau est rare, l'usine chôme une partie de l'année, l'été. Dans ce cas, comme on ne peut distribuer l'eau à tous les appareils de lavage, qui en consomment chacun beaucoup, on a essayé de faire usage de l'air en mouvement pour la concentration des minerais. Dans bien des ateliers les essais ont réussi. L'air est injecté dans un tube dont les dispositions ont été calculées pour ce travail. Il entraîne dans sa course les matières finement pulvérisées, et porte les plus légères le plus loin. Une séparation tranchée s'établit ainsi entre la poudre métallique et la stérile, entre le minerai et la gangue. Dans l'agriculture on emploie de même les vans pour séparer la paille du grain, et en minoterie le blutoir pour isoler le son de la farine.

Le moulin et le lavoir sont aussi près que possible de la mine. Ils offrent un aspect animé ; les femmes, les jeunes filles, les garçons sont en majorité dans le lavoir ; les hommes ne travaillent guère qu'au moulin. Ce sont les appareils eux-mêmes qui font automatiquement presque tout le travail. C'est plaisir à voir ces mécanismes en quelque sorte intelligents, charrier, distribuer le minerai partout où il est nécessaire, et dans les tables coniques tournantes, classer même les sables lavés, en lançant, au moyen d'une brosse mobile, chaque catégorie dans la case qui lui est destinée.

Le lavage des minerais est la grande opération préliminaire de toute métallurgie. C'est dans le lavage que réside le travail des placers. Ceux-ci sont transformés alors en véritables lavoirs en plein vent, si bien que les Espagnols d'Amérique les appellent en ce cas des *lavaderos*. Les opérations reposent toujours sur les mêmes principes : séparation par l'eau des matières de poids différent et d'à peu près même volume, et concentration de la substance métallique. Sur les placers, en Californie, en Australie, dans l'Oural, que fait-on au début de toute exploitation? On lave les sables. Avant l'arrivée des Européens, les Indiens employaient en Amérique la corne ou *poruña*. C'est une corne de bœuf coupée longitudinalement par le milieu, et façonnée dans l'eau chaude en forme de sébile allongée (fig. 143). Les indigènes faisaient

Fig. 143. — Corne ou sébile à laver l'or des placers d'Amérique. Éch. 1/2.

usage aussi de la *batée* de bois, taillée dans un tronc d'arbre, évidée comme une énorme coupe, ayant jusqu'à deux pieds de diamètre, mais très-peu profonde. En Californie, les Européens ont remplacé la corne ou la batée par le plat en fer étamé et plus tard en tôle de fer, rappelant, sauf les dimensions, celui qui sert dans les ménages.

Que l'on use de la corne, de la batée ou du plat, l'opération est la même. On jette dans l'appareil une poignée de sables, et on les lave à grande eau, en agitant, faisant tourner l'instrument, puis l'inclinant peu à peu. Les matières les plus lourdes gagnent insensiblement le fond ; les plus légères s'échappent. On enlève à la main tous les gros cailloux et galets. A la fin, l'or se retrouve au fond de la

batée, avec quelques compagnons invariablement fidèles :
le platine, qu'on recueille avec lui; le fer magnétique,
dont on se débarrasse avec une aiguille aimantée ; enfin
certaines gemmes, au nombre desquelles peut se trouver
le diamant.

Le lavage de l'or, tel qu'on vient de le décrire, est suffisant pour un essai, et même pour un petit travail, à

Fig. 144.   Chinois lavant les sables aurifères avec le berceau sur les placers d'Australie

condition que le placer soit très-riche ; dans la plupart des
cas il ne saurait convenir à une sérieuse exploitation. Les
Chinois ont inventé le berceau (*cradle* ou *rocker* des Anglais), qui a la forme d'une caisse allongée, ouverte sur le
devant, à laquelle on imprime un mouvement oscillatoire
(fig. 144). Un tamis est disposé à la partie supérieure, un
châssis incliné, recouvert d'une toile, sous le tamis. On

jette sur celui-ci les sables, les graviers, les terres à laver,
et l'on berce d'une main, en arrosant de l'autre. Les
matières fines, ténues, les sables, les aiguilles et les pail-

Fig. 145. — Chiliens travaillant sur les placers par la méthode de leur pays.

lettes d'or, les petites pépites, passent avec l'eau à travers
les ouvertures du crible. Elles descendent sur la toile inclinée, et de là sur le fond du berceau, d'où l'eau et les
matières légères s'échappent. Dans ce voyage, les corps

Fig. 146. — Exploitation des sables aurifères en Californie dans les cours d'eau détournés.

les plus lourds vont le moins loin, et l'or se retrouve presque tout entier à la tête de la toile, sous le tamis.

Le *long-tom*, sorte de berceau à grandes dimensions
et fixe, que les mineurs ont nommé la *boîte à surprise;* le
sluice ou canal de bois, dans lequel passent l'eau et les
sables; enfin le *flume*, canal de dimensions plus fortes,
sont tous établis sur le même principe que le berceau.
Ce sont là les grandes inventions californiennes dont
l'Australie s'est aussi emparée. Avant, on aimait à citer le
procédé chilien, par lequel on désagrége sur place les
terres aurifères au moyen d'un courant d'eau (fig. 145).
Dans cette dernière méthode, les galets, les gros blocs, in-
terposés sur le parcours de l'eau, tendent à retenir l'or.
On voit de même, au milieu des ruisseaux aurifères, les
paillettes, les pépites s'accumuler derrière tout obstacle
transversal au fil de l'eau.

En Californie, les mineurs, non contents de fouiller les
placers, ont sondé aussi le lit des rivières en les détour-
nant (fig. 146). Ils ont même abattu des plateaux d'alluvions, des collines tout entières, au moyen d'une méthode hardie qui a pris naissance dans le pays, et qu'on
nomme la méthode hydraulique (fig. 147). Armé d'une
lance comme celle des pompes à incendie, et où l'eau arrive à une très-forte pression, le mineur fouille la base du
terrain. Bientôt la partie supérieure surplombe, et comme
le sol est formé de galets, comme les terres sont naturellement meubles, désagrégées, la montagne s'écroule avec
fracas. Les mineurs s'échappent pour n'être pas saisis dans
l'éboulement, et retournent au travail dès que le calme
s'est rétabli. Alors on casse avec le pic les plus gros blocs,
et avec la pelle, la brouette, on jette les terres dans un
grand canal, un flume, établi au pied du plateau ou de la
colline qu'on démolit. On arrive ainsi à laver utilement

des terrains qui ne renferment pas plus d'un gramme ou
trois francs d'or aux mille kilogrammes, c'est-à-dire dont
le rendement en or ne dépasse pas un millionième !

Les minerais de quartz aurifère se traitent par des procédés différents de ceux des minerais d'alluvion. D'abord
il faut pulvériser la roche abattue et extraite. Pour cela on
a employé au début, dans les colonies espagnoles, des appareils naïfs légués par les indigènes (fig. 148). En Californie, en Australie, on fait usage des mécanismes perfectionnés qui servent aujourd'hui pour tous les minerais
indistinctement : les meules, les cylindres ou les pilons. La
farine ou poussière minérale obtenue n'est pas lavée, mais
mise directement en contact avec le mercure. Ce corps
jouit d'une singulière propriété, celle de dissoudre certains
métaux, entre autres l'argent et l'or, comme l'eau dissout
le sucre. La combinaison porte le nom d'amalgame. On
l'effectue en Amérique, dans le traitement de l'or, sous les
pilons ou dans les appareils particuliers naguère encore
très-primitifs, comme les moulins mexicains ou chiliens
les *arastras*, les *trapiches* (fig. 149 et 150), que les Californiens ont bien modifiés. Les tables de cuivre amal-
gamé, sur lesquelles l'or rencontrant le mercure s'arrête,
sont aussi d'invention californienne. Les moulins hongrois ou tyroliens, qui ont pour but d'agiter le minerai
pulvérisé dans un bain de vif-argent, sont en usage dans
les pays dont ils portent le nom, et se sont de là répandus
sur toutes les mines du monde. On peut en dire autant
des amalgamateurs russes, employés d'abord dans l'Oural.
Dans ces derniers appareils, une auge inclinée est divisée
en compartiments pleins de mercure. Une série de four-
chettes, animées d'un mouvement oscillatoire, met les sables en contact avec le métal liquide à mesure qu'ils traversent les auges. Les couvertures de laine, les toisons

Fig. 147. — Méthode hydraulique inventée en Californie pour démolir
les alluvions aurifères.

de mouton, qu'on emploie en Californie et dans tous les
pays aurifères, ont pour but de retenir, dans le dédale de
leurs filaments, les dernières parcelles d'or ou d'amalgame
échappées à tous les appareils précédents. L'emploi des
toisons pour recueillir l'or, usité très-probablement dès

Fig. 148. — Cassage des minerais par le vieux procédé mexicain.

l'époque de Jason dans la Colchide, la Californie des temps
mythologiques, nous permet de mettre la réalité à la place
de la fable, et de regarder le récit de la toison d'or et de
l'expédition des Argonautes, que nous ont légué les anciens, non plus comme un conte fait à plaisir, mais bien
comme une histoire vraie.

On a vu que, dans le travail des placers, le mineur

traitait utilement des sables qui ne contenaient qu'un millionième d'or, c'est-à-dire trois francs de métal pour mille
kilogrammes de matière. Dans les mines de quartz, le titre
du minerai doit être naturellement beaucoup plus élevé,
puisqu'il faut faire tout le travail accompli dans les placers

Fig. 149. — Arastra ou moulin mexicain pour le traitement des minerais
d'or et d'argent.

par la nature, c'est-à-dire abattre, transporter, pulvériser,
enrichir le minerai, enfin l'amalgamer. En Californie, les
quartz les moins durs ne commencent à être utilement
traités que lorsqu'ils rendent trente francs d'or à la tonne,
ou sont au titre d'un cent-millième. Ce titre est dix fois plus
élevé que le minimum admis pour les sables des placers,
mais encore si faible, que la grande valeur de l'or et la
simplicité des méthodes métallurgiques qu'on emploie

dans le traitement de son minerai, permettent seules de retirer ces quantités infinitésimales.

Le mercure n'est pas seulement employé dans le traitement des minerais quartzeux aurifères. Quand l'or des placers est très-fin, invisible, ou qu'on travaille sur les longs canaux, on interpose, sur le parcours de l'eau et des

Fig. 150. — Trapiche ou moulin chilien pour le traitement des minerais.

sables, des godets remplis de mercure, qui font justice de toutes les parcelles d'or qui passent, quelque microscopiques qu'elles soient. Les paillettes elles-mêmes, rencontrant dans leur chemin ce bassin de vif-argent, s'y noient, et sont mieux saisies par les godets que par d'autres obstacles plus ou moins ingénieux imaginés aussi dans ce but.

L'amalgame obtenu est généralement liquide. Pour le solidifier, on le comprime à travers une peau de chamois, que l'on plie en forme de sac et tord entre les mains, comme un linge humide dont on voudrait exprimer l'eau. Le mercure, privé d'or, traverse en larmes argentées les pores de la peau; c'est une expérience curieuse qu'on invoque dans les cours de physique pour démontrer la porosité des corps. L'amalgame solide reste, et prend la forme et l'aspect d'une boule d'étain. Il s'agit d'en séparer l'or. Quel moyen va-t-on employer? J'ai dit que le mercure dissolvait l'or comme l'eau le sucre; mais le mercure est volatil. On distillera donc l'amalgame pour en retirer l'or, comme on distille l'eau sucrée pour en retirer le sucre candi. Ici l'or, s'il est permis d'user de cette comparaison, sera le sucre candi du mercure [1].

On jette toutes les boules au fond d'une cornue de fer que l'on approche du feu. A la température de trois cent soixante degrés centigrades, le mercure entre en ébullition et monte à l'état de vapeur vers le col de l'appareil. On condense ces vapeurs en entourant le col de la cornue d'un linge humecté d'eau fraîche, et en les recevant dans une bassine pleine d'eau. L'opération terminée, au fond de la bassine est tout le mercure redevenu liquide, au fond de la cornue, un gâteau d'or. Le métal est poreux, d'un jaune mat, çà et là un peu terne et semé de taches noirâtres. On le refond avec du borax qui en lessive les dernières impuretés, et on le coule dans une lingotière. En cet état, il est livré aux essayeurs.

Le titre de l'or des mines est généralement, en Californie, de huit à neuf cents millièmes; c'est-à-dire que sur mille parties, il n'y en a que huit à neuf cents d'or pur. Le reste est composé surtout d'argent, quelquefois d'un peu

---

1. Les anciens connaissaient cette propriété du mercure de dissoudre les métaux précieux, et de les restituer par l'évaporation. Ils l'avaient mise à profit pour recueillir l'or des vieilles étoffes et pour dorer le cuivre.

de cuivre, de fer, enfin de quelques substances pierreuses
entraînées accidentellement, comme la silice. On peut souvent, d'après la composition chimique, connaître le pays
d'où provient l'or. L'or de l'Australie ou de l'Oural n'a pas
la même composition que celui de la Californie. Parfois,
dans le même pays, la composition varie d'une mine à une
autre. L'or aujourd'hui le plus pur est celui de l'Altaï;
après viennent celui de l'Oural et celui de l'Australie, qui
ont l'un et l'autre sensiblement la même composition. En
Californie, l'or contient une grande quantité d'argent, et
l'or des mines du nord est plus pur que celui des mines
du centre.

Voici, comme exemple et pour résumer toutes ces données, quelques résultats d'analyse de l'or des mines de ces
divers pays :

ANALYSES DE QUELQUES ÉCHANTILLONS D'OR DES MINES.

Lieux de provenance.		Composition en millièmes.		
		Or.	Argent.	Fer, cuivre, etc.
Sibérie.	Altaï	980	20	»
	Oural.	950	50	»
Australie.		940	60	»
Californie	Mines du nord	900	100	»
	Mines du centre	800	188	2

On voit combien le titre de l'or est caractéristique suivant
les contrées, et combien il diffère souvent de celui de l'or
monnayé ou travaillé, qui est, en France, de neuf cents
millièmes d'or et cent millièmes de cuivre pour l'or monnayé, et sept cent cinquante millièmes d'or et deux cent
cinquante millièmes de cuivre pour l'or employé dans la
bijouterie ou l'orfévrerie. L'alliage du cuivre avec l'or a
pour but, comme on sait, de donner au métal précieux
plus de dureté, et de lui permettre de résister plus facilement à l'usure.

Ce n'est pas seulement dans le traitement des minerais d'or, c'est encore dans celui des minerais d'argent que le mercure joue un rôle indispensable. La méthode d'amalgamation à froid, inventée par un pauvre mineur mexicain, Bartolomé Medina, en 1557, a donné à toutes les mines d'argent des Amériques, où le combustible manque, une impulsion féconde, et Medina peut être rangé au nombre des bienfaiteurs de l'humanité. M. Michel Chevalier n'hésite pas à le comparer à Triptolème, qui trouva le blé.

La production des mines américaines a été encore augmentée quand on a imaginé au Mexique, au siècle dernier. de faire piétiner la matière par des chevaux au lieu d'employer des hommes. Le minerai est préalablement pulvérisé sous la pierre volante de l'*Arastra*, cette meule antédiluvienne avec laquelle nous avons déjà fait connaissance à propos du traitement de l'or (fig. 149). La mouture opérée, on compose avec la poudre minérale des *tortas* ou tourteaux. Enfin dans une cour dallée, le *patio*, des mules foulent ces tortas mêlées au sel marin, au mercure et à la pyrite de fer ou de cuivre, qu'on nomme, en ce cas, le *magistral*. Le mélange, laissé à l'air, fermente; il se produit des réactions complexes, que les chimistes n'ont pas encore tout à fait débrouillées, mais qui ont pour but définitif la formation d'un amalgame d'argent. Après quarante jours, on sépare cet amalgame, par le lavage, des matières pierreuses, au milieu desquelles il est contenu, puis on le distille dans une cornue de fer. Au Mexique, on emploie de préférence une cloche de bronze, la *capellina*, qu'on entoure de charbons allumés, et qui recouvre les·boules d'amalgame. Le mercure se volatilise et se condense dans un courant d'eau froide au bas de l'appareil. C'est là le mode de distillation que les alchimistes avaient appelé *per descensum* ou en descendant. Par contre ils nommaient *per ascensum* celui que nous avons d'abord indiqué.

Il y a trois cents ans que la méthode d'amalgamation qui vient d'être décrite est pratiquée en Amérique, et jamais on n'y a fait de changement. A notre époque même, les chimistes, les métallurgistes, les ingénieurs, venus d'Europe en ces lointains pays avec la prétention de tout y changer, ou du moins de modifier, de perfectionner les méthodes de traitement en usage, ont toujours dû revenir à l'invention primitive de Medina.

La distillation terminée, le gâteau d'argent qui reste dans la cornue est refondu et coulé en lingots, et ce sont ces lingots que nous avons vus, sous le nom de *plata piña*, chargés sur les steamers du Pacifique, prendre la voie de l'Angleterre par l'isthme de Panama.

Ce serait peut-être ici le lieu de décrire en entier la métallurgie de l'argent et de dire par quels autres procédés que ceux de l'amalgamation américaine, on extrait ce métal de ses minerais. Nous verrions passer sous nos yeux la méthode d'amalgamation allemande à chaud, inventée en Saxe à peu près à la même époque que l'amalgamation espagnole, puis la coupellation, pratiquée de temps immémorial, enfin la liquidation et le pattinsonnage. Par ces derniers procédés, dont l'un est en usage en Allemagne depuis le seizième siècle, et dont l'autre a été imaginé récemment en Angleterre par M. Pattinson, et de là est passé sur le continent, on arrive à retirer jusqu'aux · plus minces traces d'argent contenues dans les minerais de cuivre et de plomb.

Continuant ces études sur la métallurgie, science aussi vieille que le monde, et dont certaines méthodes ont acquis du premier jour le degré de perfection qui les distingue, notre admiration eût été sans cesse augmentant.

Ici, nous eussions vu des inventions compliquées, savantes, où sont mises en jeu les théories les plus élevées de la chimie, venir en aide au fondeur; là rien ne suppléer à une longue expérience, et les ouvriers se transmettre de l'un à l'autre le secret de leur art, pratiquant des tours de main qui défient la théorie. Bien des fois le savant reste émerveillé, confondu, devant les résultats qu'ils obtiennent, et dont quelques-uns restent encore inexpliqués, mystérieux. Mais entrer dans tous ces détails ne serait-ce pas franchir la limite imposée à ce livre, qui doit traiter du mineur, non du fondeur, de mines et non d'usines? Le lavage des minerais, l'amalgamation américaine, étaient encore de notre domaine; les fonderies n'en sont déjà plus.

Nous sommes donc condamné à laisser irrévocablement fermée la porte des usines métallurgiques, et à taire les procédés, aussi variés qu'ingénieux, au moyen desquels nonseulement l'argent, mais encore tous les autres métaux, sont retirés de leurs minerais. Il ne nous est pas interdit cependant de nous demander quelle est la limite inférieure de rendement à laquelle l'élaboration des minerais métalliques cesse d'être tout à fait profitable. Il est évident que ce chiffre minimum existe, et qu'il dépend d'une foule d'éléments, comme la variété minéralogique et le plus ou moins de pureté du minerai, la nature des gangues, les difficultés d'exploitation, de préparation mécanique, de traitement métallurgique, l'éloignement des usines, le prix des transports, des matières premières, des journées, enfin la valeur commerciale ou le cours du métal à fondre. Ce dernier élément prime quelquefois tous les autres. Nous avons cité des mines de mercure, d'antimoine, peut-être à jamais arrêtées par la baisse des métaux qu'on y exploitait auparavant avec bénéfice. Il est certain que moins un métal a de valeur, et plus le titre du minerai doit en être élevé. Tenant compte de tous ces éléments, nous avons essayé de dresser le tableau qui suit, des rendements minimum où les minerais cessent aujourd'hui d'être traitables. Les chiffres changeraient, si le prix des métaux venait à varier d'une manière sensible.

TABLEAU DU RENDEMENT MINIMUM QUE DOIVENT DONNER LES MINERAIS MÉTALLIQUES.

Nature des minerais.	Limite inférieure de rendement.	Prix du métal pur en 1866.	Observations.
MÉTAUX ORDINAIRES.			
Minerais de fer...	25 à 30 centièmes	20 fr. les 100 kil.	La fonte, 14 fr.
— de zinc..	20 —	55 à 60 —	Une partie du métal se volatilise au traitement métallurgique.
— de plomb.	20 —	55 à 60 —	Pour des minerais qui ne sont pas argentifères.
— d'antimoine	20 —	125 à 150 —	Très-volatil à la fusion.
— de cuivre..	2 —	200 à 225 —	»
— d'étain...	1 à 1/2 -	200 à 225 —	D'une réduction très-facile.
— de mercure	1 à 2 —	550 à 600 —	Très-volatil.
MÉTAUX PRÉCIEUX.			
Minerais d'argent..	1/2 millième	220 fr. le kilog.	La moyenne des minerais d'Amérique ne dépasse pas 2 millièmes.
— de platine.	1 dix-millième	1000 —	»
— d'or....	1 cent-millième	3400 —	Pour les mines de quartz.
— —	1 millionième	— —	Pour les sables des placers.

Ce tableau porte avec lui un enseignement. Il démontre que l'on est parvenu à retirer des minerais jusqu'aux atomes métalliques, tant les méthodes de traitement aujourd'hui en usage sont perfectionnées. En deçà de vingt pour cent de fer, un minerai n'est plus qu'une terre ferrugineuse, bonne au plus pour la peinture, sous les noms de *terre de Cologne*, *de Sienne*, *terre d'ombre*, etc. Le minerai de plomb renferme-t-il quelques particules d'argent, ce n'est plus à vingt centièmes, c'est à moins de cinq centièmes de plomb que l'élaboration peut utilement commencer; les anciennes scories refondues en Sardaigne contiennent rarement plus de dix pour cent de plomb. On lit dans nos colonnes combien est faible le titre moyen des minerais d'argent traités en Amérique, qu'on est ordinairement porté à croire si élevé. Mais que dire des limites infinitésimales auxquelles on peut désormais exploiter les minerais d'or? Les méthodes californiennes ont fait là des miracles; et c'est avec raison qu'en 1862, M. Michel Chevalier, présidant la section française du jury international à l'Exposition de Londres, signalait les inventions des orpailleurs de l'Eldorado comme une des plus brillantes conquêtes de l'industrie moderne. La nature s'est divertie quelquefois aux proportions microscopiques; l'homme a vaincu la nature en réunissant, par la force de son génie, ces atomes invisibles, dispersés, et en tirant des lingots de métal.

XI

LA PHALANGE DES MINEURS.

Le mineur et le houilleur. — Les Allemands. — Le bon et le mauvais
génie : Nickel et Kobolt. — Vieilles coutumes. — Les Anglais. — Le
liard de Pharaon. — Tyroliens, Piémontais, Toscans. — Antonio,
Niccolino, Mariani, le père Rualta, Salvestroni. — Les Espagnols. —
Les Péruviens, les Mexicains, les Chiliens. — La *coca*. — La *mita*. —
Les Indiens. — Les Kirghiz. — L'ouvrier des placers. — Le Chinois et
le Français. — Rôle social du mineur.

Aussi bien que celui des houillères, l'ouvrier des mines
métalliques occupe une place distincte, se présente avec
un caractère particulier dans la grande famille des travailleurs. C'est ici le vrai type du mineur, une sorte de
pionnier du sous-sol, et ce type est plus varié, plus original
encore que celui du houilleur. Dans les mines de charbon,
une certaine ressemblance de tous les gîtes, et la même
discipline qui règne dans les travaux, la sévérité des règlements en vigueur dans chaque district, enlèvent à l'ouvrier
une partie de ses habitudes locales. Dans les mines métalliques au contraire, les gîtes sont si dissemblables que
chacun d'eux a une allure spéciale, et nécessite des travaux
différents ; la discipline aussi y est moins inexorable. Enfin,
tandis que l'exploitation régulière du charbon est née il y a
cent ans à peine, quelques-unes des mines de métaux sont

33

fouillées depuis des siècles. Sur chacune d'elles, l'ouvrier a gardé comme le cachet du terroir, des mœurs et des coutumes propres.

Dans toute l'Allemagne, dans le Harz, la Saxe, la Prusse, la Bohême, la Hongrie, le Tyrol, les mineurs se font remarquer par une sorte d'attachement invincible à des usages tout primitifs. Le costume est resté le même, bien que les méthodes de travail se soient, pour la plupart, perfectionnées. Tablier de cuir porté par derrière [1] et tampons de cuir aux genoux, pour garantir les membres dans le voyage souterrain, les protéger contre les atteintes des eaux vitrioliques; ceinture de cuir serrée à la taille pour recevoir le marteau, le pic et la lampe; veste courte, à manches étroites, à bouffantes vers les épaules, comme les jacquettes à crevés, du temps de Charles-Quint; béret de feutre dur, remontant sur lui-même, rond, élevé, pouvant résister aux chocs, voilà l'uniforme que l'on rencontre dans la plupart des anciennes mines germaniques, tel est l'invariable accoutrement dont on ne manque jamais d'affubler le visiteur qui vient se perdre dans ce monde d'un autre âge. Depuis le premier jour de l'exploitation, le costume n'a pas changé. Sainte fidélité aux antiques usages, souvenirs religieux du passé, auxquels il faut peut-être applaudir, aujourd'hui que tout s'en va, et les anciens us et les vieilles croyances!

Dans quelques exploitations, l'on n'oublie jamais de faire la prière avant la descente dans la mine. C'est souvent l'ingénieur lui-même qui récite pieusement l'oraison composée dans ce but. Les ouvriers sont groupés autour de lui, à l'orifice du puits. Suspendues à la charpente, les lampes éclairent cette réunion austère, recueillie, tandis que la main au

1. Les mineurs de l'Amérique espagnole, qui l'ont aussi adopté, l'appellent spirituellement le *culcro*.

béret, le caporal qui va installer le poste, a déjà enjambé l'échelle (fig. 151).

L'ouvrier allemand a sa place à part dans le monde des mineurs. Il a conservé non-seulement les habitudes et le costume, mais encore les superstitions naïves de ses aïeux. Il croit aux gnomes, aux génies des mines, aux dieux bienfaisants et malfaisants des souterrains, qui ne sont pas ici Ormuzd et Ahriman, mais Nickel et Kobolt. Pour se les rendre propices, il a donné leur nom à deux métaux, le nickel et le cobalt, trouvés pour la première fois dans les mines de Saxe. Ce sont ces gnomes qui remplissent ou vident le filon, qui reproduisent le minerai à mesure qu'on l'exploite. Ce sont eux qui, dans leurs moments de colère, brisent et cachent la veine, et empêchent le mineur de la retrouver. Ils rôdent dans les anciennes galeries, dans les chantiers abandonnés, et plus d'un les y a rencontrés. Ils soufflent sur les lampes pour les éteindre, et tirent par le nez ou les cheveux l'ouvrier qu'ils rencontrent seul. Quand il les a trop mécontentés, ils jettent des sorts sur lui, le précipitent à bas des échelles, ou l'écrasent d'un débris de la roche. Aussi que ne fait-on pas pour se les rendre favorables. On laisse pour eux des provisions dans la mine; dans des niches secrètes, on met du pain, des gâteaux, des pièces de monnaie. « Saints Nickel et Kobolt, préservez-nous des coups de mine, des éboulements, des inondations, des chutes dans le puits. Soyez-nous propices. Faites-nous retrouver le filon, quand nous l'aurons perdu, surtout conduisez-nous vers les parties riches de la veine. Enfin, intercédez Dieu ou Belzébuth pour nous : *Sancti Nickel et Kobolt, orate pro nobis!* »

Cet attachement vivace aux pratiques des anciens jours n'a rien fait perdre au mineur allemand de ses qualités viriles, et n'a ajouté qu'un trait de plus à sa personnalité déjà si saisissante. N'oublions pas que c'est dans la Hongrie, la Saxe et le Harz que le travail des mines a été pour ainsi dire retrouvé aussitôt après le tumulte de l'invasion barbare, et que c'est de ces pays que l'art s'est peu à peu répandu dans toutes les autres mines d'Europe. A leur tour, celles-ci ont fait de nouveaux progrès et donné aux exploitations un cachet d'activité, sinon de grandeur, qui manque quelquefois aux mines germaniques. Ainsi l'on aimerait à voir, dans les vieux établissements saxons ou harzois, quelques pratiques surannées disparaître. Déjà l'emploi de la baguette divinatoire a été proscrit ; mais pourquoi, quand le filon est riche, murer les chantiers pour y revenir aux jours de disette? Une mine n'est-elle pas un capital sous terre, comme disent les Anglais, et les exploitants ne doivent-ils pas extraire le plus de produits dans le moins de temps possible, pour que le capital rapporte les plus grands intérêts? Il est vrai que les mines forment, dans le Harz et la Saxe, une propriété domaniale. Mais s'il faut repousser, dans tous les cas, des méthodes économiques dictées par l'esprit étroit et avare du passé, l'on ne peut s'empêcher d'applaudir à cette division du travail si sagement maintenue dans les mines allemandes. Il y a là des ingénieurs, des contre-maîtres pour le dedans et le dehors. Celui auquel sont dévolues les études géologiques, n'a rien à voir avec le lavage ou la fusion des minerais. A l'un, les travaux de mine proprement dits : abatage, remblais, transports intérieurs ; à l'autre, les travaux d'art : charpentes, maçonneries. A celui-ci, toute la partie mécanique : les machines à vapeur, les roues hydrauliques ; à celui-là la topographie souterraine, la levée des plans superficiels, ou bien encore les essais de laboratoire. Nul n'empiète sur les attributions de son voisin, et de la sorte, ingénieurs et ouvriers font

Fig. 151. — La prière, aux mines de la Vieille-Montagne, avant la descente dans le puits.

bien ce qu'ils font, parce qu'ils font toujours la même
chose, ou parce qu'ils n'ont pas trop à faire.

Non contents d'établir dans les exploitations cette division si méthodique, si tranchée des attributions de chacun,
les Allemands ont introduit aussi dans leurs mines une
véritable discipline militaire. Dans cette légion du travail,
les ouvriers sont les soldats; les maîtres-mineurs, les caporaux; les ingénieurs, les capitaines. Tous ont un uniforme dessiné depuis des siècles. Les Hongrois, les Saxons,
les Harzois sont fiers de ces vieux costumes, que rehaussent les galons et les brandebourgs pour les caporaux, et
pour les chefs, les épaulettes et les broderies d'or (fig. 152).
Ces chefs sortent eux-mêmes d'écoles des mines célèbres, parmi lesquelles celles de Freyberg en Saxe et
de Schemnitz en Hongrie tiennent le premier rang.
Les dimanches ou dans les occasions solennelles, les soldats de la pacifique armée se montrent avec tous leurs
insignes, toutes leurs médailles, leurs décorations, ban-
nières au vent, musique en tête; et les capitaines, avec
le sabre ou l'épée au côté et le bâton de commandement
à la main[1]. Applaudissons encore une fois à ce régiment
des soldats qui produisent; qu'ils défilent devant nous ces
braves et intrépides mineurs; trop souvent les soldats de
la guerre ont le pas sur ceux de la paix!

En Angleterre, où tout marche dans l'industrie par l'impulsion des efforts privés, les ingénieurs ont aussi le titre
de capitaines sur toutes les exploitations métalliques; mais
ici plus d'uniformes, de décorations, ni de sabres. J'ai rencontré, dans le Cornouailles, quelques-uns de ces vieux

---

1. En Russie, la parade des mines n'est plus un jeu. On a renchéri sur
les Allemands, au moins pour les grades élevés, et les ingénieurs en chef
et inspecteurs des mines de l'État sont de véritables colonels et généraux,
ayant officiellement le titre et le traitement de leurs collègues de l'armée.

loups de mines, nés dans les souterrains, destinés à y mourir, durs à eux-mêmes, simples, modestes, d'allures restées grossières. Ayant conquis tous leurs grades dans

Fig. 152. — Capitaine des mines de Saxe, en tenue de parade, avec le bâton
de commandement.

la pratique du métier, de soldats ils sont devenus caporaux, puis officiers. Ils composent un type qu'on ne retrouve pas ailleurs, où les examens et les diplômes envoient d'emblée un jeune aspirant-ingénieur commander à de vieux ouvriers. Tous les capitaines anglais vous accueillent sur leurs mines avec les marques de la plus grande bienveillance. Ils vous montrent leurs travaux, leurs machines, leurs plans, disant : « Nous n'avons rien de caché pour personne. » « Ce qui est caché, c'est ce que nous cherchons, » ajoutait l'un d'eux, et il me montrait l'adage gravé en grosses lettres dans le cabinet de la mine, où les mineurs font leur toilette avant de descendre : *We seek hidden treasures*, nous cherchons des trésors cachés. Admirable définition du travail des mines métalliques, qui ne sont en effet que des trésors enfouis et qu'il s'agit de retrouver ; c'est là le véritable *liard de Pharaon* dont parlent les carriers de Paris[1].

Un autre capitaine anglais, un jour que j'étais en extase devant la magnifique tenue de ses plans, qu'il me montrait avec un certain orgueil : « Un bon mineur fait toujours de bons plans, *good man makes good maps*, » me répondit-il avec un gros rire, en lançant un de ces calembours mal réussis que les Anglais se permettent quelquefois.

Dans ces intéressantes mines du Cornouailles (carte VII), les soldats sont dignes de leurs chefs, et partout le mineur de ce pays, à Penzance, à Saint-Just, à Saint-Yves (fig. 153), et à Tavistock, dans le comté Devon, limitrophe du Cornouailles, mérite la réputation qu'on lui a faite d'être l'un

---

1. Il y a une légende qui a cours chez les ouvriers parisiens, c'est que le roi Pharaon a caché un trésor dans les vieilles carrières, et que celui qui le trouvera s'enrichira du coup. Un carrier me montrait un jour des monnaies, des sous tournois et parisis, rencontrés dans de vieilles excavations à Ivry, où les travaux datent du temps des fondations de Notre-Dame. Et comme je le félicitais du soin qu'il avait pris de mettre à part cette mitraille : « Ah ! monsieur, vous me complimenterez quand j'aurai trouvé le *liard de Pharaon*. » C'est le nom que les carriers donnent à ce trésor légendaire, sur lequel aucun d'eux n'a encore mis la main.

des premiers mineurs du monde[1]. Comme le mineur allemand, il est resté fidèle à de vieilles croyances; il a ses
légendes, et il invoque, avec non moins de ferveur que les

Fig. 153. — Ouvriers des mines de Saint-Yves (Cornouailles).

ouvriers teutoniques, les gnomes souterrains, les génies des
filons, gardiens éternels des mines.

1. J'ai retrouvé en Californie, maintenant les traditions nationales, quelques-uns de ces mineurs du Cornouailles, qui, sous le nom de *Cornishmen*,
ont émigré dans l'Eldorado. Bon nombre d'entre eux ont gagné aussi l'Australie, où ils ont également importé l'art difficile des exploitations minérales.

Les Alpes italiennes fournissent des types de mineurs qui, sans se rapprocher des types allemands ou anglais, se distinguent aussi par des traits fort curieux. Le Tyrolien du versant péninsulaire est à la foi germain et latin. Froid, réservé, fidèle à sa parole, solide travailleur, naguère plus voyageur qu'aujourd'hui, il a peuplé bien des mines étrangères, sur lesquelles il a émigré et planté définitivement sa tente. Le Piémontais, émigrant aussi, mais à l'esprit plus aventureux que le Tyrolien, est venu à son tour sur nos mines où il a jeté quelquefois le désordre. Les Allemands y ont mieux prospéré, et sur quelques-uns de nos gîtes, à Vialas, à Pontgibaud, ont même fait souche durable.

De formes athlétiques, habile à manier le fleuret, l'aiguille, comme il l'appelle, le Piémontais a peu de rivaux pour forer un trou de mine; mais il est terrible quand il a bu; il joue aussi volontiers du couteau, à l'italienne. J'ai hâte de dire que j'ai connu, dans les montagnes de l'Isère, d'excellents mineurs piémontais. L'ouverture de nos galeries était élevée de plusieurs centaines de mètres au-dessus du niveau de la vallée. Les braves ouvriers, abrités dans une étroite cabane, trop souvent visités l'hiver par la neige, accomplissaient leur besogne avec ponctualité. Ils se contentaient pour tout aliment de cette pâtée ou bouillie de farine de maïs que l'Italien appelle la polenta; pour toute boisson, d'eau fraîche. Ils ne descendaient à la ville, à Vizille, qu'un dimanche chaque quinzaine, pour régler ce qui leur était dû d'après l'avancement des travaux. Les comptes établis et déduction faite du coût des fournitures, huile, poudre, etc., qui restait à leur charge, on leur payait leur avoir. Jamais aucune discussion. L'argent reçu, caporaux et soldats, compatriotes et même parents, allaient trinquer fraternellement à l'auberge. Ce jour-là seulement on buvait du vin. L'après-midi on devisait à l'ombre sur le bord de la Romanche, ou dans le parc de l'ancien château de Lesdiguières, bâti par le grand connétable et transformé en fabrique de foulards par les Périer[1]. Le soir venu, on reprenait le chemin de la montagne, pour recommencer à travailler le lendemain : on avait pris du bon temps pour quinze jours.

Je tenais en affection le chef de ces braves Piémontais, un hercule, doux comme presque tous les hommes forts, et qui obéissait militairement, sans réplique, aux ordres de son jeune ingénieur. Un jour que je le complimentais sur la bonne conduite de ses hommes, et que je lui demandais comment il pouvait se faire qu'ailleurs les ouvriers du Piémont donnassent sujet à tant de plaintes : « C'est que nous sommes de la province d'Ivrée ; dans notre pays il n'y a que de braves gens. Ivrée, voyez-vous, monsieur, c'est la fleur du Piémont. »

Dans le Modénois, dans le nord de la Toscane, au milieu des Alpes apuanes, le caractère du mineur italien semble revêtir quelque chose de la rudesse des sites qui l'environnent. Plus vers le sud, à Monte-Catini et dans la Maremme, l'ouvrier est plus svelte, en un mot moins *lombardo* (Lombard, synonyme ici de lourdaud), et plus *tosco* (Étrusque, spirituel, léger), que dans les mines du nord. Que de bons types dans tous ces districts, que de braves et courageux caporaux ! A Monte-Catini, c'est Antonio, un caporal tyrrhénien, que son ingénieur, M. Schneider, formé à l'école de Freyberg, a rendu *tedesco*, a complétement germanisé, au moins dans l'art de l'exploitation. Sur cette mine les visiteurs affluent, attirés par la richesse fabuleuse du gîte, et les magnifiques installations dont on a

1. C'est dans ce château que s'assemblèrent les fameux États du Dauphiné, en 1788.

doté cet établissement sans rival. Antonio présente respectueusement aux touristes le chapeau, le tablier, la ccinture de cuir, usités dans les mines saxonnes, il leur passe
l'étroit pantalon et la veste à bouffettes dont le collet est
marqué aux armes du mineur, le pic et la masse en sautoir,
puis il arme leurs mains d'une lampe et d'un marteau. Ainsi
accoutré, le visiteur suit son guide. On marche vers la galerie inclinée par laquelle on entre dans la mine. Antonio
en ouvre solennellement les battants, vous fait saluer en
passant le buste en marbre de M. Porte qui, le premier, a
repris cette exploitation, le buste de Victor-Emmanuel,
Vittorio, comme on l'appelle familièrement, qui même ici
est venu détrôner Leopoldo, et l'on descend les degrés.
Le tunnel est vaste, bien aéré. Une rampe sert à appuyer
les mains, et je doute qu'il existe une mine que l'on
aborde si aisément. « Ici les dames mêmes peuvent descendre, » vous dit Antonio. Dans les chantiers, il ne vous fait
grâce de rien. Il vous ouvre la chapelle souterraine où l'on
célèbre la messe le jour de Sainte-Barbe ; mais surtout il
vous montre ces filons massifs, où le minerai pur se détache dans la roche en bandes jaunes, grises ou panachées :
« Voilà la veine, *eccola qui ;* cela vaut mieux qu'une mine
d'argent. » Il vous conduit enfin dans les endroits mal
aérés, où la température dépasse celle du Sénégal au soleil, et comme vous tombez de sueur, « *Signoria,* Seigneurie, tout n'est pas rose dans les mines, » s'écrie Antonio qui, habitué de longue date à tous ces manéges, ne
sue point. Jamais je n'ai vu un mineur plus glorieux de
sa demeure de taupe, et la montrant plus volontiers aux
touristes ; rarement aussi, il faut le dire, une mine a récompensé l'exploitant comme celle de Monte-Catini.

A Campiglia, à Massa-Maritima, à Rocca-Tederighi, on
rencontre plus d'un chef mineur pouvant marcher de pair

avec maître Antonio. A Campiglia, c'est Niccolino, infatigable et hardi chasseur hors des chantiers, mineur svelte
et courageux devant le filon. L'exploitation de la mine
ayant été arrêtée, il est passé au service d'un chemin de
fer. C'est encore ce pauvre Mariani, emporté récemment
par la fièvre, fidèle, dévoué, resté le dernier sur cette
mine, après que bien des propriétaires et bien des ingénieurs s'y étaient succédé. Que de fois j'ai vu ce brave
homme, attentif comme un vieux serviteur, dans les pas
difficiles des antiques travaux de Campiglia, donner la
main au visiteur novice pour l'encourager, l'enhardir. Le
passage devenait-il tout à fait dangereux, Mariani appuyait
son bras contre le roc : « Mettez là votre pied, disait-il, et
ne craignez rien; c'est solide, je ne broncherai pas. » Et
lentement on se laissait glisser contre cet appui inébranlable. Les gigantesques cavernes du Temperino sont les
vides les plus formidables qui existent. Si tout à coup le
courage vous manquait, si vous étiez pris d'un de ces
vertiges, d'un de ces tremblements involontaires qui sai-
sissent quelquefois dans l'abîme ceux mêmes qui sont le
plus aguerris, Mariani, resté de sang-froid, vous emportait
sur son dos vers un endroit moins incommode. Jamais
sous une aussi frêle apparence, dans ce corps lentement
miné par la *malaria*, on n'aurait cru trouver tant de vigueur et de courage. Que l'âme repose en paix de ce brave
et digne mineur!

Les caporaux des mines de Massa, quelques-uns Allemands, mériteraient aussi d'être en quelque sorte pho-
tographiés. L'un d'eux montrait un jour ses travaux à
l'ex-grand-duc Léopold, vrai coureur de mines au temps
où il régnait encore en Toscane, amateur forcené de
visites souterraines. La galerie était basse, étroite, et le
prince se cognait la tête aux parois. « Je n'osais pas lui

dire : « *Altezza, si abassi*, Altesse, baissez-vous ! — me disait le caporal qui me racontait cette histoire, — à cause du vilain jeu de mots que j'aurais fait. Il faut respecter les altesses. » Celle-ci prenait le nom d'impériale et royale, et ce jour-là elle se cogna royalement, grâce au mutisme du maître mineur massétan.

Parmi tant de caporaux intelligents qui honorent les mines italiennes, oublierons-nous le père Rualta, un vieux Tyrolien, embauché sur les mines d'Agordo par M. Porte, en 1830 ? Depuis lors, il a servi dans tous les établissements de Toscane ; il en a levé les plans, a dirigé de nombreux travaux, a bâti même des usines, tour à tour géomètre, mineur, laveur, fondeur. Ses fils ont suivi cette voie, ses frères, ses neveux y sont aussi engagés ; et c'est merveille de voir toute cette famille vouée aux travaux souterrains, de père en fils. Pietro Rualta (*ser Pietro*, comme l'appellent les ouvriers) est le digne chef et reste de beaucoup supérieur à tous les autres membres de cette illustre dynastie. A ses moments de loisir, il cumule les fonctions de maître mineur avec celles d'architecte de village, et fait bâtir au plus bas prix, pour les conseils municipaux de la Maremme, des fontaines et des églises.

Un autre caporal, celui-ci vrai Tyrrhénien, esprit prudent, observateur, Salvestroni, des mines de Rocca-Tederighi, a droit aussi à quelques lignes de souvenir. Il connaît l'histoire de sa mine, année par année, depuis trente-six ans qu'elle a été reprise après plusieurs siècles de chômage, et tous les ingénieurs savent de quel secours sont les traditions certaines dans les travaux qui ont le sous-sol pour théâtre. Salvestroni est toujours resté attaché à ces mêmes mines, pendant qu'elles changeaient plusieurs fois de propriétaires. Chacun a gardé le caporal, comprenant tout le profit que l'on pouvait tirer d'un

homme aussi intelligent et réfléchi. On lui demanderait
bien un peu plus d'initiative, un peu plus de fermeté vis-
à-vis des ouvriers, mais le Toscan est trop politique pour
se compromettre en rien. Salvestroni a d'autres qualités;
il est même un peu géologue, et il a cherché tout un jour
à l'*Argentiera*, mais vainement, une mine d'argent qu'il
croyait y exister sous ce titre menteur. Et puis il avait lu
dans de vieux manuscrits qu'une certaine comtesse, au
moyen âge, avait vendu ces mines à la république de
Sienne; il apprit à ses dépens que les manuscrits mentent
quelquefois comme les journaux.

En Espagne, des Asturies à la Sierra-Morena, des Pyrénées à la Sierra-Nevada, dans les mines de fer, de zinc,
de plomb, d'argent, de mercure, de cuivre, le mineur se
distingue, plus encore qu'en Italie, par des allures qui lui
sont personnelles. L'Asturien est dur, un peu sombre,
point familier ni causeur, comme tous les Espagnols du
Nord. L'habitant des sierras de Gador, d'Almagrera et
des Alpujarras, ces contre-forts de la Sierra-Nevada, qui
recèlent le plomb et l'argent en quantités inépuisables; le
mineur de Carthagène et d'Almeria; mais surtout le mineur
andalous, de Huelva ou de Séville, sont plus gais, plus
expansifs que l'Asturien. Leur caractère subit comme l'heureuse influence du beau ciel de leur patrie, cette terre des
genêts et des lauriers-roses, ce *beau pays des Espagnes*
que célèbre la romance. Seul le mineur d'Almaden, empoisonné par les vapeurs du mercure, en subit l'effet lent,
mais fatal, et marche tristement à la mort, victime du travail souterrain [1].

1. Le travail des mines de mercure est si dangereux que, jusqu'au commencement de ce siècle, l'Espagne n'y employait que des condamnés.
Almaden était le siége d'un *presidio* ou prison correctionnelle, et une galerie communiquait de la prison à la mine. Aujourd'hui tous les ouvriers

Revenons sur tous ces types de courageux ouvriers. Dans les Asturies et au pied des Pyrénées, le mineur et le fondeur espagnols sont restés sobres. Un peu de pain, du vin épais conservé dans l'outre et sentant le goudron, les *garbanzos* ou pois chiches, ces lupins farineux que dédaigne Caron lui-même dans les *Dialogues* de Lucien, composent ici le festin national. Le tout est arrosé d'une huile rance dont nous ne voudrions pas pour nos quinquets. Ce frugal repas n'est pris souvent qu'une fois par vingt-quatre heures, à midi. Le matin et le soir on mange ce qu'on a sous la main. La cigarette est humée plusieurs fois par jour, même en tirant la mine. Au sortir du chantier, on revêt le manteau couleur d'amadou, le sombrero aux larges bords, et l'on regagne silencieusement sa cahute, Galiciens, Castillans, Basques, Navarrais, Catalans, Aragonais, peuvent tous se reconnaître à ces traits principaux.

Au midi de la péninsule, dans la Sierra-Almagrera ou la Sierra-de-Gador, loin de tout centre habité, la vie est encore plus dure et plus remplie de privations ; mais qui songe au confort en Espagne ? Un large pantalon de toile s'arrêtant aux genoux ; une ceinture serrée à la

---

sont libres. On les attire par de nombreuses immunités : concessions de terrains, exemption du service militaire. Ils ne travaillent que de deux jours l'un, et reçoivent gratuitement tous les soins médicaux. Bien peu résistent aux effets du mercure. Hâves, étiques, leurs gencives sont attaquées par la salivation et ils perdent toutes leurs dents. Ils sont sujets à des tremblements, à des convulsions, et finissent par mourir phthisiques ou idiots. Dans ce pays de désolation, les végétaux eux-mêmes sont empoisonnés par le métal, la terre est stérile, et l'industrie du mercure est la seule qui s'exerce à Almaden. Elle fait vivre près de quatre mille ouvriers.

Le vif-argent, retiré de son minerai par distillation, est enfermé dans des bouteilles en fer dont le bouchon est vissé. Des muletiers, escortés par un peloton de soldats, pour le cas où des brigands, aux aguets du métal, voudraient faire main basse sur le convoi, transportent les précieux flacons à Cordoue. De là le mercure gagne Séville en chemin de fer.

taille, où l'on met le tabac, le couteau, l'argent ; en guise
de chapeau, un foulard noué autour de la tête ; enfin, la
partie du vêtement que les pudiques Anglais nomment l'in-
exprimable, ou, comme ils disent, *l'inexpressible*, une
chemise, pour l'appeler par son nom, résument tout
l'accoutrement du mineur. J'oubliais les sandales de
spart[1] et le manteau, la *manta*, couverture bariolée, aux.
tons vifs, et non plus couleur chocolat. La manta, c'est
pour l'ouvrier du midi de la péninsule ce qu'est le *poncho*
pour le mineur chilien, le *sarape* pour le Mexicain :
c'est un manteau, une couverture, un lit au besoin. Un
bon mineur d'Almeria naît et meurt avec sa manta, et la
transmet à ses descendants. En Andalousie, la manta, le
chapeau à pompons, font aussi partie du vêtement du
mineur. Le dimanche, on met la veste de velours étroite
et brodée, les culottes courtes s'arrêtant aux genoux, et l'on
a presque l'air d'un *mayo* ou fils aîné de bonne maison.

L'habitation, chez ces rudes montagnards de la Sierra-
Nevada et de la Sierra-Morena, est au niveau du vêtement :
une mauvaise cabane bâtie de pierres et de boue. Çà et là
quelques ustensiles de cuisine en fer ou en cuivre, la gar-
goulette ou l'alcaraza en terre poreuse pour tenir l'eau
fraîche, et des paniers en spart ou en jonc. Le foyer est
au milieu : le lit nulle part : on se couche par terre, où
l'on est, roulé dans la manta laineuse (fig. 154).

Le vivre vaut le couvert et l'habit. Au déjeuner, la soupe
d'eau chaude, d'huile (et quelle huile !) où nagent l'ail,
la tomate, les tranches de pain. Au dîner, la gamelle de
riz avec la morue, les lupins, les haricots ou les pois, le

---

1. Le spart est une graminée sauvage qui croît dans tout le midi de l'Espagne, et dont on tresse les fibres, flexibles et résistantes, pour en faire
non-seulement des sandales, mais encore des nattes, des paniers, des cor-
dages, des bâts pour les bêtes de somme, et même du papier.

tout encore relevé d'huile et de piment. Au souper, même
mixture; la formule en est aussi invariable que celles du
Codex. Les trois repas coûtent soixante-quinze centimes
par jour de notre monnaie, y compris le pain. Avec tout
cela, une race aguerrie, disciplinée, courageuse, intelli-

Fig. 154.—Chambrée de mineurs espagnols des Alpujarras (province de Grenade).

gente, où tout le monde, mineurs, muletiers, fondeurs,
fait son devoir sans bruit, docile à la voix des chefs.

Les mineurs de l'Amérique espagnole ont gardé quelque
chose du caractère de leurs aïeux andalous ou castillans : la sobriété, la fierté et une apparente indolence.
Au Chili, au Pérou, au Mexique, ils composent une famille
intéressante, vigoureuse, rompue aux fatigues : c'est le
baretero ou mineur (fig. 155), *l'apire* ou porteur de mi-

ncrai (fig 156). En comparant le travail de ces hispano-américains avec celui des ouvriers anglo-saxons, que l'on a souvent introduits dans les mines d'Amérique, on trouve

Fig. 155. — Baretero ou mineur de Cerro de Pasco (Pérou).

que les premiers produisent assez peu ; ils mangent moins encore. Quelle frappante opposition entre les deux races ! Les *Cornishmen* n'ont pas leurs pareils pour attaquer à la poudre un filon de quartz et gagnent, à l'entreprise,

des journées de quinze à vingt francs, quand celles des
mineurs espagnols, chiliens ou mexicains, ne dépassent
guère cinq à dix francs. Les premiers, travailleurs ro-

Fig. 156. — Apire ou monteur de minerai de Cerro de Pasco (Pérou).

bustes, hardis, grands mangeurs de *roast-beef* et buveurs
de *gin* et de *wisky;* après l'ouvrage, portés à l'intempérance, et devenant alors querelleurs, batailleurs ; les
autres toujours calmes, modérés, impassibles, au travail

comme à la récréation, grands fumeurs de *papelitos*, joueurs forcenés, mais vivant de rien, de quelques figues sèches et d'un peu de *charqui*, chair étirée en lanière, bretelle de fibrine cuite au soleil, ne travaillant que pour assurer ce manger de cénobites, *la comida*, comme ils disent, se reposant dès qu'ils ont quelques piastres, et les jouant jusqu'au dernier sou, au *monte*, le baccarat des Amériques ; en un mot, les artistes des mines, comme nous les appelions en Californie. Ils aiment tout ce qui est à effet : le pistolet, le revolver passé à la ceinture, le couteau ou *machete* planté dans les bottes, le *sarape*, le *poncho*, manteaux bariolés, jetés autour des épaules, les rangées de boutons d'argent au gilet et le long des pantalons, le large chapeau de vigogne aux galons d'or, les broderies, les fioritures partout (fig. 157).

Quelque sobre que soit le mineur des colonies, le charqui et les figues sèches lui sont indispensables dans toute l'Amérique du Sud. Chez les mineurs du Chili (fig. 158) cette nourriture est forcée, et l'exploitant doit y pourvoir. Ce n'est pas tout. Il est un arbuste du genre thé, que l'on cultive dans ces contrées, mais surtout au Pérou : la *coca*. Le mineur en mêle les feuilles avec de la chaux vive et les mâche sans cesse, de telle sorte qu'elles font aussi partie intégrante de la nourriture habituelle. De même que l'Hindou ne saurait se passer de bétel, le Chinois d'opium, le marin de tabac à chiquer, de même l'Indien de l'Amérique du Sud ne saurait se priver de coca. Les mineurs chiliens et péruviens ont emprunté cette coutume aux indigènes, et mâchent aussi la feuille du thé américain. Ils prétendent qu'alors ils travaillent mieux, et n'éprouvent ni fatigue, ni soif, ni faim. On cite des exemples curieux. L'Indien qui traverse les Andes, chargé souvent comme un mulet, peut rester plusieurs jours sans manger, pourvu qu'il mâche la coca. Est-ce un effet des matières alcalines que renferme le végétal, et qui tannent, qui endorment pour ainsi dire les parois de l'estomac? Les physiologistes sont loin d'avoir

Fig. 157. — Mineurs de l'Amérique espagnole en grande toilette.

convenablement expliqué ce phénomène; mais ce qu'on ne peut nier, c'est qu'il existe, tout surprenant qu'il nous paraisse [1].

1. La consommation de cette feuille est telle au Pérou, même chez les

J'ai nommé l'Indien d'Amérique. Lui aussi a travaillé aux mines avant la guerre de l'Indépendance, et les vainqueurs l'y ont contraint avec une cruauté, une âpreté, dont les anciens n'avaient peut-être jamais donné l'exemple vis-à-vis de leurs esclaves ou de leurs prisonniers de guerre condamnés à un semblable travail. On appelait cette capitation exigée du sauvage, la *mita*. Au Pérou, en Bolivie, les Indiens se soulevèrent plusieurs fois pour échapper à cette espèce d'enrôlement forcé, mais toujours les désordres furent réprimés[1], et des troupeaux d'esclaves furent chaque année expédiés sur les mines de Pasco, de Potosi, de Huancavelica, de Huntacajo. Ils y mouraient par milliers à la suite d'un travail excessif, et de traitements barbares. Au Mexique la mita n'était guère plus douce que dans l'Amérique du Sud. Partout elle ne fut entièrement supprimée qu'à l'époque où les colonies se détachèrent de la métropole. Depuis lors, dans toute l'Amérique, les Indiens n'ont plus travaillé aux mines. Ils ont repris la vie des bois et des champs, qui seule convient à leur nature. Ce n'est pas qu'on ne rencontre encore quelquefois les indigènes dans les chantiers souterrains, mais ils y sont alors librement. En cas de guerre, on les y fait aussi travailler malgré eux. On les emploie surtout à la préparation du minerai d'argent, en plein air.

seuls Indiens, que la culture et le commerce de la coca y forment une branche d'industrie très-importante. L'Indien qui mâche la coca porte à sa ceinture une calebasse remplie de chaux, où il puise avec un petit bâton. L'habitude devient telle chez quelques consommateurs, qu'ils ne cessent de mâcher la feuille, même pendant leur sommeil. Cette substance agit à la longue sur le cerveau et altère les facultés intellectuelles, comme le tabac chez les fumeurs qui en abusent.

1. La révolte de ce genre la plus célèbre est celle de 1780. Le cacique Tupac-Amaru, descendant des Incas, arma les Indiens et tint deux ans le vice-roi du Pérou en échec. A la fin il fut pris, et périt avec sa femme Micaela dans les plus atroces supplices. Les membres des deux victimes furent coupés en morceaux et exposés dans différentes villes; les corps brûlés et les cendres jetées au vent.

Fig. 158. — Mineurs chiliens.

Au Mexique, dans la Sonora, le Chihuahua, nous avons vu ainsi les Indiens révoltés et vaincus, condamnés à casser le minerai. La bouche d'un canon, dirigée sur eux, est destinée à comprimer toute plainte (fig. 104).

Dans la Nevada, la Californie, l'Indien ne travaille pas davantage aux mines; c'est là œuvre de *barbare*, selon lui. Je me rappelle que dans le comté de Mariposa, les Indiens qui passaient sur nos établissements, regardaient avec une sorte de dédain l'usine d'amalgamation. Eux n'avaient pas à se donner autant de peine. Un arc, des flèches, une plume aux cheveux, un os passé dans l'oreille ou le nez [1], une cahute sous les arbres, n'étaient-ce pas là leurs armes, leurs ornements, leur demeure? Qu'était-il besoin de plus? Et qu'importaient les pépites? A quoi pouvaient-elles leur servir?

Vers le lac Supérieur, les tribus indigènes, les Chipeways manifestent pour le travail des mines de cuivre une aussi profonde indifférence que ceux de Californie pour les mines d'or. Ce sont cependant les aïeux de ces Chipeways qui ont ouvert les premiers les gîtes du lac Supérieur, et qui les ont même fouillés avec ces marteaux de pierre qu'on retrouve aujourd'hui dans les vieilles excavations (fig. 133 et 159). Au Mexique, les Aztèques connaissaient également le cuivre, et de plus l'alliaient à l'étain pour en obtenir le bronze, qu'ils savaient même tremper et durcir. Aujourd'hui les Indiens sont partout en décadence, et ne sont plus capables de tirer aucun parti des richesses naturelles de leur sol. L'homme civilisé est venu, prédit par toutes leurs légendes, qui colonise le pays. Quoi d'étonnant si la race aborigène disparaît devant l'Européen? N'est-il pas juste que celui-là s'en aille et s'éteigne, qui

1. C'est pour cela que d'anciens voyageurs donnent le nom de *Nez-percés* à ces tribus indiennes de l'Amérique du Nord.

n'a pas su mettre à profit les trésors que la nature lui avait si largement dispensés?

Si, franchissant un moment l'espace, nous allons des mines de l'Amérique du Nord dans celles de l'Asie centrale, nous voyons dans l'Oural, la Sibérie, les races indigènes se plier un peu moins difficilement qu'en Amérique au travail pénible des mines. Les Kirghiz, surtout ceux des steppes au sud et à l'est de l'Oural, à la fois pasteurs et mineurs, sont occupés à la garde des troupeaux et à l'exploitation des placers. Mineurs nomades, lavant les sables par intermittence, campant sous la tente, ils font contraste non-seulement avec nos mineurs européens si sévèrement enrégimentés, mais encore avec les Russes condamnés aux mines. Ceux-ci forment comme un bataillon de discipline qui travaille par punition. Il n'y a parmi eux aucun type spécial. On ne tient pas à faire souche en Sibérie; on ne demande qu'à en partir le plus tôt possible. Dans les placers de l'Altaï, dans les mines de graphite du mont Sayan (Sibérie orientale), quelques-uns des indigènes nomades se sont assez volontiers assujettis, comme les Kirghiz, à la pratique des travaux souterrains.

Ces exemples de populations indigènes restées à moitié barbares et se pliant au travail des mines, sont malheureusement isolés. A moins qu'il ne soit question de gîtes facilement exploitables, surtout de placers, c'est toujours l'Européen, avec ses méthodes savantes, hardies, jamais le peuple autochthone, qui féconde un pays par la mise en valeur du sous-sol.

Le travail des placers nous conduit à parler de toute une classe de mineurs qui s'est formée de nos jours en Californie, en Australie. Recrutés dans tous les pays du monde, les laveurs d'or ont bien vite composé comme une même famille, dont chaque rameau a conservé cependant

son caractère distinct. En tête se présentent les Chinois,
travailleurs patients, industrieux. Ce sont eux qui ont porté
le *rocker* ou berceau sur les placers; ce sont eux qui, con-

Fig. 159. — Mineur indien du lac Supérieur (tribu des Chipeways ou Sauteurs)
armé du marteau et en tenue de travail.

tents du plus minime profit, lavent les sables qui ne *payent*
pas assez les autres mineurs. Mais les Chinois sont de race
jaune, vivent ensemble, et ne consomment guère que des

produits de leur pays. En Californie, en Australie, on a voulu les expulser pour raison de couleur. On les accusait aussi, eux qui sont satisfaits de si peu, de faire partout baisser les salaires. Enfin on s'imaginait, vu leur nombre toujours croissant, qu'ils allaient envahir la contrée. Comme ils ont la pieuse habitude de renvoyer leurs morts dans le pays natal, un journal yankee de San-Francisco, le *Daily-California*, prit leur défense en ces termes : « Nous avons tort de repousser les Chinois ; c'est notre meilleure marchandise. Nous les importons à l'état brut, vivants, et nous les réexportons, manufacturés, raffinés, quand ils sont morts. » Il faut que ce journal ait eu gain de cause, eu égard à ces bonnes raisons, car à cette heure on compte quarante-six mille Chinois en Californie.

En Australie, les *Celestials* se sont défendus eux-mêmes par la bouche éloquente d'un des leurs : « Quang-Chew, homme sain de raison, cinquième cousin du mandarin Ta-Quang-Tsing-Loo, qui possède plusieurs jardins près de Macao, » et ils ont obtenu aussi la victoire. « Le bon peuple de la région attrayante de l'or, le maître de la plage hospitalière des champs jaunes, » l'Anglais, a été pour la première fois ému. Le gouverneur de la colonie et ses conseillers, « les mandarins d'écorce d'orange, » ont écouté « d'une oreille attentive et la tête penchée sur une épaule » le discours de *John-Chinaman ;* ils y ont fait une réponse favorable, « couleur de vermillon, » comme le demandait l'orateur avec tant d'art et de finesse [1].

Ce ne sont pas seulement les Chinois, ce sont encore les Espagnols d'Amérique, surtout les Mexicains et les Chiliens, puis l'armée des chercheurs d'or venus d'Europe, des Italiens, des Allemands, des Français, qui se font

---

1. Voir *Les Chinois hors de la Chine*, Revue des Deux-Mondes, 1858.

remarquer sur les placers. Les Français étaient encore au nombre de quinze mille en Californie, lorsqu'en 1859 je visitai le pays. Tous ces mineurs ont gardé une physionomie spéciale : le Mexicain et le Chilien, amis du jeu et de la cigarette, sobres, souvent taciturnes; les Italiens, devenus peu à peu marchands, marins, pêcheurs ; les Allemands, unis entre eux par les liens germaniques et le besoin des symphonies musicales ; les Français, légers, inquiets, courant d'un placer à l'autre, se plaignant toujours, jetant sans cesse un regard en arrière sur cette belle France qu'ils voudraient bien revoir, où ils espèrent enfin revenir, au demeurant les meilleurs fils du monde, joyeux viveurs, travailleurs pleins d'entrain, n'ayant pas leurs égaux, sur le *claim*, pour la manœuvre du pic et de la pelle, dans la cuisine, pour la confection d'un mets, sans rivaux aussi quand il s'agit d'entonner une chanson, ou de lancer un calembour aux échos retentissants du placer.

La cabane réunit les mineurs le soir, à moins que le *camp* ne soit voisin. De temps en temps on se déplace, on porte ailleurs ses outils, en quête d'une terre plus riche. Où êtes-vous, compatriotes que j'ai connus là-bas, Aubert, Vernemouze, Barbet? Vous aviez fait plusieurs métiers avant d'aller en Californie; l'un de vous avait été boulanger, cet autre maçon ou marchand. Vous avez pratiqué bien d'autres industries sur la terre de l'Eldorado, tour à tour cafetiers, muletiers, aubergistes, agriculteurs ; mais toujours vous êtes revenus aux placers, comme si cette vie en plein champ, où l'homme est maître de lui, où il ne gagne que ce qu'il trouve avec peine, à la sueur de son front, avait son charme, sa poésie. Avec quel plaisir vous alliez à la découverte, cherchant les meilleurs endroits, flairant le terrain (fig. 160), toujours à la poursuite de l'imprévu, de l'inconnu, jamais riches, mais non plus jamais pauvres, tant est fécond le pays de l'or!

Le moraliste qui s'enquiert du rôle social que remplit le mineur, surtout le mineur des placers, reconnaît bien vite en lui le premier colon de notre époque. C'est le pion-

Fig. 160. — Mineur des placers de Californie flairant le terrain.

nier par excellence, dont la nature se sert pour fertiliser les pays vierges qu'elle veut livrer à l'industrie de l'homme civilisé. En Californie, en Australie, la famille des mineurs de l'or, rassemblée de tous les coins du monde, composée d'éléments en partie mauvais, impurs même, s'est peu à peu purifiée, régénérée par le travail, sans lequel on ne fonde rien. Dans notre course à travers le monde métallifère, n'avons-nous pas salué dans ces colonies des États prospères, puissants, qui n'ont rien à envier aux contrées les plus policées de l'Europe, et qui se sont fondés par enchantement, comme sous le coup d'une baguette de fée? Cette fée a été le travail, avant tout le travail des mines, qui le premier a permis à ces lointains pays de sortir de leur état sauvage. Glorifions donc le mineur des métaux à qui est due cette heureuse transformation, et reconnaissons dans cet énergique pionnier, non moins que dans celui des houillères, un de ces instruments cachés dont se sert quelquefois la nature pour le développement, le progrès et le bien-être de l'humanité. Au reste, ce n'est pas seulement dans la fondation des colonies que le mineur joue ici-bas un rôle des plus importants, il concourt encore pour là part la plus large, ainsi que nous l'avons démontré, à la marche même de la civilisation. Sans les métaux qu'extrait le mineur, il n'est pas d'industrie possible; sans l'or et l'argent, une partie des arts décoratifs disparaît, et la base des valeurs, où le commerce prend véritablement son essor, n'existe plus. A ce titre, le mineur est le premier, le plus méritant des travailleurs; c'est aussi le plus ancien en date, celui dont on peut dire qu'il est de plus vieille roche. Sans lui, ni l'agriculture ni la marine n'auraient pu se développer; le pic n'est-il pas venu avant la charrue et le navire?

XII

LA RICHESSE DES NATIONS.

Progrès continus. — Le métal de la paix et de la guerre. — Féodalité industrielle. — La fabrication du fer en 1866. — L'or et l'argent. — Évolution
des métaux précieux, — Tableaux statistiques. — Lois économiques et
sociales. — De l'épuisement des métaux. — Découverte de l'aluminium.
— L'analyse spectrale. — Les pierres tombées du ciel. — Le métal de
l'avenir.

La production des métaux intéresse à un si haut degré
la prospérité matérielle, et l'on pourrait dire artistique,
intellectuelle et morale des peuples à notre époque, que
nous devons nous y arrêter un moment. Cette production
détermine, on le comprend, la véritable richesse des nations. Comme celle de la houille, elle fait chaque année des
progrès si rapides, que ces progrès étonnent ceux même
qui sont le plus au courant des phénomènes industriels et
économiques de notre temps.

L'introduction partout exigée de la machine à vapeur et
des railways, a nécessité une telle consommation de fer, de
fonte, d'acier et même de cuivre, de zinc, d'étain, de
plomb[1], que sur bien des pays la production de ces métaux

---

1. Le plomb sert à faire la plupart des tuyaux, des joints de machines.
Le cuivre, soit pur, soit allié au zinc et à l'étain, et formant alors le cuivre
jaune ou laiton et le bronze, se prête, dans les arts mécaniques, aux emplois les plus variés.

a doublé, et cela, comme pour la houille, en moins de quinze ans. L'adoption du combustible minéral est venue, du reste, singulièrement faciliter les fabrications métallurgiques. La confection des outils de toutes les professions, les plus humbles comme les plus délicates, les constructions civiles et navales, une foule d'autres industries ont absorbé des masses considérables de fer. A Londres, en 1851, c'est au fer qu'on s'est adressé pour édifier le palais de l'Exposition universelle, devenu depuis le palais de Sydenham. A Paris, on a également adopté la fonte et le fer pour la construction des Halles centrales, et c'est encore le fer qui a fait les frais du palais de l'Exposition internationale de 1867. Un nouveau genre d'architecture, inconnu à nos devanciers et provoqué par les exigences de la vie moderne, a pris naissance, grâce au fer.

Le métal de Mars n'a pas borné là les services qu'il est destiné à rendre; il a tenu à mériter son nom de tous points. L'art de la guerre, sur terre comme sur mer, avec une audace que des luttes récentes ont justifiée, s'est lui-même emparé du fer et de l'acier, et en a réclamé des quantités énormes. Le fer joue désormais le premier rôle dans la défense militaire d'un pays. Dans la dernière guerre d'Amérique, les États du Nord ont fini par l'emporter sur les États du Sud; dans les guerres récentes d'Allemagne, la Prusse a si vite abattu l'Autriche, et toutes deux, au début d'une lutte où elles étaient d'abord unies, ont eu si facilement raison du Danemark, parce que les vainqueurs avaient pour eux la supériorité métallurgique. Dans les mêlées qui longtemps encore ensanglanteront malheureusement les champs de bataille, la victoire est désormais à peu près acquise à celui des combattants qui produira l'acier en plus grande masse et de meilleure qualité.

Veut-on des chiffres à l'appui de cette assertion, qui

pourrait au premier abord paraître paradoxale? Un vaisseau blindé possède une machine et des chaudières de mille chevaux de force, une cuirasse de quinze centimètres d'épaisseur, une quarantaine de canons d'acier avec un magasin de projectiles, un éperon métallique de vingt mille kilogrammes, un lest énorme de gueuses de fonte, bref, un poids au moins de trois mille tonneaux ou trois millions de kilogrammes de fonte, de fer et d'acier.

A leur tour les vaisseaux de la paix ne demandent pas moins de métal que les navires de guerre. La carène seule du *Great-Eastern* a réclamé dix mille tonnes de fonte et de fer. Sait-on ce que ce chiffre représente? Vingt mille tonnes de minerai au titre de cinquante pour cent de métal, et quarante à cinquante mille tonnes de charbon, c'est-à-dire le rendement de toute une année d'une très-riche mine de fer et de houille.

Avant que la métallurgie ne se fût transformée par l'emploi du combustible fossile, de tels chiffres auraient représenté la production annuelle de bien des mines et des usines. Aujourd'hui les petites fonderies, aux allures indépendantes, aux habitudes séculaires, dont les produits jouissaient d'une réputation méritée, dont les marques même étaient célèbres, disparaissent peu à peu. A leur place s'élèvent d'immenses usines, fournissant jusqu'à deux cent mille tonnes de fonte et de fer chaque année, comme Dowlais, Cyfarthfa, dans le pays de Galles, ou la moitié de ce chiffre formidable, comme les établissements du Creuzot et de la Moselle en France. Cette production de cent mille tonnes par an à laquelle sont arrivées quelques-unes de nos usines, qui eût jamais osé y penser, il y a quinze ans à peine? La concentration, la centralisation, dont les gouvernements semblent ne plus vouloir pour eux-mêmes, passent aux individus, et les affaires métallurgiques et minières vont se

mener comme naguère les affaires politiques ou administratives. Une sorte de féodalité industrielle commence, qui
rassemblera dans quelques mains puissantes la production
de houille et de fer de tout un pays.

A mesure que ce phénomène économique se produit,
les quantités augmentent outre mesure, mais les qualités
baissent. Les fers les plus estimés sont encore aujourd'hui
ceux de Suède, de Russie, de Styrie, de Carinthie, de
Westphalie, des Pyrénées. C'est avec ces fers de qualités
exceptionnelles qu'on fabrique surtout l'acier. L'Angleterre, qui produit plus de fer que tout le monde entier
réuni, n'a aucune marque indigène renommée, car ses fameux aciers de Sheffield, nous le savons, sont fabriqués
avec les fers de Suède.

La France, possédant de nombreuses et riches mines de
fer, occupe un rang digne d'elle dans la sidérurgie, comme
dans l'exploitation de la houille. En un demi-siècle, de
1815 à 1865, le chiffre de sa production en fer a plus que
décuplé; en dix ans, de 1851 à 1861, il a doublé. Aujour-
d'hui la France consomme annuellement cinq millions de
tonnes de minerai, dont elle extrait les neuf dixièmes de
son sol, empruntant le reste à la Belgique, l'Afrique, l'île
d'Elbe. Elle retire de tous ces minerais douze cent mille
tonnes de fonte. Ce chiffre égale la production des États-
Unis. Les îles Britanniques fournissent à elles seules cinq
millions de tonnes, c'est-à-dire deux fois plus que la
France et l'Amérique du Nord ensemble. La Belgique et la
Prusse, produisent la première un demi-million de tonnes,
ou le dixième des îles Britanniques, la seconde, huit cent
mille tonnes; l'Autriche produit trois cent cinquante mille
tonnes; l'Union-Allemande, moins la Prusse, trois cent
mille; la Russie et la Suède, chacune deux cent mille; l'I-
talie et l'Espagne, cinquante mille séparément; enfin tous

les autres pays producteurs, l'Inde, l'Afrique, etc., cent cinquante mille tonnes au plus. Le total s'élève à dix millions de tonnes, comme on le voit par le tableau suivant :

TABLEAU DE LA PRODUCTION DU GLOBE EN FONTE , FER ET ACIER, EN 1866.

Nom des pays.	Production en tonnes de 1000 kilogr.
Iles Britanniques	5 000 000
France	1 200 000
États-Unis	1 200 000
Belgique	500 000
Prusse	800 000
Autriche	350 000
Autres États allemands (Bavière, Saxe, Hanovre, Nassau, Wurtemberg, etc.)	300 000
Russie	200 000
Suède	200 000
Italie	50 000
Espagne	50 000
Autres pays producteurs (Inde, Chine, Afrique, Asie centrale, etc.)	150 000
Total	10 000 000

Ces dix millions de tonnes de fonte, fer et acier, calculées au prix moyen de deux cents francs la tonne, donnent une valeur de DEUX MILLIARDS.

Les métaux communs ont pour la plupart suivi, dans les chiffres de production, les étonnantes phases que nous avons signalées pour le fer. Mais où trouver un exemple comparable à celui des métaux précieux et surtout de l'or? La Californie et l'Australie, depuis 1848 et 1851, c'est-à-dire dans un intervalle ne dépassant pas dix-huit ans, ont donné à elles seules une quantité d'or égale à celle que l'Amérique entière avait produite pendant trois siècles et demi, de l'époque de sa découverte à l'année 1848[1]. Rien

1. On peut calculer moyennement à trois cents millions chaque année la quantité d'or totale, déclarée ou non, extraite séparément de la Californie et

ne devait manquer du reste à des faits déjà si saisissants.
Au moment où l'on croyait que l'or allait remplacer l'argent, au moment où quelques gouvernements d'Europe,
fidèles aux conseils des économistes, songeaient à abaisser
le titre de leur monnaie d'argent pour rétablir, au moins
d'une manière détournée, le rapport uniforme d'un quinzième qui existe depuis des siècles entre la valeur des deux
métaux précieux, l'argent était à son tour tout à coup découvert (1859) par le peuple qui pouvait tirer le meilleur
parti des nouvelles mines, par les Américains du nord,
dans le territoire de l'Utah. Il y a de cela huit ans à peine,
et déjà la région occupée par les mines, forme un État
qui, sous le nom de Nevada, orne d'une étoile de plus
la bannière constellée de l'Union; et déjà l'on retire annuellement de ces gîtes autant d'argent en valeur mon-
nayée qu'on extrait d'or de la Californie. En 1864, le
président Lincoln, dans son dernier message, évaluait à
cent millions de dollars, ou plus de cinq cents millions de
francs, la production en métaux précieux de la Californie
et de la Nevada. L'équilibre entre les deux métaux-étalons,
que les hommes semblaient impuissants à maintenir, s'est
donc rétabli instantanément. Étrange oscillation, rôle
mystérieux de l'or et de l'argent, que la nature semble
avoir réglé elle-même et dont elle modère à son gré les
écarts. N'est-ce pas une curieuse histoire que celle des
métaux précieux? Les mines du Mexique, du Pérou, du
Chili, de la Bolivie, pour la plupart en décadence ou
épuisées, menacent de laisser tarir la source où le monde
s'approvisionne d'argent. L'or, qui prend le dessus d'une

de l'Australie, soit pour quinze ans seulement, et à six cents millions par an,
neuf milliards. En 1848, on estimait à dix milliards au plus tout l'or fourni
par l'Amérique depuis l'an 1500. On évalue à soixante milliards d'or et
d'argent l'encaisse métallique disponible aujourd'hui sur le globe.

manière inquiétante, va nous envahir ; les économistes redoutent les plus graves désastres financiers. Tout à coup les mines de la Nevada sont découvertes, et la balance se fait de nouveau en dehors de toutes les prévisions et de tous les calculs humains.

Il faut suivre les métaux précieux dans leur voyage à travers le globe, par les isthmes de Panama et de Suez, qui, taillés ou non, véritables bornes milliaires jetées entre les océans, jalonnent les deux plus grandes routes du monde. L'argent des mines d'Amérique prend le chemin de Londres par l'isthme de Panama. L'or de Californie suit aussi cette voie, et se rend en majeure partie à New-York ; celui d'Australie passe par l'isthme de Suez, et s'expédie tout entier vers la grande métropole du monde industriel et maritime. L'argent termine son évolution en allant d'Europe, par la Méditerranée et l'Égypte, dans les Indes et la Chine. Il n'en retourne jamais. Ces deux contrées, auxquelles on pourrait joindre l'Arabie, la Perse, le Japon, ont été comparées à de gigantesques éponges qui pompent l'argent européen. Plus la métallurgie produit de blanc métal, et plus l'Orient en absorbe et en enterre. Les économistes ont comparé ce phénomène à un véritable drainage. L'argent est d'ailleurs la seule monnaie ayant cours dans les contrées asiatiques, restées de tous temps immobiles, qui ne connaissent l'or qu'en bijoux et n'ont pas de billets de banque. A défaut de pièces monnayées, anglaises, françaises, américaines, on accepte des lingots à la marque des essayeurs de commerce.

Devant la progression continue que suit l'extraction des métaux depuis le commencement de ce siècle, il serait peut-être intéressant de présenter une statistique complète de la production métallique du globe en 1866, comme nous l'avons déjà fait pour le fer. Mais cette série de longs

et interminables tableaux, tout chargés de chiffres, serait-
elle ici à sa place ? Il sera mieux de résumer et de comparer entre elles, dans un seul cadre, les quantités et les
valeurs totales des métaux extraits, en reprenant par le fer :

**TABLÉAU DE LA QUANTITÉ ET DE LA VALEUR DES DIFFÉRENTS MÉTAUX
EXTRAITS SUR LE GLOBE EN 1866.**

Nom du métal.	Poids total en tonnes de 1000 kilogr.	Prix de la tonne.	Valeur totale en millions de francs.
FAMILLE DU FER.			
Fonte, Fer, Acier.	10 000 000	200	2000
MÉTAUX USUELS AUTRES QUE LE FER.			
Plomb.	250 000	600	150
Zinc.	120 000	600	72
Cuivre.	70 000	2 250	157
Étain	20 000	2 250	45
Mercure.	3 000	6 000	18
PETITS MÉTAUX.			
Antimoine, nickel, cobalt, bismuth, aluminium, platine, etc.			48
			490
MÉTAUX PRÉCIEUX.			
Or.			900
Argent			500
			1 400

En comparant entre eux les différents chiffres de ce
tableau, pour en tirer l'expression de quelques lois économiques, on trouve : 1° que la quantité de zinc est la
moitié, et la quantité de cuivre le quart de celle du plomb
produite annuellement ; 2° que la quantité de l'étain est
le tiers de celle du cuivre ; 3° que la valeur des petits
métaux égale à peine le dixième de celle des métaux usuels
communs ; 4° enfin, que tous les métaux usuels représen-
tent à peine en valeur le tiers des métaux précieux ou le

quart du fer extraits chaque année, et en poids, le vingtième de la quantité de fer. Pour les métaux précieux, il
ressort aussi une loi particulière, c'est que la quantité d'or
produite annuellement est à peu près le double de celle
de la quantité d'argent; c'était le contraire qui avait lieu
avant la découverte des placers californiens et australiens.

Si nous avions donné des tableaux statistiques minutieusement détaillés, on aurait pu en tirer d'autres consé-
quences économiques et même sociales. On aurait vu, par
exemple, l'Europe garder le premier rang pour la production des métaux usuels, ce qui assure sa supériorité,
aussi bien au point de vue commercial et industriel, qu'au
point de vue intellectuel et moral; et à leur tour, les colonies américaines rester les grandes pourvoyeuses de l'or
et de l'argent, ce qui continue à attirer vers elles le flot des
colons.

Dans la fabrication des métaux communs, les îles Britanniques ont la prééminence, qui leur est assurée par
une extraction considérable de houille, et par l'application .
économique qu'elles ont su faire du combustible minéral
à toutes les opérations métallurgiques. Quelles raisons
veut-on de plus de la prospérité matérielle du Royaume-
Uni? Le mercure et le platine sont les seuls métaux qu'il
ne produise pas, et quelques pays seulement marchent
avant lui dans certaines fabrications: le Chili pour le cuivre,
les Indes-Néerlandaises pour l'étain, l'Espagne pour le
plomb, la Prusse et la Belgique pour le zinc. La Californie
et l'Espagne sont les grandes pourvoyeuses du mercure; et
la Russie fournit les huit dixièmes du platine produit annuellement sur le globe.

Les États asiatiques, compris dans nos tableaux, y eussent
fait bien triste figure. Ils ne produisent pas même pour
leur consommation propre, non-seulement l'or et l'argent,

mais les métaux les plus vils. Les cuivres du Chili vont jusqu'en Chine faire concurrence aux cuivres du Japon ; le fer de l'Angleterre retient dans l'Himalaya l'acier indien.

Quand on considère la progression croissante à laquelle obéit l'extraction des métaux, on est naturellement conduit à se demander, comme pour la houille, si les gîtes auront une fin, et quel métal emploiera l'humanité alors que ceux que la nature semble avoir mis pour elle en réserve seront complétement épuisés.

Ici la question est moins pressante que pour le combustible fossile, et offre plus d'une solution.

D'abord la fin ou, si l'on veut, l'épuisement entier des gîtes ne sauraient être prévus. Si quelques mines deviennent stériles à partir d'une certaine profondeur, dans d'autres au contraire la productivité du gîte ne s'est jamais démentie, quelque loin que l'on soit descendu. Dans le Harz, nous savons qu'il est des mines attaquées utilement à des profondeurs dépassant aujourd'hui huit cents mètres. En Saxe, en Cornouailles, on a atteint six cents mètres, et toujours trouvé le métal. Nous n'avons plus affaire ici à des bassins limités, circonscrits, comme pour la houille, mais à des gisements en quelque sorte indéfinis, puisqu'ils s'enfoncent perpendiculairement sous le sol. Les gîtes métallifères sont en outre partout répandus, et le nombre de ceux qu'il reste à découvrir est plus grand que celui de ceux que l'on connaît. Les mêmes faits n'existent pas, à beaucoup près, pour la houille. De plus, la quantité de métaux annuellement consommés n'atteint pas douze millions de tonnes, moins que la France seule produit de charbon. Enfin les métaux se retrouvent, se réemploient, ne s'évanouissent pas en fumée comme la houille. Sans doute ils s'usent, ils s'égarent ; mais ces éléments de disparition peuvent être comparés aux quantités infinitésimales des algébristes. Toutes ces raisons et bien d'autres, que chacun devine, assurent l'avenir. On peut dire que les métaux ne s'épuisent pas, et qu'il ne saurait en être d'eux comme du combustible fossile, exploité à peine d'hier, et dont on calcule désormais avec une certitude mathématique l'époque de la complète disparition. Les métaux, au contraire, ont déjà fourni plusieurs étapes brillantes. La Syrie, la Phénicie, l'Égypte, la Judée, la Grèce, l'Étrurie, sans parler de l'extrême Orient, leur ont dû tour à tour une partie de leur civilisation raffinée, et les gîtes, souvent les mêmes, fournissent toujours, après trois et quatre mille ans d'exploitation, aux recherches des mineurs. Quelques-unes des veines y sont à peine effleurées.

Veut-on pousser les choses au delà de toute prévision, et spéculer sur ce qu'il adviendrait dans la suite des âges, sur notre petite terre, si les métaux venaient à manquer. Il faut d'abord supposer qu'à ce moment l'espèce humaine sera toujours dominatrice de l'univers, et que les êtres supérieurs qui doivent un jour la remplacer, et qui probablement n'auront besoin ni de métaux ni de houille, n'auront pas fait déjà leur apparition. Admettons que l'homme règne toujours, et qu'il s'agisse de lui trouver un métal, toutes les mines étant épuisées. La chimie n'est-elle pas là pour nous tranquilliser? D'abord la chimie des alchimistes, qui étaient moins fous peut-être qu'on ne le suppose, et qui n'auront eu que le tort de n'être pas venus en leur temps. Si tous les corps sortent de la même *monade*, si tous ne sont que des modifications du même atome, et les plus sévères expérimentations de la science semblent aujourd'hui nous amener à cette conclusion, on pourra changer un jour les pierres en métaux, ou seulement les métaux entre eux. Dès ce moment le secret de la transmutation, le grand œuvre sera trouvé, et l'approvisionnement métallique du globe assuré pour l'éternité.

Baissons d'un ton, car l'on pourrait prendre tout cela pour des paradoxes ou des utopies. La chimie moderne, si précise dans ses opérations, ne nous a-t-elle pas démontré récemment, par les belles expériences de M. Henry Sainte-Claire Deville, que les métaux les plus inaltérables peuvent être retirés de matières communes comme l'argile, et ce, en telle quantité que l'on veut? Des usines se sont même fondées dans ce but, j'entends de véritables usines métallurgiques, à Nanterre près de Paris, à Salindres près d'Alais (Gard), et en Angleterre. L'aluminium, en s'alliant au cuivre, donne un bronze destiné à de nombreux emplois. Il est lui-même, par son étonnante légèreté et par son inaltérabilité, susceptible d'être appliqué aux usages communs de la vie. Déjà le magnésium, possesseur à son tour de quelques propriétés curieuses, suit son aîné. Le calcium, le sodium, le potassium, ne vont-ils pas être aussi retirés de leurs combinaisons? Ne vont-ils pas, comme le magnésium et l'aluminium, se présenter à nous sous un aspect jusque-là ignoré, et non sous cette forme que la chimie, hier encore, croyait irrévocable, de métaux si avides d'oxygène qu'ils brûlent spontanément et dans l'air et dans l'eau? Ces prémisses posées, comme les minerais de ces nouveaux métaux sont partout, qu'ils composent ce que nous nommons vulgairement les terres et les pierres, et non plus ces substances rares qu'on ne trouve d'habitude que dans les filons, on voit combien le champ de nos ressources métalliques s'agrandit, et combien l'épuisement des métaux est loin de pouvoir être prévu.

N'y a-t-il pas encore les métaux récemment découverts dans le soleil par la plus étonnante invention que les hommes aient peut-être jamais faite, celle de l'analyse spectrale, ou des rayons du prisme ou spectre solaire? Ces métaux, qu'on ne saurait songer à aller exploiter si loin, ont été retrouvés dans les minerais terrestres. Enfin le laboratoire central du globe, toujours en activité, ne tient-il pas en réserve, en magasin, les métaux de l'avenir? Un de nos ingénieurs des mines, dont on retrouve le nom partout où une recherche originale est à faire, M. Daubrée, n'a-t-il pas démontré récemment, en étudiant les pierres tombées du ciel, les météorites, que ces corps révélaient la structure souterraine du globe, et en quelque sorte la nature des masses éruptives que le foyer intérieur de notre planète prépare pour l'avenir? Ces masses seront de fer pur, comme celles que les mondes nos frères nous envoient à titre d'échantillons, pour initier les géologues à ce grand phénomène que verront leurs petits-fils. Ce jour-là, si l'or, donnant raison à un poëte d'opéra, est devenu une chimère, si les autres métaux ont disparu, le fer les remplacera tous. Un nouvel âge de fer, plus complet que les précédents, se lèvera sur l'humanité, et de nouveau, comme en des temps déjà bien loin, le métal aidera même aux échanges, à titre de monnaie. Il ne perdra aucun des emplois qu'on lui donne aujourd'hui; mais il faut croire que la guerre aura enfin disparu, et que le métal de Mars ne servira plus qu'aux arts de la paix : ce dernier âge de fer sera ainsi le véritable âge d'or.

L'avenir s'annonce donc pour la métallurgie sous des auspices rassurants, et nos petits-neveux, condamnés à aller chercher le combustible dans le soleil, ne devront pas au moins recourir à cet astre pour l'exploitation des métaux.

TROISIÈME PARTIE

LES MINES DE PIERRES PRÉCIEUSES

TROISIÈME PARTIE.

LES MINES DE PIERRES PRÉCIEUSES.

———

I

LA FAMILLE DES GEMMES.

Pierres fines ou dures. — Origine des gemmes. — Le clivage et le cristal. — Couleur, éclat, transparence. — Le diamant; propriétés optiques. — Le carat. — Les plus fameux diamants connus. — Charbon et fumée. — Le saphir et le rubis. — L'émeraude. — La topaze. — Le grenat. — Le lapis. — La turquoise. — La tribu des silicides : le cristal de roche, l'améthyste, la calcédoine, l'agate, le jaspe, la cornaline. — Le groupe des irréguliers : la malachite, la marcassite; le succin, le jais; la perle, le corail.

La famille la plus remarquable, dans la classe si nombreuse et si intéressante des pierres, est la famille des gemmes ou pierres précieuses. Ce sont celles que les collectionneurs, les joailliers appellent les pierres fines, sans doute à cause du poli qu'elles peuvent recevoir. On les nomme aussi les pierres dures, parce qu'elles rayent généralement les corps les plus résistants, tels que le verre et l'acier. Le diamant, qui marche en tête des pierres fines (pl. I, fig. 1 et 2), est lui-même la plus dure des pierres : il raye tous les corps et ne peut être rayé par aucun.

Comme les substances métallifères, les pierres précieuses se rencontrent généralement dans des filons ou dans de simples fissures, même dans des cavités, qui tous traversent ou avoisinent les roches éruptives. La plupart des gemmes ont été aussi engendrées, comme les minerais métalliques, dans l'eau et les vapeurs chaudes. Le temps, le calme, le milieu aidant, des cristallisations étincelantes se sont produits, véritables larmes de la nature, et la gemme est peu à peu apparue, se détachant de la boue environnante. Les laves volcaniques ont elles-mêmes de tout temps donné naissance à beaucoup de gemmes, mais combien sont différentes celles-ci de leurs aînées, sinon par la composition, au moins par la beauté et l'éclat !

Dans les nids, dans les géodes où elles se sont lentement déposées, les pierres précieuses ne se présentent pas seulement avec les plus riches couleurs, mais aussi avec des formes qui obéissent à la loi du beau, à la fois simples et géométriques. La forme élémentaire du cristal est toujours la même pour la même espèce. C'est là l'individu minéralogique, le corps même de l'atome ou de la molécule initiale, de la *monade*, à laquelle amènerait le clivage[1], si l'on pouvait le pousser assez loin. La fixité de la forme

---

1. On appelle ainsi la faculté qu'ont les cristaux naturels de se déliter, de s'effeuiller suivant des plans qui se coupent sous des angles invariables pour la même espèce, et qui conduisent à la forme cristalline primitive. Cette propriété des matières minérales cristallisées a dû donner naissance à la taille, notamment à celle du diamant. L'opération du clivage était pratiquée de temps immémorial par les lapidaires, quand l'abbé Haüy en tira les belles lois de la cristallographie, qui ont fait entrer la minéralogie à la fois dans le domaine des siences exactes et dans celui des sciences naturelles. Le clivage a permis, on peut le dire sans exagération, de disséquer les corps minéraux.

LA FAMILLE DES GEMMES
Les pierres transparentes

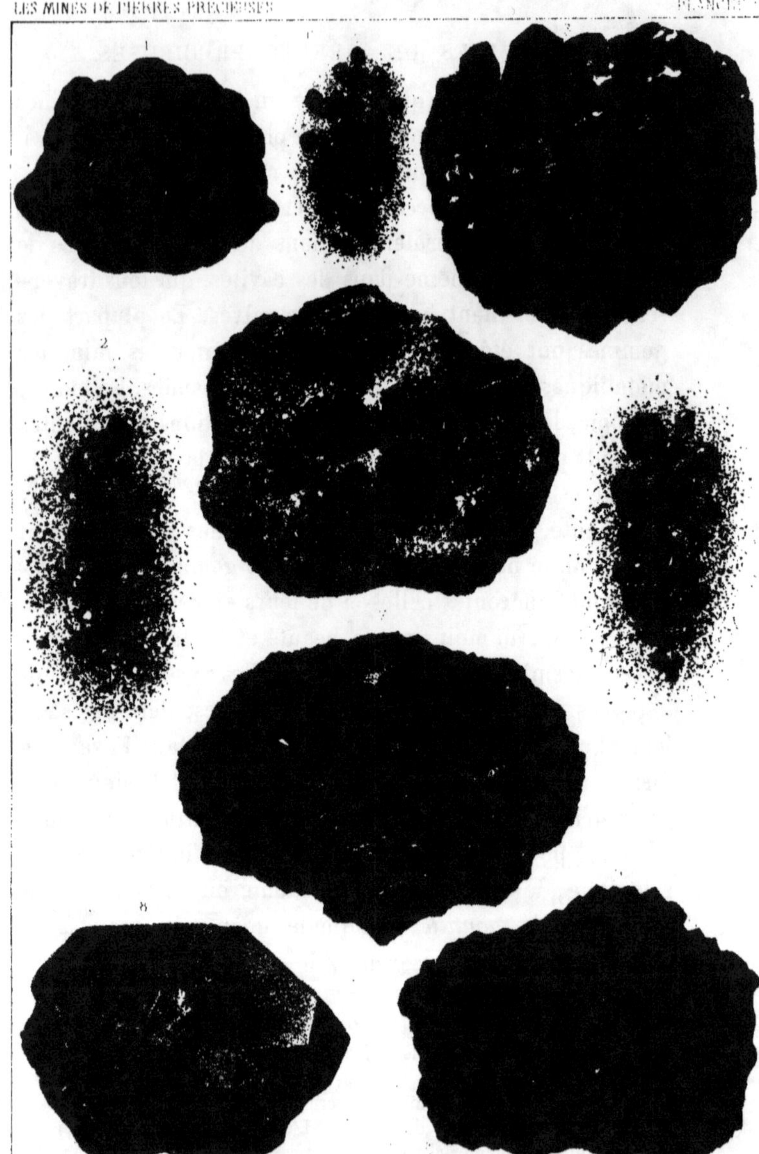

1. Diamant cascalhon *du Brésil*
2. Sables diamantifères *de Bornéo.*
3. Saphir *de l'Oural*
4. Sables avec saphir *de Ceylan*
5. Rubis *des États-Unis*
6. Sables avec rubis *de Birmanie*
7. Émeraude *de la Nouvelle Grenade*
8. Topaze et ... *du Brésil*
9. Grenat *de Bohême*

Librairie de L. HACHETTE & Cⁱᵉ a Paris   Imp Lemercier &Cⁱᵉ Paris

primitive n'exclut pas la variété, et les formes dérivées,
provenant de modifications symétriques sur les arêtes et sur
les angles, sont très-nombreuses. Elles donnent au cristal
ces facettes où se jouent les rayons lumineux. Enfin les
gemmes se distinguent par une transparence particulière.
Tant de qualités réunies font qu'elles marchent en tête de
tous les corps inorganiques. Si nous avons appelé les
minerais métalliques les princes du monde minéral, ne
pourrions-nous pas dire, avec plus de raison, que les pierres
précieuses en sont les reines ?

Le diamant, par lequel il convient de commencer la
revue des principales gemmes, portait en grec le nom d'*a-
damas*, qui signifie indomptable ; il mérite de tous points
ce nom. Il est infusible aux plus hautes températures, insoluble dans tous les acides, enfin c'est le plus dur de tous
les corps : il ne peut être usé que par sa propre poussière.
Cette faculté a été mise à profit dans la taille de ce joyau.
Les mille facettes que l'on obtient ainsi sur la meule donnent à la pierre sa plus grande valeur en lui permettant de
réfléchir, ou plutôt de réfracter, de briser, en la tamisant,
la lumière, sous tous les angles et dans toutes les directions. De là ces reflets étoilés où toutes les couleurs du
prisme, surtout les couleurs primitives, le bleu, le rouge, le
jaune, sont renvoyés en faisceaux éblouissants. La lumière
des bougies est la plus propice à ce jeu d'optique ; elle
exalte encore la faculté d'imbibition lumineuse que possède
le diamant. Quoi d'étonnant, après tout cela, que la femme
ait tenu à emprunter à cette pierre sans rivale sa plus belle
et sa plus riche parure ?

Le diamant a un éclat qui lui est particulier et qu'on
nomme l'éclat adamantin. Il est généralement incolore et
transparent ; il a la pureté, la limpidité, l'*eau* du plus beau
cristal ; mais on trouve, rarement il est vrai, des diamants

bleus qu'on peut confondre avec le saphir ; des roses, avec certains rubis ; des rouges, avec le grenat ; des verts, avec l'émeraude ; des jaunes, avec la topaze ; des violets, avec l'améthyste ; c'est pourquoi le diamant incolore sera toujours le plus apprécié. Il y a même des diamants noirs ou opaques, que les Brésiliens nomment *carbonado*, à cause de leur apparance analogue à celle du charbon. On ne les utilise guère dans la joaillerie, mais l'industrie s'en est utilement emparée pour divers emplois, entre autres pour en armer l'extrémité de la tarière du mineur, et forer des trous dans les roches les plus dures, dans les granits et les porphyres (voir page 158).

On connaît les formes que le diamant peut recevoir par la taille. La double forme pyramidale ou en *brillant* est la plus estimée. La pyramide supérieure, très-aplatie, est coupée ou tronquée, et cette partie se nomme la *table*. La pyramide inférieure n'est que légèrement tronquée. La taille en *rose* est au contraire tout à fait plate en dessous. La partie supérieure, qu'on nomme la *couronne*, se termine en pointe à peu près comme un bouton de rose. On taille aussi la gemme en forme de poire à facettes. Le fameux Sancy a cette forme.

Le diamant se vend au poids, au carat[1]. C'est un poids conventionnel qui vaut, suivant les pays, de deux cents à deux cent six milligrammes. Il se subdivise en demi, en quart ou grain, en huitième et ainsi de suite. Le prix du

---

1. Le nom de carat vient de l'indou *kuara*, et ce nom est celui d'une petite fève d'Afrique, rouge, à point noir, qu'on employait jadis à peser le diamant et les perles fines. Il s'applique aussi à cette petite coquille de la mer des Indes, appelée en français le *cauri*, qui sert de monnaie, et avec laquelle on fait des colliers. Sur la côte occidentale d'Afrique, dans le Dahomey, on a un esclave pour quelques milliers de cauris. Mille cauris valent, suivant les pays et le cours (car cette étrange monnaie éprouve de très-grandes fluctuations), de 3 à 10 francs.

diamant, au cours d'aujourd'hui, est de trois cents francs
le carat, taillé en brillant ; le même poids d'or vaudrait
cinq cents fois moins ou soixante centimes. Il y a vingt
ans, le cours du carat n'était que de deux cents francs ;
mais la précieuee gemme, comme toutes choses, a renchéri. Le diamant taillé en rose vaut les deux tiers de celui
taillé en brillant, et l'on calcule, dans les deux cas, que
la taille double le prix de la pierre brute, qui perd d'ailleurs par cette opération à peu près la moitié de son poids.

Le prix du diamant croît en passant d'un carat à plusieurs, non pas proportionnellement au poids, mais au
poids multiplié par lui-même, ou, comme on dit, au carré
du poids. Un diamant d'un carat, taillé en brillant, valant
trois cents francs, celui de deux carats vaudra donc deux
fois deux ou quatre fois plus, soit douze cents francs ; celui
de trois carats, neuf fois plus ou deux mille sept cents francs,
et ainsi de suite. Cette progression rappelle quelque peu
celle des grains de blé allant en doublant sur les cases de
l'échiquier, et à laquelle toutes les récoltes du monde ne
pourraient satisfaire quand on est arrivé sur la dernière
case. Si notre progression géométrique ne met pas hors de
prix les diamants d'un certain poids, elle nous donne au
moins la raison de leur grande valeur, de l'estime où l'on
tient les plus gros d'entre eux dont on pare les couronnes
royales, enfin des précautions minutieuses que l'on prend
pour garantir contre toute chance de vol ces objets à la
fois si précieux et d'un volume relatif si faible. A Londres,
c'est dans la Tour et à triple verrou, qu'on renferme les
joyaux de la couronne. Un intrigant fut cependant un
jour assez habile pour les y voler, mais on ne tarda pas
à l'arrêter. En France, pendant les troubles de la première
République, en 1792, les diamants de la couronne disparu-
rent également, bien qu'on les conservât sous les scellés

et dans le garde-meuble même. On parvint à en retrouver quelques-uns, enterrés dans l'Allée-des-Veuves, aux Champs-Élysées, à un endroit que fit connaître une lettre anonyme. Le fameux Régent était dans la cachette. Plus tard, Napoléon fit racheter tous les autres diamants de la couronne que l'on put encore ressaisir.

J'ai nommé le plus beau, le mieux taillé peut-être de tous les diamants, bien qu'il soit loin d'être le plus gros, le Régent, auquel le duc d'Orléans, qui en fit l'acquisition pendant la minorité de Louis XV, a laissé son nom. Il pèse cent trente-six carats, et il a été estimé douze millions; d'autres l'évaluent seulement à quatre; mettons la moyenne, huit millions, c'est encore un assez joli prix. Le Régent a été trouvé et a subi sa première taille dans la province de Golconde. Il avait sa place marquée à l'Exposition universelle de 1867 à Paris. Pourquoi ne l'y a-t-on pas porté? Comme en 1855, les visiteurs émus, ébahis, auraient pu l'admirer en passant, à distance, sans toucher, *mirare non toccare*, comme disent les Italiens.

Après le Régent nommons le Sancy, tombé du casque de Charles le Téméraire à la bataille de Granson, vendu deux francs par un soldat suisse, acquis en 1589 par Sancy, trésorier de France, qui lui donna son nom, volé en 1792 avec tous les diamants de la couronne, et passé plus tard aux mains des Demidoff, qui sont loin de vouloir s'en dessaisir; puis l'Étoile-du-Sud, dont nous avons donné le fac-simile quand elle était brute (pl. I des mines de charbon, fig. 1), trouvée par une négresse au Brésil en 1853, acquise par M. Halphen qui l'a fait tailler; puis le Ko-hi-noor[1] ou Montagne-de-Lumière, le plus ancien diamant

---

1. D'autres écrivent Koh-i-noor. Nous avons consulté des orientalistes qui nous ont encore donné cinq ou six orthographes, dont nous ferons grâce au lecteur.

connu, car l'on prétend qu'il aurait été porté par le radjah
indou Karnah, trois mille et un ans avant Jésus-Christ, date
certaine à une unité près ! A notre époque, le Ko-hi-noor
a été pris au roi de Kaboul par le roi de Lahore, Runject-
Singh, et de chez celui-ci, comme on pouvait le prévoir,
il est allé chez les Anglais. La Compagnie des Indes qui l'ac-
quit au prix de six millions, pour solde d'une mauvaise
créance, le revendit à la couronne d'Angleterre sur laquelle il achève sa dernière étape.

Il serait maintenant hors de propos de citer et le diamant le Grand-Mogol, et celui du radjah de Bornéo, et le
Shah, l'Orlow[1], la Lune-des-Montagnes de Russie, et le
Grand-duc-de-Toscane d'Autriche[2], et l'Étoile-Polaire des
Yousoupoff, et le diamant bleu de l'Anglais M. Hope, et
quelques autres, dont on trouve l'énumération détaillée
dans les livres, avec toutes les histoires, contes et légendes
qui s'y rapportent. Le nombre de ces pierres hors de prix,
de ces diamants souverains ou princiers, est du reste fort
limité. On ne saurait oublier toutefois ce fameux diamant
de la couronne de Portugal, le plus volumineux des diamants connus, mais que personne, dit-on, n'a jamais vu.
Les Portugais l'estiment HUIT MILLIARDS, et c'est son prix,
s'il pèse, en effet, dix-huit cents carats; mais les malins
prétendent que ce n'est qu'une vieille topaze.

Le diamant brut, dans sa gangue, ou, si l'on veut, dans
les cailloux agglutinés qui souvent le contiennent (pl. I,
fig. 1), est loin d'attirer l'attention. Au milieu de ces sables,
de ces graviers, de ces alluvions que les Brésiliens nom-

1. Volé au siècle dernier par un grenadier français sur une idole de
Brahmah, dont ce diamant formait un des yeux. Le soldat ne put arracher
l'autre œil.

2. Perdu par Charles le Téméraire à la bataille de Morat. Le Téméraire
n'avait pas de chance : à chaque bataille qu'il perdait, il perdait aussi un
de ses plus beaux diamants.

ment *cascalhos* (cailloux roulés) ou *feijaos* (haricots), à cause de la forme même ou de l'apparence de quelques-uns des cailloux, la pierre par excellence n'excite pas davantage les regards. Il faut que les sables aient été enrichis par le lavage (pl. I, fig. 2) pour qu'on la discerne aisément. Si ce n'était l'habitude, le flair que donne à la longue le travail sur les placers gemmifères, la plupart du temps on passerait auprès de la divine gemme sans même l'apercevoir. Qu'est-ce après tout que le diamant? Un peu de carbone pur cristallisé, en quelque sorte de la houille transparente, rien de plus. Dirigez sous une cloche remplie de gaz oxygène un foyer de calorique au moyen d'une lentille convergente, que toute la chaleur tombe sur un cristal de diamant, il brûle, et l'on ne trouve plus sous la cloche que de l'acide carbonique, combinaison gazeuse, invisible, d'oxygène et de carbone. L'expérience est de Lavoisier. Prise par son côté philosophique, elle est désespérante. Tout s'en va donc ici-bas en fumée, et la gloire et les plus beaux joyaux : *Sic transit gloria mundi!*

Presque sur le même rang que le diamant il faut mettre le saphir et le rubis (pl. I, fig. 3, 4, 5 et 6), l'un bleu d'azur, et l'autre rouge de feu ou rose. Les lapidaires les estiment presque autant, quand ils sont de très-belle eau, que le diamant lui-même. Roulé, naturellement poli, tel qu'on le trouve dans les placers, le rubis forme de très-beaux cabochons. Les savants confondent saphirs et rubis sous la même dénomination de corindon, qui est, dit-on, un mot chinois, et c'est peut-être pour cela qu'ils lui ont donné la préférence. Le corindon brut est l'émeri, dont on emploie la poudre aux mêmes usages que celle du diamant, c'est-à-dire à user les corps les plus durs. Chimiquement le corindon est de l'alumine pure, de l'argile moins la silice, une matière des plus viles, comme dans le diamant;

LA FAMILLE DES GEMMES
Les pierres translucides et opaques.

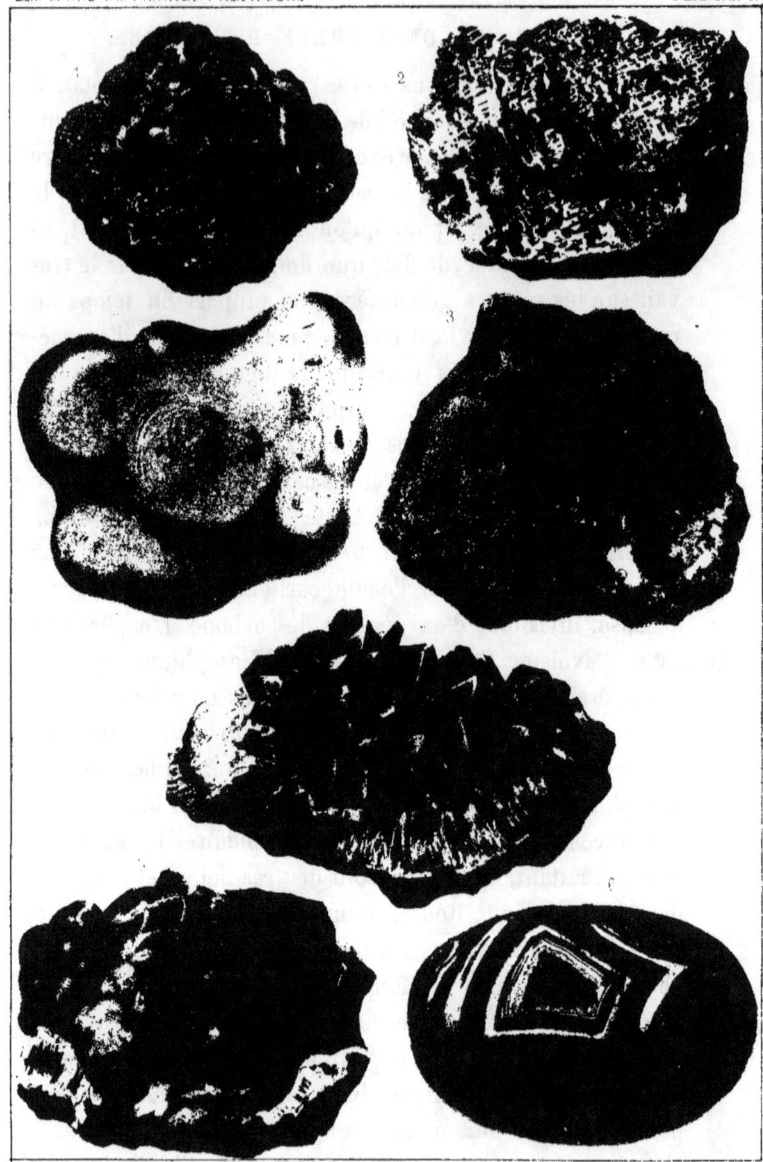

A. Faguet pinx.   Reqateev Chromolith.

1. Turquoise *de Perse*
2. Lapis Lazuli *de Boukhare*
3. Opale *de Hongrie*

4. Amethyste *de Saxe*
5. Calcédoine *d'Islande*
6. Agate roulée *du Paraguay*

7. Ambre jaune, *de la Prusse orientale*

mais quand la matière est cristallisée, de quels feux ne brille-t-elle pas?

Le rubis et le saphir sont les deux plus belles des pierres de couleur. Voici maintenant l'émeraude au ton vert (pl. I, fig. 7). Une variété de cette gemme est l'aigue-marine dont la couleur tourne au bleu pâle. L'émeraude est, d'après les chimistes, un silicate double d'alumine et de glucine, et la glucine est un oxyde d'un métal bien peu connu, le glucium, dont tout le rôle paraît se borner à concourir à la composition de l'émeraude. Vivat pour le glucium! Bien des corps simples de la nature, ou du moins bien des corps supposés tels, remplissent un rôle moins utile que lui.

Un silicate d'alumine mêlé d'un peu de fluor, telle est la topaze au jaune caractéristique (pl. I, fig. 8); mais quelquefois aussi bleue, verte, rose et même incolore. La plupart des gemmes ne sont que de l'argile cristallisée, alliée à quelque substance étrangère. Cette substance est ici le fluor, un métalloïde peu répandu. Combiné au calcium, le fluor produit à son tour presque une gemme, la chaux fluatée, que nous avons mentionnée parmi les gangues des minerais métalliques. Uni à l'hydrogène, il donne, dans les laboratoires, un acide des plus énergiques, l'acide fluorhydrique, qui attaque le verre et sert à graver sur ce corps dur, à défaut de diamant.

Un nouveau silicate d'alumine auquel se mêlent, selon les cas, l'oxyde de fer, de manganèse ou de chrôme, ou la chaux et la magnésie, voilà le grenat. La couleur ordinaire en est le rouge foncé : peu à peu la palette va se complétant; ne faut-il pas que notre écrin reflète tous les tons de la ceinture d'Iris? La couleur qui porte le nom générique de la pierre ou rouge grenat, est celle du grenat almandin ou oriental (pl. I, fig. 9), appelé encore grenat hyacinthe, pyrope ou grenat syrien; mais il y a des grenats noirs (mélanites), des grenats jaunes, verts, roses, blancs ou incolores. Le grenat, comme le diamant et la topaze, revêt volontiers toutes les livrées.

Laissons cette pierre changeante, pour en saluer une qui n'a jamais eu que la même couleur, à laquelle l'azur a donné son nom, la lazulite ou lapis-lazuli (pl. II, fig. 2). C'est un silicate double d'alumine et de soude, sans transparence, sans beaucoup d'éclat, mais d'un ton uniforme, très-doux. La pierre peut prendre toutes les nuances du bleu, clair ou sombre. Elle est semée de paillettes jaunes de pyrite de fer qu'on prendrait pour de l'or, tant elles brillent au milieu du bleu mat du lapis.

La turquoise (pl. II, fig. 1) est sœur du lapis par l'apparence et un peu par la couleur. Ce n'est plus un silicate d'alumine et d'autres bases, simple ou composé, c'est un modeste phosphate de chaux, d'alumine et de cuivre : d'aucuns disent que la turquoise ne provient que d'os pétrifiés, verdis ou bleuis par les sels cuivreux, comme les os des mineurs fossiles dont nous avons parlé (II⁰ partie, IX). Le nom de la pierre est emprunté à la Turquie, et c'est en effet de la Turquie d'Asie et de la Perse que viennent les plus belles turquoises.

Nous voici arrivés maintenant à la silice plus ou moins pure, ou silex. C'est la vraie pierre celle-là, et une pierre bien méritoire : elle a donné à l'homme ses premiers outils, puis la meule à broyer le grain; il est vrai que c'est aussi la pierre à fusil. Aujourd'hui on en fait du macadam, on en pave les rues; mais ces usages sortent de notre domaine. Étudions seulement le silex comme gemme et non comme caillou. Le premier dans la dynastie si nombreuse et serrée des silicides, est le silex cristallisé, incolore, transparent (pl. I, fig. 8), le cristal de roche, doué de la double réfraction, c'est-à-dire du pouvoir de répéter deux fois une image qu'on regarde à travers. Toutes les gemmes incolores possèdent cette propriété, à l'exception du diamant. Le cristal de roche décompose aussi la lumière et en sépare les sept couleurs primitives, étudiées par Newton, et que rappelle dans leur ordre naturel ce vers mnémonique :

Violet, indigo, bleu, vert, jaune, orangé, rouge.

La forme la plus commune du cristal de roche est celle d'un prisme à six pans, terminé par des pointements en pyramide. Les cristaux se marient, se pénètrent volontiers les uns les autres, et forment ainsi les plus beaux et les plus riches groupements. Quelques-uns contiennent dans l'intérieur de fines aiguilles cristallisées de sulfure bleu d'antimoine, d'oxyde de titane rouge ou titane rutile. Quel calme a dû présider à la formation des cristaux, pour permettre des dépôts si ténus, si délicats. D'autres échantillons renferment des gouttes d'eau qui se balancent suivant le sens où l'on incline le cristal. Les Neptuniens qui, relevant l'ancienne théorie du sage Thalès, prétendent que tout en ce monde a été formé par l'eau, ont acclamé ce phénomène avec joie. Ils l'ont victorieusement opposé aux Plutonistes qui, rangés dans le camp du vieil Héraclite (celui qui pleurait toujours), admettent au contraire le feu dans la formation de tous les minéraux. La vérité n'est-elle point entre les deux extrêmes, dans un prudent éclectisme, admis avec tant de raison par M. Cousin dans la philosophie, et qui de là devrait bien passer dans toutes les sciences naturelles?

Le cristal de roche est un des éléments du granit, où il est mêlé au feldspath cristallin et au mica lamelleux. Compacte et en masse, ce n'est plus une gemme; mais nous l'avons vu former en ce cas des filons souvent gigantesques, qui servent de réceptacle à l'or, l'argent, le platine, l'étain et presque tous les métaux.

Avançons, car les derniers attendent. Voici l'opale aux tons changeants et flamboyants (pl. II, fig. 3), l'opale dont une variété est si justement nommée arlequine ; puis l'améthyste ou cristal de roche violet[1] (pl. II, fig. 4) coloré, dit-on, par des globules homœopathiques d'oxyde de manganèse. Ce corps a la propriété de rendre violet tout ce qu'il touche. L'améthyste, comme le cristal incolore, forme souvent de très-beaux groupes, contenus dans des cavités, des masses sphériques creuses, ce qu'on nomme des géodes, d'où se détachent vigoureusement les têtes de pyramides à six faces. Cette gemme doit à sa couleur d'être la pierre épiscopale , les évêques étant voués au violet. Les anciens la regardaient comme un spécifique contre l'ivresse, et le mot grec *amethystos* a cette signification.

Après l'améthyste, les belles pierres, les véritables gemmes disparaissent ; mais on peut citer encore le jade vert[2], si patiemment taillé et poli par les Chinois qui, pour cela, emploient le diamant ; la calcédoine blanche et laiteuse (pl. II, fig. 5); l'aventurine aux tons chatoyants ; l'agate ou onyx (pl. II, fig. 6), appelée aussi *onicolo*, aux zones concentriques et de couleur différente[3], taillées souvent en camées, surtout par les anciens; le jaspe vert sombre, mêlé de taches sanguines, et dont on fait des pierres de bagues, de broches , de bracelets; le jaspe rouge ou cornaline, dans lequel les Égyptiens ont taillé presque tous leurs scarabées, et où ils ont gravé, ainsi que les Assyriens, les

---

1. On trouve aussi du cristal de roche coloré en noir, dit enfumé; en jaune, imitant la topaze; en vert, l'émeraude; en rose, le rubis : mais ce sont là des raretés.

2. Le jade n'appartient pas à la famille siliceuse pure; c'est un silicate de chaux et de magnésie.

3. D'où le nom d'onyx ou ongle que les Grecs lui avaient donné.

Étrusques, les Grecs, les Romains, les plus magnifiques empreintes. Nos pères, moins habiles, se sont bornés à monter leurs clefs de montres sur des cornalines découpées en ovale, et les Allemands font aujourd'hui avec cette pierre des breloques de bas aloi, aux emblèmes des trois vertus théologales, la croix, l'ancre et le cœur, dont ils inondent toutes les foires, tous les bazars. Autres temps, autres artistes.

Terminons par le groupe que l'on pourrait appeler des irréguliers, cette revue des pierres précieuses. Ici les produits des trois règnes sont mêlés, et le monde minéral donne la main au monde organique. Nous avons encore quelques pierres fines, et certaines d'un grand prix, mais plus de pierres dures, transparentes, plus de vraies gemmes. Presque toutes les substances appartenant à cette classe sont même plutôt des pièces d'ornement, propres à s'adapter au placage, à la mosaïque, au vêtement, que de véritables pierres précieuses. Examinons néanmoins quelques-uns des membres de ce dernier groupe.

En commençant par le règne inorganique, nous trouvons entre autres la malachite aux tons verts, dont les zones passent par toutes les nuances sur le même échantillon. C'est avant tout un minerai métallique, un carbonate de cuivre, que nous avons déjà décrit dans la famille des métaux (pl. II des mines de métaux, fig. 4). A côté de la malachite se range la marcassite ou pyrite de fer (pl. VII des mines de métaux, fig. 2), employée jadis pour faire des boucles, former le tour des broches, etc. En plaque, elle était connue sous le nom de miroir des Incas, parce qu'elle reflète en effet les objets et qu'on l'a trouvée dans les tombes des indigènes péruviens; elle est aujourd'hui en défaveur.

Le succin ou ambre jaune (pl. II, fig. 7) est d'origine

végétale. Les Turcs en font de beaux colliers, des bracelets,
et des bouts fort élégants pour leurs pipes, les chibouques
et les narguilehs. Les dévots musulmans et les grecs changent en chapelets les colliers de succin. Cette substance n'est
qu'une résine fossile provenant d'un conifère des dernières
époques géologiques. La résine, en coulant, a souvent entraîné avec elle des insectes qui vivaient sur l'arbre, mouches, moucherons, fourmis, sauterelles, et qui, pris et
moulés de cette façon inattendue, se sont admirablement
conservés. On reconnaît, dans l'ambre transparent, jusqu'aux parties les plus délicates des organes de ces insectes antédiluviens.

On trouve surtout le succin en Asie Mineure, en Chine,
en Sicile, et dans les sables et les terrains qui bordent la
Baltique, le long du rivage prussien. C'est dans ce dernier
endroit que les Phéniciens allaient le chercher, il y a plus
de trois mille ans. On en rencontre aussi dans l'argile plastique du terrain parisien ; mais il n'y a jamais été exploité,
car il est de très-médiocre qualité. L'ambre gris, rejeté,
dit-on, par le cachalot, et qui flotte en certains endroits à
la surface de l'océan Indien, ne doit pas être confondu
avec le succin. C'est avec cet ambre que l'on parfume les
eaux de toilette. La matière est poreuse, très-légère et
vaut son pesant d'or, on peut le dire sans figure. Les Arabes
de Zanzibar, quand ils vous vendent l'ambre gris, mettent
le produit sur un des plateaux de la balance, et sur l'autre
lui font équilibre avec des pièces d'or. Le nombre des
pièces marque le prix de la quantité d'ambre pesée. Dans
le golfe de Californie, on estime de même la valeur des
perles.

Le jais, comme le succin, n'est qu'une matière végétale.
C'est simplement du charbon fossile, un lignite parfait,
compacte, susceptible de prendre un certain poli (pl. I des

mines de charbon, fig. 6). Les Anglais, qui en exploitent dans le Yorkshire des gisements très-étendus, ont conservé au jais une grande vogue. Ils en font des bijoux de deuil et même des bracelets, des colliers, des croix de dimensions fabuleuses, que les *ladies*, amies du noir, portent volontiers en toute occasion.

Les pierres dont il reste à parler sont d'origine animale. C'est avant tout la perle, produite par une maladie de l'huître. Quelques variétés de cette gemme, de couleur gris bleuâtre et en forme de poire, sont nommées *veuves* à Panama, sans doute à cause de la difficulté qu'on éprouve de les accoupler. Elles ont une valeur hors de prix, quand on peut réunir deux sujets tout à fait pareils. La matière qui compose la perle n'est que le calcaire ou carbonate de chaux, que les plus faibles acides dissolvent. On connaît l'histoire de Cléopatre, buvant au dessert, dans du vinaigre, deux perles incomparables, pour donner une leçon à ce bourgeois Antoine, qui vantait la cherté du dîner offert par lui à la voluptueuse princesse.

Le corail est, comme la perle, un produit du monde de la mer. Les infiniment petits, les zoophytes, les polypiers, qui bâtissent des continents au fond des abîmes, sécrètent le corail. Les variétés rouges et roses de cette pierre sont également estimées. La mode les a quelquefois adoptées avec une véritable fureur.

II

EN ORIENT ET SOUS LES TROPIQUES.

L'Inde: Golconde, Visapour, Ceylan, Bornéo. — Les pierres orientales. —
Placers aurifères et gemmifères. — Afrique: Madagascar, Abyssinie,
Égypte. — Perles et coraux. — Amérique: Mexique, Californie, Nou-
velle-Grenade, Brésil. — Régions gemmifères d'Europe.

Les deux contrées gemmifères par excellence sont l'A-
mérique et l'Asie, les tropiques et l'Orient. L'Asie, depuis
les premiers temps de l'histoire, l'Amérique, depuis l'époque de sa découverte, n'ont cessé d'alimenter des plus belles
pierres précieuses le monde civilisé. Dans l'Inde était un
ruisseau que les Grecs nommaient Adamas ou le Diamant.
La chaîne des Ghattes qui court parallèlement à la côte de
Coromandel, est un des nids où gisent les gemmes. Qui ne
connaît Golconde, Raolconde, Visapour, l'île Ceylan ? Bornéo, Java, Sumatra, les Célèbes sont aussi parmi les lieux
qu'affectionnent les pierres précieuses, et en première ligne
le diamant. La Birmanie, la Chine, où se cachent les rubis
et les saphirs; la Perse, la Boukharie, le pays des belles
turquoises et des lapis; toute l'Asie centrale, tout l'Orient
sont les contrées favorites des gemmes. Quand un lapi-
daire veut citer une pierre sans rivale, quelles épithètes
lui donne-t-il? celles d'*orientale*, d'*indienne*, de *syrienne;*
alors encore la pierre est *noble* ou de *vieille roche*. C'est
en effet dans les placers asiatiques que se rencontrent les

types les plus beaux. Jusqu'ici l'Amérique tropicale a seule partagé cette faveur avec l'Asie. La dureté, l'éclat, la transparence, la couleur ne se trouvent réunis au plus haut degré que dans les pierres de ces deux provenances. Faut-il croire avec quelques lapidaires, échos en cela des anciens minéralogistes, que le soleil fécond de ces climats, que la chaude lumière qui les inonde, sont pour quelque chose dans ce phénomène? Ou n'est-ce point un effet qui reconnaît la même cause que celle que nous avons déjà invoquée pour le gisement des métaux précieux? Une sorte d'attrait n'aurait-il pas été jeté à dessein par la nature sur ces lieux dont la fécondité végétale est à son tour si remarquable, comme pour y amener et y fixer le colon, l'homme des pays civilisés mais tempérés, qui sans cela n'émigrerait pas vers les tropiques?

Quelles que soient les raisons du phénomène, il existe. Les pays de l'or sont aussi la patrie des gemmes. En Asie, aux contrées déjà nommées il faut ajouter la Sibérie, ou, si l'on veut, les placers gemmifères dépendants de l'Altaï et de l'Oural, enfin les gîtes de l'Asie Mineure, et surtout ceux de la Syrie, d'où viennent les plus beaux grenats.

En Australie, on a trouvé des diamants, des topazes, des saphirs sur les placers de Victoria.

En Afrique, c'est la grande île de Madagascar, le pays du cristal de roche, qu'il faut surtout rappeler; puis la Haute-Égypte et l'Abyssinie, où se rencontrent principalement les émeraudes, qu'on y exploite depuis les temps les plus reculés.

Dans la mer Rouge, dans le golfe Persique, dans la mer des Indes, se pêchent les plus belles perles et le plus beau corail.

En Amérique, le Mexique est renommé par ses opales, et les placers de la Californie recèlent aussi les gemmes. A

Panama, on pêche des perles qui rivalisent avec celles de la mer Rouge et de Ceylan. La Nouvelle-Grenade et le Pérou sont cités surtout pour leurs émeraudes, et le Chili pour ses lapis. Mais quelle province peut se comparer au Brésil, devenu la patrie par excellence de la topaze, de l'améthyste, du cristal de roche et du diamant? On recueille même, dans ce district de Minas-Geraës, déjà si fécond en or et en métaux de tous genres, des émeraudes aussi belles que celles de Bogota. Le Brésil en cela l'emporte sur l'Inde elle-même; c'est de l'ancienne colonie portugaise que viennent aujourd'hui les plus beaux joyaux. Cette fécondité gemmifère du Brésil ne s'est révélée que fort tard : il y a moins d'un siècle et demi, le diamant y était pour la première fois découvert.

Après ce rapide voyage, et arrivant à notre vieille Europe, oserons-nous jeter un regard autour de nous? Citerons-nous le cristal de roche et l'améthyste des Alpes, les grenats de Bohême, les opales et les topazes de Saxe et de Hongrie, les émeraudes et les aigues-marines de l'île d'Elbe et de Limoges, les agates des bords du Rhin, pierres pâles et aux incolores reflets? Toutes ces gemmes peuvent-elles soutenir la comparaison avec les merveilleux joyaux que nous ont offerts l'Asie, l'Afrique et l'Amérique? Nous avons déjà nommé le rivage prussien de la Baltique pour son ambre, qu'on recueille entre Dantzick et Kœnigsberg, l'Angleterre pour ses jais du Yorkshire; joignons-y le bassin méditerranéen, surtout les côtes de Sicile et de Tunisie pour le corail, et tout sera dit. Si la loi que nous avons timidement proposée n'est pas exacte, celle d'une accumulation des gemmes vers les contrées tropicales, il faut croire que les anciens auront extrait en Europe toutes les pierres précieuses, puisqu'il nous en reste si peu à exploiter.

III

LES CHERCHEURS.

Les chercheurs disciplinés. — Les diamantaires californiens. — Exploitation des placers gemmifères du Brésil, de l'Inde. — Commerce des diamants. — Les chercheurs isolés. — Pêche du corail et des perles.

Parmi les mineurs cherchant les pierres précieuses, les seuls qui forment comme un bataillon discipliné, sont les ouvriers des placers diamantifères. Les alluvions que recèlent les gemmes s'exploitent comme les alluvions aurifères. Elles sont produites par les mêmes causes, la désagrégation de gîtes en place, de roches siliceuses, porphyriques, granitiques, où la matière précieuse avait été d'abord déposée. L'analogie est frappante avec le gisement de l'or et du platine ; souvent même les deux natures de gîtes existent simultanément. Aujourd'hui, en Californie, on reprend les placers appauvris, non pour y retrouver de maigres paillettes, mais pour en retirer les diamants. L'orpailleur lave les terres dans sa batée, et n'y recherche plus le jaune métal, mais de petites pierres dures, essayées sur une meule qu'il porte partout avec lui.

Au Brésil, c'est également par le lavage à la sébile ou au milieu d'un courant d'eau que s'exploitent les sables gemmifères. Ce sont généralement des esclaves qui font ce travail sous les yeux d'actifs surveillants. Le pic et la pelle sont employés pour désagréger les graviers diamantifères (fig. 161), à peu près comme nous avons vu procéder les Chiliens pour le lavage de l'or. L'eau entraîne l'argile, la terre fine, le sable. Les gros galets s'enlèvent à la main, et l'on étale au soleil le menu gra-

Fig. 161. — Exploitation des placers diamantifères.

vier qui reste. Les rayons de l'astre lumineux se jouant sur les facettes de la gemme la font bien vite reconnaître. Au reste les chercheurs ont en cela un flair tout particulier, et il est merveilleux de voir comme ils discernent à première vue les moindres parcelles de diamant au milieu des plus volumineux cailloux.

A mesure qu'on recueille la gemme, on l'enferme dans
un petit étui en bambou (fig. 162), dont le pourtour est
plus ou moins décoré, et auquel on attache une certaine
superstition. Un étui qui a déjà contenu des diamants en
fait trouver d'autres, et c'est pourquoi les nègres ont peine à se séparer de ce frêle tube de
roseau.

La recherche des diamants est concentrée
dans les provinces de Bahia et de Minas-
Geraës. Elle est entreprise par des compagnies disposant d'un grand nombre de bras
ou par des colons isolés. Ce ne sont pas seulement les sables, les graviers agglutinés,
mais encore des grès talqueux dont les
grains de quartz sont séparés par des cristaux de fer magnétique, les itacolumites, les
itabirites, qui renferment la précieuse gemme.
Ce sont ces roches (dont le nom même rappelle les localités les plus gemmifères du

Fig. 162.—Étui
à diamants des
chercheurs du
Brésil.

Ech. 1/2.

Brésil) qui recèlent le diamant en place, et non plus roulé
comme dans les cascalhos. C'est là qu'il aurait cristallisé, à
l'époque de sa formation géologique. D'autres disent, et
M. Liais avec eux, que des roches porphyriques vertes et
des serpentines sont au contraire les roches diamantifères
par excellence. La science n'a point encore répondu à ces
questions d'une manière satisfaisante. Ici, comme pour le
gisement en place du platine et même celui de l'or, une
partie du problème reste encore à résoudre.

Les mineurs, sans se préoccuper aucunement des spéculations de la géologie, ne spéculent que sur leurs recherches. On acclame les découvertes de quelque importance,
et quand un esclave a trouvé un beau diamant, on le met
incontinent en liberté. A la fin de la journée, on fait su-

bir aux ouvriers les visites les plus minutieuses, et malgré tout les vols sont très-nombreux. A Tejuco, la *Ville-Diamantine*, comme l'appellent les Brésiliens, se concentrent les produits de l'exploitation de la province de Minas-Geraës; le diamant y est reçu comme monnaie. Quand les grandes compagnies exploitantes, ou les agents des maisons de Bahia et de Rio-Janeiro qui font cet important commerce, ont rassemblé une certaine quantité de diamants, un convoi part pour ces capitales, accompagné par des piquets de soldats (fig. 163). La distance à franchir est de cent quarante lieues sur Rio-Janeiro, et deux cent cinquante sur Bahia. Il n'y a pas de chemins de fer, et les Mandrins, les Cartouches brésiliens, pour peu qu'ils aient l'esprit inventif et audacieux, ont là de beaux coups de main à tenter; mais il paraît qu'il n'arrive jamais de mésaventure aux convois.

Dans l'Inde, dans l'extrême Orient, l'exploitation des terrains diamantifères est conduite à peu près de la même façon qu'au Brésil. Il faut lire dans les vieux et naïfs voyageurs, dans Tavernier, dans Chardin, les curieux récits des travaux d'autrefois, et dans Mme Ida Pfeiffer la relation des exploitations contemporaines sur les placers de Bornéo.

Les diamants de l'Inde sont envoyés à Amsterdam et à Anvers, où depuis des siècles, depuis que le Hollandais Berqueen eut perfectionné, sinon trouvé la taille de l'incomparable gemme (1475), est concentré entre les mains des Israélites presque tout le commerce du diamant. Depuis quelques années, Londres et Paris ont aussi des tailleries importantes, alimentées surtout par le Brésil, et généralement par toutes les autres provinces diamantifères de l'Amérique, la Nouvelle-Grenade, le Pérou, le Mexique, la Californie. On peut estimer à cent cinquante mille

Fig. 163. — Un convoi de diamants au Brésil.

carats, ou environ trente kilogrammes, la production annuelle en diamants bruts des deux Amériques. En fixant le
carat à cent francs, c'est une valeur de quinze millions de
francs [1]; mais ce chiffre double par la taille. L'Asie doit
fournir à peu près la même quantité que l'Amérique.

En Europe, la recherche des gemmes n'est pas disciplinée comme au Brésil, en Californie et dans l'Inde. Ce sont
de simples coureurs de montagnes, sortes de croyants et
d'illuminés, patients, tenaces, qui d'habitude sont à la
piste des gemmes. Dans les granits, dans les quartz, un
peu à l'avenant, obéissant à une sorte d'instinct, ils pratiquent des coups de mine ou attaquent la roche avec le
pic. La masse se fendille, éclate, et bien souvent apparaissent dans l'intérieur de magnifiques géodes, des poches
profondes, où le cristal de roche, l'améthyste, l'émeraude,
l'aigue-marine, le grenat, la topaze se montrent aux regards émerveillés du chercheur. Les pierres ont tout l'éclat
du premier jour, les belles et étincelantes couleurs que leur
donna la nature, il y a des milliers de siècles, quand elle
les déposa dans cette mystérieuse cachette.

J'ai connu quelques-uns de ces chercheurs isolés, aux
types fort originaux, l'un entre, autres, cantonné à l'île
d'Elbe et que chacun peut y voir encore, l'infatigable et
intelligent Pietro Pinotti, dit *Cervello fine* ou cerveau
rusé. Ce sobriquet lui vient autant de son habileté merveilleuse à découvrir les gemmes, que du talent particulier qu'il a de se les faire acheter au plus haut prix.

D'autres chercheurs non moins méritants, sont ces
braves pêcheurs de corail, ces rudes marins de Gênes et
de Naples, qui vont, par les plus gros temps, arracher
aux profonds abîmes l'arbuste de pierre aux rameaux

1. On n'estime pas à plus du cinquième de ce chiffre la valeur des
pierres fines de couleur annuellement exploitées.

blancs et roses. Il ne faut pas oublier non plus ces hardis plongeurs qui, à Panama, à Aden, à Colombo, à la Paz (golfe de Californie), descendent au péril de leur vie au fond de la mer, pour y enlever le coquillage nacré dont la perle ornera plus tard les belles et paresseuses dames. A Panama, on a vu le pêcheur, restant trop longtemps sous l'eau, perdre le sang par la bouche et les oreilles; mais ce n'est là que le moindre des dangers qu'il court. Il plonge avec un couteau à la ceinture pour se défendre contre les requins. Sur les lieux mêmes, on m'a conté qu'un Indien fut un jour dévoré par le squale, et qu'une tache rouge, montant en bouillonnant à la surface, avertit seule de cette catastrophe le compagnon qui attendait dans la barque. Fou de désespoir, celui-ci n'écoute que son courage; il plonge immédiatement, cherche le monstre, le trouve achevant son hideux repas, l'éventre et remonte triomphant, content d'avoir vengé son ami. Les types de ces rudes pêcheurs de corail, de ces hardis plongeurs de perles, méritent d'être mis en parallèle avec ceux des courageux mineurs dont nous avons décrit précédemment les luttes.

IV

LE FAUX ET LE VRAI.

Les pierres artificielles. — Les verroteries de Venise. — Les imitateurs de
la nature. — Ce qu'on voit et ce qu'on ne voit pas. — Rôle social des
gemmes.

De tout temps on a cherché à imiter les gemmes. Cette
fabrication a fait aujourd'hui de tels progrès, qu'il est bien
difficile, même aux plus habiles, de distinguer à première
vue entre certaines pierres fausses et vraies. Dans les
pierres artificielles, obtenues au moyen d'oxydes métalliques que l'on incorpore au cristal, les défauts qu'ont souvent les plus belles gemmes ont disparu, ce qui tend encore
à donner le change; mais si l'on y regarde de près, si l'on
fait surtout quelques essais, on reconnaît immédiatement
l'imitation. La dureté, l'éclat, les propriétés optiques, c'est-
à-dire la façon de réfléchir et de réfracter la lumière, ne
sont plus les mêmes; le clivage n'existe plus, le poids spécifique est différent; enfin l'analyse ne révèle plus, dans les
pierres d'imitation, que des verres transparents ou colorés.
Le cristal limpide, le strass, remplace le diamant et le cristal de roche; coloré en violet par le manganèse, c'est
l'améthyste; en rouge, par le cuivre ou l'or, le rubis; en
vert, par le cuivre, le fer ou le chrome, l'émeraude; en
bleu, par le cobalt, le saphir; en jaune, par l'antimoine

ou le plomb, la topaze, etc. Les pierres compactes sont encore plus aisées à imiter. Ainsi l'on fait à volonté, avec des émaux à porcelaine colorés, des turquoises, des opales, des lapis, des malachites, des agates. L'ambre, le jais, le corail s'imitent également, et si bien, si avantageusement dans certains cas, que l'exploitation de la pierre naturelle a presque disparu devant cette exploitation nouvelle. Le jais imité ou jais français a tué l'industrie du jais naturel, qui depuis longtemps s'exerçait dans quelques-uns de nos départements, par exemple dans l'Aude et l'Hérault, et qui s'exerce encore, nous le savons, sur une très-grande échelle en Angleterre, dans le Yorkshire. On est de même arrivé, au moyen des écailles d'ablettes et du verre soufflé, à imiter les perles d'une façon si vraie, que les connaisseurs eux-mêmes peuvent s'y laisser prendre.

Le commerce des gemmes artificielles constitue l'une des branches les plus intéressantes et les plus curieuses de l'industrie parisienne. Exercé d'une façon différente, à Venise, et dans un autre but, il compose ce qu'on nomme la fabrication des verroteries. Tous les navires qui trafiquent sur les côtes orientale et occidentale d'Afrique emportent avec eux de nombreuses caisses de ces verroteries de Venise, qu'ils troquent avantageusement contre les produits indigènes. A leur tour, nègres et négresses trouvent là, à bon marché, des bijoux qu'ils affectionnent, tandis qu'ils foulent très-certainement sous leurs pieds, dans les placers aurifères de leurs pays, des gemmes du plus haut prix : les diamants, les rubis, les saphirs. Mais que sont souvent ces pierres, quand la taille ne les a pas dégrossies, dégagées en quelque sorte du vernis opaque qui les recouvre? Que sont-elles toutes ces gemmes, sans le luxe d'une civilisation raffinée, sans les bougies et les lumières, les réunions de bal et de théâtre, qui viennent comme à plaisir en rehausser l'éclat, et les faire plus que jamais valoir? Et puis la gemme incolore n'est-elle pas surtout réservée aux blanches? Les nègres et leurs compagnes au ton d'ébène ne semblent-ils pas nous répondre que les gemmes naturelles ne sont pas chez eux à leur place, et que le moindre morceau de strass ou d'émail fortement coloré fait bien mieux leur affaire?

A côté de la fabrication des pierres, entreprise dans un but commercial, se range celle que les savants essayent encore tous les jours dans un but de spéculation purement scientifique. Les Ébelmen, les Despretz, les Gaudin, les Daubrée se sont surtout distingués dans cette reproduction artificielle des gemmes, et sont arrivés à surprendre presque, au fond de leurs creusets, les secrets de la formation naturelle. C'est affaire de fusion, de dissolution, ou même d'évaporation gazeuse, en un mot de décompositions chimiques et de cristallisations lentes. Les résultats jusqu'ici obtenus n'ont rien qui doive tenter ou inquiéter la spéculation commerciale. Ceux-ci sont arrivés à fabriquer du diamant, mais en quantité microscopique; ceux-là ont reproduit le rubis, le saphir, l'émeraude, le grenat, l'améthyste, mais en poudres impondérables, à peine colorées, à peine cristallisées. Le succès n'en est pas moins complet, frappant; car ici l'on joue franc jeu. Ce n'est plus une imitation, c'est une reproduction complète de la pierre que l'on essaye; la composition chimique est la même, sinon toutes les qualités extérieures, et la science se montre la digne rivale de la nature dont elle pénètre les secrets. Cette fois l'on peut dire que la pierre philosophale a été véritablement trouvée.

Ces patients imitateurs, ces infatigables fabricateurs de gemmes qui, dans l'un ou l'autre cas, obéissent à des mobiles si différents, ne poursuivent-ils point, par leurs travaux, deux buts également louables? Les fabricateurs, en imitant artificiellement la gemme naturelle, produisent le joyau du pauvre, et mettent à la portée de tous les pierres précieuses, sans que la différence entre le vrai et le faux soit bien sensible à première vue. Les chimistes, en imitant de tous points la pierre, découvrent quelques-unes des lois les plus curieuses, les plus saisissantes, qui ont présidé aux grands phénomènes géologiques, à la formation même du globe.

Et quant aux gemmes, aux gemmes vraies, faut-il avec quelques économistes les proscrire de la République, comme Platon faisait les poëtes? Ce que ces adeptes de la science sociale voient, c'est la pierre qui vaut des millions, et dont le rôle se borne à parer, peut-être pour une seule soirée chaque année, telle reine de nos salons. Ce qu'ils ne voient pas, c'est la liberté qu'un esclave a recouvrée en trouvant ce caillou; c'est le pays que cette exploitation a fécondé, colonisé; ce sont les villes qu'elle a fait naître, aux lieux mêmes où naguère, comme au Brésil, campaient encore les Botocudos cannibales; ce sont enfin les familles d'ouvriers que le commerce et la taille de la gemme ont fait vivre. Et puis, comme l'a écrit un de nos savants, là ou les riches peuvent acheter des diamants les pauvres peuvent acheter du pain.

Ce que voient les économistes, c'est un capital immense qui semble réduit à rien dans les gemmes, ne rapporter aucun intérêt, et flatter seulement l'orgueil et la sottise humaine. Mais, à ce compte, il faudrait aussi proscrire et les somptueux palais et les tableaux des maîtres, et toutes les collections de livres curieux, et tous les objets d'art de tous genres, en un mot toutes les raretés. Et cependant, ces trésors accumulés, ne les retrouve-t-on pas intacts, et quelquefois augmentés de valeur, quand les moments difficiles sont venus et qu'il faut s'en dessaisir? C'est en engageant les diamants de la couronne de France que Napoléon trouve de l'argent, le nerf de la guerre, et gagne la bataille de Marengo.

Ce qu'ils ne voient pas, les économistes, c'est tout un peuple de travailleurs, d'artistes, groupés de tout temps autour des gemmes, et s'en inspirant pour répondre aux exigences les plus délicates de l'art décoratif. Quand vous aurez remplacé le Régent par cet échantillon en strass qui le reproduit si exactement, et qui est à l'École des Mines de Paris, croyez-vous que tout sera dit? L'éclat, le poli, la dureté, la faculté de réfléchir la lumière, seront-ils les mêmes dans la copie et dans l'original? Demandez à nos plus grands orfévres, à nos plus habiles joailliers, si les pierres précieuses ne les inspirent pas. Que répondraient aussi à pareille question tous ces artistes persans, hindous, chinois, japonais, qui ont orné les parois et les dômes de leurs temples avec les plus belles gemmes? Et Benvenuto, croyez-vous que les gemmes ne soient pas venues en aide à son esprit déjà si inventif? Et tous ces graveurs égyptiens, étrusques, grecs, romains, qui nous ont laissé ces scarabées, ces pierres d'anneaux, ces coupes, si délicatement fouillés que l'art de la Renaissance et l'art moderne n'ont jamais pu faire mieux, n'ont-ils rien emprunté à leur tour aux pierres précieuses? Les gemmes n'ont-elles pas été l'origine de cette branche si curieuse de l'art, la glyptique ou l'art de graver sur les pierres dures, une des gloires de l'antiquité?

A son tour la science moderne, pour aborder un autre ordre d'idées, ne doit-elle pas aux gemmes quelques-uns de ses plus merveilleux progrès? L'optique, la cristallographie, la minéralogie n'ont presque avancé que par les gemmes. Que de découvertes dues à ces joyaux de la nature, où les Haüy, les Malus, les Arago, les Biot, les Fresnel, pour ne citer que des savants français, ont gagné une partie de la célébrité qui s'attache à leur nom. N'est-ce pas là surtout ce qu'il faut voir dans ce charbon limpide, dans ces boues cristallisées et colorées, que la nature a si parcimonicusement répartis ici-bas? Une certaine harmonie semble régner en toutes choses. Tout ce qui est doit avoir quelque raison d'être, et il paraît difficile de faire mieux. Les gemmes elles-mêmes, que beaucoup accusent d'être inutiles et de ne pousser qu'à un luxe ruineux, les gemmes remplissent ici-bas un rôle des plus marquants et des plus élevés.

FIN.

TABLE DES FIGURES.

PLANCHES TIRÉES HORS DU TEXTE.

CARTES TIRÉES HORS DU TEXTE.

LES MINES DE CHARBON.

LES MINES DE MÉTAUX.

FIGURES INSÉRÉES DANS LE TEXTE.

LES MINES DE CHARBON.

LES MINES DE MÉTAUX.

Pages.

LES MINES DE PIERRES PRÉCIEUSES.

FIN DE LA TABLE DES FIGURES.

TABLE DES MATIÈRES.

PREMIÈRE PARTIE.

LES MINES DE CHARBON.

DEUXIÈME PARTIE.

LES MINES DE MÉTAUX.

TROISIÈME PARTIE.

LES MINES DE PIERRES PRÉCIEUSES.

FIN DE LA TABLE DES MATIÈRES.

9553. — IMPRIMERIE GÉNÉRALE DE CH. LAHURE

Rue de Fleurus, 9, à Paris